工程估价

(第2版)

刘钟莹　俞启元
李　泉　钱　靓　**编著**

东南大学出版社
·南京·

内容提要

本书根据 2008 版《建筑工程工程量清单计价规范》和江苏省建设厅颁布执行的 2008 版《清单计价规范》的配套文件和费用定额，及《江苏省建筑与装饰工程计价表》为基础，分两方面展开：一是介绍计价表条件下的造价构成、计价表应用、工程量计算，进而掌握应用计价表计价的基本技能；二是介绍清单计价条件下工程计量、工程量清单编制、招标控制价编制、承包商投标报价的基本方法。对于 2008 版《清单计价规范》体现的工程实施阶段全过程造价控制也体现在相关章节中。

图书在版编目(CIP)数据

工程估价／刘钟莹等编著．—2 版．—南京：东南大学出版社，2010.12(2012.3 重印)
 ISBN 978-7-5641-2560-8

Ⅰ.①工… Ⅱ.①刘… Ⅲ.①建筑工程－工程造价 Ⅳ.①TU723.3

中国版本图书馆 CIP 数据核字(2010)第 252777 号

东南大学出版社出版发行
(南京市四牌楼 2 号 邮编 210096)
出版人：江建中
全国各地新华书店经销 南京京新印刷厂印刷
开本：B5 印张：29.25 字数：578 千字
2010 年 12 月第 2 版 2012 年 3 月第 2 次印刷
ISBN 978-7-5641-2560-8
印数：4001～7000 定价：44.00 元

(本社图书若有印装质量问题，请直接与读者服务部联系。电话(传真)：025-83792328)

工程管理专业系列教材编写委员会

主 任 委 员 成 虎 盛承懋

副主任委员 （以姓氏笔画为序）

王元钢 王卓甫 刘碧云 李启明

宋学锋 陆军令 陆惠民 杨鼎久

委 员 （以姓氏笔画为序）

元王钢 王卓甫 成 虎 刘钟莹

许 敏 刘碧云 连永安 李启明

宋学锋 陆军令 陆惠民 杨鼎久

周 云 黄月华 黄安永 黄有亮

盛承懋 温作民

出 版 说 明

"工程管理"专业自1999年列入教育部本科专业目录,并在全国招生以来,其教材的问题一直为人们所关注。通常一个新兴专业的培养方案、课程教学大纲和教材体系的建立和完善必须经历很长时间,但由于现代社会对"工程管理"专业人才的需求量大,近几年设置"工程管理"专业的院校越来越多,仅江苏省就有十几所,全国的招生数量也在不断扩大,为此,我们只能先做起来,尽快地拿出这套教材,在以后的教学实践中再不断地完善。

按照高等学校工程管理专业指导委员会制定的"工程管理"本科专业的培养方案及课程教学大纲的要求,我们组织了江苏省设置"工程管理"本科专业的十几所院校的骨干教师编写了这套"工程管理"专业的教材。这些参编的老师都长期在"工程管理"及其相关专业从事专业课程的科研、教学,具有丰富的研究成果和教学经验,曾编写过许多教材,其中有的老师还曾参加过国家级、省部级规划教材的编写。

由于这套教材包括了"工程管理"专业的专业课程和方向课程,所以在本套教材的策划和编写过程中遇到了很多矛盾和问题:

1. 工程管理专业的学生需要综合的广博的知识。工程管理专业有2个一级基础学科——土木工程和管理学,这使得"工程管理"专业的课程数目多,而且这些课程横跨土木工程、管理学、经济学、法律等学科。从而,组织这个课程体系的难度就相当大。

2. 教材的内容必须新颖。我国已经加入WTO,我国的工程管理必须与国际接轨,教材内容既要符合我国的国情,又要反映国际上最新发展的状况。正像许多工程实践结果显示的一样,这两者要有机地结合在一起是十分困难的。

3. 按照高等学校工程管理专业指导委员会制订的培养方案及课程教学大纲的要求,以及课时分配,每门课程的课时都比较少。而每门课程都有自己完整的知识体系,我们又要求尽可能多地介绍一些新的内容,以扩大学生的知识面。这也是一个矛盾。

4. 虽然"工程管理"是一个新兴的专业,但是它的课程在名称上并不是新的。

这些课程在过去的"土木工程"专业(或建筑工程专业),"建筑管理工程"专业,以及相关的管理专业、房地产专业都曾开设过。但在"工程管理"专业中,这些课程的教学大纲和课时都已发生变化,它们的内容必须更新。

5. 在过去相关专业的教学体系中,许多课程内容有明显的重叠和欠缺,必须既尽量减少课程之间的内容的重叠,又要做一些必要的补缺。

在本系列教材的策划和编写过程中,除了十分注重上述这些矛盾和问题的解决,编委会与各本教材的主编还充分考虑到工程管理专业与其他管理专业、土木工程专业之间的相关性,因此,在教材的编写体系与内容上兼顾了其他管理专业的需要,也可为这些专业所采用。尽管本系列教材已经过多次的讨论和修改,但书中必然还有许多缺点,希望本专业的广大师生和专业人士提出意见和建议,以使我们能够不断地改进,将它做得越来越好。

从1999年5月份我们第一次讨论本系列教材至今已有12年。经过努力我们又一次以崭新的面貌将它奉献给大家,奉献给我们的专业。本系列教材的出版,得到江苏省各有关高校领导的关心和支持,得到国内有关同仁的热情指导,得到东南大学出版社的鼎力相助,在此一并谨表示衷心的感谢!

编委会

第 2 版前言

《建设工程工程量清单计价规范》(GB 50500－2003)于 2003 年 7 月 1 日起在全国范围内实施,新版《建设工程工程量清单计价规范》(GB 50500－2008)于 2008 年 7 月 9 日以国家标准发布,自 2008 年 12 月 1 日起在全国范围内实施。2008 版《清单计价规范》是对 2003 版《清单计价规范》的补充和完善,不仅较好地解决了清单计价从 2003 年执行以来存在的主要问题,而且对清单计价的指导思想进行了进一步的深化,在"政府宏观调控、企业自主报价、市场形成价格"的基础上提出了"加强市场监管"的思路,以进一步强化清单计价的执行。2008 版《清单计价规范》新增了招标控制价、投标报价的编制、合同价款的约定、工程量的计量和价款支付、索赔与现场签证、工程价款调整、竣工结算的办理及工程计价争议的处理。这样,2008 版《清单计价规范》基本涵盖了工程实施阶段的全过程。

工程量清单计价是目前国际上通行的做法,如英联邦等许多国家、地区和世界银行等国际金融组织均采用这种模式。我国加入 WTO 后,建设市场进一步对外开放,为了引进外资、对外投资和国际承包工程的需要,必须采用国际上通行的做法。实行招标工程的工程量清单计价,有利于增进国际的经济往来,有利于促进我国经济的发展,有利于提高施工企业的管理水平和进入国际市场承包工程。"计价规范"是我国在招标投标工程中实行工程量清单计价的基础,是参与招标投标各方进行工程量清单计价应遵守的准则,是各级建设行政主管部门对工程造价计价活动进行监督管理的法规依据。

我们按工程管理专业系列教材编委会审定的编写大纲,以《建设工程工程量清单计价规范》(GB 50500－2008)、江苏省建设厅颁布执行的 2008 版《清单计价规范》的配套文件与费用定额,及《江苏省建筑与装饰工程计价表》为基础,分两方面展开:一是介绍计价表条件下的造价构成、计价表应用、工程量计算,进而掌握应用计价表计价的基本技能;二是介绍清单计价条件下工程计量、工程量清单编制、招标控制价编制、承包商投标报价的基本方法。对于 2008 版《清单计价规范》体现的工程实施阶段全过程造价控制也体现在相关章节中。

本书在编写中,既注意介绍当今国际通行的工程估价的原理和方法,又着眼于现实的工程估价、计价方法。理论概念的阐述、实际操作的要点和工程实例的附录，也都尽量反映了工程估价的新内容。

本书可用作工程管理、土木工程相关专业的教材，也可供工程估价从业人员参考。本书第1章由扬州工业职业技术学院钱靓编写；第2章由扬州大学刘钟莹编写；第3章、第4章、第7章由苏州科技大学俞启元编写；第5章、第6章、第10章由扬州大学李泉编写；第8章、第9章、附录1、附录2由刘钟莹、钱靓编写；卜宏马、茅剑、魏宪参加了本书第5、8章的例题及附录的编写工作；全书由刘钟莹主编。当前，工程估价管理体制正处于剧烈的变革时期，许多问题有待研究探讨，加之作者水平所限，书中必然存在缺点和错误，恳请读者批评指正。

编　者

2010年8月

目　录

1 工程估价基础知识 … 1
　1.1　工程建设及其产品 … 1
　1.2　工程造价的概念及其计价特点 … 4
　1.3　全过程造价管理咨询 … 8
　1.4　造价从业人员执业资格制度 … 12
　1.5　工程估价 … 13
　复习思考题 … 19

2 工程费用结构 … 20
　2.1　建设工程投资构成 … 20
　2.2　建筑与装饰工程费用计算规则 … 30
　复习思考题 … 44

3 工程定额原理 … 45
　3.1　工程定额概述 … 45
　3.2　时间研究 … 50
　3.3　施工定额的编制原理 … 65
　3.4　预算定额的编制原理 … 80
　3.5　概算定额及概算指标 … 92
　复习思考题 … 101

4 基础单价及单位估价表 … 102
　4.1　基础单价的概念 … 102
　4.2　人工单价的确定 … 102
　4.3　机械台班单价的确定 … 106
　4.4　材料单价的确定 … 116
　4.5　单位估价表 … 121
　复习思考题 … 123

5 工程计量 …… 124
5.1 工程计量的基础知识 …… 124
5.2 工程量计算原理与方法 …… 126
5.3 建设工程工程量清单计价规范 …… 132
5.4 计价表下的工程计量 …… 139
5.5 工程量清单下的工程计量 …… 169
复习思考题 …… 187

6 投资估算 …… 189
6.1 投资估算概述 …… 189
6.2 投资估算编制的内容及要求 …… 190
6.3 投资估算的编制依据及编制方法 …… 191
6.4 投资估算编制实例 …… 199
复习思考题 …… 204

7 设计概算的编制 …… 205
7.1 设计概算的基本概念 …… 205
7.2 编制设计概算的基本方法 …… 207
7.3 单位工程设计概算的编制方法 …… 208
7.4 工程建设项目总概算的编制 …… 212
复习思考题 …… 214

8 招标控制价 …… 215
8.1 招标控制价概述 …… 215
8.2 建筑与装饰工程计价表 …… 215
8.3 分项工程清单计价 …… 240
8.4 措施费及其他项目费计算 …… 274
8.5 招标控制价编制 …… 310
复习思考题 …… 315

9 承包商的工程估价与投标报价 …… 316
9.1 建设工程投标概述 …… 316
9.2 承包商工程估价准备工作 …… 323
9.3 工程询价及价格数据维护 …… 331

9.4　工程估价…………………………………………………………… 335
　　9.5　投标报价…………………………………………………………… 338
　　复习思考题 ……………………………………………………………… 345

10　工程估价管理………………………………………………………… 346
　　10.1　工程估价管理概述………………………………………………… 346
　　10.2　业主方估价管理…………………………………………………… 349
　　10.3　施工索赔…………………………………………………………… 350
　　10.4　工程价款结算与竣工结算………………………………………… 355
　　10.5　建设项目审计……………………………………………………… 362
　　复习思考题 ……………………………………………………………… 373

附录1　建筑工程工程量清单编制实例 ……………………………………… 374
附录2　建筑工程投标报价编制实例 ………………………………………… 414
参考文献 ……………………………………………………………………… 451

1 工程估价基础知识

1.1 工程建设及其产品

1.1.1 工程建设概念

工程建设是实现固定资产再生产的一种经济活动，是建筑、购置和安装固定资产的一切活动及与之相联系的有关工作，如工厂、农场、铁路、商店、住宅、医院、学校等的建设。

工程建设的最终成果表现为固定资产的增加，它是一种涉及生产、流通和分配等多个环节的综合性的经济活动，其工作内容包括建筑安装工程、设备和工器具的购置及与其相联系的土地征购、勘察设计、研究试验、技术引进、职工培训、联合试运转等其他建设工作。

在工程建设中，建筑安装工程是创造价值的生产活动，它由建筑工程和安装工程两部分组成。

1) 建筑工程

(1) 各类房屋建筑工程和列入房屋建筑工程的供水、供暖、供电、卫生、通风、煤气等设备安装工程，以及列入建筑工程的各种管道、电力、电信和电缆导线敷设工程。

(2) 设备基础、支柱、工作台、烟囱、水塔、水池等附属工程。

(3) 为施工而进行的场地平整，工程和水文地质勘察，原有建筑物和障碍物的拆除以及施工临时用水、电、气、路和完工后的场地清理、环境绿化、美化等工作。

(4) 矿井开凿、井巷延伸、石油、天然气钻井，以及修建铁路、公路、桥梁、水库、堤坝、灌渠及防洪等工程。

2) 安装工程

(1) 生产、动力、起重、运输、传动和医疗、实验等各种需要安装的机械设备的装配，与设备相连的工作台、梯子、栏杆等安装工程以及附设于被安装设备的管线敷设工程和被安装设备的绝缘、防腐、保温、油漆等工作。

(2) 为测定安装工程质量，对单个设备进行单机试运转和对系统设备进行系统联动无负荷试运转而进行的调试工作。

1.1.2 工程建设程序

工程建设程序是指工程建设中必须遵循的先后次序。它反映了工程建设各个阶段之间的内在联系,是从事建设工作的各有关部门和人员都必须遵守的原则。

一般工程建设项目的建设程序为:

(1) 提出项目建议书,为推荐的拟建项目提出说明,论述建设的必要性。

(2) 进行可行性研究,对拟建项目的技术和经济的可行性进行分析和论证。

(3) 编制可行性研究报告,选择最优建设方案。

(4) 编制设计文件。项目业主按建设监理制的要求委托工程建设监理,在监理单位的协助下,组织开展设计方案竞赛或设计招标,确定设计方案和设计单位。

(5) 签订施工合同进行开工准备。包括征地、拆迁、平整场地、通水、通电、通路以及组织设备、材料订货,组织施工招标,选择施工单位,报批开工报告等项工作。

(6) 按设计进行施工安装,与此同时,业主在监理单位协助下做好为项目建成必须的一系列准备工作,例如:人员培训、组织准备、技术准备、物资准备等。

(7) 试车验收,竣工验收。

(8) 后评价。项目建成投产后,对建设项目进行的评价。

以上工程建设程序可以概括为:先调查、规划、评价,而后确定项目、投资;先勘察、选址,而后设计;先设计,而后施工;先安装试车,而后竣工投产;先竣工验收,而后交付使用。上述工程建设程序顺应了市场经济的发展,体现了项目业主责任制、建设监理制、工程招标投标制、项目咨询评估制的要求,并且与国际惯例基本趋于一致。

1.1.3 工程建设产品分类

工程建设产品按照使用目的通常可以分成以下三类:

(1) 土木工程

包括铁路工程、公路工程、桥梁工程、水利工程、港口工程、航空工程、通信工程、地下工程等。

(2) 市政工程

包括城市交通设施、城市集中供热工程、燃气工程、给水工程、排水工程、道路工程、园林绿化工程等。

(3) 建筑安装工程

包括工业建筑、农业建筑、民用建筑等(包括本类建筑物内的生产和生活设备的安装)。

1.1.4 工程建设项目的组成划分

为便于工程建设管理和确定建设产品的价格,人们将建设项目整体根据其组成进行科学的分解,划分为若干个单项工程、单位工程,每个单位工程又划分为若干分部工程、分项工程等。

(1) 建设项目

建设项目一般是指在一个或几个场地上,按照一个总体设计或初步设计建设的全部工程。如一个工厂、一个学校、一所医院、一个住宅小区等均为一个建设项目。一个建设项目可以是一个独立工程,也可以包括几个或更多个单项工程。建设项目在经济上实行统一核算,行政上具有独立的组织形式。

(2) 单项工程

单项工程亦称"工程项目",一般是指具有独立的设计文件,建成后能够独立发挥生产能力或效益的工程,即建筑产品,它是建设项目的组成部分。如一所大学中每栋教学楼、宿舍楼或图书馆都是一个单项工程。

(3) 单位工程

单位工程一般是在单项工程中具有单独设计文件和独立的施工图,并且单独作为一个施工对象的工程。单位工程包括一般土建工程、电气照明、给水排水、设备安装工程等。单位工程一般是进行施工成本核算的对象。

(4) 分部工程

分部工程是指单位工程中按工程结构、所用工种、材料和施工方法的不同而划分为若干部分,其中的每一部分称为分部工程。一般房屋的单位工程中包括土石方工程、打桩工程、砖石工程、脚手架工程、混凝土及钢筋混凝土工程、木结构工程、楼地面工程、抹灰与油漆工程、金属结构工程、构筑物工程、装修工程等。分部工程是单位工程的组成部分,同时它又包括若干个分项工程。

(5) 分项工程

分项工程一般是指通过较为单纯的施工过程就能生产出来,并且可以用适当计量单位计算的建筑或设备安装工程。如 $10 m^3$ 砖基础砌筑、一台某型号的设备安装等。分项工程是建筑与安装工程的基本构成要素,是为了便于确定建筑及设备安装工程费用而划分出来的一种假定产品。这种产品的工料消耗标准,作为建筑产品计价的基础。

综上所述,一个建设项目由一个或几个单项工程组成,一个单项工程又是由几个单位工程组成,一个单位工程又可划分为若干个分部工程,分部工程还可以细划分为若干个分项工程。

1.1.5 工程建设产品的商品特征

工程建设产品的范围和内涵具有一定的不确定性,可以是涵盖范围很大的一个建设项目,也可以是一个单项工程,甚至也可以是整个建设工程中的某个阶段,如土地开发工程、建筑安装工程、装饰工程,或者其中的某个组成部分。

在市场经济条件下,作为商品的工程建设产品具有各种表现形态。传统体制下，投资者主要追求工程建设产品的使用功能，如生产产品或商业经营，但在市场经济条件下，产品的价值尺度职能赋予产品价格，一旦投资者不再需要它的使用功能，产品可以立即进入流通，成为真实的商品。抵押、拍卖、租赁以及企业兼并等是产品实现价值的不同形式。

随着技术进步，分工细化及市场完善，工程建设的中间产品会越来越多，如土地开发产品、标准厂房等均可直接进入流通领域；工程建设的最终产品，如写字楼、商业设施、住宅等都是投资者为卖而建的工程，它们的交易价格不同于工程价格。

1.2 工程造价的概念及其计价特点

1.2.1 工程造价概念

建设工程造价是指建设项目从筹建到竣工验收交付使用的整个建设过程所花费的全部费用。它主要由建筑安装工程造价、设备工器具费用和工程建设其他费用组成。

1) 建筑安装工程造价

建筑安装工程造价是指建设单位用于建筑和安装工程方面的投资，包括用于建筑物的建造及有关准备、清理等工程的费用，用于需要安装的设备的安置、装配工程的费用。

2) 设备工器具购置费

设备工器具购置费是指按照建设项目设计文件要求，建设单位（或其委托单位）购置或自制达到固定资产标准的设备和新、扩建项目配置的首套工器具及生产家具所需的费用。它由设备工器具原价和包括成套设备公司服务费在内的运杂费组成。

3) 工程建设其他费用

工程建设其他费用是指未纳入以上两项的由项目投资支付的为保证工程建设顺利完成和交付使用后能够正常发挥效用而发生的各项费用总和。它可分为5类：第1类为土地转让费，包括土地征用及迁移补偿费、土地使用权出让金等；第2类是与项目建设有关的费用，包括建设单位管理费、勘察设计费、研究试验费、财务费用（如建设期贷款利息）等；第3类是与未来企业生产经营有关的费用，如生产准备费等费用；第4类为预备费，包括基本预备费和工程造价调整预备费；第5类是应缴纳的固定资产投资方向调节税。

1.2.2 工程造价项目划分

为了更有效地控制工程造价，在编制业主预算时常将建设项目的各项费用划分为4个部分。

1) 业主管理项目

主要指业主直接予以管理和不通过建设单位直接拨付工程费用的项目,如建设期贷款利息、业主管理费等。

2) 建设单位管理项目

主要指由建设单位管理(不含主体建安工程、设备采购工程和一般建筑工程)的项目和费用。如建设管理费、生产准备费、科研勘测费、工程保险费、基本预备费等。

3) 招标项目

主要指进行招标的主体建安工程和设备采购工程。该部分造价在整个建设项目造价中占有很大的比例,是工程建设中最活跃的部分,其价格由招投标双方在市场竞争中形成。

4) 其他项目

主要指不包括上述1)至3)部分项目内容在内,由建设单位直接管理的其他建安工程项目。

1.2.3　工程造价计价特点

建设工程的生产周期长、规模大、造价高、可变因素多,因此工程造价具有下列特点:

1) 单件计价

建设工程是按照特定使用者的专门用途,在指定地点逐个建造的。每项建筑工程为适应不同使用要求,其面积和体积、造型和结构、装修与设备的标准及数量都会有所不同,而且特定地点的气候、地质、水文、地形等自然条件及当地政治、经济、风俗习惯等因素必然使建筑产品实物形态千差万别。再加上不同地区构成投资费用的各种价格要素(如人工、材料)的差异,最终导致建设工程造价的千差万别。所以建设工程和建筑产品不可能像工业产品那样统一地成批定价,而只能根据它们各自所需的物化劳动和活劳动消耗量,按国家统一规定的一整套特殊程序来逐项计价,即单件计价。

2) 多次计价与动态计价

(1) 多次计价

建设工程周期长,按建设程序要分阶段进行,相应的也要在不同阶段多次计价,以保证工程造价确定与控制的科学性。多次计价是一个逐步深化、逐步细化和逐步接近实际造价的过程。其过程如图1.2.1所示。

① 投资估算。投资估算是指在项目建议书和可行性研究阶段对拟建项目所需投资,通过编制估算文件预先测算和确定的过程。就一个工程来说,如果项目建

议书和可行性研究分不同阶段,例如分规划阶段、项目建议书阶段、可行性研究阶段、评审阶段,则相应的投资估算也分为 4 个阶段。投资估算是决策、筹资和控制造价的主要依据。

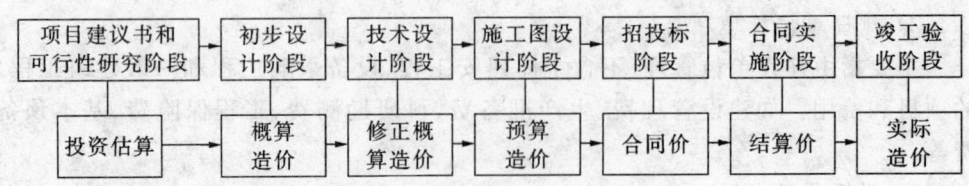

图 1.2.1 工程多次性计价示意图

② 概算造价。概算造价指在初步设计阶段,根据设计意图,通过编制工程概算文件预先测算和确定的工程造价。概算造价较投资估算准确性有所提高,但它受估算造价的控制。概算造价的层次性十分明显,分建设项目概算总造价、各个单项工程概算综合造价、各单位工程概算造价。

③ 修正概算造价。修正概算造价指在采用三阶段设计的技术设计阶段,根据技术设计的要求,通过编制修正概算文件预先测算和确定的工程造价。它对初步设计概算进行修正调整,比概算造价准确,但受概算造价控制。

④ 预算造价。预算造价指在施工图设计阶段,根据施工图纸通过编制预算文件,预先测算和确定的工程造价。它比概算造价或修正概算造价更为详尽和准确。但同样要受前一阶段所确定的工程造价的控制。

⑤ 合同价。合同价指在工程招投标阶段通过签订总承包合同、建筑安装工程承包合同、设备材料采购合同,以及技术和咨询服务合同确定的价格。合同价属于市场价格的性质,它是由承发包双方根据市场行情共同议定和认可的成交价格,但它并不等同于实际工程造价。现行有关规定的 3 种合同价形式是:固定合同价、可调合同价和工程成本加酬金合同价。

⑥ 结算价。结算价是指在合同实施阶段,在工程结算时按合同调价范围和调价方法,对实际发生的工程量增减、设备和材料价差等进行调整后计算和确定的价格。结算价是该结算工程的实际价格。

⑦ 实际造价。实际造价是指竣工决算阶段,通过为建设项目编制竣工决算,最终确定的实际工程造价。

以上说明,多次性计价是一个由粗到细、由浅入深、由概略到精确的计价过程,是一个复杂而重要的管理系统。

(2) 动态计价

一项工程从决策到竣工交付使用,有一个较长的建设周期。由于不可控因素的影响,在预计工期内,许多影响工程造价的动态因素,如工程变更、设备材料价格、工资标准以及费率、利率、汇率的变化必然会影响到造价的变动。此外,计算工程造价还应考虑资金的时间价值。所以,工程造价在整个建设期中处于不确定状态,直至竣工决算后才能最终确定工程的实际造价。

静态投资是以某一基准年、月的建设要素的价格为依据所计算出的建设项目投资的瞬时值。但它会因工程量误差而引起工程造价的增减。静态投资包括建筑安装工程费、设备和工器具购置费、工程建设其他费用、基本预备费等。

动态投资是指为完成一个工程项目的建设,预计投资需要量的总和。它除了包括静态投资所含内容之外,还包括建设期贷款利息、投资方向调节税、涨价预备金、新开征税费,以及汇率变动引起的造价调整。

静态投资和动态投资虽然内容有所区别,但两者有密切联系。动态投资包含静态投资,静态投资是动态投资最主要的组成部分,也是动态投资的计算基础。

3) 组合计价

一个建设项目可以分解为许多有内在联系的独立和不能独立的工程,如图1.2.2所示。从计价和工程管理的角度,分部分项工程还可以分解。建设项目的这种组合性决定了计价的过程是一个逐步组合的过程。这一特征在计算概算造价和预算造价时尤为明显,所以也反映到合同价和结算价。其计算过程和计算顺序是:分部分项工程单价→单位工程造价→单项工程造价→建设项目总造价。

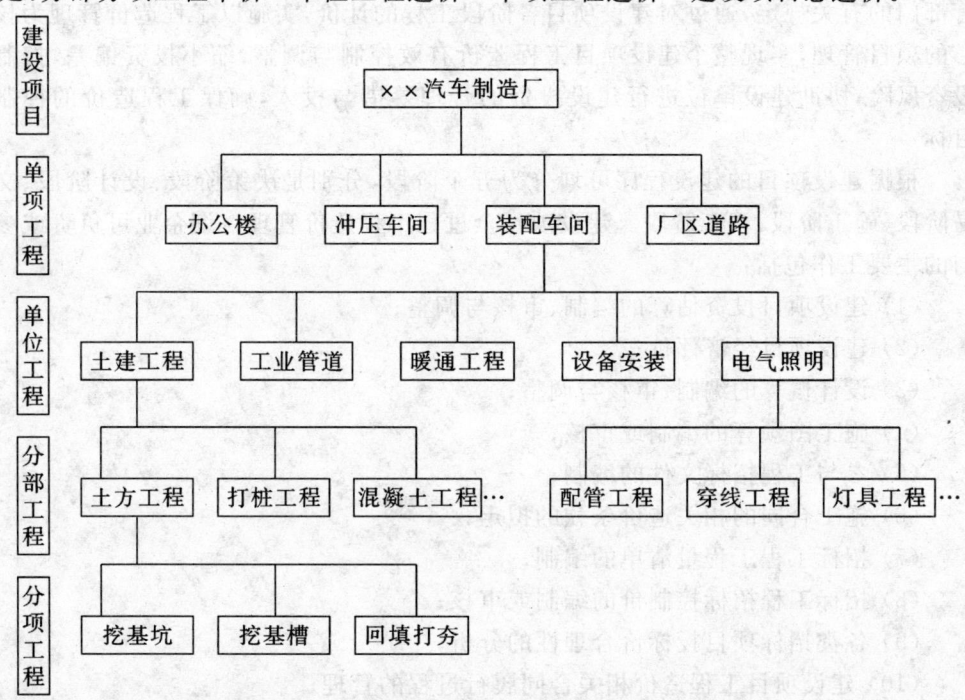

图 1.2.2 建设项目划分示意图

4）市场定价

工程建设产品作为交易对象，通过招投标、承发包或其他交易方式，在进行多次预估的基础上，最终由市场形成价格。交易对象可以是一个建设项目，可以是一个单项工程，也可以是整个建设工程的某个阶段或某个组成部分。常将这种市场交易中形成的价格称为工程承发包价格。承发包价格或合同价是工程造价的一种重要形式，是业主与承包商共同认可的价格。

1.3　全过程造价管理咨询

全过程造价管理咨询是指受委托方的委托，运用工程造价管理的知识和技术，为寻求解决建设项目决策、设计、交易、施工、结算等各个阶段工程造价管理的最佳途径而提供的智力服务。为规范工程造价咨询企业承担建设项目全过程造价管理咨询的内容、范围、格式、深度要求和质量标准等，提高全过程工程造价管理咨询成果质量，中国建设工程造价管理协会制定了建设项目全过程造价咨询规程。

1.3.1　任务、内容和阶段划分

建设项目全过程工程造价管理咨询是依据国家有关法律、法规和建设行政主管部门的有关规定，通过对建设项目各阶段工程的计价，实施以工程造价管理为核心的项目管理，实现整个建设项目工程造价有效控制与调整，缩小投资偏差，控制投资风险，协助建设单位进行建设投资的合理筹措与投入，确保工程造价的控制目标。

根据建设项目的建设程序可划分为五个阶段，分别是决策阶段、设计阶段、交易阶段、施工阶段、竣工阶段。建设项目全过程工程造价管理咨询企业可负责或参与的主要工作包括：

（1）建设项目投资估算的编制、审核与调整；

（2）建设项目经济评价；

（3）设计概算的编制、审核与调整；

（4）施工图预算的编制或审核；

（5）参与工程招标文件的编制；

（6）施工合同的相关造价条款的拟定；

（7）招标工程工程量清单的编制；

（8）招标工程招标控制价的编制或审核；

（9）各类招标项目投标价合理性的分析；

（10）建设项目工程造价相关合同履行过程的管理；

（11）工程计量支付的确定，审核工程款支付申请，提出资金使用计划建议；

(12) 施工过程的设计变更、工程签证和工程索赔的处理；

(13) 提出工程设计、施工方案的优化建议，各方案工程造价的编制与比选；

(14) 协助建设单位进行投资分析、风险控制，提出融资方案的建议；

(15) 各类工程的竣工结算审核；

(16) 竣工决算的编制与审核；

(17) 建设项目后评价；

(18) 建设单位委托的其他工作。

工程造价管理咨询可分为项目的全过程工程造价管理咨询和某一阶段或若干阶段的工程造价管理咨询。承担全过程某一阶段或若干阶段工程造价管理咨询业务，在工程造价咨询合同中应具体约定服务内容、范围、深度或参与程度。

工程造价咨询企业承担全过程工程造价管理咨询业务的，应关注各阶段工程造价的关系，力求建设项目在实施过程中做到工程造价的有效控制。在相同的口径下，使设计概算不突破投资估算，建设项目的工程决算不突破设计概算。在不能满足上述要求时，工程造价咨询企业应及时与建设单位进行沟通，采取必要的工程造价控制措施或进行投资调整。

1.3.2 项目组织与实施

工程造价咨询企业承担工程造价管理咨询项目后应编制工程造价管理咨询项目工作大纲，完善工程造价咨询企业承担咨询项目本身的管理内容。工作大纲的内容应包括项目概况、咨询服务范围、工作组织、工作进度、人员安排、实施方案、质量管理等内容。

工程造价咨询企业应建立有效的内部组织管理和外部组织管理体系。内部组织管理体系主要包括承担咨询项目的管理模式、企业各级组织管理的职责与分工、现场管理和非现场管理的协调方式等。外部组织管理是以咨询合同约定的服务内容为核心，在确保工程项目参与各方权利与义务的前提下，努力协调好与建设项目参与各方的关系，促进项目的顺利实施。

工作进度计划应按工程造价咨询合同的要求制订，进度计划应服从整个建设项目的总体进度要求，各类工程造价咨询成果文件的提交时间与总体进度相协调，各类咨询成果的编制应有合理的工作周期。

工程造价咨询项目的人员包括现场和非现场的管理、编制、审核、审定人员。各类人员的安排除应符合咨询合同要求外，还应符合项目质量管理、信息管理、档案管理等其他方面的要求。

工程造价咨询企业应编制工程造价管理咨询实施方案，实施方案应重点突出、内容全面、方法明确、措施具体，全面反映各阶段项目管理要求、工程造价确定、工程造价的控制、投资分析方案或措施。

1.3.3 风险管理

工程造价咨询企业应参与建设项目的风险管理,关注建设工程全过程的决策、设计、施工及移交的各个阶段可能发生的风险,正确分析和控制涉及人为、经济、自然灾害等诸多方面的风险因素。重点关注合同文件、建设条件、人工及设备材料价格、质量、进度、施工措施、汇率、自然灾害等风险因素。工程造价咨询企业在项目实施中应进行正确的风险分析与风险评估,风险评估应包括对建设项目工程造价的影响和整个建设项目经济评价指标的影响。

承担建设项目工程造价管理咨询时,应在工作大纲中拟定建设项目风险管理方案,提出或分析主要风险因素。工程造价咨询企业应根据风险分析与风险评估的预测结果,向建设单位提出风险回避、风险分散、风险转移的措施。

工程造价咨询企业对于已经发生的风险事件应进行风险的分析与评估,为处理风险事件、工程索赔等问题提出合理建议,尽可能降低风险损失,同时避免风险带来的损失扩大。

1.3.4 信息管理

信息管理应包括工程造价信息数据库建立、工程造价软件使用及咨询企业管理系统的建设,利用计算机及网络通信技术为工程造价全过程信息化管理服务。

信息管理应贯穿建设工程项目计价的全过程,包括投资估算、设计概算、施工图预算、合同价确定、工程计量与支付及竣工结(决)算,对所收集的工程造价信息资料应及时处理,并应用于工程造价的确定、审核及成本分析等环节。

工程造价咨询企业应利用现代化的信息管理手段,自行建立或充分利用市场已有的有关工程造价信息资料和工程项目各阶段积累的工程价格信息,建立并完善工程造价信息数据库,主要包括政策法规、工程计价定额、市场价格、工程造价指标数据库等。通过现场和非现场两种渠道,建立可靠的信息来源途径,随时掌握工程计价在不同阶段和不同时期的人工、材料、机械、设备等价格信息的变化,利用编码体系,做好信息获取、分析整理、信息利用、信息更新及信息淘汰等工作。

工程造价咨询企业应遵循统一化、标准化、网络化的原则,应在工程项目各阶段有效地应用工程项目全过程工程造价软件,主要包括基础数据管理软件,工程项目估算、概算、预(结)算编审软件,招投标管理软件,施工阶段全过程工程造价控制软件等。工程造价咨询企业还应逐步建立项目管理系统和企业管理系统:项目管理系统涉及咨询合同管理、咨询的核心业务管理等内容;企业管理系统在项目管理系统基础上,考虑自动化办公(OA)、人力资源及财务管理等内容。

1.3.5 质量管理

工程造价咨询企业应建立相应的质量管理体系。对其承担各阶段工程造价咨询的基础资料的收集、归纳和整理，投资估算的编制、审核和修改，成果文件的提交、报审和归档等，都要有具体的规定。

工程造价咨询企业应对委托者提供的书面资料(委托者提供的书面资料应加盖公章或有效合法的签名)进行有效性和合理性核对，应保证自身收集的或已有的造价基础资料和编制依据全面、现行、有效。编制的各类工程造价咨询成果应在已评定的编制大纲基础上进行。成果文件应经相关责任人的审核、审定两级审查。工程造价咨询成果文件的编制、审核、审定人员应在工程造价咨询的成果文件上签署注册造价工程师执业资格专用章或造价员从业资格专用章。

工程造价咨询企业出具的各阶段工程造价咨询成果文件质量应符合国家或行业工程计价的有关规定、标准、规范的要求。工程造价咨询合同应约定具体的工程咨询质量精度标准。

投资估算、工程概算、工程预算的预备费费率，工程交易阶段的暂定金额的预备费费率应控制在行业或地方工程造价管理机构发布的计价依据的合理范围内。无相应规定者执行表1.3.1中工程咨询预备费费率参考标准。

表1.3.1 工程咨询预备费费率参考标准表

咨询类别	依据文件	预备费费率(%)
投资估算	项目建议书	10～20
投资估算	可行性研究报告	8～10
工程概算	初步设计文件	4～6
工程预算	施工图设计文件	3～5
招标控制价	施工图设计文件	3～5

工程造价咨询企业在各阶段工程造价咨询服务完成后，项目负责人应组织有关人员对咨询业务委托方进行回访，听取委托方对服务质量的评价意见，及时总结咨询服务的优点、缺点和经验教训，将存在的问题纳入质量改进计划，提出相应的改进措施。

1.3.6 档案管理

工程造价咨询企业应依照《中华人民共和国档案法》的有关规定，建立、健全档案管理的各项规章制度，包括：档案收集制度、统计制度、保密制度、借阅制度和库房管理制度，以及档案管理人员守则等。

工程造价技术档案可分为过程文件和成果文件两类。过程文件应按照造价咨询项目的类别各自制订文件目录。主要包括：委托服务合同，工程施工合同或协议书，补充合同或补充协议书，中标通知书，投标文件及其附件，招标文件及招标补遗文件，竣工验收报告及完整的竣工验收资料，工程结算书及完整的结算资料，图纸会审记录，工程的洽商、变更、会议纪要等书面协议或文件，施工过程中甲方确认的材料、设备价款、甲供材料、设备清单、承包人的营业执照及资质等级证书等。成果文件包括：投资估算、工程概算、工程预算、工程量清单、招标控制价、工程计量支付文件、工程索赔处理报告、工程结算等。工程造价技术档案应按委托服务合同建立，按服务项目分类整理归纳。

工程造价技术档案过程文件自归档之日起，保存期应为 5 年；成果文件自归档之日起，保存期应为 10 年。

工程造价咨询企业应加强造价咨询档案现代化管理，运用计算机对档案进行编目、检索、借阅管理和综合利用，为造价咨询工作提供准确、方便快捷的信息与服务。

1.4 造价从业人员执业资格制度

执业资格许可制度是指对具备一定专业学历的从事建筑活动的专业技术人员，通过考试和注册确定其执业的技术资格，获得相应建筑工程文件签字权的一种制度。对从事建筑活动的专业技术人员实行执业资格制度是非常必要的。我国对从事工程造价行业的人员执行造价工程师执业资格和建设工程造价员执业资格制度。

1.4.1 造价工程师执业资格

注册造价工程师，是指通过全国造价工程师执业资格统一考试或者资格认定、资格互认，取得中华人民共和国造价工程师执业资格（以下简称执业资格），并按照有关规定注册，取得中华人民共和国造价工程师注册执业证书（以下简称注册证书）和执业印章，从事工程造价活动的专业人员。

1) 造价工程师考试

造价工程师执业资格考试实行全国统一大纲、统一命题、统一组织的方法，原则上每年举行一次。考试以两年为一个周期，参加全部科目考试的人员须在连续两个考试年度内通过全部科目的考试。免试部分科目的人员须在一个考试年度内通过应试科目。

2) 报考条件

凡中华人民共和国公民，遵纪守法并具备以下条件之一者，均可参加造价工程师执业资格考试：

（1）工程造价专业大专毕业后，从事工程造价业务工作满5年；工程或工程经济类大专毕业后，从事工程造价业务工作满6年。

（2）工程造价专业本科毕业后，从事工程造价业务工作满4年；工程或工程经济类本科毕业后，从事工程造价业务工作满5年。

（3）获上述专业第二学士学位或研究生班毕业和取得硕士学位后，从事工程造价业务工作满3年。

（4）获上述专业博士学位后，从事工程造价业务工作满2年。

3）考试科目设置

《工程造价管理相关知识》、《工程造价的确定与控制》、《建设工程技术与计量》（本科目分土建和安装两个专业，考生可任选其一）、《工程造价案例分析》。

4）注册管理

注册造价工程师实行注册执业管理制度。取得执业资格的人员，经过注册方能以注册造价工程师的名义执业。取得执业资格的人员申请注册的，应当向聘用单位工商注册所在地的省、自治区、直辖市人民政府建设主管部门或者国务院有关部门提出注册申请。

5）造价工程师的执业

注册造价工程师执业范围包括：建设项目建议书、可行性研究投资估算的编制和审核，项目经济评价，工程概、预、结算和竣工结（决）算的编制与审核；工程量清单、标底（或者控制价）、投标报价的编制和审核，工程合同价款的签订及变更、调整、工程款支付与工程索赔费用的计算；建设项目管理过程中设计方案的优化、限额设计等工程造价分析与控制，工程保险理赔的核查；工程经济纠纷的鉴定。

1.4.2 建设工程造价员执业资格

建设工程造价员是指经过全省统一考试合格，取得《全国建设工程造价员资格证书》（以下简称"造价员资格证"），从事工程造价业务活动的人员（以下简称"造价员"）。

《全国建设工程造价员资格证书》是造价员从事工程造价业务资格和专业水平的证明。如江苏省造价员资格分为土建、安装、市政、装饰等专业，每个专业设初级、中级、高级三个等级。

1.5 工程估价

工程估价就是估算工程造价。由于工程造价具有单件计价、多次计价、动态计价、组合计价和市场定价等特点，工程估价的内容、方法及表现形式也就有很多种。

业主或其委托的咨询单位编制的工程估算、设计单位编制的概算、咨询单位编制的标底、承包商及分包商提出的报价，都是工程估价的不同表现形式。

1.5.1 工程估价的产生与发展

1）工程估价的产生

在生产规模小、技术水平低的生产条件下，生产者在长期劳动中积累起生产某种产品所需的知识和技能，也获得了生产一件产品需要投入的劳动时间和材料的经验。这种生产管理的经验常运用于组织规模宏大的生产活动之中。在古代的土木建筑工程中尤为多见。埃及的金字塔，我国的长城、都江堰和赵州桥等等，不但在技术上使今人为之叹服，就是在管理上也可以想象其中不乏科学方法的采用。北宋时期丁渭修复皇宫工程中采用的挖沟取土，以沟运料，废料填沟的办法，所取得的"一举三得"的显效，可谓古代工程管理的范例。其中也包括算工算料方面的方法和经验。著名的古代土木建筑家北宋李诫编修的《营造法式》，成书于公元1100年。它不仅是土木建筑工程技术的巨著，也是工料计算方面的巨著。《营造法式》共有三十四卷，分为释名、各作制度、功限、料例和图样5个部分。第十六卷至二十五卷是各工种计算用工量的规定，第二十六卷至二十八卷是各工程计算用料的规定。这些规定，我们可以看做是古代的工料定额。由此可知，那时已有了工程估价的雏形。

清工部《工程做法则例》主要是一部算工算料的书。梁思成先生在《清式营造则例》一书的序中曾说，"《工程做法则例》是一部名不符实的书，因为只是27种建筑物的各部尺寸单和瓦工油漆等作的算工算料算账法"。在古代和近代，在算工算料方面流传许多秘传抄本，其中失传很多。梁思成先生根据所搜集到秘传抄本编著的《营造算例》，"在标列尺寸方面的确是一部原则的书，在权衡比例上则有计算的程式，……其主要目的在算料"。这都说明，在中国古代工程中，很重视材料消耗的计算，并已形成了许多则例。

国外工程估价的起源可以追溯到16世纪以前，当时的手工艺人受到当地行会的控制。行会负责监督管理手工艺人的工作，维护行会的工作质量和价格水准，那时候建筑师尚未成为一种独立的职业。大多数的建筑除了宗教、军队的以外规模都比较小，且设计简单。业主一般请当地的工匠来负责房屋的设计和建造，而对于那些重要的建筑，业主则直接购买材料，雇佣工匠或者雇佣一个主要的工匠，通常是石匠来代表其利益负责监督项目的建造，工程完成后按双方事先协商好的总价支付，或者先确定单价，然后乘以实际完成的工程量。

现代意义上的工程估价产生于资本主义社会化大生产的出现，最先产生的是现代工业发展最早的英国。16世纪至18世纪，技术发展促使大批工业厂房的兴建，许多农民在失去土地后向城市集中，需要大量住房，从而使建筑业逐渐得到发展,设计和施工逐步分离为独立的专业。工程数量和工程规模的扩大要求有专人对已完工程量进行测量、计算工料和进行估价。从事这些工作的人员逐步专门化,并被称为工料测量师。他们以工匠小组的名义与工程委托人和建筑师洽商,估算和确定工程价款。工程估价由此产生。

2) 工程估价的发展

历时23年之久的英法战争(1793—1815)几乎耗尽了英国的财力,国家负债严重,货币贬值,物价飞涨。当时英国军队需要大量的军营,为了节约成本,特别成立了军营筹建办公室。由于工程数量多,又要满足建造速度快、价格便宜的要求,军营筹建办公室决定每一个工程由一个承包商负责,由该承包商负责统筹工程中各个工种的工作,并且通过竞争报价的方式来选择承包商。这种承包方式有效地控制了费用支出。从此,竞争性的招标方式开始被认为是达到物有所值的最佳方法。

竞争性招标需要每个承包商在工程开始前根据图纸进行工程量的测算,然后根据工程情况做出估价。开始时,每个参与投标的承包商各自雇佣估价师来计算工程量,后来,为了避免重复地对同一工程进行工程量计算,参与投标的承包商联合起来雇佣一个估价师。建筑师为了保护业主和自己的利益再另行雇佣自己的估价师。

这样在估价领域里有了两种类型的估价师。一种受雇于业主或代表业主的建筑师;另一种则受雇于承包商。到了19世纪30年代,计算工程量、提供工程量清单发展成为业主估价师的职责,所有的投标都以业主提供的工程量清单为基础,从而使得最后的投标结果具有可比性。从此,工程估价逐渐形成了独立的专业。1881年英国皇家测量师学会成立,这个时期完成了工程估价第一次飞跃。至此,工程委托人能够做到在工程开工之前,预先了解到需要支付的投资额,但是他还不能做到在设计阶段就对工程项目所需的投资进行准确预计,并对设计进行有效的监督、控制。因此,往往在招标时或招标后才发现,根据当时完成的设计,工程费用过高,投资不足,不得不中途停工或修改设计。业主为了使投资花得明智和恰当,为了使各种资源得到最有效的利用,迫切要求在设计的早期阶段以至在作投资决策时,就开始进行投资估算,并对设计进行控制。

1950年,英国的教育部为了控制大型教育设施的成本,采用了分部工程成本规划法,随后英国皇家特许测量师协会(RICS)的成本研究小组(RICS Cost Research Panel)也提出了其他的成本分析和规划方法,例如比较成本规划法等。成本规划法的提出大大改变了估价工作的意义,使估价工作从原来被动的工作状况转变成主动,从原来设计结束后做估价转变成与设计工作同时进行。甚至在设计之前即可作出估算,并可根据工程委托人的要求使工程造价控制在限额以内。这样,从20世纪50年代开始,"投资计划和控制制度"就在英国等经济发达的国家应运而生,完成了工程估价的第二次飞跃。承包商为适应市场的需要,也强化了自身的估价管理和成本控制。

1964年,RICS成本信息服务部门(RICS Building Cost Information Service,简称BCIS)又在估价领域跨出了一大步。BCIS颁布了划分建筑工程的标准方法,这样使得每个工程的成本可以相同的方法分摊到各分部中,从而方便了不同工程的成本比较和成本信息资料的贮存。

到了20世纪70年代末,建筑业有了一种普遍的认识,认为在对各种可选方案进行估价时仅仅考虑初始成本是不够的,还应考虑到工程交付使用后的维修和运行成本。这种"使用成本"或"总成本"的理论进一步地拓展了估价工作的含义,从而使估价工作贯穿了项目的全过程。

从上述工程估价发展简史中不难看出,工程估价是随着工程建设的发展和市场经济的发展而产生并日臻完善的。这个发展过程归纳起来有以下特点:

(1) 从事后算账发展到事先算账。即从最初只是消极地反映已完工程量的价格,逐步发展到在开工前进行工程量的计算和估价,进而发展到在初步设计时提出概算,在可行性研究时提出投资估算,成为业主作出投资决策的重要依据。

(2) 从被动地反映设计和施工发展到能动地影响设计和施工。即从最初负责施工阶段工程造价的确定和结算,以后逐步发展到在设计阶段、投资决策阶段对工程造价作出预测,并对设计和施工过程投资的支出进行监督和控制,进行工程建设全过程的造价控制和管理。

(3) 从依附于施工者或建筑师发展成一个独立的专业。如在英国,有专业学会,有统一的业务职称评定和职业守则。不少高等院校也开设了工程估价专业,培养专门人才。

3) 我国工程估价发展概况

(1) 新中国成立以前我国现代意义上的工程估价的产生,应追溯到19世纪末至20世纪上半叶。当时在外国资本侵入的一些口岸和沿海城市,工程投资的规模有所扩大,出现了招投标承包方式,建筑市场开始形成。为适应这一形势,国外工程估价方法和经验逐步传入。但是,由于受历史条件的限制,特别是受到经济发展水平的限制,工程估价及招投标只能在狭小的地区和少量的工程建设中采用。

(2) 概预算制度的建立时期

1949年新中国成立后,三年经济恢复时期和第一个五年计划时期,全国面临着大规模的恢复重建工作。为合理确定工程造价,用好有限的基本建设资金,引进了前苏联一套概预算定额管理制度,同时也为新组建的国营建筑施工企业建立了企业管理制度。

为加强概预算的管理工作,国家综合管理部门先后成立预算组、标准定额处、标准定额局,1956年单独成立建筑经济局。概预算制度的建立,有效地促进了建设资金的合理安排和节约使用,为国民经济恢复和第一个五年计划的顺利完成起到了积极的作用。但这个时期的造价管理只局限于建设项目的概预算管理。

（3）概预算制度的削弱时期

1958—1966年，概预算定额管理逐渐被削弱，各级基建管理机构的概算部门被精简，设计单位概预算人员减少，只算政治账，不讲经济账，概预算控制投资作用被削弱，投资大撒手之风逐渐滋长。尽管在短时期内也有过重整定额管理的迹象，但总的趋势并未改变。

（4）概预算制度的破坏时期

1966—1976年，概预算定额管理遭到严重破坏。概预算和定额管理机构被撤销，预算人员改行，大量基础资料被销毁，定额被说成是"管、卡、压"的工具。1967年，建工部直属企业实行经常费制度。工程完工后向建设单位实报实销，从而使施工企业变成了行政事业单位。这一制度实行了6年，于1973年1月1日被迫停止，同时恢复建设单位与施工单位施工图预算结算制度。

（5）概预算制度的恢复和发展时期

1977—1992年，这一阶段是概预算制度的恢复和发展时期。1977年，国家恢复重建造价管理机构。1978年，国家计委、国家建委和财政部颁发《关于加强基本建设概、预、决算管理工作的几项规定》，强调了加强"三算"在基本建设管理中的作用和意义。1983年，国家计委、中国人民建设银行又颁发了《关于改进工程建设概预算工作的若干规定》。此外，《中华人民共和国经济合同法》明确了设计单位在施工设计阶段编制预算，也就是恢复了设计单位编制施工图预算。

1988年，建设部成立标准定额司，各省市、各部委建立了定额管理站，全国颁布一系列推动概预算管理和定额管理发展的文件，以及大量的预算定额、概算定额、估算指标。20世纪80年代后期，中国建设工程造价管理协会成立，全过程造价管理概念逐渐为广大造价管理人员所接受，对推动建筑业改革起到了促进作用。

（6）市场经济条件下工程造价管理体制的建立时期

1993—2001年，在总结改革开放经验的基础上，党的十四大明确提出我国经济体制改革的目标是建立社会主义市场经济体制。广大工程造价管理人员也逐渐认识到，传统的概预算定额管理必须改革，不改革没有出路，而改革又是一个长期的艰难过程，不可能一蹴而就，只能是先易后难，循序渐进，重点突破。与过渡时期相适应的"统一量、指导价、竞争费"工程造价管理模式被越来越多的工程造价管理人员所接受，改革的步伐不断加快。

（7）与国际惯例接轨

2001年，我国顺利加入WTO。今后一段时间工程估价工作的首要任务是探索既符合国际惯例，又具有中国特色的工程估价模式。

1.5.2 工程估价的作用

从工程估价的发展历史可以看出,工程估价的作用是逐步扩大的。

1) 工程估价是项目决策的工具

建设工程投资大、生产和使用周期长等特点决定了项目决策的重要性,工程造价决定项目的一次投资费用。投资者是否有足够的财务能力支付这笔费用,是否值得支付这项费用,是项目决策中要考虑的主要问题。在项目决策阶段,建设工程造价是项目财务分析和经济评价的重要依据。

2) 工程估价是制订投资计划和控制投资的有效工具

投资计划按照建设工期、工程进度和建设价格等逐年分月制定,正确的投资计划有助于合理和有效地使用资金。

工程估价在控制投资方面的作用非常明显。工程造价每一次估算对下一次估算都是严格的控制,具体说后一次估算不能超过前一次估算的一定幅度。这种控制是在投资者财务能力的限度内为取得既定的投资效益所必需的。

3) 工程估价是筹集建设资金的依据

投资体制的改革和市场经济的建立,要求项目的投资者必须有很强的筹资能力,以保证工程建设有充足的资金供应。工程估价基本确定了建设资金的需要量,从而为筹集资金提供了比较准确的依据。当建设资金来源于金融机构的贷款时,金融机构在对项目的偿贷能力进行评估的基础上,也需要依据工程估价来确定给予投资者的贷款数额。

4) 工程估价是合理效益分配和调节产业结构的手段

在市场经济中,工程价格受供求状况的影响,并在围绕价值的波动中实现对建设规模、产业结构和利益分配的调节。政府采取正确的宏观调控和价格政策导向,可以使工程估价在这方面的作用更加明显。

5) 工程估价是承包商加强成本控制的依据

在价格一定的条件下,企业实际成本决定企业的盈利水平,成本越高盈利越低,成本高于价格就危及企业的生存,所以企业要利用工程估价提供的信息资料作为控制成本的依据。

6) 工程估价是评价投资效益的依据

工程估价是评价土地价格,建筑安装产品和设备价格的合理性的依据;工程估价是评价建设项目偿贷能力、获利能力的依据;工程估价也是评价承包商管理水平和经营成果的重要依据。

复习思考题

1. 什么是工程建设？工程建设包括哪些主要内容？
2. 建设项目如何按组成由大到小进行分解？
3. 什么是工程造价？工程造价的计价特点主要表现在哪几方面？
4. 在建设项目的生产过程中，为什么要对建设工程进行多次计价和动态计价？
5. 建设工程市场定价的含义是什么？市场定价的交易对象是什么？
6. 造价工程师应具备的注册条件和执业范围是什么？
7. 工程估价的主要作用有哪些？

2 工程费用结构

2.1 建设工程投资构成

建设项目投资含固定资产投资和流动资产投资两部分,其中,建设项目总投资中的固定资产投资与建设项目的工程造价在量上相等。工程造价是工程项目按照确定的建设内容、建设标准、建设规模、功能要求和使用要求等全部建成并验收合格交付使用所需的全部费用,是用于购买土地使用权,委托工程勘察设计,购买工程项目所含各种设备,建筑安装施工,建设单位进行项目筹建和项目管理等所花费费用的总和。

目前我国现行工程造价的构成主要划分为建筑安装工程费、设备及工器具购置费、工程建设其他费用、基本预备费、建设期贷款利息、固定资产投资方向调节税等几项。具体构成内容如图 2.1.1 所示。

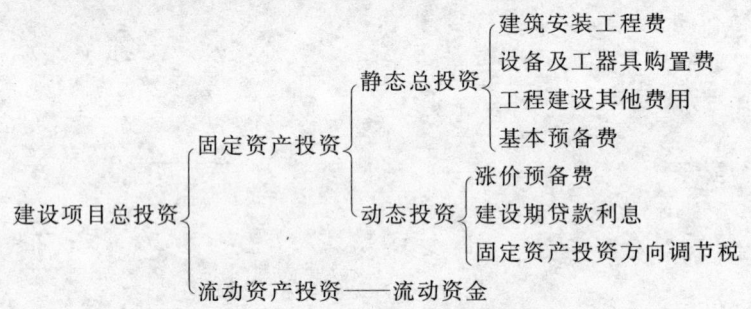

图 2.1.1 我国现行工程投资构成图

2.1.1 建筑安装工程费用构成

在工程建设中,建筑安装工程是创造价值的生产活动。建筑安装工程费用作为建筑安装工程价值的货币表现,也被称为建筑安装工程造价。

为了适应工程计价改革工作的需要,建设部、财政部按照国家有关法律、法规,并参照国际惯例,于 2003 年 10 月制定了《建筑安装工程费用项目组成》(建标〔2003〕206 号),2003 年 2 月 17 日发布了《建设工程工程量清单计价规范》(GB 50500—2003),规定自 2003 年 7 月 1 日起实行,经过五年时间实施以来的经验,针对执行中存在的问题,修订了同时还制定了《建设工程工程量清单计价规范》(GB 50500—2008),自 2008 年 12 月 1 日起实施,原《建设工程工程量清单计价规范》(GB 50500—2003)同时废止。

《建筑安装工程费用项目组成》将建筑安装工程费分为直接费、间接费、利润和税金4个部分。建筑安装工程费用项目组成如图2.1.2所示。

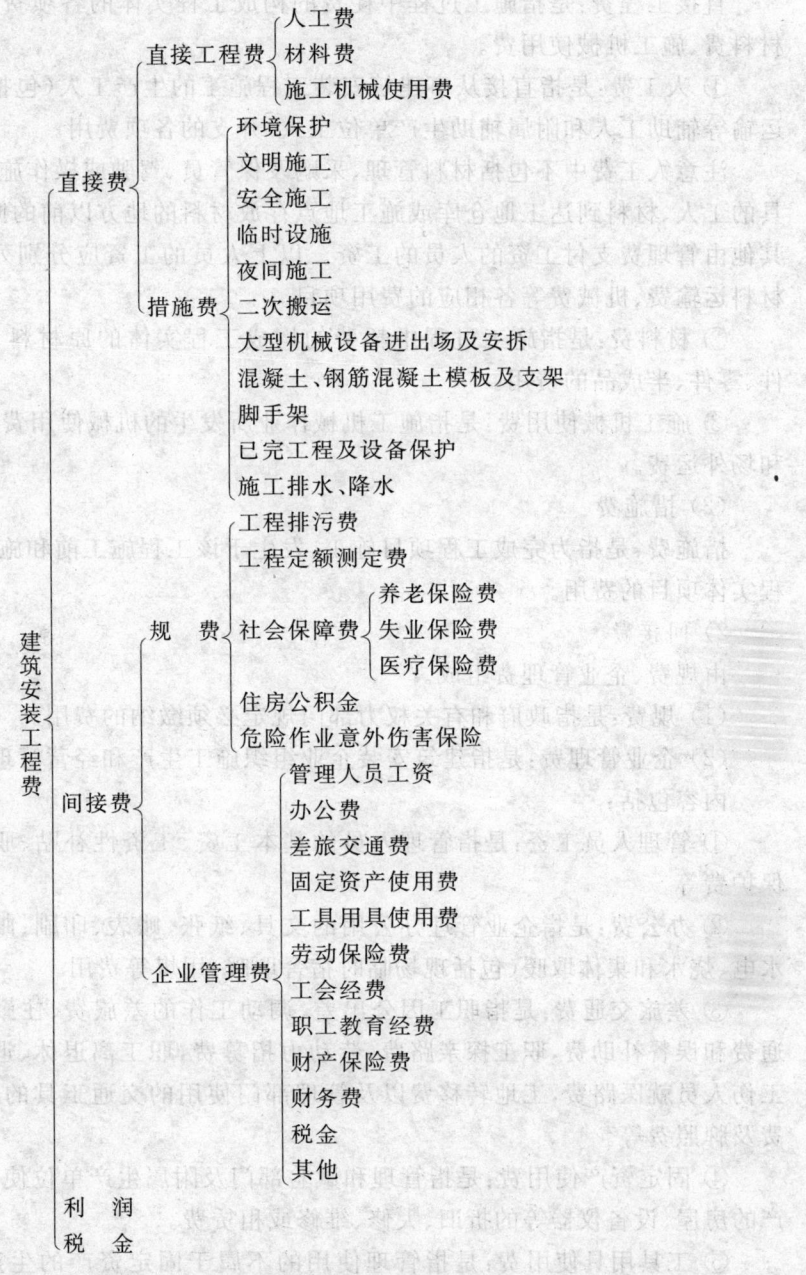

图2.1.2 建筑安装工程费用项目组成图

1) 直接费

由直接工程费和措施费组成。

(1) 直接工程费

直接工程费：是指施工过程中耗费的构成工程实体的各项费用，包括人工费、材料费、施工机械使用费。

① 人工费：是指直接从事建筑安装工程施工的生产工人(包括现场水平、垂直运输等辅助工人和附属辅助生产单位工人)开支的各项费用。

注意人工费中不包括材料管理、采购及保管员、驾驶或操作施工机械及运输工具的工人、材料到达工地仓库或施工地点存放材料的地方以前的搬运、装卸工人和其他由管理费支付工资的人员的工资。以上人员的工资应分别列入采购保管费、材料运输费、机械费等各相应的费用项目。

② 材料费：是指施工过程中耗费的构成工程实体的原材料、辅助材料、构配件、零件、半成品的费用。

③ 施工机械使用费：是指施工机械作业所发生的机械使用费以及机械安拆费和场外运费。

(2) 措施费

措施费：是指为完成工程项目施工，发生于该工程施工前和施工过程中的非工程实体项目的费用。

2) 间接费

由规费、企业管理费组成。

(1) 规费：是指政府和有关权力部门规定必须缴纳的费用。

(2) 企业管理费：是指建筑安装企业组织施工生产和经营管理所需费用。

内容包括：

① 管理人员工资：是指管理人员的基本工资、工资性补贴、职工福利费、劳动保护费等。

② 办公费：是指企业管理办公用的文具、纸张、账表、印刷、邮电、书报、会议、水电、烧水和集体取暖(包括现场临时宿舍取暖)用煤等费用。

③ 差旅交通费：是指职工因公出差、调动工作的差旅费、住勤补助费，市内交通费和误餐补助费，职工探亲路费，劳动力招募费，职工离退休、退职一次性路费，工伤人员就医路费，工地转移费以及管理部门使用的交通工具的油料、燃料、养路费及牌照费等。

④ 固定资产使用费：是指管理和试验部门及附属生产单位使用的属于固定资产的房屋、设备仪器等的折旧、大修、维修或租赁费。

⑤ 工具用具使用费：是指管理使用的不属于固定资产的生产工具、器具、家具、交通工具和检验、试验、测绘、消防用具等的购置、维修和摊销费。

⑥ 劳动保险费:是指由企业支付离退休职工的易地安家补助费、职工退职金、6个月以上的病假人员工资、职工死亡丧葬补助费、抚恤费和按规定支付给离休干部的各项经费等。

⑦ 工会经费:是指企业按职工工资总额计提的工会经费。

⑧ 职工教育经费:是指企业为职工学习先进技术和提高文化水平,按职工工资总额计提的费用。

⑨ 财产保险费:是指施工管理用财产、车辆的保险费。

⑩ 财务费:是指企业为筹集资金而发生的各种费用。包括企业经营期间发生的短期贷款利息净支出、汇兑净损失、调剂外汇手续费、金融机构手续费,以及筹集资金发生的其他财务费用等。

⑪ 税金:是指企业按规定缴纳的房产税、车船使用税、土地使用税、印花税等。

⑫ 其他:包括技术转让费、技术开发费、业务招待费、绿化费、广告费、公证费、法律顾问费、审计费、咨询费等。

3) 利润

是指施工企业完成所承包工程获得的盈利,是施工单位劳动者为社会和集体劳动所创造的价值,应计入建筑工程造价。

目前,由于建筑施工队伍生产能力大于建筑市场需求,使得建筑施工企业与其他行业的利润水平之间存在着较大的差距,并且可能在一段时间内不能有大幅度的提高,但从长远发展趋势来看,随着建设管理体制的改革和建筑市场的完善和发展,这个差距一定会逐步缩小。

4) 税金

是指国家税法规定的应计入建筑安装工程造价内的营业税、城市维护建设税及教育费附加等。

2.1.2 设备与工、器具购置费用

设备及工、器具购置费用由设备购置费和工具、器具及生产家具购置费组成,是固定资产投资中的积极部分。在生产性工程建设中,设备及工、器具购置费用占工程造价比重的增大,意味着生产技术的进步和资本构成的提高。

1) 设备购置费的构成及计算

设备购置费是指为建设项目购置或自制的达到固定资产标准的各种国产或进口设备、工具、器具所花的费用。它由设备原价和设备运杂费构成。

$$设备购置费 = 设备原价 + 设备运杂费 \tag{2.1.1}$$

式中,设备原价指国产设备或进口设备的原价;设备运杂费指除设备原价之外的关于设备采购、运输、途中包装及仓库保管等方面支出费用的总和。

(1) 国产设备原价的构成及计算

国产设备原价是指设备制造厂的交货价,即出厂价,或订货合同价。它一般根据生产厂或供应商的询价、报价、合同价确定,或采用一定的方法计算确定。国产设备原价分为国产标准设备原价和国产非标准设备原价。

① 国产标准设备原价。国产标准设备是指按照主管部门颁布的标准图纸和技术要求,由我国设备生产厂批量生产的,符合国家质量检测标准的设备。有的国产标准设备原价有两种,即带有备件的原价和不带有备件的原价。在计算时,一般采用带有备件的原价。

② 国产非标准设备原价。国产非标准设备是指国家尚无定型标准,各设备生产厂不可能在工艺过程中采用批量生产,只能按一次订货,并根据具体的设计图纸制造的设备。非标准设备原价有多种不同的计算方法,如成本计算估价法、系列设备插入估价法、分部组合估价法、定额估价法等。

(2) 进口设备原价的构成及计算

进口设备的原价是指进口设备的抵岸价,即抵达买方边境港口或边境车站,且交完关税为止形成的价格。

① 进口设备的交货类别。可分为内陆交货类、目的地交货类、装运港交货类。

a. 内陆交货类,即卖方在出口国内陆的某个地点交货。在交货地点,卖方及时提交合同规定的货物和有关凭证,并负担交货前的一切费用和风险;买方按时接受货物,交付货款,负担接货后的一切费用和风险,并自行办理出口手续和装运出口。货物的所有权也在交货后由卖方转移给买方。

b. 目的地交货类,即卖方在进口国的港口或内地交货,有目的港船上交货价、目的港船边交货价(FOS)和目的港码头交货价(关税已付)及完税后交货价(进口国的指定地点)等几种交货价。它们的特点是:买卖双方承担的责任、费用和风险是以目的地约定交货点为分界线,只有当卖方在交货点将货物置于买方控制下才算交货,才能向买方收取货款。这种交货类别对卖方来说承担的风险较大,在国际贸易中卖方一般不愿采用。

c. 装运港交货类,即卖方在出口国装运港交货,主要有装运港船上交货价(FOB),习惯称离岸价;运费在内价(C&F)和运费、保险费在内价(CIF),习惯称到岸价格。它们的特点是:卖方按照约定的时间在装运港交货,只要卖方把合同规定的货物装船后提供货运单据便完成交货任务,可凭单据收回货款。

装运港船上交货价(FOB)是我国进口设备采用最多的一种货价。采用船上交货价时卖方的责任是:在规定的期限内,负责在合同规定的装运港口将货物装上买方指定的船只,并及时通知买方;负担货物装船前的一切费用和风险;负责办理出口手续;提供出口国政府或有关方面签发的证件;负责提供有关装运单据。买方的责任是:负责租船或订舱,支付运费,并将船期、船名通知卖方;负担货物装船后的一切费用和风险;负责办理保险及支付保险费,办理在目的港的进口和收货手续;接受卖方提供的有关装运单据,并按合同规定支付货款。

② 进口设备抵岸价的构成及计算。进口设备抵岸价的构成可概括为:

$$进口设备抵岸价 = 货价 + 国际运费 + 运输保险费 + 银行财务费 +$$
$$外贸手续费 + 关税 + 增值税 + 消费税 +$$
$$海关监管手续费 + 车辆购置附加费 \qquad (2.1.2)$$

a. 货价。一般指装运港船上交货价(FOB)。设备货价分为原币货价和人民币货价,原币货价一律折算为美元表示,人民币货价按原币货价乘以外汇市场美元兑换人民币中间价确定。进口设备货价按有关生产厂商的询价、报价、订货合同价计算。

b. 国际运费。即从装运港(站)到达我国抵达港(站)的运费。我国进口设备大部分采用海洋运输,小部分采用铁路运输,个别采用航空运输。

c. 运输保险费。对外贸易货物运输保险是由保险人(保险公司)与被保险人(出口人或进口人)订立保险契约,在被保险人交付议定的保险费后,保险人根据保险契约的规定对货物在运输过程中发生的承保责任范围内的损失给予经济上的补偿。这是一种财产保险。计算公式为:

$$运输保险费 = \frac{[原币货价(FOB价) + 国外运费]保险费率}{1 - 保险费率} \qquad (2.1.3)$$

式中,保险费率按保险公司规定的进口货物保险费率计取。

d. 银行财务费。一般是指中国银行手续费,可按下式简化计算:

$$银行财务费 = 人民币货价(FOB价) \times 银行财务费率 \qquad (2.1.4)$$

式中,银行财务费率一般为 0.4‰~0.5‰。

e. 外贸手续费。指按对外经济贸易部规定的外贸手续费率计取的费用,外贸手续费率一般取 1.5%。计算公式为:

$$外贸手续费 = \left(装运港船上交货价(FOB价) + 国际运费 + 运输保险费\right) \times 外贸手续费率 \qquad (2.1.5)$$

f. 关税。由海关对进出国境或关境的货物和物品征收的一种税。计算公式为:

$$关税 = 到岸价格(CIF价) \times 进口关税税率 \qquad (2.1.6)$$

式中,到岸价格(CIF)包括离岸价格(FOB价)、国际运费、运输保险费等费用,它作为关税完税价格。

g. 增值税。是对从事进口贸易的单位和个人,在进口商品报关进口后征收的税种。我国增值税条例规定,进口应税产品均按组成计税价格和增值税税率直接计算应纳税额。即：

$$进口产品增值税额 = 组成计税价格 \times 增值税税率 \qquad (2.1.7)$$

$$组成计税价格 = 关税完税价格 + 关税 + 消费税 \qquad (2.1.8)$$

增值税税率根据规定的税率计取，目前进口设备适用税率为17%。

h. 消费税。对部分进口设备（如轿车、摩托车等）征收。计算公式为：

$$应纳消费税额 = \frac{到岸价 + 关税}{1 - 消费税税率} \times 消费税税率 \qquad (2.1.9)$$

式中，消费税税率根据规定的税率计取。

i. 海关监管手续费。指海关对进口减税、免税、保税货物实施监督、管理、提供服务的手续费。对于全额征收进口关税的货物不计本项费用。其公式如下：

$$海关监管手续费 = 到岸价 \times 海关监管手续费率 \qquad (2.1.10)$$

海关监管手续费率一般为0.3%。

j. 车辆购置附加费。进口车辆需缴进口车辆购置附加费。其公式如下：

$$进口车辆购置附加费 = (到岸价 + 关税 + 消费税) \times 进口车辆购置附加费率 \qquad (2.1.11)$$

(3) 设备运杂费的构成及计算

① 设备运杂费的构成。设备运杂费通常由下列各项构成：

a. 运费和装卸费。国产设备由设备制造厂交货地点起至工地仓库（或施工组织设计指定的需要安装设备的堆放地点）止所发生的运费和装卸费；进口设备则由我国到岸港口或边境车站起至工地仓库（或施工组织设计指定的需安装设备的堆放地点）止所发生的运费和装卸费。

b. 包装费。在设备原价中没有包含的，为运输需进行的包装所支出的各种费用。

c. 设备供销部门的手续费。按有关部门规定的统一费率计算。

d. 采购与仓库保管费。指采购、验收、保管和收发设备所发生的各种费用，包括设备采购人员、保管人员和管理人员的工资、工资附加费、办公费、差旅交通费、设备供应部门办公和仓库所占固定资产使用费、工具用具使用费、劳动保护费、检验试验费等。这些费用可按主管部门规定的采购与保管费费率计算。

② 设备运杂费的计算。设备运杂费按设备原价乘以设备运杂费率计算，其公式为：

$$设备运杂费 = 设备原价 \times 设备运杂费率 \qquad (2.1.12)$$

式中，设备运杂费率按各部门及省、市等的规定计取。

2) 工具、器具及生产家具购置费的构成及计算

工具、器具及生产家具购置费，是指新建或扩建项目初步设计规定的，保证初期正常生产必须购置的没有达到固定资产标准的设备、仪器、工卡模具、器具、生产家具和备品备件的购置费用。一般以设备购置费为计算基数，按照部门或行业规定的工具、器具及生产家具费率计算。计算公式为：

工具、器具及生产家具购置费＝设备购置费×定额费率　　　　（2.1.13）

2.1.3 工程建设其他费用的构成

工程建设其他费用，按其内容大体可分为5类：第一类为土地使用费，由于工程项目固定于一定地点与地面相连接，必须占用一定量的土地，也就必然要发生为获得建设用地而支付的费用；第二类是与项目建设有关的费用；第三类是业主费用；第四类为预备费，包括基本预备费和工程造价调整预备费等；第五类是依照《中华人民共和国固定资产投资方向调节税暂行条例》规定应缴纳的固定资产投资方向调节税。

1) 土地使用费

土地使用费是指建设项目通过划拨或土地使用权出让方式取得土地使用权，所需土地征用及迁移的补偿费或土地使用权出让金。

（1）土地征用及迁移补偿费

土地征用及迁移补偿费，是指建设项目通过划拨方式取得无限期的土地使用权，依照《中华人民共和国土地管理法》等所支付的费用。其总和一般不得超过被征土地年产值的20倍，土地年产值按该地被征日前3年的平均产量和国家规定的价格计算，内容包括土地补偿费，青苗补偿费和被征用土地上的房屋、水井、树木等附着物补偿费，安置补助费，缴纳的耕地占用税或城镇土地使用税、土地登记费及征地管理费，征地动迁费，水利水电工程水库淹没处理补偿费等。

（2）土地使用权出让金

土地使用权出让金是指建设项目通过土地使用权出让方式取得有限期的土地使用权，依照《中华人民共和国城镇国有土地使用权出让和转让暂行条例》规定支付的土地使用权出让金。城市土地的出让和转让可采用协议、招标、公开、拍卖等方式。

2) 与项目建设有关的其他费用

（1）建设单位管理费

建设单位管理费指建设项目从立项、筹建、建设、联合试运转到竣工验收交付使用及后评估等全过程所需的费用。内容包括：

① 建设单位开办费。指新建项目为保证筹建和建设工作正常进行所需办公设备、生活家具、用具、交通工具等的购置费用；

② 建设单位经费。包括工作人员的基本工资、工资性津贴、职工福利费、劳动

保护费、劳动保险费、办公费、差旅交通费、工会经费、职工教育经费、固定资产使用费、工具用具使用费、技术图书资料费、生产人员招募费、工程招标费、合同契约公证费、工程质量监督检测费、工程咨询费、法律顾问费、审计费、业务招待费、排污费、竣工交付使用清理及竣工验收费、后评估等费用。

（2）勘察设计费

勘察设计费指为本建设项目提供项目建议书、可行性报告、设计文件等所需的费用。内容包括：

① 编制项目建议书、可行性报告及投资估算、工程咨询、评价以及为编制上述文件所进行的勘察、设计、研究试验等所需费用。

② 委托勘察、设计单位进行初步设计、施工图设计、概预算编制等所需的费用。

③ 在规定范围内由建设单位自行完成的勘察、设计工作所需的费用。

（3）研究试验费

研究试验费是指为本建设项目提供或验证设计参数、数据资料等进行必要的研究试验，以及设计规定在施工中必须进行的试验、验证所需的费用。

（4）临时设施费

临时设施费是指建设期间建设单位所需临时设施的搭设、维修、摊销费用或租赁费用。

临时设施包括临时宿舍、文化福利及公用事业房屋与构筑物、仓库、办公室、加工场以及规定范围内的道路、水、电、管线等临时设施和小型临时设施。

（5）工程监理费

工程监理费是指委托工程监理单位对工程实施监理工作所需的费用。

（6）工程保险费

工程保险费是指建设项目在建设期间根据需要实施工程保险所需的费用。包括建筑工程一切险、安装工程一切险，以及机器损坏保险等。

（7）供电贴费

供电贴费是指建设项目按照国家规定应交付的供电工程贴费、施工临时用电贴费。

（8）施工机构迁移费

施工机构迁移费是指施工机构根据建设任务的需要，经有关部门决定成建制地由原驻地迁移到另一个地区的一次性搬迁费用。

（9）引进技术和进口设备其他费

引进技术和进口设备其他费包括：

① 为引进技术和进口设备派出人员进行设计、联络、设备材料监检、培训等的差旅费、置装费、生活费用等。

② 国外工程技术人员来华的差旅费、生活费和接待费用等。

③ 国外设计及技术资料费、专利和专有技术费、延期或分期付款利息。

④ 引进设备检验及商检费。

(10) 财务费用

财务费用是指为筹措建设项目资金而发生的各项费用,包括建设期间投资贷款利息、企业债券发生费、国外借款手续费和承诺费、汇兑净损失、金融机构手续费以及其他财务费用等。

3) 与未来企业生产有关的费用

(1) 联合试运转费

联合试运转费是指新建企业或新增加生产工艺过程的扩建企业在竣工验收前,按照设计规定的工程质量标准,进行整个车间的负荷或无负荷联合试运转发生的费用支出大于试运转收入的亏损部分。不包括应由设备安装工程费项目开支的单台设备调试费及试车费用。

(2) 生产准备费

生产准备费是指新建企业或新增生产能力的企业,为保证竣工交付使用进行必要的生产准备所发生的费用。费用内容包括:

① 生产人员培训费,自行培训以及委托其他单位培训人员的工资、工资性补贴、职工福利费、差旅交通费、学习资料费、学习费、劳动保护费等。

② 生产单位提前进厂参加施工、设备安装、调试以及熟悉工艺流程与设备性能等人员的工资、工资性补贴、职工福利费、差旅交通费、劳动保护费等。

(3) 办公和生活家具购置费

办公和生活家具购置费是指为保证新建、改建、扩建项目初期正常生产、使用和管理所必须购置的办公和生活家具、用具的费用。改、扩建项目所需的办公和生活用具购置费,应低于新建项目。

(4) 经营项目铺底流动资金

经营项目铺底流动资金指经营性建设项目为保证生产和经营正常进行,按规定应列入建设项目总资金的铺底流动资金。

4) 预备费

(1) 基本预备费

基本预备费是指在初步设计及概算内难以预料的工程费用。具体包括:

① 在批准的初步设计范围内,技术设计、施工图设计及施工过程中所增加的工程费用,设计变更、局部地基处理等增加的费用。

② 一般自然灾害造成的损失和预防自然灾害所采取的措施费用,实行工程保险的工程项目费用应适当降低。

③ 竣工验收时为鉴定工程质量对隐蔽工程进行必要的挖掘和修复费用。

(2) 工程造价调整预备费

工程造价调整预备费是指建设项目在建设期间由于价格等变化引起工程造价

变化的预测、预留费用。费用内容包括：人工、设备、材料、施工机械价差，建筑安装工程费及工程建设其他费用调整，利率、汇率调整等。

5）固定资产投资方向调节税

为了贯彻国家产业政策，控制投资规模，引导投资方向，调整投资结构，加强重点建设，促进国民经济持续稳定协调发展，对在我国境内进行固定资产投资的单位和个人（不含中外合资经营企业、中外合作经营企业和外商独资企业）征收固定资产投资方向调节税（简称投资方向调节税）。

投资方向调节税根据国家产业政策和项目经济规模实行差别税率，税率为0％、5％、10％、15％、30％五个档次，各固定资产投资项目按其单位工程分别确定适用的税率。

2.2 建筑与装饰工程费用计算规则

建筑与装饰工程费用是建设工程投资构成的主要组成部分，也是招投标阶段工程价格的主要内容。现阶段可采用建筑与装饰工程费用计算规则作为计算建筑与装饰工程造价的重要依据，在承包商投标报价时，建筑与装饰工程费用计算规则也可以作为参考依据。由于各地区的建筑水平不一致，费用计算规则没有全国统一的标准，一般是以国家有关部门颁发的《建筑安装工程费用项目组成》和《建设工程工程量清单计价规范》为依据，结合各地区的实际情况，编制费用计算规则。本节以 2009 年《江苏省建设工程费用定额》为例，介绍建筑与装饰工程费用的计算方法。

2.2.1 建筑与装饰工程费用项目组成与分类

1）费用项目组成

建筑工程造价由分部分项工程费、措施项目费、其他项目费、规费和税金组成。分部分项工程费是指施工过程中耗费的构成工程实体性项目的各项费用，由人工费、材料费、施工机械使用费、企业管理费、利润构成。

2）费用项目分类

（1）按限制性规定分为两类

① 不可竞争费用包括现场安全文明施工措施费、工程排污费、建筑安全监督管理费、社会保障费、住房公积金、税金、有权部门批准的其他不可竞争费用。

② 可竞争费用是除了不可竞争费用以外的其他费用。

（2）按工程取费标准划分为 4 种情况

① 建筑工程按工程类别划分一类、二类、三类工程。

② 单独装饰工程不分工程类别。

③ 包工包料。

④ 包工不包料。

(3) 按计算方式分为3种情况

① 按照计价表定额子目计算的内容有分部分项工程费和措施项目中的脚手架费、模板费用、垂直运输机械费、二次搬运费、施工排水降水、边坡支护费、大型机械进(退)场及安拆费等。

② 按照费用计算规则系数计算的内容有措施项目中的现场安全文明施工措施费、夜间施工增加费、冬雨季施工增加费、已完工程及设备保护费、临时设施费、检验试验费、赶工费、按质论价费、住宅分户验收费,以及其他项目费等。

③ 按照有关部门规定标准计算的内容有规费和税金。

2.2.2 措施项目费

1) 措施项目费概念

措施项目费是指为完成工程项目施工,发生于该工程施工前和施工过程中非工程实体项目的费用。措施项目费原则上由编标单位和投标单位根据工程的实际情况和施工组织设计中的施工方法分别计算,除了不可竞争费用必须要按规定计算外,其余费用可以参考企业定额或《江苏省建筑与装饰工程计价表》(以下简称《计价表》)和2009年《江苏省建设工程费用定额》计算。

2) 措施项目费包括的内容

措施项目费由通用措施项目费和专业措施项目费两部分组成的。

(1) 通用措施项目费包括:

① 现场安全文明施工措施费。是指满足施工现场安全、文明施工以及环境保护、职工健康生活所需要的各项费用。包括安全资料的编制、安全警示标志的购置及宣传栏的设置;"三宝"、"四口"、"五临边"防护的费用,施工安全用电的费用;起重机、塔吊等起重设备及外用电梯的安全防护措施费用及卸料平台的临边防护、层间安全门、防护棚等设施费用;建筑工地起重机械的检验检测费用;施工机具防护棚及围栏的安全保护设施费用;施工现场安全防护通道的费用;工人的防护用品、用具购置费用;消防设施与消防器材的配置费用;电气保护、安全照明设施费;大门、五牌一图、工人胸卡、企业标识的费用;围挡的墙面美化(包括内外粉刷、刷白、标语等)、压顶装饰费用;现场厕所便槽刷白、贴面砖,水泥砂浆地面或地砖费用,建筑物内临时便溺设施费用;其他施工现场临时设施的装饰装修、美化措施费用;现场生活卫生设施费用;符合卫生要求的饮水设备、淋浴、消毒等设施费用;生活用洁净燃料费用;防煤气中毒、防蚊虫叮咬等措施费用;施工现场操作场地的硬化费用;现场污染源的控制、建筑垃圾及生活垃圾清理、场地排水排污措施的费用;防扬尘洒水费用;现场绿化费用、治安综合治理费用、现场电子监控设备费用;现场配备医药保健器材、物品费用和急救人员培训费用;用于现场工人的防暑降温费、

电风扇、空调等设备及用电费用;现场施工机械设备防噪音、防扰民措施费用;环境保护费用和其他文明施工措施费用等。

现场安全文明施工措施费费用组成是基本费、现场考评费和奖励费三部分。

此项费用是为了切实保护人民生产生活的安全,保证安全和文明施工措施落实到位,江苏省规定此费用作为不可竞争费用,建设单位不得任意压低费用标准,施工单位不得让利。建筑工程按分部分项工程费的 2.2%～4.0%计算;单独装饰工程按分部分项工程费的 0.9%～1.8%计算。此项费用的计取由各市造价管理部门根据工程实际情况予以核定,并进行监督,未经核定不得计取。

② 夜间施工增加费。是指按施工规范、规程要求或施工组织设计要求,为了确保工期和工程质量,因需要夜间施工而发生的夜班补助费、夜间施工降效、夜间施工照明设备摊销及照明用电等费用。

江苏省规定建筑工程和单独装饰工程的夜间施工增加费均按分部分项工程费的 0%～0.1%计算。此费用由施工单位根据工程的具体情况报价,发承包双方在合同中约定。

③ 二次搬运费。是指因施工场地狭小等特殊情况而发生的二次搬运所需的费用。例如:场内堆置材料有困难的沿街建筑;单位工程的外边线有一长边自外墙边线向外推移小于 3 m 或单位工程四周外边线向外推移平均小于 5 m 的建筑;汽车不能直接进入巷内的城镇市区建筑;不具备施工组织设计规定的地点堆放材料的工程,所需的材料需用人工或人力车二次搬运到单位工程现场的,其所需费用可考虑列为材料二次搬运费。由施工单位根据工程的具体情况报价或可参考计价表计算,发承包双方在合同中约定。

④ 冬雨季施工增加费。是指在冬雨季施工期间所增加的费用。包括冬季作业、临时取暖、建筑物门窗洞口封闭及防雨措施、排水、工效降低等费用。

江苏省规定该费用建筑工程按分部分项工程费的 0.05%～0.2%计算;单独装饰工程按分部分项工程费的 0.05%～0.1%计算。由施工单位根据工程的具体情况报价,发承包双方在合同中约定。

⑤ 大型机械设备进出场及安拆费。是指机械整体或分体自停放场地运至施工现场或由一个施工地点运至另一个施工地点,所发生的机械进出场运输及转移费用及机械在施工现场进行安装、拆卸所需的人工费、材料费、机械费、试运转费和安装所需的辅助设施的费用。由施工单位根据工程的具体情况报价或参考计价表计算。

⑥ 施工排水费。是指为确保工程在正常条件下施工,采取各种排水措施所发生的各种费用。由施工单位根据施工组织设计进行计算。

⑦ 施工降水费。是指为确保工程在正常条件下施工,采取各种降水措施所发生的各种费用。由施工单位根据施工组织设计进行计算。

⑧ 地上、地下设施，建筑物的临时保护设施费。是指工程施工过程中，对已经建成的地上、地下设施和建筑物的保护。由施工单位根据工程的具体情况报价或参考计价表计算。

⑨ 已完工程及设备保护费。是指竣工验收前，对已完工程及设备进行保护所需费用。

江苏省规定该费用建筑工程按分部分项工程费的0%～0.05%计算；单独装饰工程按分部分项工程费的0%～0.1%计算。由施工单位根据工程的具体情况报价，发承包双方在合同中约定。

⑩ 临时设施费。是指施工企业为进行工程施工所必须搭设的生活和生产用的临时建筑物、构筑物和其他临时设施等费用。包括：临时宿舍、文化福利及公用事业房屋与构筑物、仓库、办公室、加工场等费用；建筑、装饰工程规定范围内（建筑物沿边起50米以内，多幢建筑两幢间隔50米内）围墙、临时道路、水电、管线和塔吊基座（轨道）垫层（不包括混凝土固定式基础）等费用。

建设单位同意在施工就近地点临时修建混凝土构件预制场所发生的费用，应向建设单位结算。

江苏省规定该费用建筑工程按分部分项工程费的1%～2.2%计算；单独装饰工程按分部分项工程费的0.3%～1.2%计算。由施工单位根据工程的具体情况报价，发承包双方在合同中约定。

⑪ 企业检验试验费是指施工企业按规定进行建筑材料、构配件等试样的制作、封样和其他为保证工程质量进行的材料检验试验工作所发生的费用。江苏省规定该部分费用建筑工程和单独装饰工程均按分部分项工程费的0.2%计算。除此以外根据有关国家标准或施工验收规范要求对材料、构配件和建筑物工程质量检测检验发生的费用由建设单位直接支付给所委托的检测机构。

⑫ 赶工措施费。是指施工合同约定工期比定额工期提前，施工企业为缩短工期所发生的费用。

江苏省规定：现行定额工期按苏建定〔2000〕283号《关于贯彻执行〈全国统一建筑安装工程工期定额〉的通知》执行。

住宅工程：比现行定额工期提前20%以内，按分部分项工程费的2%～3.5%计算。

高层建筑工程：比现行定额工期提前25%以内，按分部分项工程费的3.0%～4.5%计算。

一般框架、工业厂房等其他工程：比现行定额工期提前20%以内，按分部分项工程费的2.5%～4.0%计算。

江苏省规定该部分费用建筑工程和单独装饰工程均按分部分项工程费的1%～2.5%计算，由发承包双方在合同中约定。

⑬ 工程按质论价费。是指施工合同约定质量标准超过国家规定,施工企业完成工程质量达到经有权部门鉴定或评定为优质工程所必须增加的施工成本费。江苏省规定该部分费用建筑工程和单独装饰工程均按分部分项工程费的1‰~3‰计算,由发承包双方在合同中约定。

⑭ 特殊条件下施工增加费。是指地下不明障碍物、铁路、航空、航运等交通干扰而发生的施工降效费用。该部分费用由施工单位根据工程实际情况报价,发承包双方在合同中约定。

(2) 专业工程措施项目费包括:建筑工程专业工程措施项目费和单独装饰工程专业工程措施项目费。

建筑工程专业工程措施项目费包括:混凝土、钢筋混凝土模板及支架、脚手架、垂直运输机械费、住宅工程分户验收费等。单独装饰工程专业工程措施项目费包括:脚手架、垂直运输机械费、室内空气污染测试、住宅工程分户验收费等。

① 混凝土、钢筋混凝土模板及支架费。是指混凝土施工过程中需要的各种钢模板、木模板、支架等的制作、安装、拆除、维护、运输费用及模板、支架等周转材料的摊销(或租赁)费用。由施工单位根据施工组织设计进行计算。

② 脚手架费。是指施工需要的各种脚手架搭设、加固、拆除、运输费用及脚手架的摊销(或租赁)费用。

③ 垂直运输机械费。指在合理工期内完成单位工程全部项目所需的垂直运输机械台班费用。由施工单位根据施工组织设计并参考相应的定额进行计算。

④ 室内空气污染测试。指对室内空气相关参数进行检测发生的人工和检测设备的摊销等费用。由施工单位根据工程的具体情况,发承包双方在合同中约定。

⑤ 住宅工程分户验收费。是指住宅工程在按照国家规范要求内容进行单位工程竣工验收前,对每一户及部分公共部位质量进行的专门验收。江苏省规定该部分费用建筑工程和单独装饰工程均按分部分项工程费的0.08%计算,由发承包双方在合同中约定。

2.2.3 其他项目费

(1) 暂列金额是指招标人在工程量清单中暂定并包括在合同价款中的款项,是用于施工合同签订时尚未明确或不可预见的所需材料、设备和服务的采购、施工中可能发生的工程变更、合同约定调整因素出现时的工程价款调整及发生的索赔、现场签证确认等费用。暂列金额按发包人给定的标准计取。

(2) 暂估价是指招标人在工程量清单中提供的用于支付必然发生但暂时不能确定价格的材料的单价以及专业工程的金额。暂估价按发包人给定的标准计取。

(3) 计日工是指在施工过程中,完成发包人提出的施工图纸以外的零星项目或工作,按合同中约定的综合单价计价。

(4) 总承包服务费是指总承包人为配合协调发包人进行的工程分包、自行采购的设备、材料等进行管理、服务以及施工现场管理、竣工资料汇总整理等服务所需的费用。适用于建设项目从开始立项至竣工投产的全过程承包的"交钥匙"工程,包括建设工程的勘察、设计、施工、设备采购等阶段的工作。此费用应根据总承包的范围、深度按工程总造价的 2.0%～3.0%向建设单位收取。

当建设单位单独分包时总分包的配合费由建设单位、总包单位、分包单位三方在合同中约定;当总包单位自行分包时,总包管理费由总包单位与各分包单位之间解决;安装单位与土建单位的施工配合费由双方协商确定。

招标人应根据招标文件列出的内容和向总承包人提出的要求,此项费用参照下列标准计算:招标人仅要求对分包的专业工程进行总承包管理和协调时,按分包的专业工程估算造价的 1.0%计算;招标人要求对分包的专业工程进行总承包管理和协调,并同时要求提供配合服务时,根据招标文件中列出的配合服务内容和提出的要求,按分包的专业工程估算造价的 2.0%～3.0%计算。

2.2.4 规费

1) 规费的概念及组成

规费是指政府和有关权力部门规定必须缴纳的费用(简称规费)。该部分费用为不可竞争费用。建标〔2003〕206 号《建筑安装工程费用项目组成》中规费包括:

(1) 工程排污费。是指施工现场按规定缴纳的工程排污费。

(2) 工程定额测定费。是指按规定支付工程造价(定额)管理部门的定额测定费。

(3) 社会保障费

① 养老保险费。是指企业按照规定标准为职工缴纳的基本养老保险费。

② 失业保险费。是指企业按照规定标准为职工缴纳的失业保险费。

③ 医疗保险费。是指企业按照规定标准为职工缴纳的基本医疗保险费。

(4) 住房公积金。是指企业按规定标准为职工缴纳的住房公积金。

(5) 危险作业意外伤害保险。是指按照建筑法规定,企业为从事危险作业的建筑安装施工人员支付的意外伤害保险费。

2) 规费的计算方法

规费的计算方法按取费基数的不同一般分为以下 3 种:

(1) 以直接费为计算基础

$$规费 = 直接费合计 \times 规费费率(\%) \tag{2.2.1}$$

(2) 以人工费和机械费合计为计算基础

$$规费 = 人工费和机械费合计 \times 规费费率(\%) \tag{2.2.2}$$

(3) 以人工费为计算基础

$$规费 = 人工费合计 \times 规费费率(\%) \tag{2.2.3}$$

3) 规费费率

一般根据典型工程发承包价的分析资料综合取定如下规费计算中所需的数据：

(1) 每万元发承包价中人工费含量和机械费含量。

(2) 人工费占直接费的比例。

(3) 每万元发承包价中所含规费缴纳标准的各项基数。

4) 规费费率的计算公式

(1) 以直接费为计算基础

$$规费费率(\%) = \frac{\sum 规费缴纳标准 \times 每万元发承包价计算基数}{每万元发承包价中的人工费含量} \times 人工费占直接费的比例(\%) \tag{2.2.4}$$

(2) 以人工费和机械费合计为计算基础

$$规费费率(\%) = \frac{\sum 规费缴纳标准 \times 每万元发承包价计算基数}{每万元发承包价中的人工费含量和机械费含量} \times 100\% \tag{2.2.5}$$

(3) 以人工费为计算基础

$$规费费率(\%) = \frac{\sum 规费缴纳标准 \times 每万元发承包价计算基数}{每万元发承包价中的人工费含量} \times 100\% \tag{2.2.6}$$

5)《江苏省建设工程费用定额》(2009)中规费说明和计算

(1) 规费组成

《江苏省建设工程费用定额》中的规费由工程排污费、建筑安全监督管理费、社会保障费、住房公积金组成。

(2) 规费的内容

① 工程排污费。包括废气、污水、固体、扬尘及危险废物和噪声排污费等内容。

② 建筑安全监督管理费。指有权部门批准收取的建筑安全监督管理费。

③ 社会保障费。是指企业为职工缴纳的养老保险、医疗保险、失业保险、工伤保险和生育保险等社会保障方面的费用(包括个人缴纳部分)。为确保施工企业各类从业人员社会保障权益落到实处，省、市有关部门可根据实际情况制定管理办法。

④ 住房公积金。指企业为职工缴纳的住房公积金。

(3) 规费计算

规费应按照有关文件的规定计取，招投标中作为不可竞争费用，不得让利，也不得任意调整计算标准。

① 工程排污费。按有权部门规定计取。如江苏省某市规定在工程预算、投标报价及招标控制价中，暂按1‰的费率标准计算，计算基础为分部分项工程费+措施项目费+其他项目费，竣工结算时凭《江苏省建筑工程发承包计价手册》上核定的工程排污费结算。

② 建筑安全监督管理费。按有权部门规定计取。如江苏省某市规定建筑安全监督管理费费率标准为1.9‰。

③ 社会保障费。按有权部门规定计取。江苏省规定该部分费用建筑工程和单独装饰工程分别按3%和2.2%的费率标准计算，计算基础为分部分项工程费+措施项目费+其他项目费。

④ 住房公积金。按有权部门规定计取。江苏省规定该部分费用建筑工程和单独装饰工程分别按0.5%和0.38%的费率标准计算，计算基础为分部分项工程费+措施项目费+其他项目费。取费标准如表2.2.1所示。

表 2.2.1　社会保障费费率及公积金费率标准表

序号	工程类别	计算基础	社会保障费率(%)	公积金费率(%)
1	建筑工程、仿古园林	分部分项工程费+措施项目费+其他项目费	3	0.5
2	预制构件制作、构件吊装、桩基工程		1.2	0.22
3	单独装饰工程		2.2	0.38
4	安装工程		2.2	0.38
5	桥梁、水工构筑物		2.5	0.44
6	道路、市政排水工程		1.8	0.31
7	市政给水、燃气、路灯工程		1.9	0.34
8	大型土石方工程		1.2	0.22
9	修缮工程		3.5	0.62
10	单独加固工程		3.1	0.55
11	点工	人工工日	15	
12	包工不包料		13	

注：
(1) 社会保障费包括养老保险费、失业保险费、医疗保险费、工伤保险费、生育保险费。
(2) 点工和包工不包料的社会保障费和公积金已经包含在人工工资单价中。
(3) 人工挖孔桩的社会保障费率和公积金费率分别按2.8%和0.5%计取。
(4) 社会保障费费率和公积金费率将随着社保部门要求和建设工程实际参保率的增加，适时调整。

2.2.5 税金

税金是指国家税法规定的应计入建筑安装工程造价内的营业税、城市维护建设税及教育费附加等。

1) 营业税

是指对从事建筑业、交通运输业和各种服务行业的单位和个人,就其营业收入征收的一种税。营业税应纳税额的税率为3%,计征基数为直接工程费、间接费、利润等全部收入(即工程造价)。

2) 城市维护建设税

是国家为了加强城市的维护建设,扩大和稳定城市维护建设资金来源,而对有建筑安装工程经营收入的单位和个人征收的一种税。城市维护建设税应纳税额的税率按纳税人工程所在地不同分为3个档次,纳税人工程所在地在市区的,税率为7%,纳税人工程所在地在县城、镇的,税率为5%,纳税人工程所在地不在市区、县城、镇的,税率为1%,计征基数为营业税额。

3) 教育费附加

是指为加快发展地方教育事业,扩大地方教育资金来源,而对有建筑安装工程经营收入的单位和个人征收的一种地方税。教育费附加应纳税额的税率按工程所在地政府规定执行,一般情况下为3%,计征基数为营业税额。

4) 税金计算

(1) 税金计算公式为

$$税金 = (税前造价 + 利润) \times 税率(\%) \tag{2.2.7}$$

(2) 税率

① 纳税地点在市区的企业

$$税率(\%) = \frac{1}{1 - 3\% - (3\% \times 7\%) - (3\% \times 3\%)} - 1$$

② 纳税地点在县城、镇的企业

$$税率(\%) = \frac{1}{1 - 3\% - (3\% \times 5\%) - (3\% \times 3\%)} - 1$$

③ 纳税地点不在市区、县城、镇的企业

$$税率(\%) = \frac{1}{1 - 3\% - (3\% \times 1\%) - (3\% \times 3\%)} - 1$$

例2.2.1 江苏省××市×××工程税前造价为1500万元,该市的营业税税率为3%,城市维护建设税税率为7%,教育费附加税率为4%,请计算该市的税率和该工程的税金。

解 税率(%)＝$\frac{1}{1-3\%-(3\%\times7\%)-(3\%\times4\%)}-1=3.445\%$

税金＝1 500×3.445％＝51.675(万元)

2.2.6 建筑工程费用计算规则运用要点

1)《江苏省建筑与装饰工程计价表》(以下简称《计价表》)应用

《计价表》中定额子目与以往的定额子目有了很大的区别，《计价表》中的综合单价与原定额中的基价包含的内容不同，以往定额的基价由人工费、材料费、机械费构成，而《计价表》中的综合单价在原基价的组成上增加了管理费、利润2项。《计价表》中一般建筑工程、单独打桩与制作兼打桩项目的管理费与利润是按照3类工程计入综合单价内的，若工程类别实际是一二类工程和单独装饰工程的，其费率与计价表中3类工程费率不符的，应根据2009年《江苏省建设工程费用定额》的建筑工程和单独装饰工程企业管理费和利润费率标准的规定，分别对管理费和利润进行调整后再计入综合单价内。

2) 工程分类及类别划分说明

江苏省根据建筑市场历年来的实际施工项目，按施工难易程度，对不同的单位工程划分了类别，各单位工程按核定的类别取费。

(1) 工程分类

① 工业建筑工程：指从事物质生产和直接为生产服务的建筑工程，主要包括生产(加工)车间、实验车间、仓库、独立实验室、化验室、民用锅炉房、变电所和其他生产用建筑工程。

② 民用建筑工程：指直接用于满足人们的物质和文化生活需要的非生产性建筑，主要包括：商住楼、综合楼、办公楼、教学楼、宾馆、宿舍及其他民用建筑工程。

③ 构筑物工程：指与工业与民用建筑工程相配套且独立于工业与民用建筑的工程，主要包括烟囱、水塔、栈桥和仓类、池类建筑工程等。

④ 桩基础工程：指天然地基上的浅基础不能满足建筑物、构筑物稳定要求而采用的一种深基础。主要包括各种现浇和预制桩等工程。

⑤ 大型土石方和单独土石方工程：指单独编制概预算或在一个单位工程内挖方或填方在5 000立方米(不含5 000立方米)以上的工民建土石方工程。包括土石方挖或填等。

(2) 工程类别划分

工程类别划分指标设置如表2.2.2所示。

表 2.2.2 建筑工程类别划分表

工程类型			单位	工程类别划分标准		
				一类	二类	三类
工业建筑	单层	檐口高度	m	≥20	≥16	<16
		跨度	m	≥24	≥18	<18
	多层	檐口高度	m	≥30	≥18	<18
民用建筑	住宅	檐口高度	m	≥62	≥34	<34
		层数	层	≥22	≥12	<12
	公共建筑	檐口高度	m	≥56	≥30	<30
		层数	层	≥18	≥10	<10
构筑物	烟囱	混凝土结构高度	m	≥100	≥50	<50
		砖结构高度	m	≥50	≥30	<30
	水塔	高度	m	≥40	≥30	<30
	筒仓	高度	m	≥30	≥20	<20
	贮池	容积（单体）	m³	≥2 000	≥1 000	<1 000
	栈桥	高度	m	—	≥30	<30
		跨度	m	—	≥30	<30
大型机械吊装工程		檐口高度	m	≥20	≥16	<16
		跨度	m	≥24	≥18	<18
大型土石方工程		挖或填土（石）方容量	m³			≥5 000
桩基础工程		预制混凝土（钢板）桩长	m	≥30	≥20	<20
		灌注混凝土桩长	m	≥50	≥30	<30

① 工业建筑：单层按檐口高度、跨度两个指标划分；多层按檐口高度一个指标划分。
② 民用建筑：分住宅和公共建筑，按檐口高度、层数两个指标划分。
③ 构筑物：分烟囱、水塔、筒仓、贮池、栈桥。
④ 大型机械吊装工程：按檐口高度、跨度两个指标划分。
⑤ 桩基础工程：分预制混凝土（钢板）桩和灌注混凝土桩，按桩长指标划分。
⑥ 单独、大型土石方工程：根据挖或填的土（石）方容量划分。
注意：凡工程类别标准中，有两个指标控制的建筑工程，只要满足其中一个指标即可按该指标确定工程类别。

(3) 不同层数组成的单位工程,当高层部分的面积(竖向切分)占总面积30% 以上时,按高层的指标确定工程类别,不足 30% 的按低层指标确定工程类别。

(4) 以建筑面积、檐高、跨度确定工程类别时,如该工程指标达不到高类别的指标,但工程施工难度很大的(如建筑造型复杂、有地下室、基础要求高、采用新的施工工艺的工程等),其类别由各市工程造价管理部门根据实际情况予以核定。

(5) 单独地下室工程的建筑工程按二类标准取费,如地下室建筑面积≥10 000 m² 则按一类标准取费。

(6) 建筑物、构筑物高度系指设计室外地面标高至檐口顶标高(不包括女儿墙,高出屋面电梯间、楼梯间、水箱间等的高度),跨度系指轴线之间的宽度。

(7) 强夯法加固地基、基础钢管支撑均按建筑工程二类标准执行。深层搅拌桩、粉喷桩、基坑锚喷护壁按制作兼打桩三类标准执行。专业预应力张拉施工如主体为一类工程按一类工程取费;主体为二、三类工程均按二类工程取费。

(8) 预制构件制作工程类别划分按相应的建筑工程类别划分标准执行。

(9) 轻钢结构的单层厂房按单层厂房的类别降低一类标准计算,但不得低于最低类别标准。

(10) 确定类别时,地下室、半地下室和层高小于 2.2 米的均不计算层数。

(11) 与建筑物配套的零星项目,如化粪池、检查井、分户围墙按相应的主体建筑工程类别标准确定外,其余如厂区围墙、道路、下水道、挡土墙等零星项目,均按三类标准执行。

(12) 建筑物加层扩建时要与原建筑物一并考虑套用类别标准

(13) 在确定工程类别时,对于工程施工难度很大的(如建筑造型复杂、有地下室、基础要求高、采用新的施工工艺的工程等),以及工程类别标准中未包括的特殊工程,如展览中心、影剧院、体育馆、游泳馆、别墅、别墅群等,由当地工程造价管理机构根据具体情况确定,报上级造价管理机构备案。

2.2.7 建筑工程造价计算程序

1) 费用计算方法
(1) 分部分项费用

$$\text{分部分项费用} = \text{综合单价} \times \text{工程量} \tag{2.2.8}$$

式中,综合单价=人工费+材料费+机械费+管理费+利润

管理费=(人工费+机械费)×费率

利润=(人工费+机械费)×费率

(2) 措施项目费用

① 以分部分项工程费为计算基础

$$措施项目费 = 分部分项工程费 \times 费率 \qquad (2.2.9)$$

② 以综合单价为计算基础

$$措施项目费 = 综合单价 \times 工程量 \qquad (2.2.10)$$

(3) 其他项目费用

其他项目费用可双方约定。

(4) 规费

$$规费 = (分部分项费用 + 措施项目费用 + 其他项目费用) \times 费率 \qquad (2.2.11)$$

(5) 税金

$$税金 = (分部分项费用 + 措施项目费用 + 其他项目费用 + 规费) \times 税率 \qquad (2.2.12)$$

(6) 工程造价

$$工程造价 = 分部分项费用 + 措施项目费用 + 其他项目费用 + 规费 + 税金 \qquad (2.2.13)$$

2) 费用计算说明

(1)《江苏省建筑与装饰工程费用计算规则》中人工工资标准分为3类：一类工标准为28元/工日；二类工标准为26元/工日；三类工标准为24元/工日。单独装饰工程的人工工资可在计价表单价基础上调整为30～45元/工日。目前江苏省为2008年4月1日开始执行的价格标准：一类工标准为47元/工日；二类工标准为44元/工日；三类工标准为41元/工日。单独装饰工程的人工工资可在计价表单价基础上调整为54～70元/工日，具体在投标报价或由双方在合同中予以明确。

(2) 包工不包料工程为以下标准：建筑工程58.00元/工日，单独装饰工程69.00～86.00元/工日。点工为以下标准：建筑工程48.00元/工日，单独装饰工程60.00元/工日。其中包括了管理费、利润和劳动保险费。

(3) 建筑工程管理费和利润计算标准：建筑工程计价表中的管理费是以三类工程的标准列入子目，其计算基础为人工费加机械费。利润不分工程类别按规定计算。

(4) 单独装饰工程管理费、利润取费标准：装饰工程的管理费、利润不分企业资质等级按规定计算。

(5) 机械施工大型土石方工程、单独基础打桩工程造价计算程序同建筑与装饰工程造价计算程序，分别如表2.2.3和表2.2.4所示。

表 2.2.3　机械施工大型土石方工程、单独基础打桩工程造价计算程序(包工包料)表

序号	费用名称		计算公式	备注
一	分部分项工程量清单费用		工程量×综合单价	
	其中	1. 人工费	人工消耗量×人工单价	
		2. 材料费	材料消耗量×材料单价	
		3. 机械费	机械消耗量×机械单价	
		4. 企业管理费	(1+3)×费率	
		5. 利润	(1+3)×费率	
二	措施项目清单计价		分部分项工程费用×费率 或综合单价×工程量	
三	其他项目费用			
四	规费			
	其中	1. 工程排污费	(一+二+三)×费率	
		2. 建筑安全监督管理费		
		3. 社会保障费		
		4. 住房公积金		
五	税金		(一+二+三+四)×费率	按当地规定计取
六	工程造价		一+二+三+四+五	

表 2.2.4　建筑与装饰工程造价计算程序(包工不包料)表

序号	费用名称		计算公式	备注
一	分部分项工程量清单人工费		人工消耗量×人工单价	
二	措施项目清单计价		(一)×费率或工程量×综合单价	
三	其他项目费用			
四	规费			按规定计取
	其中	1. 工程排污费	(一+二+三)×费率	
		2. 建筑安全监督管理费		
		3. 社会保障费		
		4. 住房公积金		
五	税金		(一+二+三+四)×费率	按当地规定计取
六	工程造价		一+二+三+四+五	

复习思考题

1. 建设工程投资由哪几部分组成？
2. 根据现行规定，我国建筑安装工程造价可分解为哪几部分性质不同的费用？
3. 现场管理费和企业管理费有何异同点？为何要把经营管理费分为现场管理费和企业管理费？其目的是什么？
4. 设备费、工器具费两者的区别是什么？
5. 工程建设其他费用主要包括哪几方面？
6. 按现行费用定额的规定，建筑工程费用由哪几部分组成？
7. 如何划分工程类别？
8. 简述现行建筑安装工程造价的计算程序。

3 工程定额原理

工程是人们为获得固定资产而开展的一次性活动。工程的实施过程,首先必须明确工程目标,即所需的固定资产,其次必须组织劳动力和机械设备等资源形成相应的生产能力,再次必须将这种生产能力作用在相关的材料上,最终将这些材料转变成所需的固定资产。

在组织资源形成生产能力并借助于这种生产能力最终将材料转变成固定资产的过程中,必须使用资源并消耗材料。我们将工程实施过程中必须使用资源和消耗材料的数量标准称为工程定额。工程定额规定工程实施过程中必须达到的生产率水平。

工程定额作为规定工程实施过程生产率水平的数量标准,是编制工程实施计划、估算工程造价以及对工程实施过程进行有效控制的重要依据。

3.1 工程定额概述

工程定额是工程实施过程中能够达到的生产率水平的数量标准。为了编制出符合实际的工程定额,我们必须研究工程的实施过程,并以此为基础,通过总结工程实施过程中投入和产出的数量关系,揭示相对稳定的生产率水平,并将这种相对稳定的生产率水平转化成其适用范围内的数量标准。

根据不同的性质,我们可以将工程定额分成不同的种类,不同种类的工程定额具有不同的特点,相应的,其作用也不尽相同。

3.1.1 工程定额的基本概念

工程定额是指在正常的施工条件下,完成单位合格工程产品所需人工、材料、机械等生产要素消耗的数量标准。

在理解工程定额的概念时,必须注意以下几个问题:

(1) 工程定额属于生产消费定额的性质。工程实施过程是物质资料的生产过程,而物质资料的生产过程必然也是生产的消费过程。无论是新建、改建、扩建,还是恢复工程,都要消耗大量的人力、物力和资金,工程定额所反映的正是在一定的生产力发展水平条件下,完成工程产品与相应生产消费之间的特定的数量关系。

工程产品与相应生产消费之间的特定的数量关系,一经定额编制部门的确定,即成为工程实施过程中生产消费的限量标准。这种限量标准,一方面是定额编制部门对工程实施单位在生产效率方面的一种要求;另一方面也是工程实施单位用来编制工程计划、考核和评价工程实施成果的重要标准。

(2)工程定额的定额水平,必须与当时的生产力发展水平相适应。人们一般把工程定额所规定的生产要素消耗量的大小称为定额水平。定额水平受一定的生产力发展水平的制约,一般来说,生产力发展水平高,则生产效率高,生产过程中的消耗就少,定额所规定的生产要素消耗量应相应的降低,称为定额水平高;反之,生产力发展水平低,则生产效率低,生产过程中的消耗就多,定额所规定的生产要素消耗量应相应的提高,称为定额水平低。

工程定额的定额水平必须如实地反映当时的生产力发展水平,反映现实的生产效率水平。或者说,工程定额所规定的生产要素消耗的数量是在一定的生产力发展水平、一定的生产效率水平条件下的限量标准。为此,在编制工程定额时,必须根据定额的不同作用,在其适用范围内选择有代表性的工程实施过程加以考察、测定,即必须从生产工艺、机械装备、组织管理水平等多个角度,构筑一个定额适用范围内大部分生产部门或单位能够达到的工程实施过程作为样本,然后通过对样本的考察、测定,获得生产要素消耗量的数据,借助定额编制部门的权威把它转变成一种限量标准,作为今后其他工程实施过程中生产性消费的限量标准。

(3)工程定额所规定的生产要素消耗量,是指完成单位合格工程产品所需消耗生产要素的限量标准。这里所谓的工程产品是一个笼统的概念,是一种假设产品,其含义随不同的定额而改变,它可以指整个工程项目的建设过程,也可以指工程施工中的某个阶段,甚至可以指某个施工作业过程或某个施工工艺环节。一般来说,把工程产品称为工程定额的标定对象,不同的工程定额有不同的标定对象。

(4)工程定额反映的生产要素消耗量的内容包括为完成该工程产品的生产任务所需的所有消耗。工程实施过程是一项物质生产活动,为完成物质生产过程必须形成有效的生产能力,而生产能力的形成必须消耗劳动力、劳动对象和劳动工具,反映在工程实施过程中,即为人工、材料和机械等三种消耗。

3.1.2 工程定额的分类及作用

工程定额是工程建设管理中所使用的各类定额的总称,为了对工程定额有一个全面的了解,必须按照不同的原则和方法对其进行科学的分类。按照不同的分类方法,工程定额可以分成不同的类型。不同类型的定额,其作用也不尽相同。

1)按照定额所反映的物质消耗的性质分

工程定额按照定额所反映的物质消耗的性质可以分成劳动定额、材料消耗定额及机械台班消耗定额等三种类型。

(1)劳动定额

劳动定额是指在正常的施工条件下,完成单位合格工程产品所需劳动力消耗的数量标准。劳动定额所反映的劳动力消耗,其含义是指活劳动的消耗,而不是活劳动和物化劳动的全部消耗。按反映活劳动消耗的方式不同,劳动定额有时间定额和产量定额两种形式。时间定额以劳动力的工作时间消耗为计量单位来反映劳动力的消耗,其形式表现为完成单位合格工程产品所需消耗生产工人的工作时间标准;而产量定额则以生产工人在单位时间里所必须完成的工程产品的数量来反映劳动力的消耗,其形式表现为生产工人在单位时间里必须完成工程产品的产量标准。为了便于综合和核算,劳动定额大多采用时间定额的形式。

(2) 机械台班消耗定额

机械台班消耗定额是指在正常的施工条件下,完成单位合格工程产品所需机械消耗的数量标准。按反映机械消耗的方式不同,机械台班消耗定额同样有时间定额和产量定额两种形式。时间定额以机械的工作时间消耗为计量单位来反映机械的消耗,其形式表现为完成单位合格工程产品所需消耗机械的工作时间标准;产量定额则以机械在单位时间里所必须完成的工程产品的数量来反映机械的消耗,其形式表现为机械在单位时间里必须完成工程产品的产量标准。由于我国习惯上是以一台机械一个工作班(台班)为机械消耗的计量单位,所以又称为机械台班消耗定额。

(3) 材料消耗定额

材料消耗定额是指在正常的施工条件下,完成单位合格工程产品所需材料消耗的数量标准。材料作为劳动对象是构成工程的实体物资,需用数量很大,种类繁多,所以材料消耗量的多少、消耗是否合理,不仅关系到资源的有效利用,影响市场供求状况,而且对工程的项目投资、建筑产品的成本控制都起着决定性的影响。

材料消耗定额在很大程度上可以影响材料的合理调配和使用,在产品生产数量和材料质量一定的情况下,材料的供应计划和需求都会受材料定额的影响。重视和加强材料定额管理,制定合理的材料消耗定额,是组织材料的正常供应、保证生产顺利进行、合理利用资源、减少积压浪费的必要前提。

由于劳动力、劳动对象和劳动工具是形成生产力的三个基本要素,所以任何生产过程均伴随着上述三个基本要素的消耗。反映在工程领域,任何工程实施过程均伴随着人工、材料和机械的消耗。所以把劳动定额、材料消耗定额和机械台班消耗定额称为三大基本定额,它们是组成任何使用定额消耗内容的基础。

2) 按照定额的编制程序和用途分

工程定额划按照定额的编制程序和用途可以分为施工定额、预算定额、概算定额或概算指标等三种类型。

(1) 施工定额

施工定额是指在合理劳动组织和节约材料的前提下,完成单位合格工程产品的施工任务所需人工、机械和材料消耗的数量标准。

施工定额是一种作业性定额,包括资源定额和材料消耗定额二部分内容。其中,资源定额反映具有合理资源配置的专业生产班组在开展相应施工活动时必须达到的生产率水平,它是考核施工单位劳动生产率的标尺;材料消耗定额反映在合理节约材料的前提下完成建筑构件的施工任务所需材料消耗的数量标准。施工定额是施工企业开展生产管理和确定工程施工成本的重要依据。

施工定额是施工企业进行生产管理的基础,也是工程定额体系中最基础性的使用定额,它在施工企业生产管理工作过程中所发挥的主要作用如下:

① 施工定额是施工企业编制施工组织设计和施工作业计划的依据。各类施工组织设计的内容一般包括三个方面,即拟建工程施工对资源和材料的需求、使用这些资源和材料的最佳时间安排和施工现场平面规划。确定拟建工程的资源和材料需求量,要依据施工定额;排列施工进度计划以确定不同时间上的资源配置和相应的材料需求也要依据施工定额。

施工作业计划的内容一般也包括三个方面:本月(旬)应完成的施工任务、完成施工任务的资源和材料需求计划、提高劳动生产率和节约材料措施计划。编制施工作业计划要用施工定额提供的数据作为依据。

② 施工定额是组织和指挥施工生产的有效工具。施工企业组织和指挥施工生产应按照施工作业计划下达施工任务书。施工任务书列明应完成的施工任务,也记录生产班组实际完成任务的情况,并且据此进行班组工人的工资结算。施工任务书上的工程计量单位、产量定额和计件单位,均需取自施工定额,工资结算也要根据施工定额的完成情况计算。

③ 施工定额是计算工人劳动报酬的根据。社会主义的分配原则主要是按劳分配,所谓"劳"主要是指劳动的数量和质量、劳动的成果和效益。施工定额是衡量工人劳动数量和质量的标准,是计算工人计件工资的基础,也是计算奖励工资的依据。完成定额好,工资报酬就多;达不到定额,工资报酬就少,真正实现多劳多得,少劳少得。

④ 施工定额有利于推广先进技术。作业性定额水平中包含着某些已成熟的先进的施工技术和经验,工人要达到和超过定额,就必须掌握和运用这些先进技术,注意改进工具和改进技术操作方法,注意原材料的节约,避免浪费。当施工定额明确要求采用某些较先进的施工工具和施工方法时,贯彻作业性定额就意味着推广先进技术。

⑤ 施工定额是编制施工预算,加强成本管理和经济核算的基础。施工预算是施工企业用以确定单位工程人工、机械、材料和资金需要量的计划文件,它以施工定额为编制基础,既反映设计图纸的要求,也考虑在现实条件下可能采取的提高生产效率和降低施工成本的各项具体措施。严格执行施工定额不仅可以起到控制消耗、降低成本和费用的作用,同时为贯彻经济核算制度、加强班组核算和增加盈利

创造了良好的条件。

由此可见,施工定额在施工企业生产管理的各个环节中都是不可缺少的,并且对施工定额的管理是有效开展施工管理的重要的基础性工作。

(2) 预算定额

预算定额是指在合理的劳动组织和正常的施工条件下,完成单位合格工程产品的施工任务所需人工、机械、材料消耗的数量标准。预算定额是一种计价性定额,反映在合理劳动组织和正常施工条件下生产单位合格建筑构件所需在施工现场发生的所有消耗,它是采用单价估算法估算工程造价的主要依据。

预算定额作为计价性定额,应该由施工企业自行编制并作为本企业确定投标报价的直接依据。预算定额的主要作用如下:

① 预算定额是确定工程造价的重要依据。工程造价具有单件性的特点,为有效地确定工程的承包造价,根据我国现行工程造价计价办法的规定,每个工程均应根据其不同的工程特点并依据相应的预算定额单独进行工程造价的计价活动。从工程造价的计价程序看,无论是施工图设计阶段编制施工图预算、工程发包阶段编制招标控制价或投标报价、工程施工阶段确定中间结算造价、还是工程竣工阶段编制竣工结算,都离不开预算定额。

② 预算定额是施工企业控制工程造价的基础。施工企业进行工程造价控制的内容包括两个方面:一是通过对外正确核算工程造价以确保企业的合理的收入;二是通过对内实施费用控制以确保合理降低施工成本,不论是对外核算工程造价还是对内实施费用控制均需要依据预算定额。

③ 预算定额是投资决策的重要依据。建设项目投资决策部门可以利用预算定额估算项目所需的投资额,在此基础上预测建设项目的现金流量,有效提高项目决策的科学性,从而优化投资行为。

(3) 概算定额或概算指标

概算定额或概算指标是指在一般社会平均生产力发展水平及一般社会平均生产效率水平的条件下,完成单位合格工程产品的建设任务所需人工、机械、材料消耗的数量标准。概算定额或概算指标作为计价性定额,反映在一般社会平均生产力发展水平及一般社会平均生产效率水平的条件下完成单位合格工程产品所需人工、材料、机械的消耗标准,它是项目建议书可行性研究和编制设计任务书阶段编制投资估算、计算投资需要量的重要依据;也是编制扩大初步设计概算阶段计算和确定工程概算造价、计算劳动力、机械台班、材料需要量的重要依据。

概算定额或概算指标非常概略,其定额项目划分很粗,定额对象所包括的工程内容很综合,一般以完成工程扩大结构构件甚至整个单位工程的施工任务为计算对象,以适应在项目建议书可行性研究和编制设计任务书阶段编制投资估算或在扩大初步设计阶段编制扩大初步设计概算的需要。概算定额或概算指标是建设项目的投资主体控制项目投资的重要依据,在工程建设的投资管理中发挥着重要的作用。

在工程实施过程的各个不同阶段上,出于投资控制和价格管理的需要,分别要使用施工定额、预算定额、概算定额或概算指标作为确定并控制工程造价的依据,所以一般把上述三种定额称为三大使用定额。

3.2 时间研究

时间研究的成果是编制资源定额的直接依据,资源定额是在时间研究的基础上经标准化过程所形成的、施工企业据此开展内部生产管理的企业标准。

3.2.1 时间研究的概念

时间研究是测量完成一项工作所需资源时间的应用技术。对施工过程开展时间研究,其研究对象是施工单元,研究成果是施工单元的额定生产率,采用的方法是时间测量技术。

从施工组织的角度看,施工单元是组成施工项目的最基本的活动单元。依据一定资源配置所能形成的施工生产能力,施工单元具有属于其自身属性的相对稳定的生产率。时间研究的目的,就是借助于时间测量技术,将属于施工单元自身属性的额定生产率揭示出来。

时间测量技术是指在一定的标准测量条件下,通过对施工单元的作业时间和相应产出成果进行观察记录和统计分析,最终确定施工单元额定生产率的程序和方法。

组成施工项目的施工单元,由于不可避免地会受到干扰因素的影响,在实际施工过程中,同一个施工单元在不同的工程上,或同一个施工单元在同一工程的不同施工阶段上,其能够达到的实际生产率水平是不同的。时间测量技术企图运用现场测量和统计分析的原理,排除施工过程中影响施工单元生产率的一系列干扰因素,从而确定在既定的标准工作条件下由施工单元自身属性决定的生产率标准。

生产率作为用以衡量生产过程投入和产出关系的经济指标,通常用完成一个计量单位施工单元的施工任务所需施工资源的工作时间或在一定资源配置条件下单位时间内所能形成施工单元产出成果的数量二种方式来计量。科学合理的生产率标准,可在施工项目管理的以下几方面发挥重要作用:

(1) 为编制资源定额的提供直接依据;
(2) 为确定合适的人员和机械配置提供决策依据,实现施工项目的均衡施工;
(3) 为成本和进度控制提供依据,从而确定标准的计划目标。

3.2.2 工作时间分析

施工单元生产率的大小主要取决于其施工过程所需占用施工资源的工作时间和相应产出数量的比例关系。对施工资源工作时间的计量，出于使用上的需要，一般采用标准时间的计量方式。

标准时间即定额时间，是指在正常的施工条件下，施工资源开展施工活动所必需的时间占用，它由直接完成施工任务所需的基本时间和必须分摊的时间损耗两部分组成。工作时间分析的作用，就在于通过对构成标准时间的基本时间和时间损耗进行明确的定义，为时间测量工作提供统计分组的依据。

考察施工单元所使用的资源在施工过程中的活动规律可以发现，在工作班延续时间内，施工资源的时间分配方式如下：

1) 基本时间

基本时间是指发生在与完成施工作业直接相关的施工活动上的资源时间，该时间反映施工资源按完成施工作业的工艺要求开展工作所能达到的最高的生产率水平。根据在施工作业过程中所发挥作用的不同，基本时间一般包括基本工作时间、辅助工作时间和不可避免的中断时间等三种情况。

（1）基本工作时间

基本工作时间是施工资源在完成施工作业的工作过程中直接作用于施工对象使其改变外形、位置、形态的时间。例如在施工资源的直接作用下使钢筋成型、使混凝土变成构件、把材料从一个地点运送到另一个地点等。

（2）辅助工作时间

辅助工作时间是指为确保基本工作能顺利进行而必须开展的辅助性工作所需的时间。资源在进行辅助性工作时并不能使施工对象发生外形、位置、形态的改变，但它是完成施工作业所必需发生的。例如，在砌筑砖墙时必须挂灰线、施工过程中对工具的校正和维护、施工机械的调整以及搭设小型脚手架、运输车辆空车返回等。

（3）不可避免的中断时间

不可避免的中断时间是指由于施工作业的工艺特点引起了施工作业的中断，使资源处于停等状态的时间。受施工工艺和技术条件的限制，在施工过程中客观上存在着资源的停等，所以，资源的中断时间是由于施工单元的内部原因所引起的工作中断时间。例如，汽车在等待装车、卸货的时间、混凝土搅拌机在装料时的等待时间、与混凝土搅拌机配合施工的工人在搅拌机转动时的等待时间等。

基本时间的长短是由施工单元自身性质决定的，属于完成施工作业所必需的"内部"时间，它是在不受任何干扰因素影响的条件下，独立地完成施工作业所需占用资源的时间。

考虑到工程施工的特殊性，在确定施工单元所需资源时间的过程中，在计算基本时间的基础上,还必须适当考虑资源在工作班延续时间内不可避免的时间损耗。

2) 合理的时间损耗

合理的时间损耗是指虽然不是直接发生在施工单元的作业过程中,但受现有施工方法和组织体制的制约,施工资源在工作班内发生的不可避免的时间损耗。按照引起时间损耗的原因分类,则合理的时间损耗一般可包括准备与结束工作时间、必要的休息时间和意外事件引起的时间损耗等三种情况。

(1) 准备与结束工作时间

准备与结束工作时间是指发生在执行施工任务前和完成施工任务后分别所需开展的准备工作和结束工作所占用资源的时间。在工作班延续时间内,施工资源除了从事与完成施工任务直接相关的施工作业外,还必须为执行施工任务进行必要的准备和结束工作。根据引起准备和结束工作的原因分,一般可分为班内准备与结束时间和任务内准备与结束时间。

班内准备与结束时间是指受作息制度的影响,每天上班后到正式开始工作期间所需进行必要准备的时间和每天结束工作任务到正式下班期间从事必要结束工作的时间。班内准备工作时间包括每天从工地仓库领取料具的时间、机器开动前的观察和试车时间、到达工作面的时间以及由于各专业生产班组之间的不同步引起的等待时间等。班内结束工作时间包括清理机械设备的时间、整理清洗工具的时间、退还料具的时间、从工作面上下来的时间等。

任务内准备和结束时间是指与工作班的交替无关,而是在接受和完成具体施工任务时必须开展的准备工作和结束工作的时间。例如在接受施工任务时的技术交底时间、研究施工图纸的时间、接受施工任务书的时间以及交工验收的时间等。

(2) 必要的休息时间

必要的休息时间是指生产工人在施工过程中为恢复体力所必需的短暂休息以及由其他生理需要引起的时间损耗,这种时间是为了保证工人精力充沛地进行工作,应作为合理损耗的时间。受生理和心理因素的制约,生产工人在工作班内必须进行适度的休息以确保能精力充沛地进行工作,由工人的休息所引起的施工资源的闲置等待的时间是资源在工作班内客观存在的时间损耗。

(3) 意外事件引起的时间损耗

在现场施工过程中客观上存在着一些不能精确定义但又可能发生的意想不到的事件,意外事件的发生可能会引起配置在施工现场的资源出现停等或降低工作效率的情况。由意外事件引起现场资源的闲置等待或工作效率的降低,同样是施工资源在工作班内时间分配的组成部分,所以必须将其计入标准时间。意外事件引起的时间损耗包括:

① 工具的损坏、调整和维修引起的等待时间;

② 由分包商的过错、材料短缺、机械损坏等原因引起的资源闲置等待时间;

③ 意料不到的现场条件,如不良的地面条件或恶劣天气等引起的工作效率降低;
④ 一次性作业;
⑤ 施工过程中出现的其他干扰因素,如设计变更或地基条件变更等。

合理的时间损耗是指受现有施工方法及组织体制的制约而发生的在工作班内施工资源的时间损耗,由于其不可避免,所以必须纳入标准时间的计量范围。

3) 损失时间

损失时间即非定额时间,是指与完成施工单元的作业过程无关,在工作班内由于施工技术和组织上的缺点、操作人员的过错等因素所引起资源时间的损失。由于该损失时间可以通过加强管理予以避免或可以在进度计划中定量地反映,所以它不能作为标准时间的组成部分。

(1) 多余工作时间

多余工作时间是指施工资源进行了生产任务以外的工作而引起的时间损失。例如对质量不合格的产品进行返工的时间、盲目提高质量标准引起的生产效率降低等。多余工作时间一般是由生产工人或管理人员的差错引起的,所以一般可通过加强管理加以避免。

(2) 组织不当引起的资源闲置

在施工过程中,相关施工活动之间存在着技术和组织上的相互关系,这种关系的存在使得施工活动不能以完全自主的方式进行施工作业,常使得某项施工活动的作业过程受其他相关施工活动作业进展情况的制约。如果组织不当,则存在于施工活动之间的不协调关系可能会引起施工活动的作业中断从而导致配置于该施工活动上的资源出现闲置。

由于组织不当引起的资源闲置时间主要来源于施工活动之间的不协调的制约关系,所以该时间不是完成施工活动所必需的,它不属于标准时间的考虑范围。

虽然在确定施工活动的标准时间时不考虑由于施工组织不当引起的资源闲置时间,但这种时间损失可能在施工过程中客观存在,对于因组织不当而引起的资源闲置时间,一般可以在该施工项目的进度计划中得到定量的体现。

(3) 违反劳动纪律的时间损失

违反劳动纪律的时间损失是指工人在工作班内因迟到、早退、擅自离岗、办私事等不遵守劳动纪律引起的时间损失。

施工资源在工作班内的时间分配,包括与完成施工作业直接相关的基本时间、受现有施工方法和组织体制的制约不可避免的时间损耗以及不合理的时间损失等三个部分,其中基本时间与合理的时间损耗构成了资源完成施工单元作业过程的标准时间。时间研究的任务,就是借助于时间测量和统计分析技术,在把握施工资源在工作班内时间分配规律的基础上,定量地研究施工资源在某施工单元作业过程中的基本时间以及相应的时间损耗,并在此基础上确定该施工单元的标准时间。

3.2.3 时间研究的程序

时间研究的目的是测量完成一项施工活动所需的标准时间,以便建立生产工人和施工机械在完成该施工活动的施工任务时所能达到的生产率标准。为了使研究成果具有普遍的适用性,时间研究一般按如下程序开展工作:

1) 确定并定义时间研究的对象

时间研究的对象就是需要进行时间测量的施工单元,为了获取稳定的测时数据以确保时间研究的成果具有普遍的适用性,必须对需要开展时间测量的施工单元进行严格的定义。通过定义施工单元所包含的工作内容、配置在施工现场的资源、施工作业的对象、所处的施工条件以及测量其产出成果时所采用的计量单位和计量规则等内容以完成对施工单元的标准化过程。

2) 基本时间的测量

在确定并定义施工单元的基础上,深入施工现场,选择有代表性的施工单元作为统计调查的样本,对其施工过程进行计时观察,记录在一定资源配置条件下该施工单元的基本时间以及相应的产出数量,并据此计算该施工单元完成单位产出成果所需基本时间的观察值。

反复进行若干次计时观察,记录抽样调查所需的样本数据,在此基础上对样本数据进行统计分析,最终确定施工单元的基本时间。

3) 时间损耗的测量

以某项施工单元的实施主体,也就是实施该施工单元的专业生产班组中的施工资源为观察对象,对其在工作班内的时间分配情况进行写实记录,计算该施工单元所属的施工资源在工作班内所发生的合理时间损耗与工作班延续时间的百分比。

反复若干次这样的写实记录,形成抽样调查所需的样本数据,对样本数据进行统计分析,获得能够反映该施工单元所属施工资源在工作班内所需合理时间损耗与工作班延续时间比例关系一般水平的百分比数据,则该百分比数据即为施工单元的合理时间损耗率。

4) 确定施工单元的额定生产率

将施工单元的基本时间加上相应的合理时间损耗即为该施工单元的标准时间。由于施工单元的标准时间反映该施工单元在标准的工作条件下完成单位产出任务所需的资源时间,所以它就是该施工单元的额定生产率。

3.2.4 确定并定义时间研究的对象

如前所述,在开展时间测量之前,必须在对施工过程进行研究的基础上,建立划分施工单元的标准,进而在该标准的指导下将施工过程分解成不同的施工单元,并对施工单元的工作内容、资源配置、作业对象、生产条件、计量单位及相应计量规则等内容进行严格的定义,以完成对施工单元的标准化过程。

1) 工作内容

对施工单元所含工作内容的定义,就是要明确施工单元所需完成施工任务的具体内容并据此规定不同施工单元之间在施工任务上的分界线。

施工单元的工作内容是指该施工单元的实施主体在开展施工作业时必须完成的施工任务。在定义施工单元的工作内容时,应该根据完成施工任务的工艺要求确定其实施主体所必须完成的具体工作。

组成施工项目的施工单元之间客观上存在着十分紧密的系统联系,他们原本是不可分割的有机整体。所谓对施工单元的划分,其实是按实施主体的不同,在概念上对施工过程所进行的人为分解。从而,在定义施工单元的工作内容时,还必须对不同施工单元之间的边界条件进行明确的规定。

2) 资源配置

作为施工单元实施主体的施工资源,其配置情况直接决定施工单元生产率的高低,在不同资源配置条件下完成同一项施工任务,其生产率是不同的。所以,在定义施工单元时,必须对配置在施工单元上的通常以专业生产班组形式存在的施工资源的配置情况进行定义,明确组成该专业生产班组的施工资源的性质、种类、规格以及不同资源之间的数量结构等情况。

配置在施工单元上的资源,按其在施工过程中所发挥作用的不同,一般可分为主动性资源和辅助性资源二类。主动性资源是指在施工过程中处于主动地位并且可以自主作业的资源,该资源所具有的生产能力直接决定了施工单元的生产率。例如,在"搅拌混凝土"施工单元的实施主体中,由于混凝土搅拌机在搅拌混凝土的施工作业中处于主动地位,所以是主动性资源。辅助性资源是指在施工过程中处于被动地位并且仅仅对主动性资源的作业过程起辅助作用的资源。由于该资源只是发挥辅助性作用,所以其生产能力的发挥要受主动性资源作业状况的影响。例如,在"搅拌混凝土"施工单元的实施主体中,由于与混凝土搅拌机配合施工的普通工人在搅拌混凝土的施工作业中处于辅助地位,所以是辅助性资源。

由于不同性质、不同种类和规格,以及不同数量构成的施工资源的组合能形成不同的生产能力,所以在对施工单元的资源配置进行定义时,必须在区分主动性资源和辅助性资源的基础上,明确规定施工单元所采用的这些资源的具体种类和规格,并确定相应的数量构成。

3) 作业对象

施工单元的作业对象是指如建筑材料和构配件等施工作业所指向的物料。由于施工过程所采用物料的品种、规格以及质量等级不同,同样会影响施工单元的生产率,所以,必须对施工单元的作业对象进行明确的定义。

4）施工生产条件

由于施工生产条件也会影响施工单元的生产率，所以，为了获得稳定的测时数据，必须对施工单元所处的"正常"的施工生产条件进行明确的定义。

所谓"正常"的施工产生产条件的具体内容，一般包括如下几个方面：

(1) 施工方法

在一定资源配置条件下完成同样的施工任务，采用不同的施工方法会产生不同的生产率，施工单元的生产率应该以科学合理的施工方法为前提。为此，必须根据施工经验或通过施工方法研究确定施工单元完成施工任务所应采用的科学合理的方法。

(2) 用工制度

用工制度包括雇佣条件、劳动组织形式、作息时间以及工资报酬的支付方式等内容。不同的用工制度不仅会影响生产班组在工作班延续时间内的时间分配，而且会影响工人的生产积极性，从而影响施工单元的生产率。

(3) 安全措施

施工单元的生产率应该以确保安全施工为前提，为此，务必根据施工规范和安全操作规程的要求，确定施工单元在完成施工任务时必须采取的安全措施。

(4) 气候条件

正常的施工生产条件还应该包括气候的因素，在定义所谓"正常"的气候条件时，一般应将大风、暴雨、严寒、高温等恶劣天气排除在外。

施工单元能够达到的生产率水平，必须以"正常"的施工生产条件为前提，所谓"正常"的施工生产条件，应该是在符合有关施工技术规范和安全操作规程的要求、符合正确的施工组织和劳动管理条件、采用已经推广的先进的施工技术和方法的基础上，施工企业在组织施工时应该具备也能够具备的施工生产条件。

5）生产成果的质量标准、计量单位和计量规则

对施工单元进行定义，还必须对施工单元的生产成果、也就是对通过施工作业所形成的工程产品的质量标准、计量单位及计量规则进行明确的规定。

对施工单元的生产成果进行定义，就是要明确规定生产成果的产品标准、规格和质量要求等方面内容。为了对施工单元的成果进行有效计量，还必须规定施工单元生产成果的计量单位和相应的计量规则。

对施工单元进行划分和定义，是一项技术要求高并且十分烦琐的基础性工作，该工作的质量状况将直接影响到时间研究的质量和效率。为了形成能有效代表施工项目工作分解结构一般模式的施工单元体系，必须组织专门机构从事该项工作以完成对施工单元的标准化过程。

3.2.5 基本时间的测量

施工单元的基本时间必须来源于实际的施工作业过程。在确定并定义时间研

究对象的基础上,时间测量人员必须深入施工现场,选择有代表性的施工单元作为抽样调查的样本。通过直接观察施工单元的作业过程,测量并记录被观察的施工单元在完成施工任务时所发生的时间消耗和相应施工成果的数量,据此计算每次抽样调查所形成的施工单元基本时间的观察值。反复进行若干次这样的抽样调查,当施工单元基本时间的观察值达到一定数量时,借助于统计分析的原理,就可以据此计算出该施工单元的相对稳定的基本时间。

用以测量施工单元基本时间的调查记录表,必须能全面地反映被测量对象的相关信息。表3.2.1是测量施工单元基本时间所用的观察记录表。

表3.2.1 时间研究观察记录表(基本时间观察记录)

工程名称:某工程　　　　　　　　　　　　　　　观察日期:某年某月某日

生产班组		单元名称		计量单位		完成数量	
记录人员		允许误差		置信程度		基本时间	
观察记录时的资源配置				对所处施工条件的描述			
记录编号	起始时间	终止时间	等级系数	延续时间	记录编号	起始时间	终止时间	等级系数	延续时间

注:为了能反映被观察对象的实际生产率水平,观察期通常取半个或整个工作班时间。

1) 确定抽样调查的适当范围

通过时间研究所确定的施工单元的生产率,一般具有一定的适用范围,所以,在定义时间研究的对象,即需要进行时间测量的施工单元时,我们允许其在工作内容、生产条件及产品标准等方面存在一定的差异。就某个施工单元而言,如果其适用范围大,则允许存在的误差大,相应的,该施工单元的综合程度高,但测时数据的准确性低;反之,如果其适用范围小,则允许存在的误差小,相应的,该施工单元的综合程度低,但测时数据的准确性高。

为了使抽样调查的数据更具代表性,在确定抽样调查的样本时,应根据施工单元的适用范围,充分考虑属于施工单元内部差异的变动因素,确保所选择的调查样本能有效地覆盖该施工单元适用范围内存在的各种差异。例如,由于施工单元的生产率必须适用于整个工作班时间,所以在选择调查样本时必须考虑使其分布在工作班延续时间的各个阶段上。再如,由于施工单元的生产率应该适用于所有正常的气候条件,所以在选择调查样本时应该考虑使其分布在属于正常气候条件的各种天气中。又如,在使用起重机浇筑混凝土构件的施工过程中,浇筑混凝土构件的速度随混凝土吊斗的大小、模板开口的尺寸以及所需浇筑的混凝土体量等因素的变化而变化,所以在选择调查样本时,必须根据施工单元的适用范围,使样本能覆盖不同大小的吊斗、模板开口和不同体积的混凝土构件。等等。

2) 确定等级系数

受生产工人主观因素的影响,施工单元在完成施工任务的作业过程中所处的工作状态有可能存在差异,相应的,即使抽样调查的对象完全相同,通过现场观察所形成的记录数据所反映的施工单元的生产效率也会有高低变化。为了将观察数据中受生产工人主观因素影响的成分抽象掉,我们必须根据施工单元的工作状态,确定所观察数据的等级系数。

时间测量人员必须具备从经验得来的用以判断不同的运转速度、努力程度、协调程度和熟练程度的标准等级的概念,并据此评估所观察的施工单元所处的工作状况。对施工单元工作状况的衡量,一般采用确定其等级系数的方法。按工作效率的高低,可将工作状态划分成若干个等级,分别确定相应的等级系数。

表 3.2.2 是在时间测量过程中确定施工单元工作状态的等级系数参考表。

表 3.2.2 等级系数参考表

企业名称:某施工企业

等级	等级系数	特征
高	1.25	非常快、高技能、非常积极
一般	1.00	正常、合格的技能、积极
较低	0.75	不快、一般水平的技能、无工作兴趣
很低	0.50	很慢、不熟练、没有积极性
消极	0.25	极慢、很不熟练、有对抗情绪

在对具体的施工单元进行时间测量时,时间测量人员必须对每次观察记录的作业过程确定一个等级系数来评估该施工单元所处的工作状态。根据每次观察的记录时间和相应的等级系数,采用式(3.2.1)和式(3.2.2)可确定每次观察记录的施工单元的延续时间。

$$某次记录的观察记录时间 = 终止时间 - 起始时间 \quad (3.2.1)$$

$$某次记录的延续时间 = 某次记录的观察记录时间 \times 等级系数 \quad (3.2.2)$$

3) 基本时间观察值

基本时间观察值是指根据某观察期内进行观察记录所得到的施工单元所属的资源延续时间与相应产出数量的比值,基本时间观察值可采用式(3.2.3)进行计算。

$$基本时间观察值 = \frac{资源配置强度 \times \sum 某次记录的延续时间}{观察记录产量} \quad (3.2.3)$$

式中,资源配置强度——被观察记录的专业生产班组中该资源的配置强度;

某次记录的延续时间——式(3.2.2)的计算结果;

观察记录产量——观察期内发生的与每次记录的延续时间之和相对应的产出数量。

例 3.2.1 于 2007 年 5 月 18 日对某工程所包括的"混凝土搅拌"施工单元进行为时 8 小时即整工作班的计时观察,所得观察记录的原始资料以及按式(3.2.1)和式(3.2.2)经计算所得的延续时间等数据详见表 3.2.3,则对该施工单元所属资源的基本时间观察值的计算如下:

$$混凝土搅拌机的基本时间观察值 = \frac{410 \times 1}{80} = 5.125 (\min \cdot m^3)$$

$$普通工人的基本时间观察值 = \frac{410 \times 2}{80} = 10.25 (\min \cdot m^3)$$

表 3.2.3 时间研究观察记录表 I(基本时间观察记录)

工程名称:某工程　　　　　　　　　　　　　　观察日期:2007 年 5 月 18 日

生产班组	现拌混凝土班组	单元名称	混凝土搅拌	计量单位	m³	完成数量	80 m³
记录人员	张三	允许误差	0.5	置信程度	95%	基本时间	搅拌机:5.125 普工:10.25
观察记录时的资源配置	0.5 m³ 混凝土搅拌机 1 台 普通工人 2 名与其配合施工			对所处施工条件的描述		正常	

续表 3.2.3

记录编号	起始时间	终止时间	等级系数	延续时间	记录编号	起始时间	终止时间	等级系数	延续时间
1	8:00	8:20	1.25	25	2	8:30	8:50	1.25	25
3	9:00	10:00	1	60	4	10:10	10:30	1.25	25
5	10:40	11:00	1.25	25	6	11:10	11:30	1.25	25
7	13:00	14:00	1	60	8	14:10	14:30	1.25	25
9	15:00	16:00	1	60	10	16:10	17:30	1	80

例 3.2.2 于 2007 年 5 月 28 日对某工程所包括的"混凝土浇捣"施工单元进行为时半个工作班的计时观察,所得观察记录的原始资料以及按式(3.2.1)和式(3.2.2)经计算所得的延续时间等数据详见表 3.2.4,则对该施工单元所属资源的基本时间观察值的计算如下:

$$瓦工基本时间观察值 = \frac{200 \times 12}{100} = 24 (\min \cdot m^3)$$

$$振捣机基本时间观察值 = \frac{200 \times 5}{100} = 10 (\min \cdot m^3)$$

表 3.2.4 时间研究观察记录表 Ⅱ(基本时间观察记录)

工程名称:某工程　　　　　　　　　　　　　　　观察日期:2007 年 5 月 28 日

生产班组	瓦工班组	单元名称	混凝土浇捣	计量单位	m³	完成数量	100 m³
记录人员	李四	允许误差	0.5	置信程度	95%	基本时间	振捣机:10 瓦工:24
观察记录时的资源配置	瓦工 12 名 混凝土振捣机 5 台与其配合施工			对所处施工条件的描述	正常		

记录编号	起始时间	终止时间	等级系数	延续时间	记录编号	起始时间	终止时间	等级系数	延续时间
1	9:00	8:00	1	60	2	9:10	9:50	1	40
3	10:00	11:00	1	60	4	11:20	12:00	1	40

4) 施工单元基本时间的确定

反复进行若干次观察记录,可得到由一系列基本时间观察值所组成的测时数列,则采用式(3.2.4)经计算得到的该测时数列的算术平均值,即为施工单元的基本时间。

$$X = \frac{\sum_{i=1}^{n} x_i}{n} \tag{3.2.4}$$

式中，X——基于实际观察次数的主动性资源基本时间观察值的算术平均数，通常将该平均数作为施工单元中该施工资源的基本时间；

x_i——通过第 i 次观察并经式(3.2.3)计算得到的该资源的基本时间观察值；

n——实际观察记录次数；

i——观察记录序数。

由于对施工单元的观察记录属于抽样调查，所以，采用式(3.2.4)经计算得到的基本时间属于抽样平均数，抽样平均数与总体平均数之间总是存在误差。为了将这种误差控制在所要求的范围内，必须根据给定的允许误差和置信度验证观察记录的次数。

在验证所需进行观察记录的次数时，通常以施工单元所属的主动性资源的基本时间为对象，采用式(3.2.5)进行计算。

$$N = \frac{t}{\Delta} \sqrt{\sum_{i=1}^{n}(x_i - X)^2} \quad \text{当 } N \leqslant n \text{ 时，符合次数要求} \tag{3.2.5}$$

式中，t——置信度的变量，一般称为概率度，可根据要求的"置信度"通过查阅"正态概率表"确定。例如，当所要求的"置信度"为95%时，查表得相应的"t"约等于"2"；

Δ——允许误差的值；

n——同式(3.2.4)；

i——观察记录序数；

x_i——同式(3.2.4)；

X——同式(3.2.4)；

N——为了达到既定的精度要求至少必须达到的观察记录次数。

例 3.2.3 如果对"混凝土搅拌"施工单元进行 20 次观察记录，形成如表 3.2.5 所示的由混凝土搅拌机的基本时间观察值所组成的测时数列，如果所要求的置信度为 95%，允许误差范围为 0.5 min，则套用式(3.2.5)以验证实际观察记录次数是否符合要求。

表 3.2.5 基本时间观察记录测时数列表

施工单元：混凝土搅拌　　　　　　　　　　　　　主动性资源：混凝土搅拌机

5	6	5.5	6.2	5
6	7	6	6	5
6	5	5.5	6.3	5
6.5	6.5	6	5	5.5

注：时间计量单位为"分"。

$$X = \frac{\sum_{i=1}^{n} x_i}{n} = \frac{5\times7+6\times5+6.5\times2+7+5.5\times3+6.3+6.2}{20} = 5.7(\min)$$

$$N = \frac{t}{\Delta}\sqrt{\sum_{i=1}^{20}(x_i - X)^2} = \frac{2}{0.5}\sqrt{\sum_{i=1}^{20}(x_i - 5.7)^2} = 11.012(次)$$

因为 $N \leqslant n$ 即 20≥11 所以，观察记录次数符合精度要求。

3.2.6 时间损耗的测量

时间损耗是指受现有施工方法和组织体制的制约，施工资源在工作班内必定要发生的而且必须计入施工单元标准时间的时间损耗。由于该时间损耗不是直接发生在施工单元完成施工任务的作业过程中，其时间损耗的大小与完成产量的多少并无直接关系，所以，在测量施工单元时间损耗的过程中，不能采用对施工单元的作业过程进行直接观察记录的方式，而是应该通过对施工单元的实施主体，也就是专业生产班组中的主动性资源在工作班内的时间分配情况进行写实记录及统计分析。在总结该主动性资源在工作班内时间分配的一般规律的基础上，确定相应的时间损耗率，该时间损耗率是将时间损耗计入施工单元标准时间的直接依据。

选择有代表性的工作班，以施工单元实施主体中的主动性资源作为观察记录的对象，对其在工作班的时间分配情况进行写实记录。通过对记录资料的整理，分别确定该施工单元实施主体中主动性资源在工作班延续时间内所发生的基本时间、时间损耗及损失时间占工作班延续时间的比例。在此基础上，计算施工单元时间损耗率的观察值。

对同一种施工资源在完成相同施工单元施工任务的工作班内的时间分配情况进行反复若干次写实记录，形成抽样调查所需要的样本数据。通过对样本数据的统计分析，最终得到能反映该主动性资源在完成相应施工单元施工任务的作业过程中时间损耗一般水平的时间损耗率。

用以对施工单元实施主体中主动性资源在工作班内时间分配情况进行写实记

录的调查表,必须能全面反映该主动性资源在工作班内时间分配情况的相关信息。表 3.2.6 是测量施工资源在完成相应施工单元施工任务的工作班内所必需发生的时间损耗率所采用的调查记录表示例。

1) 进行写实记录

选择有代表性的工作班,以被测量施工单元中的主动性资源为观察对象,根据"工作时间分析"中对基本时间、时间损耗和损失时间的定义,对工作班延续时间内被观察对象在基本时间、时间损耗和损失时间上的分配情况进行写实记录,采用式(3.2.6)汇总并最终确定施工单元经一次写实记录所形成的时间损耗率的观察值。

表 3.2.6 时间研究观察记录表(工作班写实记录)

工程名称:某工程　　　　　　　　　　　　　　写实日期:2007 年 6 月 18 日

时间损耗	20.1%	单元名称	砌砖墙	施工条件	正 常		
记录人员	张三	班组名称	瓦工班组	资源名称	瓦工(平均技术等级 3.6 级)		
耗时因素	耗用时间	钟点	备注说明	耗时因素	耗用时间	钟点	备注说明
开始	0	8:00		B	10	11:00	休息
A	55	8:55		…	…	…	…
B	5	9:00	机械故障	合计	480		占总时间100%
A	30	9:30		A	346		占总时间72%
C	20	9:50	违反劳动纪律	B	87		占总时间18%
A	60	10:50		C	47		占总时间10%

注:耗时因素包括基本时间(A)、时间损耗(B)、损失时间(C)。

$$时间损耗率观察值 = \frac{\sum 时间损耗记录值}{工作班延续时间 - \sum 损失时间记录值} \quad (3.2.6)$$

例 3.2.4　根据表 3.2.6 所示的写实记录数据,套用式(3.2.6)计算经由该次写实记录所形成的施工单元的时间损耗率观察值的过程如下:

$$时间损耗率观察值 = \frac{87}{480 - 47} = 20.1(\%)$$

2) 施工单元时间损耗率的确定

对相同施工单元在工作班内的时间分配情况进行反复若干次的写实记录,分别确定每次写实记录所形成的时间损耗率观察值,当所形成的时间损耗率观察值足够多时,则通过对这些时间损耗率观察值进行统计分析,可获得能反映施工单元时间损耗一般水平的时间损耗率。施工单元时间损耗率可用式(3.2.7)进行计算。

$$P = \frac{\sum_{i=1}^{n} p_i}{n} \qquad (3.2.7)$$

式中，n——实际完成的写实记录次数。

　　　　i——观察记录序数。

　　　　P——基于实际写实记录次数的资源时间损耗率观察值的平均数，通常将该平均数作为施工单元的时间损耗率。

　　　　p_i——第 i 次写实记录所形成的时间损耗率观察值。

由于对施工单元进行的写实记录属于抽样调查，所以经式(3.2.7)计算得到的平均时间损耗率只是抽样平均数。根据抽样调查的误差理论，抽样指标与总体指标之间总是存在一定的误差。为了将这种误差控制在所要求的范围内，必须根据所给定的置信度和允许误差范围经式(3.2.8)计算并最终验证实际完成的写实记录次数是否满足要求。

$$N = \frac{t^2}{\Delta^2} P(1-P) \quad \text{当 } N \leqslant n \text{ 时，则次数符合要求} \qquad (3.2.8)$$

式中，N——需要的写实记录次数。

　　　　t——置信度的变量，一般称为概率度，可根据要求的"置信度"通过查阅"正态概率表"确定。例如，当所要求的"置信度"为95%时，查表得相应的"t"约等于"2"。

　　　　Δ——允许误差的值。

　　　　P——同式(3.2.7)。

　　　　n——实际完成的写实记录次数。

例 3.2.5 对"砌砖墙"施工单元的实施主体，也就是"砌墙专业生产班组"中的"瓦工"进行20次写实记录，形成如表3.2.7所示的由该专业生产班组中瓦工的时间损耗率观察值所组成的测时数列。如果所要求的置信度为95%，允许误差范围为3%，则套用式(3.2.7)和式(3.2.8)计算承担"砌砖墙"施工任务的"瓦工"的时间损耗率并据此验证实际写实记录次数是否符合要求。

表 3.2.7 工作班写实记录测时数列表

施工单元：砌砖墙　　　　　　　　　　　　　　　　　　　　　　　　　主动性资源：瓦工

32%	31%	31%	37%	30%	32%	35%	34%	34%	35%
34%	34%	31%	36%	34%	32%	35%	32%	33%	32%

$$P = \frac{32 \times 5 + 31 \times 3 + 37 + 30 + 35 \times 3 + 34 \times 5 + 36 + 33}{20} = 33.2(\%)$$

$$N=\frac{2^2}{0.03^2}\times 0.332\times(1-0.332)=985(次)$$

因为：$N>n$，即 $985>20$　所以：写实记录次数不符合要求

3.2.7 施工单元的额定生产率

施工单元的生产率是指在正常的施工条件下，该施工单元的实施主体，也就是相应专业生产班组在完成施工任务时所需的资源时间，通常用完成单位产出成果所需资源的标准时间来衡量。标准时间通常由完成施工任务所需资源的基本时间和必须分摊的时间损耗两部分组成。

当施工单元的基本时间和相应的时间损耗率已经确定后，可通过式(3.2.9)经计算确定施工单元的额定生产率。

$$标准时间=\frac{基本时间}{1-时间损耗率} \tag{3.2.9}$$

3.3 施工定额的编制原理

施工定额包括资源定额和材料消耗定额两部分内容。它们是由施工企业自行编制的，用以规定施工过程必须达到的生产率和消耗率的数量标准。

生产率是针对施工资源而言的，完成单位施工任务所需资源工作时间的数量指标被称为生产率。该生产率一旦被转化成企业标准就被称为资源定额。

消耗率是针对材料消耗而言的，完成单位施工任务所需消耗材料的数量指标被称为消耗率。该消耗率一旦被转化成企业标准则被称为材料消耗定额。

3.3.1 施工定额的概念与性质

1) 施工定额的概念

施工定额是指在合理劳动组织和节约材料的前提下，完成单位合格工程产品的施工任务所需人工、机械和材料消耗的数量标准。

2) 施工定额的性质

在理解施工定额概念的基础上，必须注意认识施工定额的如下性质：

（1）施工定额是作业性定额

施工定额的主要作用是作为施工企业进行生产管理的重要依据，例如，作为编制施工作业计划、进行施工作业的控制以及生产班组经济核算等的依据。

（2）施工定额是企业定额

施工定额是施工企业自行编制的一种企业内部有关生产消耗的数量标准，其

作用也仅仅局限在企业内部。

(3) 施工定额的标定对象

施工定额包括资源定额和材料消耗定额两部分内容,其中,资源定额的标定对象是施工单元;材料消耗定额的标定对象是分项工程。

(4) 施工定额的定额水平

施工定额的定额水平一般取平均先进水平,即施工企业中大部分生产工人通过努力能够达到的水平。

(5) 施工定额所规定的消耗内容

由于施工定额包括资源定额和材料消耗定额两部分,所以必须分别讨论它们的消耗内容。其中,资源定额规定的消耗内容包括人工和机械等施工资源;材料消耗定额规定的消耗内容包括原材料、构件和配件等消耗。

3.3.2 资源定额

施工企业将时间研究的成果,也就是通过时间研究所形成的属于施工单元固有属性的生产率,转化成企业开展生产管理所需的内部标准。这种企业标准通常被称为资源定额。

1) 资源定额的概念

资源定额是指在正常的施工生产条件下,具有合理资源配置的专业生产班组,在开展施工单元的作业过程中,形成单位合格生产成果所需使用人工和机械等施工资源工作时间的数量标准。

资源定额作为规定是指具有合理资源配置的专业生产班组在开展相应施工作业时必须达到的生产率标准。它不仅是考核施工单位劳动生产率的标尺,而且是合理确定和有效控制施工项目成本的重要依据。

2) 资源定额的表达形式

根据对资源时间的不同计量方式,资源定额所规定的生产率标准,可以用时间定额和产量定额两种形式来表达。

(1) 时间定额

时间定额是指为完成单位合格施工单元生产成果所必需使用施工资源的工时数量。它以合理的资源配置为条件,以完成质量合格的生产成果为前提。定额时间包括施工资源在形成生产成果的施工作业过程中必须发生的基本时间和合理时间损耗。

由于习惯上的原因,定额时间一般用"工日"或"台班"作为计量单位。例如,某资源定额规定,由一台混凝土搅拌机和两个普通工人组成的专业生产班组,在完成一立方米混凝土搅拌的作业过程中,必须使用混凝土搅拌机的时间是 0.02 台班、必须使用普通工人的时间是 0.04 工日。

(2) 产量定额

产量定额是指在单位工作时间（一般为一个工作班）内，具有合理资源配置的专业生产班组必须完成施工单元生产成果的数量。它同样以合理的资源配置为条件，以完成质量合格的生产成果为前提。

3) 资源时间的确定方法

(1) 技术测定法

技术测定法是指应用本章所述时间研究的方法获得工时消耗数据，进而制订资源定额中资源时间数量标准的方法。

通过时间研究可以确定施工单元的额定生产率。施工单元的额定生产率反映为形成单位合格施工单元生产成果所需施工资源的工作时间。该工作时间是制订资源定额中资源时间数量标准的直接依据。

(2) 比较类推法

比较类推法是选定一项已经精确测定好的典型项目的资源定额，据此计算出同类型其他相邻项目资源定额的方法。例如，已知挖一类土方的资源定额，根据各类土耗用工时的比例来推算挖二、三、四类土方的资源定额。又如，已知架设单排脚手架的资源定额，推算架设双排脚手架的资源定额等。

比较类推法计算简便而准确，但选择典型定额时务必恰当而合理，类推计算结果有的需要作一定的调整。这种方法适用于制定规格较多的同类型施工单元的资源定额。

(3) 经验估计法

经验估计法适用于制定那些次要的、资源时间数量小的、产出成果品种和规格多的施工单元的资源定额。经验估计法完全是凭借经验，根据分析图纸、现场观察、分解施工工艺、组织条件和操作方法来估计。

采用经验估计法时，必须挑选有丰富经验的、秉公正派的工人和技术人员参加，并且要在充分调查和征求群众意见的基础上确定定额水平。在定额的使用过程中要不断地统计实耗工时，当统计数据与所制定的资源定额数据相比差异幅度较大时，说明所估计的资源定额不具有合理性，要及时进行修订。

4) 资源定额的编制

资源定额作为施工企业据以开展内部生产管理的企业标准，应该从制订标准的一般原则出发，其编制过程必须符合相应的程序要求。而将所确定的定额项目按一定的顺序汇编成册，则该定额手册就是施工企业据以开展生产管理的企业标准。

(1) 编制程序

在采用相应方法测定专业生产班组完成单位施工任务所需资源时间的基础上，编制资源定额的过程，其实就是按制订企业标准的要求，将相关的资源时间进行分类汇总,并汇编成定额手册的过程。

① 确定适用范围。决定施工单元生产率的因素多种多样,在测定用以衡量施工单元生产率的资源时间之前,已经对相关影响因素进行了明确的定义。相应的,通过计时观察和写实记录所形成的施工单元的标准时间,只能代表施工单元在既定条件下的生产率水平。为了合理地使用资源定额,必须明确规定施工单元生产率的约束条件,包括所适用的管理体制、必须执行的工法工艺标准、相关的质量标准和安全操作规程以及开展施工作业时所处的自然条件等。通过明确这些约束条件以确定资源定额的适用范围。

② 明确定额对象。从理论上讲,资源定额的对象是组成施工过程的施工单元,也就是施工现场最基本的资源组合,即专业生产班组为完成最基本的施工任务所开展的施工活动。然而,在编制资源定额实践中,还必须将施工单元的上述概念具体化,分别从专业生产班组的资源配置结构、施工任务、工作内容以及开展施工作业时所采用的技术方法等角度对定额对象进行定义,并分别确定其定额名称、计量单位和相应的计量规则。

在确定资源定额的定额对象时,首先必须从满足施工组织对资源定额的精度要求出发,根据施工单元的固有属性,通过严格定义资源定额的定额对象以揭示施工单元的固有生产率。在此基础上,为了力争使所编制的定额能简明适用,还必须根据相关测时数据的分布情况,将相同生产班组完成同类施工任务且生产率相近的施工单元进行合并,综合类似施工单元共同组成资源定额的定额对象。

③ 确定生产率标准。采用前面所述测定资源时间的方法,分别确定施工单元的生产率,并根据所确定的定额对象,将相关施工单元的生产率进行综合,即得该定额对象的生产率标准。

例 3.3.1 如表 3.3.1 所示,假定通过计时观察和写实记录,分别获得浇捣不同断面尺寸的混凝土柱的标准时间,又假定通过对以往施工项目的统计工作,获得能反映不同断面尺寸的混凝土柱的数量占混凝土柱总量之比一般水平的统计数据,如果将"浇捣混凝土柱"作为资源定额的定额对象,则计算该项定额生产率标准的过程如下:

$$额定生产率标准 = \frac{0.052 \times 10 + 0.048 \times 20 + 0.046 \times 30 + 0.045 \times 35 + 0.044 \times 5}{100}$$

$$= 0.046\ 55$$

④ 编制定额手册。将经由综合过程所计算出来的每个定额对象的生产率标准,按既定的索引体系加以分类汇总,并根据标准化要求汇编成册,则该手册就是作为企业标准的资源定额。

表 3.3.1 施工单元生产率及相应权重分配表

施工单元类型:浇捣混凝土柱　　　　　　　　　　　　　　　　计量单位:工日/m³

端面尺寸	生产率	权重
200 mm×200 mm	0.052	10%
300 mm×300 mm	0.048	20%
400 mm×400 mm	0.046	30%
500 mm×500 mm	0.045	20%
600 mm×600 mm	0.045	15%
700 mm×700 mm	0.044	5%

(2) 编制定额手册应注意的几个问题

作为本书编者提出的理论概念,资源定额其实并不存在于目前一般施工企业生产管理的实践中。然而,通过对施工项目的系统描述可以看出,由于生产班组在完成最基本施工任务时通常具备相对稳定的资源配置结构,所以,施工单元相对稳定的生产率是客观存在的。为了强化生产管理的基础工作,有些施工企业已经开始重视资源定额的编制工作。为了总结定额编制工作的经验,有必要将编制资源定额手册时应注意的若干问题向大家提出。

① 关于定额项目的划分。如何划分定额项目是决定资源定额适用性的重要因素。为了确保资源定额的适用性,一方面必须保证资源定额所规定的生产率标准能符合既定的精确程度,另一方面,为了在使用定额手册时能做到简便适用,必须尽量减少定额手册所包括定额项目的数量。为了同时满足上述两项要求,在划分定额项目的实际工作中,首先必须考虑资源组合的稳定性,其次要考虑施工工艺的统一性,第三才考虑将同类型的施工任务加以合理组合。通过不断权衡和反复以上工作,才能最终形成符合施工项目系统构成的定额项目体系。

资源定额是用以规定最基本的资源组合,也就是专业生产班组,在完成相应施工任务时必须达到的生产率标准。为此,在划分定额项目时,首先必须从资源组合的角度入手,在总结本企业施工经验的基础上,确定相对稳定的专业生产班组并定义相应的资源配置结构,并将这种专业生产班组作为组成定额项目的第一要素。

完成相同施工任务所采用的技术方法可能多种多样,采用不同技术方法完成相同施工任务时所能达到的生产率是不同的,所以,在划分定额项目时,必须将针对相同施工任务的不同技术方法区分开来,并以此作为组成定额项目的另一项要素。

在定义专业生产班组并明确其完成施工任务所采用技术方法的基础上,还必须依据测时资料分析完成相同类型但不同规格品种的施工任务时所达到的生产率水平之间的差异情况,并按既定的精度要求将生产率差异不大的施工任务综合起来形成定额项目,对于生产率差异较大的施工任务,则必须将其区分开来,分别形成不同的定额项目。

② 关于定额形式。资源定额所规定的生产率标准,虽然可以用时间定额和产量定额两种形式来加以表达,但由于习惯上的原因,施工企业在编制资源定额时,一般均采用时间定额的形式。

③ 关于计量方式。资源定额规定完成单位施工任务所需资源的工作时间,在编制资源定额时,对单位施工任务的计量,一般采用计算其产出成果实物工程量的方式。

④ 定额项目表。定额项目表是用以反映资源定额具体内容的表格,为了使资源定额的具体内容得到系统的反映,首先必须按一定的规则对定额项目进行编排,以方便使用过程中的检索,其次必须对定额项目做详细的描述,通过描述定额项目的特征以明确定额生产率的经济意义。

和其他定额手册相同,资源定额手册所包括的定额项目,通常可以被纳入由章、节、子目所组成的索引系统。在对定额项目进行编排时,通常可以用"工种工程"作为标准划分不同的"章"。例如,可根据不同的"工种工程"将定额项目划入"砌筑"、"浇筑"、"挖掘"、"铺设"、"安装"、"制作"等不同的"章"中。对于同一章中所属的定额项目,又可以用"施工作业对象"作为标准划分不同的"节"。例如,针对同属于"砌筑"的定额项目,可根据不同的"施工作业对象"将其划入"砌砖"、"砌砌块"、"砌毛石"等不同的"节"中。对于同一节中所属的定额项目,又可以用"成果类型"作为标准划分不同的"子目"。例如,针对同属于"砌砖"的定额项目,可根据不同的"成果类型"将其划入"砌砖基础"、"砌砖内墙"、"砌砖外墙"、"砌砖柱"等不同的"子目"中。对于同一子目中所属的定额项目,则由于其开展施工作业的专业生产班组、所采用的施工技术方法、施工作业对象以及成果类型等均相同,所以,通常可以将其编排在同一张定额项目表上。

施工企业在编制适用于本企业的资源定额时,可以采用不同形式的定额项目表,作为参考。表3.3.2是某企业编制的定额项目表,该定额项目表属于资源定额手册的第一章第一节中的第一项子目,即"挖掘"名下的"挖土"中的"土方开挖"。

⑤ 定额手册的组成内容。资源定额手册的组成部分,除了定额项目表外,还必须包括总说明、章说明、附注说明以及工程量计算规则等内容。

总说明是针对定额手册的共性问题所做的说明,主要包括定额的编制依据、适用范围、所拟定的施工条件、所执行的质量标准和安全操作规程、材料的品质要求,以及编制定额时所做的相关假设条件等。

章说明通常是针对某一章定额的共性问题所做的说明,主要包括本章定额的适用范围、引用标准、工法工艺,以及为确保正确使用定额所必须制定的相关规定等。

表 3.3.2 资源定额项目表

工作内容：挖土并修理边坡、将土堆放一边或
装车清理机下余土、工作面内排水　　　　　　　　　　　　　　　　计量单位：1 000 m³

定额编号				1-1-1-8	1-1-1-9	1-1-1-10	1-1-1-11
定额项目				挖掘机挖土			
				正铲		反铲	
				装车	不装车	装车	不装车
序号	专业班组	资源配置	单位	时间定额	时间定额	时间定额	时间定额
1	斗容量 0.6 m³ 履带式单斗挖掘机施工班组	0.6 m³ 挖掘机 1 台	台班	3.01	2.73	3.90	3.26
		司机 2 名	工日	6.02	5.46	7.80	6.52
		普工 2 名	工日	6.02	5.46	7.80	6.52
2	斗容量 1 m³ 履带式单斗挖掘机施工班组	1 m³ 挖掘机 1 台	台班	2.06	1.95	2.36	1.84
		司机 2 名	工日	4.72	3.68	4.12	3.90
		普工 2 名	工日	4.72	3.68	4.12	3.90
…	…	…	…	…	…	…	…

注：在套用资源定额时，其定额编号=表中"定额编号"+"序号"。

附注说明一般是针对某项或某几项定额所做的说明，主要说明在特定条件下套用定额时必须采用的换算方法，附注说明通常附在相应定额项目表的下面。

为了在套用定额项目时统一计量标准，必须编制与定额项目相对应的工程量计算规则，工程量计算规则主要规定对定额工程量的计量方式和计算方法，为了便于阅读和查寻，通常针对不同章节的定额分别编制，并编排在相应章节定额项目表的前面。

3.3.3 材料消耗定额

在技术装备和管理水平一定的条件下，施工企业完成分项工程施工任务所需建筑材料的消耗率是相对稳定的，如果将这种相对稳定的材料消耗率事先揭示出来，并上升为企业标准，则该标准可以作为确定和控制施工项目材料消耗的依据。

1）材料消耗定额的概念

材料消耗定额是指在正常的施工条件和合理使用材料的前提下，开展分项工程的施工作业，形成单位合格生产成果所需材料消耗的数量标准。

2）材料消耗定额的编制程序

材料消耗定额作为形成单位合格分项工程生产成果，在相应施工过程中所需材料消耗的数量标准。为了使该数量标准具有普遍的适用性，必须在明确定义材料消耗定额的对象，也就是分项工程的工程内容和产品标准的基础上，通过科学计

算和统计分析以揭示经由施工过程所形成的分项工程生产成果与相应材料消耗的数量关系,进而确定能代表施工企业材料消耗一般水平的消耗量标准。

(1) 对分项工程的标准化过程

将施工项目分解成一系列分项工程,分别对分项工程所包括的工程内容和产品标准、分项工程的施工方法、相应的计量单位和计量规则进行定义,以完成对分项工程的标准化过程。

① 工程内容及产品标准。分项工程所包括的工程内容和相应产品标准的综合程度,将直接影响材料消耗定额的适用性。一般的讲,分项工程的综合程度高,则材料消耗定额的项目会减少,相应的,其精确程度会降低;反之,则材料消耗定额的项目会增加,相应的,其精确程度会提高。

例如,按工程产品的构造要求,砖外墙通常由砖墙、砖过梁、砖砌窗台及腰线等构件组成,如果将其作为不同的分项工程,则材料消耗定额所包括的定额项目会很多,相应的,每项定额的精度也高;反之,如果将这些工程内容综合在一起,组成一个分项工程,则材料消耗定额所包括的定额项目会减少,相应的,每项定额的精度降低。

在确定分项工程的工程内容和相应产品标准时,应从提高材料消耗定额的适用性要求出发,对那些重要的、常用的、价值量大的项目,其分项工程的划分宜细;而对那些次要的、不常用的、价值量相对较小的项目,其分项工程的划分可粗略一些。

② 施工方法。采用不同的施工方法对相同的分项工程进行施工,其施工过程所需材料消耗的数量是不尽相同的,所以,必须对分项工程所采用的施工方法进行明确的定义。

例如,对某混凝土构件进行施工,可采用现浇的方法,也可采用预制的方法。采用不同的施工方法完成同样数量和规格的混凝土构件的施工任务,其施工过程对混凝土的需求量是不同的,所以,即使是相同的混凝土构件,也必须按现浇和预制两种不同的施工方法分别列项。再如,在采用现浇方法完成混凝土构件的施工任务时,对于混凝土的制备和运输,可以采用现拌混凝土非泵送和商品混凝土泵送二种施工方法。不同的施工方法引起不同的混凝土消耗以及不同的混凝土配合比要求,所以同样必须分别列项。

③ 计量单位和计量规则。在对分项工程进行计量时,一般采用计算其生产成果实物工程量的方式进行,为了便于对该实物工程量的测量和计算,必须选择并确定合理的计量单位。

当采用一定的计量单位对分项工程进行测量和计算时,为了统一核算口径,还必须建立相应的计量规则以明确实物工程量的边界条件和计算方法。

在确定分项工程的计量单位和相应计量规则时,必须根据"简明适用"的原则进行。一方面,所确定的计量单位和相应计量规则必须能满足对实物工程量进行计量的精度要求；另一方面，在满足精度要求的前提下，应尽量做到简化对实物工程量的计量过程，以方便计量工作。

（2）测定材料消耗指标

当完成对分项工程的标准化过程后，为了确定其材料消耗，必须深入施工现场，选择有代表性的分项工程作为统计调查的样本，通过测量、计算和统计分析，最终确定其施工过程所发生的相关材料消耗指标。

（3）编制材料消耗定额

在确定分项工程所包括的相关材料消耗指标的基础上，根据使用的要求，将这些材料消耗指标加以综合，最终形成能反映该分项工程材料消耗一般水平的材料消耗定额。

3）材料消耗指标的确定方法

施工过程所需消耗的材料，按其消耗方式的不同，一般可分成实体性消耗材料和周转性消耗材料两种（以下分别简称为实体材料和周转材料）。实体材料是指在施工过程中被一次性消耗并构成工程实体的材料，例如，砌筑砖墙时所用的标准砖、浇筑混凝土构件时所用的混凝土等。周转材料是指在施工过程中被周转使用并且其价值是分批分次地转移到工程实体中去的材料。这种材料一般不构成工程实体，而是在形成工程实体的施工过程中发挥辅助作用，例如，砌筑砖墙时必须搭设的脚手架、浇筑混凝土构件所需的模板等。在确定分项工程材料消耗指标时，由于实体材料和周转材料在其施工过程中的消耗方式不同，对应于不同消耗方式的材料，必须采用不同的方法确定其消耗指标。

（1）实体材料消耗指标的确定

材料消耗定额所规定的实体材料消耗量，是指在正常的施工条件和合理使用材料的前提下，开展分项工程的施工作业，形成单位合格生产成果所需的材料消耗。通过分析实体材料在其施工过程中的消耗情况可以发现，实体材料消耗一般包括直接构成工程实体的材料消耗和不可避免的材料损耗两个部分。相应的，组成材料消耗定额的实体材料消耗指标也应该包括两种类型，其一是材料定额净用量指标，是指直接构成材料消耗定额所规定生产成果的材料消耗；其二是材料定额损耗量指标，是指在完成材料消耗定额所规定生产成果的施工过程中不可避免的材料损耗。

① 材料定额净用量的确定

由于实体材料定额净用量是直接构成材料消耗定额所规定生产成果的材料消耗量，所以，在确定材料净用量时，可采用理论计算和实验室试验的方法进行。

a）理论计算法

理论计算法是一种根据施工图设计所规定的工程实体的外形尺寸和构造要求，运用相应数学公式直接计算组成工程实体材料净用量的方法，它以形成分项工程生产成果所依据的设计要求为基础,通过理论计算获得材料净用量数据。

b) 试验法

试验法是一种通过试验和测定手段确定材料净用量数据的方法,例如,以各种原材料为变量因素,经试验求得不同强度等级混凝土的配合比,从而计算搅拌每立方米混凝土所需各种材料的净用量。

在采用试验法确定材料净用量时,必须符合国家有关实验规范、计量用具和称量设备以及有关施工及验收规范的要求,以保证获得可靠的试验结果。

② 实体材料损耗率的确定

实体材料定额损耗量是指在完成材料消耗定额所规定生产成果的施工过程中不可避免的材料损耗。引起这种损耗的原因,一般包括现场堆放、运输、施工作业以及施工废料等。在确定实体材料定额损耗量时,一般是采用首先确定实体材料定额净用量,再将该净用量乘以相应材料损耗率的方式进行的。

实体材料损耗率是指在分项工程施工作业过程中所需发生的材料损耗量与相应净用量的比率。一般可采用统计分析的方法,在经理论计算或科学试验确定实体材料净用量的基础上,通过对施工作业过程所形成的生产成果和实际消耗材料的数量统计,分析并计算不同分项工程的材料损耗率。

实体材料损耗率的统计数据,应该来源于实际的施工过程。为了获得稳定的统计数据以确保所形成的材料损耗率具有普遍的适用性,必须在明确统计调查对象的基础上,经过实地测量获得调查数据,再通过对调查数据进行统计分析最终确定能代表材料损耗一般水平的实体材料损耗率。现分述如下:

a) 确定统计调查的对象

统计调查的对象就是施工现场被调查的施工过程。由于采用相同施工工艺进行不同分项工程的施工时,这些分项工程施工过程所需发生的材料损耗率可能是相同或相近的,所以,可将分项工程按施工工艺进行分类,归并成具有相同或相近损耗率的不同类型,并以这种具有相同或相近材料损耗率的类型作为统计研究的对象,经过对实际施工过程中材料消耗情况的统计调查,总结该类型分项工程的材料损耗率。

b) 对统计调查对象进行实地测量

选择有代表性的施工过程,调查在分项工程施工过程中所发生的材料消耗数量以及所形成分项工程生产成果的数量,用式(3.3.1)计算经一次调查所形成的材料损耗率。

$$\text{材料损耗率的调查值} = \frac{\text{实际材料消耗量} - \sum \text{实际完成实物工程量} \times \text{材料定额净用量}}{\sum \text{实际完成实物工程量} \times \text{材料定额净用量}}$$

(3.3.1)

式中,材料损耗率的调查值——经过一次统计调查得到的某类分项工程的实体材料损耗率;

实际材料消耗量——经过一次调查记录的施工过程中发生的实体材料消耗量;

实际完成实物工程量——经过一次调查记录得到的完成不同分项工程产出成果的实物工程量;

材料定额净用量——经理论计算或科学实验得到的不同分项工程的实体材料定额净用量。

c) 对调查数据进行统计分析

反复进行若干次这样的统计调查,得到由一系列实体材料损耗率调查值所组成的统计数列,然后再计算该数列的算术平均数。当调查次数达到一定的规模,使得由此产生的平均数足以在所容许的误差范围和置信程度内有效地代表总体损耗水平时,则根据该统计数列计算的材料损耗率的平均值,就是这类分项工程的材料损耗率。

(2) 周转材料消耗指标的确定

周转材料是指在施工过程中被周转使用的材料。这种材料一般不构成工程实体,而是在形成工程实体的施工过程中发挥辅助作用。实际施工过程所使用的周转材料,对应于一个材料消耗定额计量单位的施工任务。周转材料在经一次周转使用时所需计算的材料消耗,通常包括周转材料的一次使用量、施工损耗量和周转摊销量等三个消耗指标。

① 周转材料定额一次使用量的确定

周转材料定额一次使用量是指完成一个材料消耗定额计量单位的施工任务所需投入使用周转材料的数量。该数量可以在明确材料消耗定额的工程内容和相应计量单位的基础上,根据完成施工任务的工艺要求经理论计算来加以确定。

② 周转材料损耗率的确定

周转材料定额损耗量是指在完成材料消耗定额所规定生产成果的施工过程中不可避免的材料损耗数量。与确定实体材料定额损耗量的计算方法相类似,在确定周转材料定额损耗量时,一般是采用首先确定周转材料定额一次使用量,再将该一次使用量乘以相应材料损耗率的方式进行的。

周转材料损耗率是指在分项工程施工作业过程中该周转材料经一次周转使用所需发生的施工损耗量与相应周转使用投入量的比率。与确定实体材料损耗率的方法相类似,同样可采用统计分析的方法,在经理论计算确定周转材料定额一次使用量的基础上,通过对施工过程所形成的生产成果和周转材料实际损耗量数据的统计调查,分析并用式(3.3.2)计算不同分项工程的周转材料损耗率。

$$\text{周转材料损耗率调查值} = \frac{\text{周转材料实际施工损耗量}}{\sum \text{实际完成实物工程量} \times \text{周转材料定额一次使用量}}$$

(3.3.2)

式中，周转材料损耗率调查值——经过一次统计调查得到的周转材料经一次周转使用所需发生的施工损耗量与相应周转使用投入量的比率，其中，周转使用投入量是指在该统计调查期内的实际完成实物工程量与相应周转材料定额一次使用量的乘积；

周转材料实际施工损耗量——经一次调查所得到的该周转材料的实际损失量；

实际完成实物工程量——经一次调查所记录的施工过程所形成的不同分项工程产出成果的实物工程量。

反复进行若干次这样的统计调查，得到由一系列周转材料损耗率调查值所组成的统计数列，然后再计算该数列的算术平均数。当调查次数达到一定的规模，使得由此产生的平均数足以在所容许的误差范围和置信程度内有效地代表总体周转材料损耗水平时，则根据该统计数列计算的周转材料损耗率的平均值可以被作为确定周转材料定额损耗量的依据。

③ 周转材料定额摊销量的确定

周转材料定额摊销量是指对应于一个材料消耗定额计量单位的施工任务，周转材料经一次周转使用所需发生的摊销数量，摊销量的计算可用式(3.3.3)进行。

$$\text{定额摊销量} = \frac{\text{周材定额一次使用量} \times (1 - \text{周材损耗率}) \times (1 - \text{周材残值率})}{\text{周转材料寿命期可周转使用次数}}$$

(3.3.3)

式中，定额摊销量——对应于一个材料消耗定额计量单位的施工任务，周转材料经一次周转使用所需发生的摊销数量；

残值率——周转材料在退出周转使用时能够被回收的残值与该周转材料原值的比率；

周转材料寿命期可周转次数——周转材料从开始投入周转使用到退出使用的时间内可以被周转使用的次数。

在应用上述公式计算周转材料的周转摊销量时，式中周转材料的残值率和寿命期可周转次数的具体数值，可通过对以往施工过程中同类周转材料使用情况的调查统计，经分析计算来加以确定。

4) 编制材料消耗定额

编制材料消耗定额的过程，其实就是分别确定不同分项工程的定额消耗指标并将这些定额消耗指标按一定的索引规则加以分类汇编,最终形成定额手册的过程。

(1) 定额消耗指标的确定

材料消耗定额是确定施工项目的材料需求并据此估算材料费用的重要依据。根据不同的核算体制,在估算材料费用时需采用不同的方式对材料需求进行计量,对材料需求的不同计量方式需要不同形式的材料消耗定额。所以,对应于材料需求的不同计量方式,材料消耗定额通常包括实体材料消耗定额、周转材料消耗定额和周转材料使用定额等三种形式。

① 实体材料消耗定额

实体材料消耗定额是指在正常的施工条件和合理使用材料的前提下,开展分项工程的施工作业,形成单位合格生产成果所需实体材料消耗的数量标准。

实体材料消耗定额必须包括如下材料消耗指标:

a) 实体材料定额净用量指标

b) 实体材料定额损耗量指标

实体材料消耗定额是确定施工项目对实体材料需求数量并据此估算实体材料费用的重要依据。从会计核算的角度出发,施工项目的实体材料费等于其施工过程所消耗的实体材料与相应材料价格的乘积。其中,实体材料消耗量通常由实体材料净用量和实体材料损耗量两部分组成。在已知分项工程实物工程量的条件下,对应于该分项工程的实体材料净用量、损耗量和消耗量的计算方法如下:

$$实体材料净用量 = \sum 分项工程实物工程量 \times 实体材料定额净用量指标$$
(3.3.4)

$$实体材料损耗量 = \sum 分项工程实物工程量 \times 实体材料定额损耗量指标$$
(3.3.5)

$$实体材料消耗量 = 实体材料净用量 + 实体材料损耗量 \quad (3.3.6)$$

② 周转材料消耗定额

周转材料消耗定额是指在正常的施工条件和合理使用材料的前提下,开展分项工程的施工作业,形成单位合格生产成果所需周转材料施工损耗量和周转摊销量的数量标准。

周转材料消耗定额必须包括如下材料消耗指标:

a) 周转材料定额损耗量指标

b) 周转材料定额摊销量指标

周转材料消耗定额是确定施工项目需要发生的周转材料损耗量和摊销量并据此估算周转材料费用的重要依据。当采用"静态"方法核算施工项目的周转材料费时,则施工项目需要支出的周转材料费等于其施工过程中发生的周转材料损耗量加周转材料摊销量与相应材料价格的乘积。在已知分项工程实物工程量的条件下,对应于该分项工程的周转材料损耗量、摊销量和消耗量的计算方法如下:

$$周转材料损耗量 = \sum 分项工程实物工程量 \times 周转材料定额损耗量指标 \qquad (3.3.7)$$

$$周转材料摊销量 = \sum 分项工程实物工程量 \times 周转材料定额摊销量指标 \qquad (3.3.8)$$

$$周转材料消耗量 = 周转材料损耗量 + 周转材料摊销量 \qquad (3.3.9)$$

③ 周转材料使用定额

周转材料使用定额是指在正常的施工条件和合理使用材料的前提下,开展分项工程的施工作业,形成单位合格生产成果所需周转材料一次使用量和相应损耗量的数量标准。

周转材料使用定额必须包括如下材料消耗指标:

a) 周转材料定额一次使用量指标

b) 周转材料定额损耗量指标

周转材料使用定额是确定施工项目需要发生周转材料周转使用量和相应损耗量并据此估算周转材料费用的重要依据。当采用"动态"方法核算施工项目的周转材料费时,则施工项目使用的周转材料通常是租用的,其需要支出的周转材料费等于施工过程发生的周转材料周转使用量乘以相应租赁单价再加上周转材料损耗量乘以相应赔偿价格。在已知分项工程实物工程量的条件下,对应于该分项工程的周转材料周转使用量和摊销量的计算方法如下:

$$周转材料使用量 = \sum 分项工程实物工程量 \times 周转材料定额一次使用量指标 \times 周转使用次数 \qquad (3.3.10)$$

$$周转材料摊销量 = \sum 分项工程实物工程量 \times 周转材料定额摊销量指标 \qquad (3.3.11)$$

(2) 定额手册

材料消耗定额作为施工企业编制施工项目材料需求计划并据此进行材料控制的企业标准,在分别确定不同分项工程材料消耗定额的基础上,必须根据编制企业标准的要求将其汇编,最终形成材料消耗定额手册。

汇编材料消耗定额手册的过程,主要是将所确定的定额项目纳入由章、节、子目所组成的索引系统的过程。在对定额项目进行汇编时,通常可以用"工程构造"作为标准划分不同的"章"。例如,可根据不同的"工程构造"将定额项目纳入"砌体"、"混凝土构件"、"楼地面"、"防水"等不同的"章"中。对于同一章中所属的定额项目，又可以用"材料品种"作为标准划分不同的"节"。例如，针对同属于"砌体"的定额项目，可根据不同的"材料品种"将其纳入"标准砖砌体"、"八五砖砌体"、"毛石砌体"等不同的"节"中。对于同一节中所属的定额项目，又可以用"成果类型"作为标准划分不同的"子目"。例如，针对同属于"标准砖砌体"的定额项目，可根据不同的"成果类型"将其纳入"标准砖基础"、"标准砖内墙"等不同的"子目"中。对于同一子目中所属的定额项目，则由于其在构成工程实体中的作用、所用材料品种以及成果类型等方面具有较高的一致性，所以，通常可以将其编排在同一张定额项目表上。

施工企业编制适用于本企业的材料消耗定额，可以采用不同形式的定额项目表，表 3.3.3 是某施工企业自行编制的材料消耗定额手册中标准砖内墙的定额项目表。

表 3.3.3　材料消耗定额项目表

工程内容：砌墙、砌砖过梁、砖平拱、安装预制过梁板、垫块　　　　　　　　　　计量单位：m³

定额编号		3-11		3-12		3-13		3-14	
项目		标准砖内墙							
		直　形							
		0.5 砖厚		0.75 砖厚		1 砖厚		1.5 砖厚	
材料名称	单位	净用量	损耗量	净用量	损耗量	净用量	损耗量	净用量	损耗量
标准砖	百块	5.3	0.28	5.2	0.24	5.1	0.22	5.05	0.21
水	m³	0.112		0.109		0.106		0.105	
M5 混合砂浆	m³	0.178	0.018	0.136	0.079	0.214	0.021	0.219	0.021
M7.5 混合砂浆	m³	(0.178)	(0.018)	(0.136)	(0.079)	(0.214)	(0.021)	(0.219)	(0.021)
M10 混合砂浆	m³	(0.178)	(0.018)	(0.136)	(0.079)	(0.214)	(0.021)	(0.219)	(0.021)

编制材料消耗定额手册的过程，除了按既定的章、节、子目将定额项目纳入不同的定额项目表中，为了全面定义定额消耗量的经济意义，还必须编制相应的定额说明、工程量计算规则以及必要的附录等。定额说明一般需包括总说明、章说明和附注说明等三个层次，分别针对定额手册的共性问题、某章所含定额的共性问题以及某几条定额的问题进行说明。工程量计算规则的主要作用是用以规范定额工程量的计算。另外，可以将一些与定额有关的资料以附录的形式编入定额手册，附录通常可包括材料表、混凝土和砂浆的配合比表以及常用型材比重表、几何形体计算公式等内容。

3.4 预算定额的编制原理

预算定额是根据工程计价的需要提出的一种定额形式。它将分项工程作为定额标定对象，在综合相关施工定额的基础上，形成规定完成单位合格分项工程或结构构件的施工任务所需人工、机械、材料消耗的数量标准。预算定额是确定承包工程造价的重要依据。

3.4.1 预算定额的概念及性质

1) 预算定额的概念

预算定额是指在正常的施工条件下，为完成单位合格分项工程或结构构件的施工任务所需人工、机械、材料消耗的数量标准。预算定额反映在一定的施工方案和一定的资源配置条件下施工企业在完成分项工程或结构构件施工任务的过程中所必须达到的生产效率水平，可作为确定施工过程中各项资源和材料的直接消耗，并在此基础上核算工程造价的重要依据。

2) 预算定额的性质

在理解预算定额概念的基础上，必须注意预算定额的如下性质：

(1) 预算定额是一种计价性定额

预算定额的主要作用是作为使用"单价估算法"估算工程造价的依据。使用"单价估算法"确定工程造价时，首先必须根据工程的设计内容和现场条件，拟订施工方案并确定相应的资源配置，然后编制能反映该工程在施工中直接资源消耗水平的预算定额，最后依据预算定额计算整个工程的资源消耗量，并结合资源的价格计算相应的直接费用。

(2) 预算定额是一种数量标准

当施工企业自行编制预算定额，将它作为企业内部有关生产消耗的数量标准，并据此采用"单价估算法"估算工程个别成本，并最终确定工程造价时，其性质属于企业定额。当预算定额由政府授权部门在综合有关企业预算定额的基础上统一编制颁发，并作为一种规定社会平均生产消耗水平的推荐性标准，被投资商或社会中介机构作为依据，采用"单价估算法"计算工程的社会平均成本并最终确定工程造价时，它是一种反映社会平均生产消耗的数量标准，其性质属于社会定额。

(3) 预算定额的对象是分项工程

预算定额的标定对象是综合工作过程的生产成果，一般称为分项工程或结构构件。分项工程或结构构件是根据工程的构造要求和形象部位对施工过程进行结构分解所形成的概念。从产品生产的角度看，分项工程或结构构件是组成最终工程产品的基本单元。

(4) 预算定额的定额水平通常取一般平均水平

预算定额的定额水平,是指施工企业中大部分生产工人按一般的速度工作,在正常的施工条件下所能达到的水平。

(5) 预算定额规定人工、材料和机械三大消耗

预算定额规定的消耗内容包括为完成分项工程或结构构件的施工任务在施工现场所需全部人工、材料及机械的消耗。

3.4.2 预算定额的编制依据和程序

1) 预算定额的编制依据

(1) 施工企业自行编制的施工定额

预算定额规定的人工、机械和材料的消耗量水平,需要根据施工定额进行取定。预算定额计量单位的选择,也要以施工定额为参考,从而保证两者的协调和可比性,并且可以减轻预算定额编制的工作量,缩短编制时间。

(2) 现行设计规范、施工及验收规范、质量评定标准和安全操作规程

预算定额在确定人工、材料和机械台班消耗数量时,必须考虑现行设计规范、施工及验收规范、质量评定标准和安全操作规程等法规和规范的要求和影响。

(3) 具有代表性的典型工程施工图及有关标准图

通过对这些图纸进行仔细分析研究,并计算出工程数量,作为编制预算定额时选择施工方法、确定定额含量的依据。

(4) 其他相关资料

包括用以调整定额水平和增加新的定额项目所必需的新技术、新结构、新材料和先进的施工方法,用以确定定额水平的相关科学试验、技术测定和统计、经验资料以及有代表性的施工方案和相应的资源配置情况等。

2) 预算定额的编制程序

(1) 根据需要选择分项工程的划分标准,明确定额的标定对象

选择或建立分项工程的划分标准是一项十分重要的基础性工作,施工企业可以根据本企业的实际情况建立自己的标准,也可以选择统一的国家标准(如我国基础定额的标准),或者是选择某个行业协会制定的标准。选定了标准后,必须认真学习标准中有关对分项工程的定义、工程量的计量单位及相应的计算规则等内容,以便掌握分项工程所包括的工作内容、工程量的计量单位、各分项工程之间的边界条件及计算规则等。

(2) 拟定施工方案及相应的资源配置

不同的施工方案及资源配置情况得到不同的资源消耗量,预算定额所规定的消耗量标准必须是在一定的并且有代表性的施工方案及资源配置条件下的消耗量,所以在编制预算定额前必须明确工程的施工方案及相应的资源配置。

(3) 设计分项工程的工艺流程

根据拟定好的施工方案及相应的资源配置,设计分项工程的工艺流程以明确分项工程施工过程所包含的施工单元以及各施工单元之间的相互关系,并在此基础上综合与此相关的施工定额形成预算定额的消耗量标准。

(4) 编制定额项目表及相应的使用说明

定额项目表反映各分项工程的定额消耗量标准,定额的说明主要是对定额的编制原理、已包括的消耗内容、没包括的消耗内容以及有关附注等所作的说明。定额项目表和相应的定额说明是预算定额不可缺少的组成部分,它们相辅相成,共同组成预算定额。

3.4.3 预算定额的编制原则

为了保证预算定额的编制质量,并且便于充分发挥其作用,在编制预算定额的工作中应遵循以下原则:

1) 平均合理的原则

平均合理的原则是指预算定额的定额水平应该平均合理。即在定额的适用范围内,在正常的施工生产条件下,大部分生产工人正常工作就能达到的水平。定额水平与各项消耗成反比,与劳动生产率成正比。定额水平高,完成单位合格分项工程所需的人工、材料和机械台班消耗少,劳动生产率高。

虽然预算定额是在施工定额的基础上综合而来的,但是,预算定额绝不是简单地套用施工定额的水平。首先,在比施工定额的工作内容综合扩大了的预算定额中,包含了更多的可变因素,需要保留合理的幅度差,例如,人工幅度差、机械幅度差、材料的运输、辅助性工作及材料堆放、运输、操作等方面的损耗和由细到粗综合后的量差等;其次,由于预算定额是计价性的定额,所以其定额水平应当是平均水平,而施工定额是平均先进水平,两者相比,预算定额水平要相对低一些,但应限制在一定范围内。

2) 简明适用的原则

简明适用的原则是指在编制预算定额时,对于那些主要的、常用的、价值量大的项目,其分项工程的划分宜细;而对于那些次要的、不常用的、价值量相对较小的项目则可以放粗一些。

定额项目的多少,与定额的步距有关。步距大,定额项目就会减少,精确度就会降低;步距小,定额项目则会增加,精确度也会提高。所以,确定步距时,对主要工种、主要项目、常用项目,定额步距要小一些;对次要工种、次要项目、不常用项目,定额步距可以适当大一些。

预算定额要项目齐全,如果项目不全,缺项多,就会使估价工作缺少充足的、可靠的依据。补充定额一般因受资料所限,费时费力,可靠性较差,容易引起争执。

对定额的活口也要设置适当。所谓活口,即在预算定额中规定当符合一定条件时,允许该定额另行调整的规定。在预算定额编制中,对实际情况变化较大、影响定额水平幅度大的项目,确需留的,也应从实际出发尽量少留;即使留有活口,也要注意尽量规定换算方法,避免采取按实计算的处理方式。

简明适用,还要求合理确定预算定额的计量单位,简化工程量的计算,尽可能避免同一种材料用不同的计量单位和一量多用,尽量减少定额附注和换算系数。

3) 一切在内的原则

一切在内的原则是指在确定预算定额的消耗量标准时,应考虑施工现场为完成某一分项工程或结构构件的施工任务所必须发生的所有消耗,也即在确定预算定额的消耗量时应考虑包括施工现场范围内的一切直接的消耗因素。由于预算定额是计价性定额,所以按定额计算的消耗量必须包括现场范围内的一切直接的消耗,只有这样,才能确保在计算工程造价时包括施工过程中的所有消耗而不至于漏算。

3.4.4 预算定额消耗量的确定方法

1) 人工、机械等施工资源消耗量的确定方法

预算定额作为计价性定额,其资源消耗的内容必须包括完成分项工程或结构构件的施工任务在施工现场所需开展所有施工活动的资源消耗。相应的,确定预算定额资源消耗量的方法,可以在施工定额的基础上,将预算定额标定对象包括的若干施工单元所对应的施工定额按施工作业的工艺逻辑进行综合,经计算汇总得到预算定额的资源消耗量标准。

预算定额中规定的资源消耗量是指在正常施工条件下,为完成单位合格分项工程或结构构件的施工任务所必需消耗的施工资源的工作时间。由于预算定额属于计价定额,所以其资源消耗必须包括施工现场为完成该分项工程或结构构件的施工任务必需的"一切在内"的消耗。从施工过程的工作分解结构看,分项工程一般是由若干在工艺上紧密相关的施工单元组成的。相应的,完成分项工程施工任务需要消耗资源的工作时间,也应该由为完成该分项工程施工任务需要开展的各项施工单元的资源时间汇总而成。

根据在施工现场的不同工作性质,组成分项工程的施工单元,通常可分为工序作业、超运距运输、辅助工作和零星工作等四种类型,相应的,发生在施工现场的资源消耗,一般也包括消耗在工序作业上的资源时间、消耗在超运距运输上的资源时间、消耗在辅助工作上的资源时间以及资源幅度差等四种类型。

(1) 消耗在工序作业和超运距运输上的资源时间的确定方法

工序作业是指为完成分项工程或结构构件的施工任务需要开展的在工艺上紧密相连的施工单元的集合,其中有一项施工单元必须直接占用拟建工程的工作面,当拟建工程的施工现场较大,其材料运输半径超出垂直运输机械的覆盖范围时,则

需要另外组织超运距材料运输,超运距材料运输与组成工序作业的施工单元之间同样存在密切的工艺关系。由于组成工序作业和超运距运输的施工单元之间存在密切相关的工艺关系,其施工单元实际生产率的大小往往要受到该分项工程的施工组织情况的影响,所以,确定消耗在工序作业和超运距运输上的资源时间,必须在施工定额的基础上,根据所取定的能代表施工现场一般情况的施工方案和工艺设计进行综合计算。

确定消耗在工序作业和超运距运输上的资源时间的具体方法如下:

① 选择有代表性施工方案,据此对分项工程或结构构件的施工过程进行工作分解,确定该分项工程施工必须包括的施工单元。

② 对分项工程的施工过程进行工艺设计,确定各施工单元的资源配置并套用相应的施工定额分别计算每项施工单元在完成单位合格分项工程或结构构件的施工过程中所需的作业时间。在此基础上,根据施工单元之间的工艺关系确定完成单位合格分项工程或结构构件的施工任务所需的作业时间。

③ 根据单位合格分项工程或结构构件的作业时间计算相应的资源工作时间,则该资源时间即为预算定额项目包括的工序作业和超运距运输上的资源消耗量。

预算定额的工序作业和超运距运输上的资源消耗量是在相关施工定额的基础上综合扩大而成的,其综合过程必须充分考虑到施工单元之间的工艺关系对资源利用效率的影响。为了具体地说明预算定额中工序作业和超运距运输上的资源消耗量的计算过程,现举例如下。

例 3.4.1 在施工定额基础上,确定"现场浇筑某种混凝土构件"预算定额包括的工序作业和超运距运输的资源消耗量标准。

第一,根据这类混凝土构件的施工特点,采用有代表性的施工方法,其拟定的施工方案及相应的现场布置和资源配置情况如图 3.4.1 所示。请注意,作为编制预算定额的"取定"条件,我们根据以往的施工经验,将施工现场的材料运输半径"取定"为 150 米,考虑到履带式吊车的覆盖范围为 50 米,则需要的超运距为 100 米。

第二,根据既定的施工方案,将分项工程的施工过程分解为混凝土搅拌、超运距混凝土水平运输、混凝土浇捣等三项施工单元,其施工定额的汇总情况如表 3.4.1 所示。

表 3.4.1 施工定额汇总表　　　　计量单位:m³

施工定额名称	技工(工日)	普工(工日)	混凝土搅拌机(台班)	机动翻斗车(台班)	履带式吊车(台班)	混凝土振捣机(台班)
搅拌混凝土	—	0.025	0.012 5	—	—	—
混凝土水平超运距运输	—	0.016 7	—	0.016 7	—	—
混凝土浇捣	0.083 3	—	—	—	0.020 8	0.041 6

注:根据我国的习惯,将操作施工机械的司机的消耗包括在机械台班中。

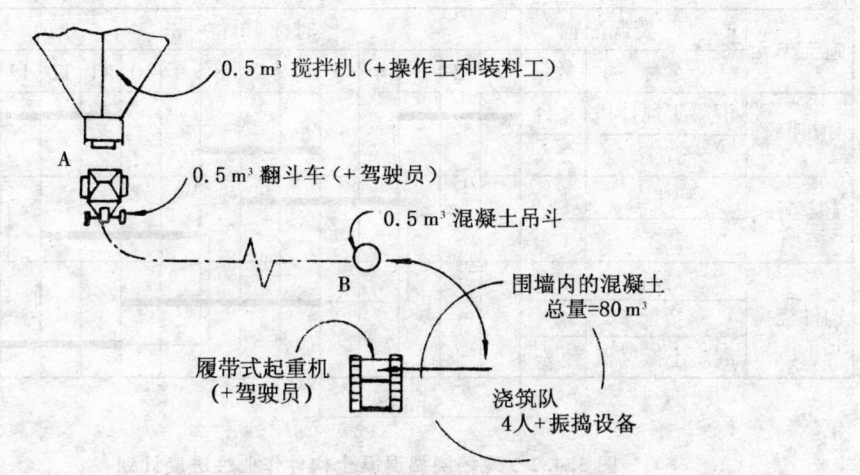

图 3.4.1 浇筑混凝土构件现场布置及资源配置图

第三，取定施工过程中各施工单元的资源配置置情况如下：

① 搅拌混凝土：$0.5 m^3$ 混凝土搅拌机 1 台、普通工人 2 名；

② 混凝土水平超运距运输（包括空车返回）：$0.5 m^3$ 机动翻斗车 1 辆、普通工人 1 名；

③ 混凝土浇捣（包括履带吊车的空车返回）：履带式吊车 1 台、混凝土工（技工）4 名、混凝土振捣机 2 台。

第四，由于混凝土搅拌机的容量是 $0.5 m^3$，所以，其施工过程按 $0.5 m^3$ 作为一个循环依次进行，则每个循环的作业时间按式（3.4.1）计算：

$$施工单元的作业时间 = \frac{每次循环的工程量 \times 施工定额消耗量}{资源配置强度} \quad (3.4.1)$$

根据已经设定的资源配置强度，则施工过程中各施工单元每次循环的作业时间和不同施工单元之间的工艺关系如下：

① 搅拌混凝土：3 min/每循环，首先开始；

② 混凝土水平超运距运输：4 min/每循环，在"①"完成后进行；

③ 混凝土浇捣：5 min/每循环，在"②"开始 2 min 后进行。

第五，根据上述给出的条件，则采用关联横道图对施工现场浇筑混凝土构件的施工过程进行描述，其结果如图 3.4.2 所示。

第六，从图 3.4.2 可以看出，现场浇筑混凝土构件的施工周期为 $10 min/m^3$，根据上述给出的资源配置强度，则现场浇筑混凝土构件预算定额的工序作业和超运距运输的资源消耗量的计算过程如下：

工序作业上的消耗：① 技工的时间消耗 = 4×10 min　　　　即为 0.084 工日

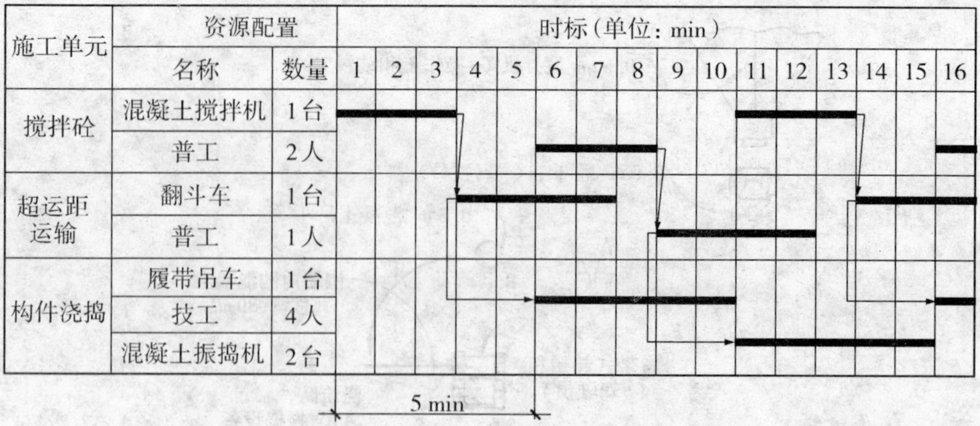

施工单元	资源配置		时标（单位：min）															
	名称	数量	1	2	3	4	5	6	7	8	9	10	11	12	13	14	15	16
搅拌砼	混凝土搅拌机	1台																
	普工	2人																
超运距运输	翻斗车	1台																
	普工	1人																
构件浇捣	履带吊车	1台																
	技工	4人																
	混凝土振捣机	2台																

图 3.4.2　现场浇捣混凝土构件作业性进度计划

　　② 普工的时间消耗＝2×10 min　　　即为 0.042 工日
　　③ 混凝土搅拌机的时间消耗＝10 min　即为 0.021 台班
　　④ 履带式吊车的时间消耗＝10 min　　即为 0.021 台班
　　⑤ 混凝土振捣机的时间消耗＝2×10 min　即为 0.042 台班
超运距运输上的消耗：① 机动翻斗车的时间消耗＝10 min　　即为 0.021 台班
　　　　　　　　　　② 普工的时间消耗＝10 min　　　即为 0.021 工日

（2）消耗在辅助工作上的资源时间的确定方法

辅助工作是指在施工现场开展的，其目标是为工序作业上的施工单元提供必要服务的施工单元，如施工现场开展的材料加工、筛选黄沙、淋石灰膏等。施工现场开展辅助工作的过程同样需要消耗资源的工作时间，由于辅助工作与工序作业在施工工艺上并无直接的逻辑关系，所以，辅助工作的生产率一般不受工序作业上的施工单元的施工组织状况的影响。在确定预算定额包括的辅助工作上的资源时间的过程中，一般只需要将各辅助工作的资源时间消耗按式(3.4.2)简单相加。

$$\text{辅助工作的资源时间} = \sum \text{需加工的材料数量} \times \text{相应的施工定额}$$

（3.4.2）

例 3.4.2　假定现场浇筑 1 m³ 混凝土构件需要筛选黄沙 0.8 t，且每筛选 1 t 黄沙的施工定额为 0.1 工日。则浇筑混凝土构件预算定额包括的辅助工作上的资源消耗量为：

辅助工作上的人工消耗＝0.8×0.1＝0.08（工日）

（3）资源幅度差的确定方法

资源幅度差是指预算定额与施工定额在定额水平方面的差额，主要包括在施工定额中未考虑而在现场施工条件下又不可避免的且很难准确计量的各种零星的资源消耗和损失,资源幅度差的内容主要包括如下各项,其计算方法详见式(3.4.3)。

① 施工机械在单位工程之间转移及临时水电线路移动所造成的停工时间。
② 质量检查和隐蔽工程验收工作的影响。
③ 班组操作地点转移的影响时间。
④ 工序交接时对前一工序不可避免的修整时间。
⑤ 施工中不可避免的其他零星时间。

$$某资源的幅度差＝工序作业和超运距运输的资源消耗×幅度差系数$$
$$(3.4.3)$$

当分别确定了为完成某项分项工程或结构构件施工任务所必需的工序作业上的资源时间、超运距运输上的资源时间、辅助工作上的资源时间以及资源幅度差之后,把这四项资源消耗简单相加即成该分项工程或结构构件的资源消耗量。

2) 材料消耗量的确定方法

(1) 材料消耗量的概念

预算定额材料消耗量是指在合理使用材料的条件下,完成单位合格分项工程或结构构件的施工任务所需消耗一定品种、一定规格的材料(包括半成品、燃料、配件、水、电等)的数量标准。

我国施工项目的直接成本,材料费平均占70％左右。所以,材料消耗量的多少、消耗是否合理,关系到资源的有效利用,对建设工程的造价确定和成本控制有着决定性影响。

(2) 材料消耗量的计算方法

虽然预算定额中材料消耗定额的标定对象和施工定额中一致,它们均是分项工程,但是,由于预算定额是计价性定额,所以,为了使用上的方便,在具体定义预算定额中材料消耗定额的标定对象时,往往将若干个性质相同的材料消耗定额合并为一个预算定额,或者说,预算定额中材料消耗定额项目的综合程度往往比施工定额中的更大。

例如,预算定额工程量计算规则规定,计算墙体工程量时其厚度一律按实体砖墙的厚度计算,不计突出墙面三皮砖以下腰线所占的体积,则突出墙面三皮砖以下腰线所占的体积被少算了。再如,江苏省编制的预算定额中脚手架工程是按钢管和毛竹综合取定的,则该预算定额综合了钢管脚手架和毛竹脚手架二项材料消耗定额。又如,预算定额中现浇构件的钢筋定额是按其直径不同区分直径12以内、直径12到25以内和直径25以外列项的,其综合程度大于施工定额中的材料消耗定额。

根据预算定额和施工定额之间的上述关系,可以得出预算定额材料消耗量的计算方法。首先,直接套用施工定额中材料消耗定额的消耗量标准,其次,在直接套用施工定额中材料消耗定额的消耗量标准的基础上,按式(3.4.4)进行综合计算。

$$预算定额材料消耗量 = \sum 权重 \times 材料消耗定额 \qquad (3.4.4)$$

式中,权重——某材料消耗定额工程量占预算定额计量单位的比重;

材料消耗定额——对应于"权重"的施工定额中的材料消耗定额

3.4.5 预算定额手册

将所编制的预算定额项目按一定的章节汇编成册,即预算定额手册。预算定额手册是工程估价的重要依据,工程估价人员必须熟悉预算定额手册的内容和相关规定并掌握预算定额手册的使用方法。

1) 预算定额手册的基本内容

虽然不同版本的预算定额(如全国统一基础定额、各省编制的预算定额、相关部委编制的预算定额等)在具体内容上不尽相同,但是其基本构成是一样的。

(1) 说明

预算定额手册的第一项内容是说明。说明是用文字的形式对预算定额内涵的描述,按适用范围的不同,说明一般分为总说明、分部工程说明和附注说明等三个层次。

① 总说明。是针对整个定额手册所做的说明,重点说明定额手册的编制依据、适用范围、主要作用、取定的技术经济条件,以及一些必须说明的共性问题。

② 分部工程说明。汇编预算定额手册时,按分部工程到分项工程的顺序,将属于同一分部工程的定额项目汇编在一起,形成手册的"章",再将每一"章"中属于同类分项工程的定额项目汇编在一起,形成手册的"节",每一"节"中则是具体的定额项目。

针对不同"章"的定额项目,定额手册一般要安排相应的说明,称为分部工程说明,或称章说明。主要说明本章定额的设定条件、换算规定,以及相关的换算方法等。

③ 附注说明。是针对一项或若干项定额所做的说明,主要说明定额的换算条件和相应的换算方法。

(2) 计量规则

预算定额手册包括的计量规则是工程估价过程中进行工程计量的重要依据,主要是实物工程量计算规则,当定额手册属于建筑工程时,还包括建筑面积计算规则。实物工程量计算规则详细规定了计算预算定额实物工程量的计量单位、数据要求和计算方法,它是与预算定额紧密相关的规定性文件,必须严格执行。建筑面积计算规则是对计算建筑面积时有关必须计入建筑面积、不可计入建筑面积以及具体计算方法的规定,建筑面积是衡量建筑物规模的重要技术经济指标,同时它也可作为相关预算定额的实物工程量,所以,计算拟建工程建筑面积同样必须严格按相应的规则执行。

(3) 定额项目表

将性质相同的预算定额编辑在一起,并用表格的形式描述其定额编号、项目名称、计量单位、定额项目人工、机械、材料的消耗情况,这种表格被称为定额项目表,定额项目表除了描述上述信息外,还包括针对定额项目的工作内容说明,当定额项目表中的定额存在附注说明时,则在表格下面另外标注相应的附注说明。表3.4.2是《江苏省建筑与装饰工程计价表》中定额项目表的示例。值得注意的是,江苏省建设厅为了适应实行工程量清单计价的要求,于2003年组织编制本省范围内的预算定额,并将编制的定额项目和相应的定额单价(综合单价)汇编在一起,命名为《江苏省建筑与装饰工程计价表》,该计价表于2004年开始执行。

表 3.4.2 定额项目表

工作内容:1. 清理、修补、湿润基层表面、堵墙眼、调运砂浆、清扫落地灰
2. 刷浆、分层抹灰找平、洒水湿润、罩面压光   计量单位:10 m²

定额编号			13-30		13-31		13-32		13-33	
项 目	单位	单价	墙面抹混合砂浆							
			砖墙				混凝土墙			
			外墙		内墙		外墙		内墙	
			数量	合价	数量	合价	数量	合价	数量	合价
综合单价	元			97.00		87.09		101.95		92.16
人工费	元			42.64		37.18		45.76		40.30
材料费	元			35.34		33.03		36.09		33.92
机械费	元			2.37		2.26		2.31		2.21
管理费	元			11.25		9.86		12.02		10.63
利润	元			5.40		4.73		5.77		5.10
二类工	工日	26.00	1.64	42.64	1.43	37.18	1.76	45.76	1.55	40.30
混合砂浆 1:1:6	m³	139.10	0.225	31.30	0.165	22.95	0.217	30.18	0.158	21.30
混合砂浆 1:0.3:3	m³	181.24			0.051	9.24			0.051	9.24
水泥砂浆 1:2.5	m³	199.26	0.003	0.60	0.003	0.60	0.003	0.60	0.003	0.6
801胶素水泥浆	m³	468.22					0.004	1.87	0.004	1.87
普通成材	m³	1 599.0	0.002	3.20			0.002	3.20		
水	m³	2.8	0.086	0.24	0.086	0.24	0.086	0.24	0.083	0.23
砂浆搅拌机 200 L	台班	51.43	0.046	2.37	0.044	2.26	0.045	2.31	0.043	2.21

注:江苏省工程计价表将定额项目和相应的定额单价(综合单价)合而为一,综合单价的概念和计算方法详第四章的内容

(4) 附录

编制预算定额手册时,将有关定额"取定"的内容以及使用定额时需要的信息汇编在手册中,作为定额手册的组成部分,称为定额手册的附录。一般包括各种混合材料(如各种砂浆、混凝土等)的配合比表、主要建筑材料预算价格取定表、主要材料和半成品损耗率取定表、机械台班预算单价取定表以及常用钢材理论重量表、常用形体计算公式表、砖砌大方脚折加高度表等。

2) 定额套用

依据预算定额手册估算拟建工程人工、材料、机械消耗量时,首先根据定额手册划定的定额项目进行工程计量,其次针对已经计算出来的定额工程量,选择相应的定额项目并按式(3.4.5)计算完成该定额项目施工任务需要的人工、材料、机械消耗量,最后将完成拟建工程施工任务对应的全部定额项目的人工、材料、机械消耗量加以汇总,按式(3.4.6)计算拟建工程对人工、材料、机械的总消耗量。

$$\text{某定额项目对某要素的消耗量} = \text{工程量} \times \text{预算定额消耗量标准} \quad (3.4.5)$$

$$\text{拟建工程对某要素的总消耗量} = \sum \text{某定额项目对该要素的消耗量} \quad (3.4.6)$$

所谓"定额套用",就是在对某定额项目进行工程计量的基础上,在定额手册中选择相应的定额项目,将已得的工程量乘以定额项目规定的消耗量标准,计算完成该定额项目施工任务需要的人工、材料、机械消耗量的过程。

在套用定额的过程中,只有当定额"取定"的分项工程的规格、品种、做法与工程图纸规定的完全一致,才能"直接"套用,否则,必须按定额手册的规定,首先对原定额进行"换算"处理后才能套用。

定额换算的过程,就是对照定额的"取定"和图纸的"规定",在原定额消耗量标准的基础上,将原定额消耗量标准中与图纸"规定"不相符的消耗内容减除,再补入按图纸"规定"必需的消耗内容,最终形成与图纸"规定"相符的定额消耗量标准的过程,其基本原理可用式(3.4.7)表示。

$$\begin{bmatrix} \text{换算后} \\ \text{的定额} \\ \text{消耗量} \end{bmatrix} = \begin{bmatrix} \text{原定额} \\ \text{消耗量} \end{bmatrix} - \begin{bmatrix} \text{对照图纸} \\ \text{不相符的} \\ \text{消耗内容} \end{bmatrix} + \begin{bmatrix} \text{按图纸施} \\ \text{工必需消} \\ \text{耗的内容} \end{bmatrix} \quad (3.4.7)$$

实际工作中,对定额进行"换算"的具体形式多种多样。如果按引起"换算"的原因分类,则主要包括"说明换算"、"配合比换算"和"面积计量厚度换算"等类型。下面根据《江苏省建筑与装饰工程计价表》(于2004年起执行)的有关规定,选择相关的定额项目,说明对原定额进行"换算"的具体方法。

(1) 说明换算

定额手册的"分部工程说明"和"附注说明"中,有一些说明主要针对定额换算的条件和相应的换算方法。例如,第十二章(楼地面工程)的说明中规定:踢脚线定额项目按长度(10 m)计量,其高度是按 150 mm 编制的,如设计高度与定额取定高度不同时,块料面层(不包括粘贴砂浆材料)按高度比例调整,其他不变。

假设某施工图纸规定采用水泥砂浆铺设花岗岩楼地面,相应的踢脚线的设计高度是 120 mm,则选择适用定额,其编号为 12－60,由于定额"取定"高度与设计"要求"高度不符,按说明换算其中的花岗岩板的消耗量如下:

$$换算后花岗岩板的消耗量 = \frac{1.53 \times 120}{150} = 1.224 (m^2)$$

(2) 配合比换算

当定额手册中针对某条定额项目"取定"的配合比与工程图纸"要求"的配合比不一致时,则必须对原定额项目进行"换算"后才能套用。换算的原则是"定额对于配合比的消耗量不变,配合比本身需要调换"。例如,第三章(砌筑工程)中编号为 3－1 的定额项目,原定额"取定"用 M5 水泥砂浆砌筑标准砖基础,如果施工图纸"要求"用 M10 水泥砂浆砌筑砖基础,则换算其中的水泥(注:还包括中砂和水,本例略)消耗量如下:

$$换算后的水泥消耗量 = 0.242 \times 253 = 61.226 (kg)$$

(3) 面积计量厚度换算

当定额项目的计量单位是面积时,则针对这种定额项目一般会"取定"一个厚度。如果定额"取定"的厚度与工程图纸"要求"的厚度不一致,则需要根据二者的厚度差异对原定额消耗量进行换算。换算方法分二种情况,其一是执行"增减定额",其二是按"厚度比例"调整定额消耗量。

例如,第十二章(楼地面工程)中编号为 12－22 的定额项目,原定额"取定"用 1:2 水泥砂浆铺设楼地面面层,厚度"取定"为 20 mm。如果施工图纸"要求"用 1:2 水泥砂浆铺设楼地面面层,厚度"取定"为 25 mm,则需要套用相应的"增减定额"(编号为 12－23:每增减 5 mm),换算其中的水泥(注:还包括中砂和水,本例略)消耗量如下:

$$换算后的水泥消耗量 = 0.202 \times 557 + 0.051 \times 557 = 140.92 (kg)$$

再如,第十三章(墙柱面工程)中编号为 13－31 的定额项目,原定额"取定"用 1:1:6 混合砂浆打底,厚度 15 mm;1:0.3:3 混合砂浆罩面,厚度 5 mm。如果施工图纸"要求"打底层厚度为 18 mm,罩面层厚度不变,则需要按"厚度比例"调整原定额中打底砂浆的消耗量并相应的材料消耗量,换算其中的水泥(注:还包括中砂、石灰膏和水,本例略)消耗量如下:

$$换算后的水泥消耗量 = \frac{0.165 \times 18}{15} \times 204 + 0.051 \times 391 + 0.003 \times 490$$
$$= 61.8 (kg)$$

预算定额手册是估算工程造价的重要依据,只有全面熟悉定额手册的基本内容,掌握手册中有关定额项目的划分标准、各层次的定额说明、工程计量规则、附录的内容和使用,掌握有关定额换算的原理和方法,才能成为技术合格的工程估价人员。

3.5 概算定额及概算指标

3.5.1 概算定额的概念和作用

1) 概算定额的概念

概算定额是指在正常的施工条件下,为完成一定计量单位的扩大分项工程或扩大结构构件的施工任务所需人工、材料和机械台班的消耗数量及费用标准。

概算定额是在预算定额的基础上,根据有代表性的工程通用图纸和标准图集等资料进行综合、扩大和合并而成。

概算定额具有如下性质特点:

(1) 概算定额是一种计价性定额,其主要作用是作为编制设计概算的依据。由于对设计概算进行编制和审核是我国目前控制工程建设投资的主要方法,所以,概算定额也是我国目前控制工程建设投资的主要依据。

(2) 概算定额是一种社会标准。在涉及国有资本投资的工程建设领域,概算定额具有技术经济法规的性质,其定额水平一般取社会平均水平。

(3) 概算定额的对象是扩大分项工程或扩大结构构件。概算定额的标定对象是由若干个相互关联的分项工程所构成的工程实体,该工程实体一般被称为扩大分项工程或扩大结构构件,所以,概算定额子目所包括的工程内容为若干个分项工程。相应的,概算定额的资源消耗量也是由该定额标定对象所包含的分项工程的预算定额消耗量综合而成。

(4) 概算定额是在预算定额的基础上综合扩大而成的。在编制概算定额的过程中,将若干分项工程组成概算定额的标定对象时,不是把它们简单地相加,而是要根据施工规律或工程构造要求,按概算定额的计量单位进行综合。另外,在编制概算定额时,应考虑到能适应规划、设计、施工各阶段的要求。概算定额与预算定额应保持一致水平,即在正常条件下,反映大多数企业的设计、生产及施工管理水平。

2) 概算定额的作用

概算定额在控制建设投资、合理使用建设资金及充分发挥投资效果等方面发挥着积极的作用。现以建筑工程概算定额为例,为了合理确定工程造价和有效控制工程建设投资,江苏省编制颁发了《江苏省建筑工程概算定额》(2005 年),自

2006年起在全省范围内施行。该定额的作用是：
(1) 编制初步设计概算的依据。
(2) 设计人员在初步设计阶段做多方案技术经济比较之用。

3.5.2 概算定额的内容和特点

1) 概算定额的内容

概算定额由文字说明和定额项目表两部分内容组成。

文字说明包括总说明和各分部工程的说明。总说明中主要说明定额的编制目的、编制依据、适用范围、定额作用、使用方法、取费计算基础以及其他有关规定等。各分部说明中主要阐述本分部综合分项工程内容、使用方法、工程量计算规则以及其他有关规定等。

定额项目表是定额的主要组成部分，它用表格的形式，按分部分项工程的顺序，反映各概算定额项目的定额名称、编号、计量单位、所包括的工程内容、资源消耗量标准以及有关附注说明等内容。

例如，现浇钢筋混凝土柱概算定额项目，包括了混凝土、钢筋、柱面室内抹灰、刷乳胶漆等工程内容。表3.5.1是《江苏省建筑工程概算定额》(2005年)中柱、梁分部工程中关于现浇钢筋混凝土柱概算定额的定额项目表的示例。

2) 概算定额的特点

现以《江苏省建筑工程概算定额》(2005年)为例，概算定额的特点如下：

(1) 项目划分贯彻简明适用的原则

在预算定额项目划分的基础上，进一步综合扩大，适当合并相关项目，拉大步距，以简化编制概算的手续。

(2) 按工程构造进行综合扩大

全部工程项目，基本形成独立、完整的单位产品价格，便于设计人员做多方案技术经济比较，提高设计质量。

例如，屋面工程项目综合了保温层、防水层。该保温层、防水层是一个完整的项目，同时综合了它们相关的找平层。如设计要更换另一种保温层、防水层材料时，可按预算定额调整或换算。

(3) 原则上不留"活口"

以预算定额为基础，充分考虑到定额水平合理的前提，取消换算和系数，原则上不留"活口"，为有效控制建设投资创造条件。例如，有关定额项目中均综合了钢筋和铁件含量，如与设计规定不符时，应调整。计算构件含钢量时，设计图纸未说明的钢筋接头，不计算；混凝土和钢筋混凝土强度等级，如与设计规定不同时，也应调整；砌筑砂浆等级和抹灰砂浆配合比，编制概算时不调整。

表 3.5.1 现浇钢筋混凝土柱概算定额表

工作内容:钢筋制作、绑扎、安装、混凝土浇捣、养护、抹灰、刷乳胶漆

计量单位:m³

概算定额编号					4-3		4-4		4-5	
计价表编号	项目名称	综合单价	单位		矩形柱				圆异形柱	
					周长在(m)					
					1.8以内		1.8以外		3.0以内	
					数量	合价	数量	合价	数量	合价
	基准价		元			953.58		1 041.16		1 033.20
其中	人工费		元			123.61		112.74		147.50
	材料费		元			732.58		832.16		775.24
	机械费		元			26.74		29.43		27.98
	管理费		元			52.61		49.76		61.42
	利润		元			18.04		17.07		21.06
4-1	钢筋制安 12 内	3 538.49	T		0.038	134.46	0.05	176.92	0.042	148.62
4-2	钢筋制安 12 外	3 309.55	T		0.088	291.24	0.116	383.91	0.098	324.34
5-181	C35 泵送商品混凝土矩形柱	369.20	m³		1.00	369.20	1.00	369.20		
13-40	矩形柱面抹混合砂浆	139.06	10 m²		0.644	89.55	0.451	62.72		
16-308	抹灰面刷乳胶漆三遍	107.35	10 m²		0.644	69.13	0.451	48.41	0.691	74.18
5-182	C35 泵送商品混凝土圆形柱	371.25	m³						1.00	371.25
13-39	圆形柱面抹混合砂浆	166.15	10 m²						0.691	114.81
人工及主要材料	一类工		工日		0.84		0.59		0.90	
	二类工		工日		3.23		3.13		3.96	
	中砂		T		0.28		0.21		0.29	
	石灰膏		m³		0.02		0.01		0.02	
	白水泥		kg		3.41		2.39		3.66	
	水泥 32.5 级		kg		64.53		50.36		59.87	
	商品混凝土 C35(泵送)		T		0.99		0.99		0.99	
	钢筋(综合)		T		0.13		0.17		0.14	
	电焊条		kg		0.92		1.21		1.02	
	镀锌铁丝 22#		kg		0.43		0.57		0.48	
	乳胶漆		kg		2.98		2.09		3.20	

注:劲性混凝土柱按矩形子目执行

(4) 基本保持预算定额的水平,略有余地

经测算,概算定额加权综合平均水平比预算定额增加造价 6.5% 左右,这个水平是比较合适的。

3.5.3 概算定额的编制

1) 概算定额的编制依据

现以《江苏省建筑工程概算定额》(2005年)为例,其编制依据如下:

(1)《江苏省建筑与装饰工程计价表》(2003年)。

(2)《江苏省建筑工程综合预算定额》(2001年)。

(3)《江苏省建筑工程概算定额》(1999年)。

2) 概算定额的编制原则

概算定额的编制深度,要适应设计的要求,在保证设计概算质量的前提下,应贯彻社会平均水平和简明适用的原则。概算定额是工程计价的依据,应符合价值规律和反映现阶段社会生产力水平。

概算定额的项目划分,应简明和便于计算。要求计算简单和项目齐全,但它只能综合,而不能漏项。在保证一定准确性的前提下,以主体结构分部工程为主,合并相关联的子项,并考虑应用电子计算机编制概算的要求。

概算定额在综合过程中,应使概算定额与预算定额之间留有余地,即两者之间将产生一定的允许幅度差,一般应控制在 7% 以内,这样才能使设计概算起到控制施工图预算的作用。

为了稳定概算定额水平,统一考核和简化计算工作量,并考虑到扩大初步设计图的深度条件,概算定额的编制尽量少留活口,最好不留。如对混凝土和砌筑砂浆的强度等级、钢筋及预埋铁件用量等,可根据工程结构的不同部位,通过测算、统计而综合定出合理数据。

3) 概算定额的编制步骤

概算定额的编制一般分 3 个阶段:准备阶段、编制阶段、审批阶段。

(1) 准备阶段

主要是成立编制机构、确定组成人员、进行调查研究、了解现行概算定额执行情况及存在问题、明确编制范围及编制内容等。在此基础上,制定概算定额的编制细则和定额项目划分标准。

(2) 编制阶段

根据已制定的编制细则、定额项目划分标准和工程量计算规则,对收集到的设计图纸、技术资料,进行细致的测算和分析,编制出概算定额初稿;将该初稿的定额总水平与预算定额水平相比较,分析两者在水平上的一致性。如果水平差距较大,则应进行必要的调整。

(3) 审批阶段

在征求意见修改之后,形成审批稿,再经批准后即可交付印刷。

4) 概算定额消耗量的确定方法

概算定额的消耗量是在相关的预算定额消耗量的基础上综合扩大而来,这种综合扩大的过程,从工作程序上看,一般由3个步骤组成:

(1) 步骤1:应确定概算定额的标定对象。概算定额的标定对象一般是由若干相关的分项工程组合而成的所谓扩大分项工程或扩大结构构件。所谓明确概算定额的标定对象就是对扩大分项工程或扩大结构构件的划分原则、所包含的工作内容(即包括的分项工程)进行定义并确定其计量单位、编制相应的工程量计算规则等。

(2) 步骤2:在确定了每个定额项目所包含的分项工程的基础上,按有关标准图集或有代表性的工程图纸、施工方案及现场条件等资料,综合测定该概算定额项目所包括的每个分项工程的"含量",即综合测定该概算定额项目所包括的每个分项工程在该概算定额计量单位中所占的数量。概算定额中的"含量"是一个特定的概念,一般由定额编制部门通过综合测定而得到。在定额执行过程中,即使施工现场的某个分项工程的实际发生量与定额综合测定的"含量"不同,只要没有明确的规定和说明,一般还是按定额"含量"计算的数据为准。

(3) 步骤3:在完成上述步骤的基础上,根据概算定额的"含量"和相应的预算定额,综合计算该概算定额的消耗量标准。计算公式如下:

$$某概算定额消耗量 = \sum(含量_i \times 预算定额消耗量_i) \quad (3.5.1)$$

在确定具体概算定额的标定对象时,实际上是根据施工规律和工程构造的要求,从概念上将相关的分项工程进行组合,形成扩大的工程实体或施工作业的过程。按组合分项工程的不同方式,在实际工作中可用如下方法确定概算定额的标定对象:

(1) 综合法

综合法是指将预算定额中的主要分项工程作为计量单位,然后按系数(含量)综合其他次要分项工程编制概算定额的方法。例如基础工程中,将各种类型的基础项目作为计量单位,然后按照测算所得的工程量综合挖土、回填土、人工运土等组成概算定额的标定对象。

(2) 归并法

归并法是指将计算口径相同的预算定额项目进行归并编制概算定额的方法。例如,将预制钢筋混凝土构件及金属构件的运输、吊装及其制作归并在一起;门窗的制安、油漆归并在一起。

(3) 简化法

简化法是改变部分项目在原预算定额中确定的计量单位和采用系数(含量)综

合其他项目编制概算定额的方法。这种方法简化了工程量计算。例如,墙身不用立方米体积计算,而根据不同墙身厚度以平方米计算;钢筋混凝土楼面、屋面也以平方米计算等。

(4) 图算法

当工程采用标准图集或通用图集的做法确定概算定额项目时,其包含的分项工程及其数量均按图集做法计算。这种概算定额项目的计量单位一般根据项目的形体特征而定。例如,水箱、水池、化粪池以座(只)表示;围墙以 10m 表示等。这种编制概算定额的方法叫做图算法。

(5) 价差法

对于圈梁、构造柱、水泥砂浆墙裙等项目,在墙体工程量计算规则中规定不扣圈梁、构造柱的体积,而在圈梁、构造柱定额中抵扣砖墙含量,以简化工程量计算。这种编制概算定额的方法叫做价差法。用价差法编制的概算定额也称为价差定额。

3.5.4 概算定额手册的应用

使用概算定额必须正确掌握定额的组成内容、使用方法和有关说明、规定等。

1) 了解概算定额与预算定额的关系,以便正确套用

在熟悉预算定额的基础上,进一步了解概算定额与预算定额的关系,采用顺藤摸瓜、层层分解的方法,从概算定额的组成,了解到预算定额的工程内容、人工、材料、机械的耗用量,再从预算定额了解到概算定额的含量、综合的内容,最后根据设计图纸的内容,能正确套用定额。例如,水磨石地面,概算定额有关项目只综合一个相应的预算定额编号,其所列的工程名称仅说明是否嵌条及嵌条材料,对水磨石地面下的水泥砂浆及其厚度有否包括,不能表达清楚。为了查清此点就需按概算定额编号查到预算定额编号,再从预算定额中了解水磨石地面的工料分析,从而得知,预算定额的水磨石单价中,不仅包括水泥砂浆,而且可知其厚度。

2) 熟悉概算定额的内容,以免重复计算或漏算

使用概算定额时,一定要了解和熟悉定额综合的内容,以免重复计算或漏算。例如,水泥砂浆地面定额中已经包括了平整场地,不能再单独计算平整场地。

在执行概算定额时应遵循下列规定:

(1) 概算定额已列的项目,不得再以预算定额分解套用。

(2) 概算定额未列的内容,为简化起见,首先按概算定额的编制原则,按预算定额的有关项目综合,无法综合的则可直接套用预算定额。

对于第 2 种情况,属于概算定额的"活口规定"。在使用概算定额时,遇有缺项,可以作补充概算定额,不能综合时可按预算定额计算,列入工程概算。在概算列项和工程量计算时应考虑这些规定。

3) 定额所综合的内容和含量不得随意修改

概算定额所综合的内容和含量,是经过测算比较分析后取定的,不得因具体工程的内容和含量不同而随意修改定额,当然定额中说明允许调整者除外。

由于定额本身不能考虑所有工程变化因素,有些作了"硬性"规定,有些留有"活口",在概算列项及工程量计算等方面也需要变通处理。

当概算定额所综合的项目与工程做法不尽相同,而概算定额规定允许换算的项目,其不同做法部分可按预算定额的相应做法进行换算,但其含量一般不作变动。

概算定额综合的项目及含量是按一般工业与民用建筑标准图集、典型工程施工图,经分析、比较后取定的,除下列情况允许调整外,其余均不得换算调整。

(1) 实际设计使用的混凝土强度等级、钢筋、铁件用量以及概算定额注明的其他可以换算的内容可以调整。

(2) 概算定额所综合的预算定额项目,其材料品种、规格、数量,如果与设计要求不同时,换算应按具体规定进行。

概算定额的各种材料、成品、半成品都包括了从工地仓库、现场堆放点或集中加工点到操作点所需的水平运输和垂直运输的综合平均距离。执行中除专项注明者外,其余均不得调整。

4) 概算定额的换算方法

在概算定额中,能综合的尽量综合进去,一般不予调整;一些综合不进去的还需开口的,在概算定额说明中规定调整办法。也就是说,并非所有分项子目都是可以直接套用定额的,在各分部之前有总说明,在各分部又有一些说明和附注,要求对定额进行换算后才能套用。

要注意的是所有概算定额项目在套用时,都必须遵循它们所在分部、分项工程中的一些具体规定,如需调整或换算,则应按定额规定执行。

调整或换算的步骤如下:

(1) 先根据概算定额,查出需换算(换出)预算定额子项的选用单位和含量。

(2) 再查出预算定额中适用的子目编号、适用换入的预算定额及其材料消耗量。

(3) 调整计算,其方法如式(3.5.2)所示。

$$\begin{bmatrix}换算后定\\额消耗量\end{bmatrix} = \begin{bmatrix}原定额\\消耗量\end{bmatrix} + \left\{\begin{bmatrix}换入预算\\定额消耗\end{bmatrix} - \begin{bmatrix}换出预算\\定额消耗\end{bmatrix}\right\} \times 含量 \quad (3.5.2)$$

3.5.5 概算指标

1) 概算指标的含义与作用

概算指标以统计指标的形式反映工程建设过程中生产单位合格工程建设产品

所需资源消耗量的水平。它比概算定额更为综合和概括,通常是以整个建筑物和构筑物为对象,以建筑面积、体积或成套设备装置的"台"或"组"为计量单位而规定的人工、材料和机械台班的消耗量标准和造价指标。

概算指标主要有如下作用:

(1) 概算指标可以作为编制建设项目投资估算的参考;

(2) 概算指标中的主要材料指标可作为匡算主要材料用量的依据;

(3) 概算指标是设计单位进行设计方案比较,建设单位选址的一种依据;

(4) 概算指标是编制固定资产投资计划,确定投资额的主要依据。

2) 概算指标的编制原则

(1) 按平均水平确定概算指标的原则

在我国社会主义市场经济条件下,概算指标作为确定工程造价的依据,必须遵照价值规律的客观要求,在其编制时必须按社会必要劳动时间,贯彻平均水平的编制原则。只有这样才能使概算指标合理确定和控制工程造价的作用得到充分发挥。

(2) 概算指标的内容和表现形式,要贯彻简明适用的原则

概算指标从形式到内容应简明易懂,要便于在使用时根据拟建工程的具体情况进行必要的调整换算,能在较大范围内满足不同用途的需要。

(3) 概算指标的编制依据,必须具有代表性的原则

编制概算指标所依据的工程设计资料,应是有代表性的、技术上先进的、经济上合理的。

3) 概算指标的内容和表现形式

(1) 概算指标的内容

概算指标的组成内容一般分为文字说明和列表形式两部分,以及必要的附录。

文字说明包括总说明和分册说明。文字说明一般包括概算指标的编制范围、编制依据、分册情况、指标包括的内容、指标未包括的内容、指标的使用方法、指标允许调整的范围及调整方法等。

建筑工程和安装工程的列表形式不尽相同。建筑工程列表形式:房屋建筑、构筑物一般是以建筑面积、建筑体积、"座"、"个"等为计算单位,附以必要的示意图,示意图画出建筑物的轮廓示意或单线平面图,列出综合指标。综合指标包括单位造价、单位资源消耗量、自然条件(如地耐力、地震烈度等)、建筑物的类型、结构形式及各部位中结构主要特点、主要工程量等内容。安装工程的列表形式:设备以"t"或"台"为计算单位,也有以设备购置费或设备原价的百分比(%)表示;工艺管道一般以"t"为计算单位;通讯电话站安装以"站"为计算单位。列出指标编号、项目名称、规格、综合指标(元/计算单位)之后一般还要列出其中的人工费,必要时还要列出主材费、辅材费。

(2) 概算指标的表现形式

按具体内容和表示方法的不同,概算指标一般有综合指标和单项指标两种形式。综合指标是以一种类型的建筑物或构筑物为研究对象,以建筑物或构筑物的体积或面积为计量单位,综合了该类型范围内各种规格的单位工程的造价和消耗量指标而形成的,它反映的不是具体工程的指标,而是一类工程的综合指标,是一种概括性较强的指标。单项指标则是一种以典型的建筑物或构筑物为分析对象的概算指标,仅仅反映某一具体工程的消耗情况。

4) 概算指标的编制

(1) 概算指标的编制依据

以建筑工程为例,建筑工程概算指标的编制依据有:

① 各种类型工程的典型设计和标准设计图纸。
② 现行建筑工程预算定额和概算定额。
③ 当地材料价格、工资单价、施工机械台班费、间接费定额。
④ 各种类型的典型工程结算资料。
⑤ 国家及地区的现行工程建设政策、法令和规章。

(2) 概算指标的编制方法

单项指标的编制较为简单,按具体的施工图纸和预算定额编制工程预算书,算出工程造价及资源消耗量,再将其除以建筑面积即得单项指标。

综合指标的编制是一个综合过程,其基本原理是将不同工程的单项指标进行加权平均,计算能综合反映一般水平的单位造价及资源消耗量指标,该指标即为工程的综合指标。

下面以建筑工程为例,简单介绍建筑工程综合概算指标的编制方法:

① 按一定的分组标志(如建筑物的性质、用途、结构类型等)把建筑工程划分成一系列不同的类型,每个类型的建筑物具有相同或近似的造价特征。对工程进行分类的目的是为了分别编制不同类型的建筑物的综合概算指标,从而使概算指标更具针对性,提高概算指标的准确性。

② 在工程分类的基础上,编制分项工程的含量指标,如每 $10 m^2$ 框架结构工程中的梁、柱混凝土体积的含量指标。含量指标的编制,是根据现行国家标准图集、各地区设计通用图集以及历年来建设工程中比较常用的工程结构形式、构造和建筑要求等基础资料进行测算得到的大量数据;然后对所得的大量数据加以分析比较、加权平均、合并综合;最终得到能反映该类型工程平均水平的、相对稳定的分项工程含量。例如,为了编制混凝土梁、柱在某类型工程中的单方含量(每平方米建筑面积所包含的梁、柱的体积),必须取得不同柱网尺寸、不同基础形式、不同层高等情况下的含量数据,最后进行加权平均,取其中偏高的数据作为含量指标。

③ 编制单位工程综合概算指标,根据编制好的分项工程含量指标,套用现行

预算定额编出预算书，求出每单位建筑面积的预算造价、人工、材料、机械费及主要材料消耗量指标。与指标相配套，应对相应工程类型的特征进行文字或简图的描述，以便正确套用。

复习思考题

1. 简述工程建设定额的概念、分类、作用。
2. 简述时间研究的概念及作用。
3. 简述工作时间分析的概念及其内容。
4. 任选施工过程中的某项工作，并设计对其进行时间研究的程序。
5. 简述施工定额的概念及其性质。
6. 请用1 000个以内的文字概括施工定额的编制原理。
7. 简述预算定额的概念及其性质，并用600个以内的文字概括在施工定额的基础上确定预算定额资源消耗量的基本原理。
8. 简述概算定额的概念及其性质，并用600个以内的文字概括在预算定额的基础上编制概算定额的基本原理。

4 基础单价及单位估价表

4.1 基础单价的概念

4.1.1 概念

所谓基础单价是指为获取并使用工程施工所需的劳动力、施工机械、建筑材料、分包商劳务等生产要素而必须发生的单位费用。该单位费用的大小取决于获取该生产要素时的市场条件、取得该生产要素的采购方法、使用该生产要素的方式以及一些政策性的因素。

为了做出合理的工程估价,必须仔细地考虑工程施工所需的劳动力、施工机械、建筑材料和分包商劳务等生产要素的需要量,并确定其最适当的来源、采购方法和使用方式,在此基础上,计算出使用这些生产要素的费用,最终估算出合理的工程造价。

4.1.2 价格水平的取定

不同类型的工程估价须采用不同的价格水平。当为了确定工程商业价格而编制工程估价时,(如编制施工预算、投标报价等)其生产要素价格水平的取定应该根据具体工程的个别情况通过市场竞争和工程内部核算来确定,此时的价格水平一般取当时当地并且与该工程个别情况相应的市场价格水平。当编制工程估价的目的是为了作为投资控制的依据时,(如编制设计概算、招标工程标底等)其生产要素价格水平应该取当时当地的社会平均水平,因为在编制这类工程估价时,还没有形成具体的施工计划和采购方案,无法确定该工程生产要素的个别价格。

4.2 人工单价的确定

4.2.1 人工单价的概念及费用构成

1) 概念

人工单价是指一个生产工人一个工作日在工程估价中应计入的全部人工费用。

在理解上述概念时,必须注意如下3个问题:

(1) 人工单价是指生产工人的人工费用,而施工企业经营管理人员的人工费用不属于人工单价的概念范围。

（2）在我国人工单价一般是以"工日"来计量的,属于计时工资制度条件下的人工工资标准。

（3）人工单价是指在工程估价时应该并且可以计入工程成本的人工费用,所以,在确定人工单价时,必须根据具体的工程估价方法所规定的核算口径来确定其费用。

2）人工单价的费用构成

在确定人工单价时可以考虑计算如下5种费用：

（1）生产工人的工资。生产工人的工资一般由雇佣合同的具体条款确定,不同的工种、不同的技术等级以及不同的雇佣方式（如固定用工、临时用工等）,其工资水平是不同的。在确定生产工人工资水平时,必须符合政府有关劳动工资制度的规定。

（2）工资性补贴。生产工人工资性补贴是指为了补偿工人额外或特殊的劳动消耗以及为了保证工人的工资水平不受特殊条件影响,而以补贴形式支付给工人的劳动报酬。它包括按规定标准发放的交通费补贴、住房补贴、流动施工津贴及异地施工津贴等。

（3）生产工人辅助工资。生产工人辅助工资是指在生产工人年有效施工天数以外非作业天数的工资,包括职工学习、培训期间的工资,调动工作、探亲、休假期间的工资,因气候影响的停工工资,女工哺乳时间的工资,病假在6个月以内的工资及产、婚、丧假期的工资等。

（4）有关法定的费用。法定费用是指政府规定的有关劳动及社会保障制度所要求支付的各项费用,如职工福利费、生产工人劳动保护费等。

（5）生产工人的雇佣费、有关的保险费及辞退工人的安置费等。

至于在确定具体人工单价时应考虑哪些费用,应根据具体的工程估价方法所规定的造价费用构成及其相应的计算方法来确定。

4.2.2 影响人工单价的因素

1）政策因素

如政府指定的有关劳动工资制度、最低工资标准、有关保险的强制规定等。确定具体工程的人工工资单价,必须充分考虑为贯彻执行上述政策而应该发生的费用。

2）市场因素

如市场供求关系对劳动力价格的影响、不同地区劳动力价格的差异、雇佣工人的不同方式（如临时雇佣、长期雇佣等）,以及不同的雇佣合同条款等。在确定具体工程的人工单价时,同样必须根据具体的市场条件确定相应的价格水平。

3）管理因素

如生产效率与人工单价的关系、不同的支付系统对人工单价的影响等。不同的支付系统在处理生产效率与人工单价的关系方面是不同的。例如,在计时工资制的条件下,不论施工现场的生产效率如何,由于是按工作时间发放工资,所以其生产工人的人工单价是一样的。但是,在计件工资制的条件下,由于工人一个工作班的劳动报酬与其在该工作班内完成的成果数量成正比关系,所以施工现场的生产效率直接影响到人工单价的水平。在确定具体工程的人工单价时,必须结合一定的劳动管理模式,在充分考虑所使用的管理模式对人工单价的影响的基础上,确定人工单价水平。

4.2.3 综合人工单价的确定

所谓综合人工单价是指在具体的资源配置条件下,某具体工程上不同工种、不同技术等级的工人的平均人工单价。综合人工单价是进行工程估价的重要依据,其计算原理是将具体工程上配置的不同工种、不同技术等级的工人的人工单价进行加权平均。

在实际工作中,一般可按如下步骤计算综合人工单价:

(1) 根据确定的人工单价的费用构成标准,在充分考虑影响单价各因素的基础上,分别计算不同工种、不同技术等级的工人的人工单价。

(2) 根据具体工程的资源配置方案,计算不同工种、不同技术等级的工人在该工程上的工时比例。

(3) 把不同工种、不同技术等级工人的人工单价按其相应的工时比例进行加权平均,即可得到该工程的综合人工单价。

下面举例说明综合人工单价的确定。

例 4.2.1 临时雇佣工人综合人工单价的确定。

雇佣条件:

① 正常工作时间,技术工人 20 元/工日,普通工人 15 元/工日。

② 加班工作时间,按正常工作时间工资标准的 1.5 倍计算。

③ 如果工人的工作效率能达到定额的标准,则除按正常工资标准支付外,还可得基本工资的 30%作为奖金。

④ 法定节假日按正常工资支付。

⑤ 病假工资 10 元/天。

⑥ 工器具费为 2 元/工日。

⑦ 劳动保险费为工资总额的 10%。

⑧ 非工人原因停工照正常工作工资标准计算。

工作时间的设定:

① 每年按 52 周计,每周正常工作 5 天,每周双休日加班。

② 节假日规定:除 10 天法定节假日外,每年放假 15 天,均安排在双休日休息。

③ 非工人原因停工 35 天,5 天病假,全年 40 天,其中 35 天在正常上班时间,5 天在双休日。

工作时间计算:

① 正常工作时间

 A. 日历天数/天 $52×5=260$

 B. 法定节假期/天   10

 C. 非工人原因停工/天   35

 合计/天   215

② 加班工作时间

 A. 日历天数/天 $52×2=104$

 B. 放假/天   15

 C. 病假/天   5

 合计/天   84

③ 非工人原因停工/天   35

④ 法定节假日/天   10

⑤ 病假/天   5

年人工费计算:

费用项目	公 式	技工	普工
① 正常工作工资/元	215×工资标准	4 300	3 225
② 非工人原因停工工资/元	35×工资标准	700	525
基本工资合计/元		5 000	3 750
③ 奖金/元	基本工资×30%	1 500	1 125
④ 加班工资/元	84×工资标准×1.5	2 520	1 890
⑤ 法定节假日工资/元	10×工资标准	200	150
⑥ 病假工资/元	5×病假工资	50	50
⑦ 工器具费/元	工作天数×2	598	598
⑧ 劳动保险费/元	工资总额×10%	986.8	756.3
人工费合计:		10 854.8	8 319.3

人工单价: 技工:$\dfrac{10\ 854.8}{215}=50.49(元/工日)$

               普工:$\dfrac{8\ 319.3}{215}=38.7(元/工日)$

如果技工与普工人数比为 2∶1,则

综合单价 $=50.49×2/3+38.70×1/3=46.56(元/工日)$

4.2.4 我国现行体制下的人工单价

我国现行体制下的人工单价即预算人工工日单价,又称人工工资标准或工资率。合理确定人工工资标准,是正确计算人工费和工程造价的前提和基础。

人工工日单价是指一个建筑安装工人一个工作日在预算中应计入的全部人工费用。目前我国的人工单价均采用综合人工单价的形式,即根据综合取定的不同工种、不同技术等级的工人的人工单价以及相应的工时比例进行加权平均所得的、能够反映工程建设中生产工人一般价格水平的人工单价。根据我国现行的有关工程造价的费用划分标准,人工单价的费用组成如下:

1) 生产工人基本工资

根据有关规定,生产工人基本工资应执行岗位工资和技能工资制度。

2) 生产工人工资性补贴

是指为了补偿工人额外或特殊的劳动消耗及为了保证工人的工资水平不受特殊条件的影响,而以补贴形式支付给工人的劳动报酬,它包括按规定标准发放的物价补贴,煤、燃气补贴,交通费补贴,住房补贴,流动施工津贴及地区津贴等。

3) 生产工人辅助工资

是指生产工人年有效施工天数以外非作业天数的工资,包括职工学习、培训期间的工资,调动工作、探亲、休假期间的工资,因气候条件影响的停工工资,女工哺乳时间的工资,病假在 6 个月以内的工资及产、婚、丧假期的工资。

4) 职工福利费

是指按规定标准计提的职工福利费。

5) 生产工人劳动保护费

是指按规定标准发放的劳动保护用品的购置费及修理费,徒工服装补贴,防暑降温费,在有碍身体健康环境中施工的保健费用等。

目前我国人工工日单价的组成内容,在各部门、各地区之间并不完全相同,但其中每一项内容都是根据有关法规、政策文件的精神,结合本部门、本地区的特点,通过反复测算最终确定的。

4.3 机械台班单价的确定

4.3.1 机械台班单价的概念及费用构成

1) 概念

机械台班单价是指一台机械一个工作日(台班)在工程估价中应计入的全部机械费用。根据不同的获取方式,工程施工中所使用的机械设备一般可分为外部租用和内部租用两种情况：

外部租用是指向外单位（如设备租赁公司、其他施工企业等）租用机械设备，此种方式下的机械台班单价一般以该机械的租赁单价为基础加以确定。

内部租用是指使用企业自有的机械设备，由于机械设备是一种固定资产，从成本核算的角度看，其投资一般是通过折旧的方式来加以回收的，所以此种方式下的机械台班单价一般可以在该机械折旧费以及大修理费的基础上再加上相应的运行成本等费用因素通过企业内部核算来加以确定。但是，如果从投资收益的角度看，机械设备作为一种固定资产，其投资必须从其所实现的收益中得到回收。施工企业通过拥有机械设备实现收益的方式一般有两种：一是装备在工程上通过计算相应的机械使用费从工程造价中实现收益；二是对外出租机械设备通过租金收入实现收益。考虑到企业自备机械具有通过出租实现收益的机会，所以，即使是采用内部租用的方式获取机械设备，在为工程估价而确定机械台班单价的过程中也应该以机械的租赁单价为基础加以确定。

虽然施工机械的租赁单价可以根据市场情况确定，但是不论是机械的出租单位还是机械的租赁单位在计算其租赁单价时，均必须在充分考虑机械租赁单价的组成因素基础上通过计算得到可以保本的边际单价水平，并以此为基础根据市场策略增加一定的期望利润来最终确定租赁单价。

2）机械租赁单价的费用组成

在计算机械租赁单价时，一般应考虑以下 5 种费用因素：

(1) 购置成本

用于购买施工机械设备的资金通常通过贷款筹集，贷款要支付利息，因此在计算租赁单价时应考虑计入该费用。即使该机械设备是利用本公司的保留资金购置的，也应该考虑到这笔费用，因为这笔钱如果不用于购买机械设备本可以存入银行赚取利息。

(2) 使用成本

对于不同类型的机械设备、工作条件以及工作时间，保养和修理成本相差悬殊，从类似机械设备的使用中获得经验，并详细保存记录该经验是估算这种费用的唯一办法。其数额通常以该机械设备初值的一个百分比表示，但这方法并不理想，因为大多数施工机械使用年限越长，要做的保养工作也就越多。

燃料和润滑油的费用因设备的大小、类型和机龄而产生差异，同样，经验是最好的参考；同时制造厂家的资料提供了一些数字，可通过合理的判断估算出该机械设备上述物料的消耗量。

(3) 执照和保险费

机械设备保险的类型和保险费多少取决于该机械设备是否使用公共道路；不在公共道路上使用的施工机械设备，其保险费非常少，只需保火灾和失窃险；使用公路的施工机械同其他道路使用者一样必须根据最低限度的法规要求进行保险。同样,如果施工机械不在公共道路上使用,执照费也很少,反之其数额就很可观。

(4) 管理机构的管理费

施工企业一般组建相应的内部管理部门来管理施工机械,随着社会分工的不断细化,施工企业也可能将机械设备交于独立的盈利部门管理。不论怎样管理,均必须发生管理费用。因此在确定机械设备租赁单价时必需列入所有一般行政管理和其他管理的费用。

(5) 折旧

折旧就是由使用期长短而造成的价值损失。施工企业一般按施工过程中(内部租用)或租出设备时(出租给其他单位)的机械租赁单价的比率增加一笔相当折旧费用的金额以收回这种损失。在一般实践中,收回的折旧费常用于许多其他方面,而不允许呆滞地积累下来。当该项资产最终被替代完毕时,这笔资金就从公司现金余额中借出或提出。

4.3.2 影响机械租赁单价的因素

1) 核算机械租赁单价的费用范围

核算机械租赁单价时所规定的费用范围直接影响其单价水平。例如,机械租赁单价中是否应包括该机械司机的人工费用及机械使用中的动力燃料费等,不同的费用组成决定着不同的租赁单价水平。

2) 机械设备的采购方法

施工企业如果决定采购施工机械而不是临时租用机械,则可利用下列若干采购方法,不同的采购方法带来不同的资金流量。

(1) 现金或当场采购

采购施工机械设备时可以随即付现款,从而在资产负债表上列入一项有形资产。显然,仅在手头有现金时才能采用这种方式,因此采用这种做法的前提条件是以前的经营已有利润积累或者可以从投资者处筹集到资金,例如,股东投资、银行贷款等等。此外,大型或技术特殊的合同有时也列有专款供施工企业在工程项目开始时购买必需的施工机械。

用现金采购机械设备可能会享受避税的好处,因为有关税法可能会允许于购置施工机械的年度在公司盈利中按采购价格的一定比例留出一笔资金作为投资贴补,也可能会允许对新购置的施工机械进行快速折旧从而使成本增大。作为政府的一项鼓励措施,其作用是鼓励投资,因此在决定采购之前应考虑这笔投资的预期收益率,保证这种利用资金的方式是最有利可图的投资方法。

(2) 租购

利用租购方式购置施工机械设备要由购买者和资金提供者签订一份合同,合同规定购买者在合同期间支付事先规定的租金。合同期满时该项资产的所有权可以按事先商定的价钱转让给购买者,其数额仅仅是象征性的。租购方法特别有用,可以避免动用大笔资金,而且可以分阶段逐步归还借用的资金。然而,租购常常要支付很高的利息,这是它不利的方面。

(3) 租赁

租赁安排与当场购买或租购根本就不是同一种做法,因此从理论上讲,施工机械所有权永远不会转到承租人(用户)手中。租约可以认为是一种合同,据此合同承租人取得另一方(出租人)所有的某项资财的使用权,并支付事先规定的租金。但是,根据这种理解,就产生若干种适合有关各方需要的租赁形式,其中融资租赁和经营租赁是适合施工机械设备置办的两种形式。

① 融资租赁:这种租赁形式一般由某个金融机构,例如贷款商号安排。收取的租金包括资产购置成本减去租约期满时预期残值之差,以及用于支付出租人管理费、利息、维修成本开销和一定利润的服务费。租借期限通常分为两个阶段,在基本租期内,通常为 3～5 年,租金定在能够收回上列各项成本的水平。附加租期(又叫续租期),可以按固定期限续订。延长租期是为了适合承租人的需要,在延长期间可能只收取一笔象征性的租金。

因为出租人对租出去的设备常常没有直接的兴趣,所以租约直到出租人于基本租期末将投资变现时才能取消。在这期间承租人可以充分利用该项设备,就如同使用自己所有的一样。然而,租赁与当场购买不同,不能让承租企业利用该项资产投资获得有关避税方面的好处。

② 经营租赁:融资租赁一般由金融机构提供,而经营租赁的出租人很可能是该项设备的制造厂家或供应商,后者的目的就是协助推销这种设备。基本租期租约可能不允许中途取消,租金常常也低于融资租赁,因为这类机械设备可能是价廉物美的二手货,或者附带对出租人有利可图的维修协议或零配件供应协议。实际上,出租人期望的利润可能就要取自这些附带的服务,这些服务有可能延续到租约的附加租期。很显然,这种形式的安排最适合于厂家有熟练的人才,能够进行必要的维修和保养的大型或技术复杂的机械设备的出租。如果有健全的二级市场存在,某些货运卡车制造厂就愿意利用这种方式。

经营租赁对承租人的另一个好处是所有权一直掌握在出租人手中,但是与融资租赁不同,不要求在承租人的资产负债表上列项。结果,资本运作情况将保持不变,因此对资金高速周转的公司特别方便。否则,为直接购买,甚至租购施工设备而借贷资金时就会遇到困难。租赁费用被看做是经营开支,因此可作为成本列入损益账户。

3) 机械设备的性能

机械设备的性能决定施工机械的生产能力、使用中的消耗、需要修理的情况及故障率等状况,而这些状况直接影响机械在其寿命期内所需的大修理费用、日常的运行成本、使用寿命及转让价格等。

4) 市场条件

市场条件主要是指市场的供求及竞争条件,市场条件直接影响机械出租率的大小、机械出租单位的期望利润水平的高低等。

5) 银行利率水平及通货膨胀率

银行利率水平的高低直接影响资金成本的大小及资金时间价值的大小,如果银行利率水平高,则资金的折现系数大,在此条件下如需保本则要达到更大的内部收益率,而如要达到更高的内部收益率则必须提高租赁单价。通货膨胀即货币贬值,其贬值的速度(比率)即为通货膨胀率,如果通货膨胀率高,则为了不受损失就要以更高的收益率扩大货币的账面价值,而如要达到更高的内部收益率则必须提高租赁单价。

6) 折旧的方法

折旧的方法有直线折旧法、余额递减折旧法、定额存储折旧法等不同的种类,同一种机械以不同的方法提取折旧,其每次计提的费用是不同的。

7) 管理水平及有关政策上的规定

不同的管理水平有不同的管理费用,管理费用的大小取决于不同的管理水平。有关政策上的规定也能影响租赁单价的大小,如规定的税费、按规定必须办理的保险费等。

4.3.3 机械租赁单价的确定

机械租赁单价的确定一般有两种方法:一种是静态的方法;另一种是动态的方法。

1) 静态方法

静态方法是指不考虑资金时间价值的方法,其计算租赁单价的基本思路是:首先根据所规定的构成租赁单价的费用项目,计算施工机械在单位时间里所必须发生的费用总和作为该施工机械的边际租赁单价(即仅仅保本的单价);然后增加一定的利润即成确定的租赁单价。

下面举例说明采用静态方法确定某施工机械租赁单价的计算方法。

例 4.3.1 用静态方法对某施工机械租赁单价的确定。

机械购置费用/元	44 050
该机械转售价值/元	2 050
每年平均工作时数/h	2 000
设备的寿命年数/年	10
每年的保险费/元	200

每年的执照费和税费/元	100
每小时燃料费/元	2.0
机油和润滑油	燃料费的10%
修理和保养费	每年为购置费用的15%
要求达到的资金利润率/%	15

说明：为简化起见管理费未计入。

首先计算边际租赁单价，计算过程如下：

费用项目：

折旧(直线法)/(元·年$^{-1}$)：42 000元/10年	4 200
贷款利息/元,用年利率9.9%计算	
44 050×0.099	4 361
保险和税款/元	300
该机械拥有成本/(元·年$^{-1}$)	8 861
燃料：2.0×2 000	4 000
机油和润滑油：4 000×0.1	400
修理费：0.15×44 050	6 608
该机械使用成本/(元·年$^{-1}$)	11 008
总成本/(元·年$^{-1}$)	19 869

由上可知该机械的边际租赁单价：

$$\frac{19\ 869}{2\ 000}=9.93(元/h)$$

折合成台班租赁单价：

$$9.93\times 8=79.44(元/台班)$$

边际租赁单价的计算考虑了创造足够的收入以便更新资产、支付使用成本并形成初始投入资金的回收，实现了简单再生产。在此基础上，加上一定的期望利润即成为该施工机械的租赁单价，计算过程如下：

$$79.44\times(1+0.15)=91.36(元/台班)$$

2) 动态方法

动态方法即在计算租赁单价时考虑资金时间价值的方法，一般可以采用"折现现金流量法"来计算考虑资金时间价值的租赁单价。

现结合上述例题中的数据计算如下：

一次性投资/元	44 050
每年的使用成本/元	11 008

每年的税金及保险/元	300
机械的寿命期/年	10
到期的转让费/元	2 050
期望的收益率/%	15

根据上述资料,采用"折现现金流量法"计算得到当净现值为零时所必需的年机械租金收入为 20 024 元,折合成台班租赁单价为 80.1 元/台班。

4.3.4 机械台班单价的计算

在计算确定施工机械租赁单价的基础上,结合具体的工程估价方法对计算该机械台班单价时应计入费用内容的要求,加上一些必要的费用项目(如机械司机的人工费,当租赁单价中不包括该费用时,由于该费用属于机械台班单价,所以必须在租赁单价的基础上加上该费用共同组成机械台班单价)即成所要的机械台班单价。

4.3.5 我国现行体制下的机械台班单价

上述有关计算机械台班单价的方法,适用于在完全市场经济条件下,计算具体工程估价的机械台班单价。由于我国目前正处于计划经济向市场经济过渡的阶段,在工程建设领域的很多做法都带有计划经济时代的色彩。以确定机械台班单价为例,我国现行体制规定机械台班单价一律根据统一的费用划分标准、按照有关会计制度的规定由政府授权部门在综合平均的基础上统一编制,其价格水平属于社会平均水平。下面就我国现行体制下机械台班单价的确定方法介绍如下:

1) 我国现行体制下机械台班单价的概念

施工机械台班单价是施工机械每个工作台班所必需消耗的人工、材料、燃料动力和应分摊的费用,每台班按 8 小时工作制计算。我国现行体制下的机械台班单价是根据我国现行的财务会计制度中有关工程成本核算方面的规定由政府行业主管部门统一编制的。从台班单价的费用内容看,它根据会计制度中有关工程成本核算的要求来确定费用内容;从单价水平的取定看,其价格水平属于社会平均水平;从作用来看,施工机械台班单价是合理控制工程造价的一个重要依据。

2) 我国现行体制下机械台班单价的费用组成及确定

我国现行体制下施工机械台班单价由 7 项费用组成,包括折旧费、大修理费、经常修理费、安拆费及场外运费、燃料动力费、人工费、养路费及车船使用税等。

(1) 折旧费

折旧费指机械设备在规定的使用年限内,陆续收回其原值及所支付贷款利息的费用。

计算公式如下:

$$台班折旧费 = \frac{机械预算价格 \times (1 - 残值率) \times 贷款利息系数}{耐用总台班} \quad (4.3.1)$$

其中：机械预算价格包括国产机械预算价格和进口机械预算价格两种情况。国产机械预算价格是指机械出厂价格加上从生产厂家（或销售单位）交货地点运至使用单位验收入库的全部费用，包括出厂价格、供销部门手续费和一次运杂费等。进口机械预算价格是由进口机械到岸完税价格加上关税、外贸部门手续费、银行财务费以及由口岸运至使用单位验收入库的全部费用等。

残值率是指施工机械报废时其回收的残余价值占机械原值（即机械预算价格）的比率，依据《施工、房地产开发企业财务制度》规定，残值率按照固定资产原值的2%～5%确定。各类施工机械的残值率综合确定如下：

  运输机械   2%
  特、大型机械   3%
  中、小型机械   4%
  掘进机械   5%

贷款利息系数是指为补偿施工企业贷款购置机械设备所支付的利息，从而合理反映资金的时间价值，以大于1的贷款利息系数，将贷款利息（单利）分摊在台班折旧费中。

$$贷款利息系数 = 1 + \frac{(n+1)}{2}i \quad (4.3.2)$$

式中，n——机械的折旧年限；

  i——设备更新贷款年利率。

折旧年限是指国家规定的各类固定资产计提折旧的年限。设备更新贷款年利率是以定额编制当年的银行贷款年利率为准。

耐用总台班是指机械在正常施工作业条件下，从投入使用起到报废止，按规定应达到的使用总台班数。机械耐用总台班的计算公式为：

$$耐用总台班 = 大修间隔台班 \times 大修周期数 \quad (4.3.3)$$

大修间隔台班是指机械自投入使用起至第一次大修止或自上一次大修后投入使用起至下一次大修止，应达到的使用台班数。

大修周期数即使用周期数，是指机械在正常的施工作业条件下，将其寿命期（即耐用总台班）按规定的大修理次数划分为若干个周期。计算公式为：

$$大修周期数 = 寿命期大修理次数 + 1 \quad (4.3.4)$$

（2）大修理费

大修理费指机械设备按规定的大修间隔台班必须进行大修理，以恢复机械正常功能所需的费用。台班大修理费则是机械使用期限内全部大修费之和在台班费中的分摊额。其计算公式为：

$$台班大修理费 = \frac{一次大修理费 \times 寿命期内大修理次数}{耐用总台班} \qquad (4.3.5)$$

一次大修理费是指机械设备按规定的大修理范围和修理工作内容，进行一次全面修理所需消耗的工时、配件、辅助材料、机油燃料以及送修运输等全部费用。

寿命期大修理次数是指机械设备为恢复原机功能按规定在使用期限内需要进行的大修理次数。

（3）经常修理费

经常修理费指机械设备除大修理以外必须进行的各级保养（包括一、二、三级保养）以及临时故障排除和机械停置期间的维护保养等所需各项费用；为保障机械正常运转所需替换设备、随机工具附具的摊销及维护费用；机械运转及日常保养所需润滑、擦拭材料费用。机械寿命期内上述各项费用之和分摊到台班费中，即为台班经常修理费。其计算公式为：

$$台班经常修理费 = \frac{\sum \left(\begin{array}{c} 各级保养 \\ 一次费用 \end{array} \times \begin{array}{c} 寿命期各级 \\ 保养总次数 \end{array} \right) + 临时故障排除费用}{耐用总台班} +$$

$$替换设备台班摊销费 + 工具附具台班摊销费 + 例保辅料费$$
$$(4.3.6)$$

各级保养一次费用是分别指机械在各个使用周期内为保证机械处于完好状况，必须按规定的各级保养间隔周期、保养范围和内容进行的一、二、三级保养或定期保养所消耗的工时、配件、辅料、油燃料等费用，计算方法同一次大修费计算方法。

寿命期各级保养总次数是分别指一、二、三级保养或定期保养在寿命期内各个使用周期中保养次数之和。

机械临时故障排除费用是指机械除规定的大修理及各级保养以外，临时故障所需费用以及机械在工作日以外的保养维护所需润滑擦拭材料费。经调查和测算，按各级保养（不包括例保辅料费）费用之和的3%计算。

替换设备及工具附具台班摊销费是指轮胎、电缆、蓄电池、运输皮带、钢丝绳、胶皮管、履带板等消耗性物品和按规定随机配备的全套工具附具的台班摊销费用。

例保辅料费即为机械日常保养所需润滑擦拭材料的费用。

（4）安拆费及场外运费

安拆费是指机械在施工现场进行安装、拆卸所需人工、材料、机械和试运转费用以及安装所需的机械辅助设施（如基础、底座、固定锚桩、行走轨道、枕木等）的折旧、搭设、拆除等费用。

场外运费是指机械整体或分体自停置地点运至施工现场或一工地运至另一工地的运输、装卸、辅助材料以及架线等费用。

定额台班基价内所列安拆费及场外运输费,均分别按不同机械、型号、重量、外形、体积、安拆和运输方法测算其工、料、机械的耗用量综合计算取定。除地下工程机械外,均按年平均4次运输、运距平均25 km以内考虑。

安拆费及场外运输费的计算公式如下:

$$台班安拆费 = \frac{机械一次安拆费 \times 年平均安拆次数}{年工作台班} + 台班辅助设施摊销费 \quad (4.3.7)$$

$$其中,台班辅助设施摊销费 = \frac{辅助设施一次费用 \times (1-残值率)}{辅助设施耐用台班} \quad (4.3.8)$$

$$台班场外运费 = \frac{\left(\begin{array}{c}一次运输\\及装卸费\end{array} + \begin{array}{c}辅助材料\\一次摊销费\end{array} + \begin{array}{c}一次\\架线费\end{array}\right) \times \begin{array}{c}年平均场外\\运输次数\end{array}}{年工作台班} \quad (4.3.9)$$

在定额基价中未列此项费用的项目有:一是金属切削加工机械等,由于该类机械系安装在固定的车间房屋内,不需经常安拆运输;二是不需要拆卸安装自身能开行的机械,如水平运输机械;三是不适合按台班摊销本项费用的机械,如特、大型机械,其安拆费及场外运输费按定额规定另行计算。

(5) 燃料动力费

燃料动力费指机械设备在运转施工作业中所耗用的固体燃料(煤炭、木材)、液体燃料(汽油、柴油)、电力、水等费用。

定额机械燃料动力消耗量,以实测的消耗量为主,以现行定额消耗量和调查的消耗量为辅的方法确定。计算公式如下:

$$台班燃料动力消耗量 = \frac{实测数 \times 4 + 定额平均值 + 调查平均值}{6} \quad (4.3.10)$$

$$台班燃料动力费 = 台班燃料动力消耗量 \times 相应的单价 \quad (4.3.11)$$

(6) 人工费

人工费指机上司机、司炉和其他操作人员的工作日以及上述人员在机械规定的年工作台班以外的人工费用。

工作台班以外机上人员人工费用,以增加机上人员的工日数形式列入定额内,按下式计算:

$$台班人工费 = 定额机上人工工日 \times 日工资单价 \quad (4.3.12)$$

$$定额机上人工工日 = 机上定员工日 \times (1+增加工日系数) \quad (4.3.13)$$

$$增加工日系数 = \frac{年度工日 - 年工作台班 - 管理费内非生产天数}{年工作台班}$$

(4.3.14)

(7) 车船使用税

车船使用税按各省、自治区、直辖市规定标准计算后列入定额。其计算公式为：

$$台班车船使用税 = \frac{载重量(或核定吨位) \times 车船使用税[元/(t \cdot 年)]}{年工作台班}$$

(4.3.15)

在我国现行体制条件下，政府授权部门根据以上所述的机械台班单价的费用组成及确定方法，经综合平均后统一编制，并以《全国统一施工机械台班费用定额》的形式作为一种经济标准要求在编制工程估价（如施工图预算、设计概算、标底报价等）及结算工程造价时必须按该标准执行，不得任意调整及修改。所以，目前在国内编制工程估价时，均以《全国统一施工机械台班费用定额》或该定额在某一地区的单位估价表所规定的台班单价作为计算机械费的依据。

4.4 材料单价的确定

4.4.1 材料单价的概念及其费用构成

1) 概念

如前所述，工程施工中所用的材料按其消耗的不同性质，可分为实体材料和周转材料两种类型。由于实体材料和周转材料的消耗性质不同，所以其单价的概念和费用构成均不尽相同。

(1) 实体材料的单价是指通过施工单位的采购活动到达施工现场时的材料价格，该价格的大小取决于材料从其来源地到达施工现场过程中所需发生费用的多少。从该费用的构成看，一般包括采购该材料时所支付的货价（或进口材料的抵岸价）、材料的运杂费和采购保管费用等因素。

(2) 从第3章有关周转材料消耗量的论述中可以看出，由于周转材料不是一次性消耗的，所以其消耗的形式一般为按周转次数进行分摊。回顾第3章所述周转材料消耗量的计算公式可知，其消耗量由两部分组成：一部分为周转材料经过一次周转的损耗量；另一部分为周转材料按周转总次数的摊销量。对于经过一次周转的损耗量，由于其消耗的形式与实体材料的消耗形式一样，所以其价格的确定也和实体材料一样；对于按周转总次数摊销的周转材料，如果将其一次摊销量乘以相应的采购价格即得该周转材料按周转总次数计提的折旧费。折旧是从成本核算的角度计算收回投资的方法，而周转材料作为施工企业的一种固定资产，如果从投资收益的角度看,其投资必须从其所实现的收益中得到回收。与施工机械的单价一样,施工企业通过拥有周转材料来实现收益的方式一般有两种:一是装备在工程上通过计算相应周转材料的使用费从工程造价中实现收益;二是对外出租周转材料通过租金收入实现收益。考虑到企业自备的周转材料同样具有通过出租实现收益的机会,所以,即使是采用企业自备的周转材料来装备工程,但在为工程估价而确定企业自备的周转材料的单价时也可以用周转材料的租赁单价为基础加以确定。

租赁单价一般可以理解为由于承租人占用出租人的资产而支付给出租人的报酬。占用资产的规模一般用占用量与占用时间的乘积来表示,所以租赁单价一般用单位时间的租金水平来表示。

综上所述,在确定周转材料的单价时应考虑两个部分。对应于本教材第3章所述周转材料消耗量的计算方法,从投资收益的角度出发,其消耗量的第1部分即周转材料经一次周转的损耗量的单价的确定与实体材料的单价确定相同;其消耗量的第2部分应从原公式的按周转次数摊销改为按占用时间摊销,相应的单价应该以周转材料租赁单价的形式表示。

2) 材料单价的费用构成

(1) 实体材料单价的构成

从实体材料的概念可以看出,其单价的费用构成一般包括:

① 采购该材料时所支付的货价(或进口材料的抵岸价)。

② 材料的运杂费。

③ 采购保管费用。

(2) 周转材料单价的构成

从以上对周转材料单价概念的论述可以看出,周转材料的单价有两种情况:

① 周转材料经一次周转的消耗量,其单价的概念及组成均与实体材料的单价相同。

② 按占用时间来回收投资价值的方式,其相应的单价应该以周转材料租赁单价的形式表示,而确定周转材料租赁单价时必须考虑如下费用:一次性投资或折旧、购置成本(即贷款利息)、管理费、日常使用及保养费、周转材料出租人所要求的收益率。

4.4.2 实体材料单价的确定

1) 货价

货价指购买材料时支付给该材料生产厂商或供应商的货款。货价一般由原价、供销部门手续费、包装费等因素组成。

(1) 材料原价

材料原价是指材料生产单位的出厂价格或者材料供应商的批发牌价和市场采

购价格。

在确定材料原价时,一般采用询价的方法确定该材料的供应单位,在此基础上通过鉴定材料供销合同来确定材料原价。从理论上讲,凡不同的材料均应分别确定其原价。

(2) 供销部门手续费

供销部门手续费,是指根据国家现行的物资供应体制,不能直接向生产厂商采购、订货,需通过物资部门供应而发生的经营管理费用。不经物资供应部门的材料,不计供销部门手续费。随着商品市场的不断开放,需通过国家专门的物资部门供应的材料越来越少,相应的,需要计算供销部门手续费的材料也越来越少。

(3) 包装费

凡原价中没有包括包装费用的材料,当该材料又需包装时,应计算其包装费用。包装费是为便于材料运输和保护材料进行包装所发生和需要的一切费用,包括水运、陆运的支撑、篷布、包装袋、包装箱、绑扎材料等费用。材料运到现场或使用后,要对包装材料进行回收并按规定从材料价格中扣除包装品回收的残值。

2) 运杂费

运杂费是指材料由采购地点或发货地点至施工现场的仓库或工地存放点,含外埠中转运输过程中所发生的一切费用费。其费用一般包括运费(包括市内和市外的运费)、装卸费、运输保险费、有关过境费及上交必要的管理费等。

运杂费的费用标准的取定,应根据材料的来源地、运输里程、运输方法,并根据国家有关部门或地方政府交通运输管理部门规定的运价标准分别计算。

材料运杂费通常按外埠运费和市内运费两段计算。

外埠运费是指材料由来源地(交货地)运至本市仓库的全部费用,包括调车费、装卸费、车船运费、保险费等。一般是通过公路、铁路和水路运输,有时是水路、铁路混合运输。公路、水路运输按交通部门规定的运价计算;铁路运输,按铁道部门规定的运价计算。

市内运费是由本市仓库至工地仓库的运费。根据不同的运输方式和运输工具,运费也应按不同的方法分别计算。运费的计算按当地运输公司的运输里程示意图确定里程,然后再按货物所属等级,从运价表上查出运价,两者相乘,再加上必要的装卸费用即为该材料的市内运杂费。

需要指出的是,在材料价格的运杂费中应考虑一定的场外运输损耗费用。这是指材料在装卸和运输过程中所发生的合理损耗。

3) 采购及保管费

采购及保管费是指施工企业的材料供应部门(包括工地仓库及其以上各级材料管理部门)在组织采购、供应和保管材料过程中所需的各项费用。采购及保管费所包含的具体费用项目有采购保管人员的人工费、办公费、差旅及交通费、采购保管该材料时所需的固定资产使用费、工具用具使用费、劳动保护费、检验试验费、材料储存损耗及其他。

采购及保管费一般按材料到库价格以费率取定。该费率由施工企业通过以往的统计资料经分析整理后得到。

在分别确定了材料的货价、单位运杂费及单位采购保管费后，把3种费用相加即得实体性材料的单价。

4.4.3 周转材料单价的确定

通过对周转材料单价概念及其费用组成的分析可知，周转材料按消耗方式的不同可分为经一次周转的损耗量和按周转次数（或按使用时间）的摊销量两个部分。其中经一次周转损耗量的材料单价，其概念及确定方法等同于实体性材料的单价；而对于按周转次数（或按使用时间）摊销的部分，如果从成本核算的角度考虑，其摊销材料单价等同于实体性材料的单价，相应的，这部分摊销量的材料费为按周转次数计算的摊销量与相应的摊销材料单价的乘积；如果从投资收益的角度考虑，其材料单价应按周转性材料租赁单价的形式表示，相应的，这部分摊销量的材料费为周转材料的一次使用量与相应的周转性材料租赁单价再与使用时间的乘积。

有关实体材料单价的问题前面已作讨论，下面主要讨论周转材料租赁单价的确定方法。

1) 影响周转材料租赁单价的因素

从周转材料租赁单价的费用构成分析得知，在确定周转材料租赁单价时应考虑包括购买周转材料时的一次性投资或折旧、购置成本（即贷款利息）、管理费、日常使用及保养费及周转材料出租人所要求的收益率在内的费用。而决定这些费用大小的因素与影响机械租赁单价的因素基本相同，具体包括下述各项：

(1) 周转材料的采购方式

施工企业如果决定采购周转材料而不是临时租用，则可在众多的采购方式中选择一种方式进行购买，不同的采购方式带来不同的资金流量，从而影响周转材料租赁单价的大小。

(2) 周转材料的性能

周转材料的性能决定着周转材料可用的周转次数、使用中的损坏情况、需要修理的情况等状况，而这些状况直接影响着周转材料的使用寿命及在其寿命期内所需的修理费用、日常使用成本（如给钢模板上机油等）及到期的残值。

(3) 市场条件

市场条件主要是指市场的供求及竞争条件，市场条件直接影响着周转材料出租率的大小、周转材料出租单位的期望利润水平的高低等。

(4) 银行利率水平及通货膨胀率

银行利率水平的高低直接影响着资金成本的大小及资金时间价值的大小。如果银行利率水平高,则资金的折现系数大。在此条件下如需保本则需达到更大的内部收益率,而如要达到更高的内部收益率则必须提高租赁单价。通货膨胀即货币贬值,其贬值的速度(比率)即为通货膨胀率。如果通货膨胀率高,则为了不受损失就要以更高的收益率扩大货币的账面价值,而如要达到更高的内部收益率则必须提高租赁单价。

(5) 折旧的方法

折旧的方法有直线折旧法、余额递减折旧法、定额存储折旧法等不同的种类,同一种周转材料以不同的方法提取折旧,其每次计提的费用是不同的。

(6) 管理水平及有关政策上的规定

不同的管理水平有不同的管理费用,管理费用的大小取决于不同的管理水平。有关政策上的规定也能影响租赁单价的大小,如规定的税费、按规定必须办理的保险费等。

2) 周转材料租赁单价的确定

和施工机械租赁单价的确定方法一样,周转材料租赁单价的确定一般也有两种方法:一种是静态的方法;另一种是动态的方法。

(1) 静态方法

静态方法即不考虑资金时间价值的方法,其计算租赁单价的基本思路是,首先根据租赁单价的费用组成,计算周转材料在单位时间里所必须发生的费用总和作为该周转材料的边际租赁单价(即仅仅保本的单价),然后增加一定的利润即成确定的租赁单价。

(2) 动态方法

动态方法即在计算租赁单价时考虑资金时间价值的方法,一般可以采用"折现现金流量法"来计算考虑资金时间价值的租赁单价。

4.4.4 我国现行体制下的材料单价

我国现行体制下的材料单价一般也称为材料预算价格,材料预算价格是编制施工图预算、确定工程预算造价的主要依据。因此,合理确定材料预算价格构成,正确编制材料预算价格,有利于合理确定和有效控制工程造价。

材料预算价格按适用范围划分,有地区材料预算价格和某项工程使用的材料预算价格。地区材料预算价格是按地区(城市或建设区域)编制的,供该地区所有工程使用;某项工程(一般指大中型重点工程)使用的材料预算价格,是以一个工程为编制对象,专供该工程项目使用。

地区材料预算价格与某项工程使用的材料预算价格的编制原理和方法是一致的,只是在材料来源地、运输数量权数等具体数据上有所不同。

以地区材料预算价格的编制为例,我国地区材料预算价格是由造价管理部门统一编制的,作为确定和控制本地区工程造价的一种指导性标准。造价管理部门在统一编制本地区材料预算价格时,一般采用综合平均的方法,通过抽样调查并计算分析,以本地区的平均价格作为材料的预算价格。

材料预算价格是指材料(包括构件、成品及半成品等)从其来源地(或交货地点供应者仓库提货地点)到达施工工地仓库(施工地点内存放材料的地点)后出库的综合平均价格。

材料预算价格一般由材料原价、供销部门手续费、包装费、运杂费、采购及保管费组成。

为方便应用,也常把上述5项构成中的材料原价、供销部门手续费、包装费合并称为材料货价。这样,材料预算价格则由材料货价、运杂费和采购保管费3项构成。

4.5 单位估价表

4.5.1 单位估价表的概念及其分类

1) 单位估价表的概念

单位估价表又称单价估算表,是以货币形式确定预算定额计量单位某分项工程或结构构件估价费用的文件。单位估价表作为预算定额在某个具体工程上或在某个具体地区内的价格表现形式,是采用"单价估算法"编制工程估价时所形成的特有概念,也是造价估算程序中的一个重要环节。

2) 单位估价表的分类

(1) 按工程单价所包括的费用范围不同,单位估价表可分为直接费单位估价表、全费用单位估价表、综合单价单位估价表等类型。

① 直接费单位估价表。直接费单位估价表所规定的工程单价,其费用范围仅仅包括分项工程或结构构件的直接费用。

② 全费用单位估价表。全费用单位估价表所规定的工程单价,其费用范围除了分项工程或结构构件的直接费用外,还包括其他直接费、现场经费和相应的间接费分摊。

③ 综合单价单位估价表。综合单价单位估价表所规定的工程单价,其费用范围除了分项工程或结构构件的直接费、其他直接费、现场经费和间接费分摊外,还包括相应的期望利润。例如,由江苏省建设厅编制的《计价表》就属于综合单价单

位估价表的具体形式。

(2) 按适用范围不同,单位估价表可分为地区单位估价表和个别工程单位估价表两种类型。

① 地区单位估价表。地区单位估价表是根据地区性预算定额和相应价格编制的,在该地区范围内使用的单位估价表,例如由江苏省建设厅编制的《计价表》就属于地区单位估价表,在江苏省范围内作为推荐性标准被广泛使用。

② 个别工程单位估价表。个别工程单位估价表是根据适用于具体工程的预算定额和相应价格编制的,仅仅适用于该具体工程的单位估价表。

4.5.2 单位估价表的编制依据和编制方法

1) 编制依据

单位估价表的编制依据包括:

(1) 适用的预算定额。

(2) 相应的人工单价、材料单价、机械台班单价。

(3) 其他直接费、现场经费、间接费、期望利润的估价依据和方法。

2) 单位估价表的编制方法

单位估价表的内容由两大部分组成:一是预算定额规定的人工、材料、施工机械的消耗量;二是在消耗量的基础上,结合相应的人工、材料、机械台班价格和(或)其他直接费、现场经费、间接费、期望利润的估价依据和方法计算的工程单价。

编制单位估价表就是将"量"和"价"结合起来,计算分项工程或结构构件的直接费和(或)其他相关费用,在此基础上汇总成工程单价的过程。

(1) 直接费单价的计算

直接费单价可用如下公式进行计算:

$$直接费单价 = \sum (直接人工费 + 直接材料费 + 直接机械费) \quad (4.5.1)$$

其中:

$$直接人工费 = \sum (预算定额人工消耗量 \times 人工单价) \quad (4.5.2)$$

$$直接材料费 = \sum (预算定额材料消耗量 \times 材料单价) \quad (4.5.3)$$

$$直接机械费 = \sum (预算定额机械消耗量 \times 机械台班单价) \quad (4.5.4)$$

(2) 全费用单价的计算

全费用单价是指在直接费单价的基础上,加上其他直接费、现场经费、间接费所形成的工程单价,可用如下公式进行计算:

$$全费用单价 = 直接费单价 + 应分摊的其他相关费用 \quad (4.5.5)$$

应分摊的其他相关费用包括其他直接费、现场经费、间接费等,此费用可根据一定的取费率采用系数估价法进行计算。例如,由江苏省建设厅编制的《计价表》所规定工程单价中的相关费用,就是以直接人工费与直接机械费之和作为计算基础,乘以相应的费率来计算的。

(3) 综合单价的计算

综合单价是指在全费用单价的基础上,加上期望利润所形成的工程单价,可用如下公式进行计算:

$$综合单价 = 全费用单价 + 期望利润 \quad (4.5.6)$$

期望利润的计算方法同其他直接费、现场经费、间接费等费用的计算。

由于价格总是处于不断地变化之中,所以在使用单位估价表对具体工程进行估价时,必须核对编制单位估价表时所取定的价格水平与具体估价工程的价格水平,只有当两者相同时才能直接套用单位估价表,否则必须采用计算"价差"的方法对价格水平进行适当的调整以确保所计算的工程造价符合当前价格水平的要求。

复 习 思 考 题

1. 简述人工单价的概念、费用构成及影响人工单价的因素。
2. 简述机械台班单价的概念,并用 1 000 字以内的文字概括确定机械台班单价的基本原理。
3. 简述材料单价的概念及其费用构成,并简述确定周转材料单价的基本原理。

5 工程计量

5.1 工程计量的基础知识

5.1.1 工程计量的概念

工程计量是指运用一定的划分方法和计算规则进行计算,并以物理计量单位或自然计量单位来表示分部分项工程或项目总体实体数量的工作。工程计量随建设项目所处的阶段及设计深度的不同,其对应的计量单位、计量方法及精确程度也不同。

5.1.2 工程计量对象的划分

在进行工程估价时,实物工程量的计量单位是由单位价格的计量单位决定的。编制投资估算时,单位价格计量单位的对象取得较大,如可能是单项工程或单位工程,甚至是建设项目,即可能以整栋建筑物为计量单位,这时得到的工程估价也就较粗。编制设计概算时,计量单位的对象可以取到单位工程或扩大分部分项工程。编制施工图预算时,则是以分项工程作为计量单位的基本对象,此时工程分解的基本子项数目会远远超过投资估算或设计概算的基本子项数目,得到的工程估价也就较细较准确。计量单位的对象取得越小,说明工程分解结构的层次越多,得到的工程估价也就越准确,所以根据项目所处的建设阶段的不同,人们对拟建工程资料掌握的程度不同,在估价时会把建设项目划分为不同的计量对象。

(1) 按建设项目由大到小的组成来划分 $\begin{cases} 建设项目 \\ 单项工程 \\ 单位工程 \\ 分部工程 \\ 分项工程 \end{cases}$

这种划分方法是最基本的分部分项工程组合估价的基础。

(2) 按建设项目的用途来分 $\begin{cases} 工业生产项目(化工厂、火电厂、机械制造厂……) \\ 民用项目(学校、综合楼、商场、体育馆……) \\ 市政项目(路、桥、广场……) \end{cases}$

在按估价指标法进行投资估算时一般根据这种划分方法。

（3）按工程的结构形式划分（也可按其用途划分）$\begin{cases}砖混\\框架\\预制装配\\排架\\网架等\end{cases}$

（4）按施工时的工作性质划分$\begin{cases}土建工程\\给排水工程\\暖通工程\\设备安装工程\\装饰工程等\end{cases}$

（5）按工程的部位划分$\begin{cases}基础\\墙身\\柱梁\\楼地面\\屋盖等\end{cases}$

（6）按施工方法及工料消耗的不同划分$\begin{cases}砌筑工程（砖基础、墙体……）\\混凝土工程\\模板工程\\钢筋工程\\抹灰工程\\油漆工程等\end{cases}$

5.1.3 与工程计量相关的因素

为了对建设项目进行有效的计量，首先应该搞清楚与工程计量相关的因素。

1）计量对象的划分

从上述内容可知，工程计量对象有多种划分，对照不同的划分有不同的计量方法，所以，计量对象的划分是工程计量的前提。

2）计量单位

工程计量时采用的计量单位不同，则计算结果也不同，如墙体工程可以用 m^2 也可以用 m^3 作计量单位，水泥砂浆找平层可用 m^2 也可用 m^3 作计量单位等，所以计量前必须明确计量单位。

3）设计深度

由于设计深度的不同，图纸提供的计量尺寸不相同，因而会有不同的计量结果。如初步设计阶段只能以总建筑面积或单项工程的建筑面积来反映，技术设计阶段除用建筑面积计量外，还可根据工艺设计反映出设备的类型及需要量等，只有到施工图设计阶段才可准确计算出各种实体工程的工程量。如混凝土基础多少立方米,砖砌体多少立方米,门窗多少平方米等。

4) 工程构造做法

如对于铺贴花岗岩地面的计量,规则规定是按 m^2 计量,但由于设计铺贴时的找平层厚度不同,粘接层材料的不同则会影响该计量所对应的估价结果。

5) 施工方案

在工程计量时,对于图纸尺寸相同的构件,往往会因施工方案的不同而导致实际完成工程量的不同。如对于图示尺寸相同的基础工程,因采用放坡挖土或挡板下挖土而导致挖土工程量的不同,对于钢筋工程是采用绑扎还是焊接,则会导致实际使用长度的不同等。

6) 计价方式

计价时采用综合单价还是子项单价,是全费用单价还是部分费用单价,将会影响工程量的计算方式和结果。

由于工程计量受多因素的制约,所以,往往同一工程由不同的人来计算时会有不同的结果,这样就会影响估价结果。因此,为了保证计量工作的统一性、可比性,一般需制定统一的工程量计算规则。

5.2 工程量计算原理与方法

5.2.1 工程量计算依据

为了保证工程量计算结果的统一性和可比性,以及防止结算时出现不必要的纠纷,计算工程量时应严格按照一定的依据进行,具体包括:

(1) 工程量计算规则。

(2) 工程设计图纸及说明。

(3) 经审定的施工组织设计及施工技术方案。

(4) 招标文件中的有关补充说明及合同条件。

5.2.2 工程量计算原理

工程量计算的一般原理是按照工程量计算规则规定,依据图纸尺寸,运用一定的计算方法,采用一定的计量单位算出对应项目的工程量。

5.2.3 工程量计算方法

工程量的计算从实际操作来讲,不管运用什么方法,只要根据工程量计算原理不重复不遗漏地准确计算出来即可。但是为了保证工程量计算的快速、准确,仍有一些经过实践总结出来的实用方法值得介绍和应用。

1) 统筹法(也称组合计算法)

工程量计算要求及时、准确,而在计算过程中数据繁多、内容复杂、计算量大,那么如何来解决这个矛盾,工程造价人员经过实践的分析与总结发现,每个分项工程量计算虽有着各自的特点,但都离不开计算"线"、"面"之类的基数,人们在整个工程量计算中常常要反复多次使用。因此根据这个特性,估价人员对每个分项工程的工程量进行分析,然后依据计算过程的内在联系,按先主后次,统筹安排计算程序,从而简化了繁琐的计算,也就形成了统筹计算工程量的计算方法。

(1) 统筹程序,合理安排

在工程量计算中,计算程序安排是否合理,直接关系到计算工程量效率的高低、进度的快慢。计算工程量通常采用的方法是按照施工顺序或定额顺序逐项进行计算。这种计算方法虽然可以避免漏项,但对稍复杂的工程,就显得繁琐,造成大量的重复计算。

例如,室内地面工程中挖(填)土、垫层、找平层、抹面层等几项工作,如果按施工顺序来计算工程量,则如图 5.2.1 所示。

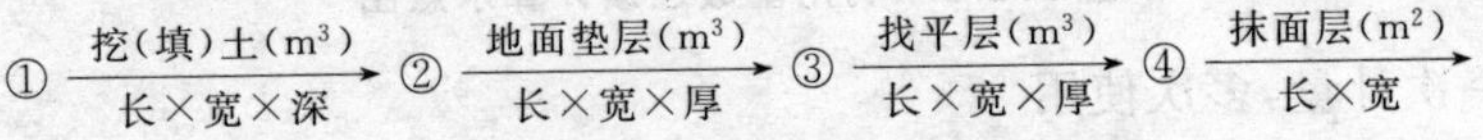

①$\xrightarrow{\text{挖(填)土}(m^3)}_{\text{长×宽×深}}$② $\xrightarrow{\text{地面垫层}(m^3)}_{\text{长×宽×厚}}$③ $\xrightarrow{\text{找平层}(m^3)}_{\text{长×宽×厚}}$④ $\xrightarrow{\text{抹面层}(m^2)}_{\text{长×宽}}$

图 5.2.1　按施工顺序计算工程量示意图

从上述计算过程看,计算 4 个分项工程量算了 4 次长×宽,这样未能抓住共性因素,重复计算,浪费时间,而通过分析抓住共性后,用下列统筹程序(图5.2.2)计算,则可减少重复计算,加快计算速度。

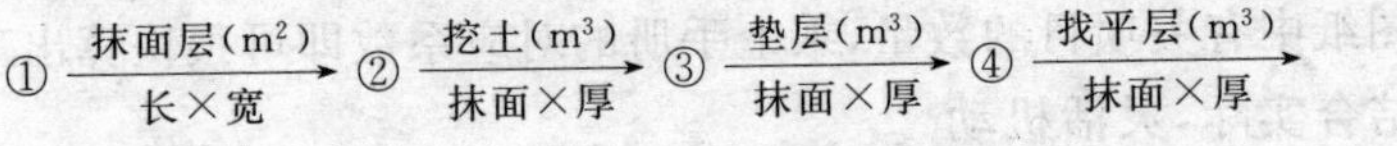

①$\xrightarrow{\text{抹面层}(m^2)}_{\text{长×宽}}$② $\xrightarrow{\text{挖土}(m^3)}_{\text{抹面×厚}}$③ $\xrightarrow{\text{垫层}(m^3)}_{\text{抹面×厚}}$④ $\xrightarrow{\text{找平层}(m^3)}_{\text{抹面×厚}}$

图 5.2.2　按统筹法计算工程量示意图

(2) 利用基数,连续计算

所谓基数就是计算分项工程量时重复利用的数据。在统筹法计算中就是以"线"和"面"为基数,利用连乘或加减,算出与它有关的分项工程量。

"线"是指建筑平面图上所标示的外墙中心线、外墙外边线和内墙净长线。即:

外墙中心线(用 $L_{中}$ 表示)＝外墙外边总长度 $L_{外}$ －(墙厚×4)　　(5.2.1)

外墙外边线(用 $L_{外}$ 表示)＝建筑平面图的外围周长尺寸之和　　(5.2.2)

内墙净长线(用 $L_{内}$ 表示)＝建筑平面图中的所有内墙长度之和　　(5.2.3)

根据分项工程量计算的不同情况,以这 3 条线为基数,可计算出的有关项目有:

外墙中心线——外墙基挖地槽、基础垫层、基础砌筑、墙基防潮层、基础梁、圈梁、墙身砌筑等分项工程。

外墙外边线——勒脚、腰线、勾缝、抹灰、散水等分项工程。

内墙净长线——内墙基挖地槽、基础垫层、基础砌筑、墙基防潮层、基础梁、圈梁、墙身砌筑、墙身抹灰等分项工程。

“面”是指建筑平面图上所标示的底层建筑面积，用 S 表示。计算时要结合建筑物的造型而定，即：

底层建筑面积 S=建筑物底层平面勒脚以上外围水平投影面积 (5.2.4)

与“面”有关的计算项目有平整场地、地面、楼面、屋面、顶棚等分项工程。把与它有关的许多项目串起来，使前边的计算项目为后边的计算项目提供依据，这样彼此衔接，可以减少很多重复劳动，加快计算速度，提高工程量计算的质量。如以外墙中心线长度为基数，可以连续计算出与它有关的地槽挖土、墙基垫层、墙身砌体、墙基防潮层等分项工程量。其计算程序如图 5.2.3 所示。

外墙中心线(m) $L_{中}$ → ① 挖(填)土(m^3) $L_{中}$×断面 → ② 墙基垫层(m^3) $L_{中}$×断面 → ③ 墙基砌体(m^3) $L_{中}$×断面 → ④ 墙基防潮层(m^3) $L_{中}$×墙顶宽度 →

图 5.2.3 利用基数连续计算示意图

(3) 一次计量，多次使用

在工程量计算的过程中，往往还有一些不能用“线”、“面”基数进行连续计算的项目，如常用的定型钢筋混凝土构件、花瓶栏杆、过梁板、洗脸槽、各种水槽、煤气台、楼梯扶手、栏杆等分项工程，可按它们的数量单位，预先组织力量一次算出工程量编入手册。另外，也要把那些规律性较明显的如土方放坡系数、砖砌大放脚断面系数、屋面坡度系数等预先一次算出，编成手册，供估价人员使用。这样在具体计算时，只要根据设计图纸中有关项目的数量，乘上手册的对应系数即可很快算出工程量。

(4) 结合实际，灵活机动

由于每项建筑工程的结构和造型不同，它的基础断面、墙厚、砂浆强度等级、各楼层面积等都有可能不同，这就不能只用一个“线”、“面”、“册”基数进行连续计算，而必须结合具体的设计图纸，采用灵活机动的方法来计算。一般有以下几种常用的方法：

① 分段计算法

即当有些“线”上断面面积不等时，即应分段计算。

② 分层法

在不规则的多高层建筑中，楼层的面积不等，再加之混凝土及砌筑砂浆强度等级不同时，则应分层计算。

③ 分块法

当同一层楼面有多种装饰构造做法时，应分块计算。如一、二层楼面的建筑面积相等，但一层地面均为水磨面层，而二层楼面有花岗岩、木地板、地砖时，一、二两层则应分块计算。

④ 增减法

在工程量计算过程中,可把某个部分假设先增加一块而凑成某个"基数",然后再减去这一块,这种方法称为增减法。

以上介绍的统筹法,对于工程量计算有一定的优越性,但实际操作中如何灵活应用应视工程特点及估价人员的习惯而定。另外,在计算基数时,一定要非常认真细致,因为有许多工程量都是在3条"线"和1个"面"的基数上连续计算出来的,如果基数计算出了错,那么,这些在"线"或"面"上计算出来的工程量则全都错了,所以,计算出正确的基数极为重要。

2) 重复计算法

计算工程量时,常常会发现一些分项工程的工程量是相同的或者是相似的,这时可采用重复计算法,即把某个计算式重复利用。如图 5.2.4 所示的为不同高度的地面、楼面、屋面的面层分解图。

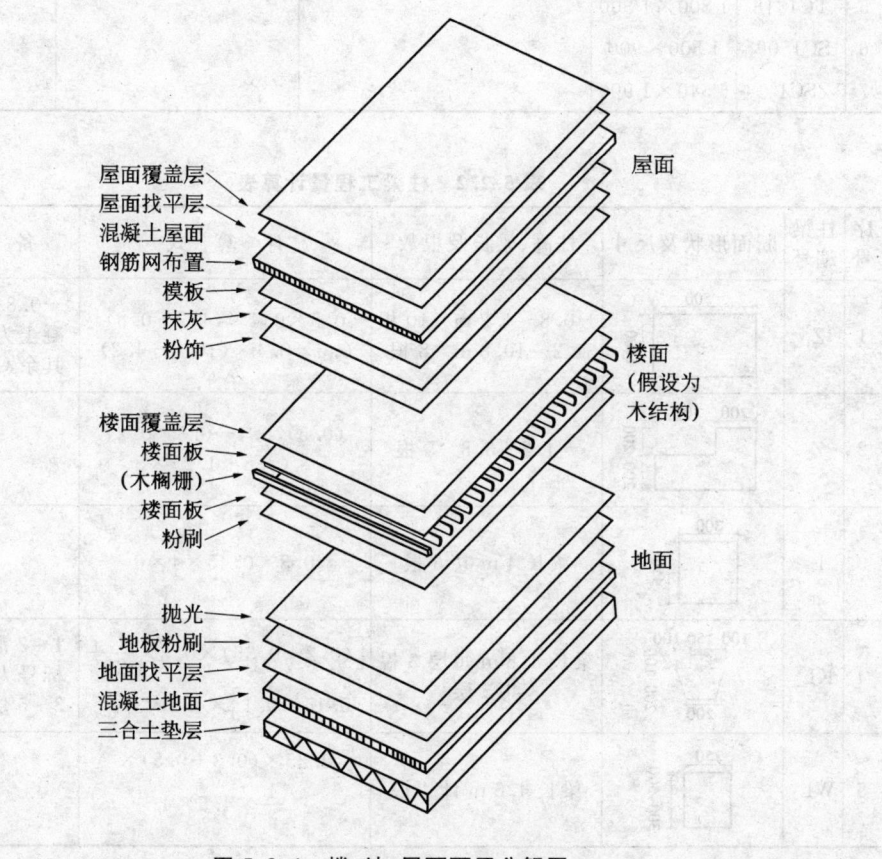

图 5.2.4 楼、地、屋面面层分解图

但在计算水平层的工程量时大多用 m^2 计算（面层、防水层、模板、抹灰、饰面等），可用同一个计算式表示，对一些用 m^3 来计算的（找平层、楼板、垫层等），也可用前面的计算式乘对应的厚度求得。

3）列表法

在计算工程量时，为了使计算清晰，防止遗漏，便于检查，可通过列表法来计算有关工程量，如门窗工程量（见表 5.2.1）和柱梁工程量（见表 5.2.2）等。

表 5.2.1 门窗工程量计算表

序号	门窗编号	洞口尺寸（宽×高）（mm×mm）	部位及数量	计算式	备注
1	M-1	900×2 100	2~6层各12樘	0.9×2.1×12×5	三合板门
2	M-2	1 000×2 100	1层3樘，2~6层各2樘	1×2.1×(3+2×5)	镶板门
3	STM1	1 500×2 300	2层4樘，3~10层各10樘	1.5×2.3×(4+3×8)	塑钢推拉门
4	SZM2	1 200×2 800	1层2樘	1.2×2.8×2	铝合金旋转门
5	TC1818	1 800×1 800			
6	SC1509	1 500×900			
7	ZSC1	6 540×1 900			

表 5.2.2 柱梁工程量计算表

序号	柱梁编号	断面形状及尺寸	柱高、梁长及根数	计算式	备注
1	Z_1	500×400	−0.8~4.2 m 10根 4.2~10.8 m 8根	0.5×0.4×(4.2+0.8) 0.5×0.4×(10.8−4.2)	−0.8~4.2 混凝土为C30 其余C20
2	Z_2	200,300；200,200	−1.2~3.8 5根	(0.5×0.4−0.3×0.2)×(3.8+1.2)×5	
3	L_1	300×450	梁长4 m 共6根	0.3×0.45×4×6	
4	KL_2	100,150,100；200,100	梁长4.8 m 每层3榀 共5层	$[(0.2+0.35)\times0.2\times\frac{1}{2}+0.15\times0.1]\times4.8\times3\times5$	1~2 混凝土标号为C30，3~5层为C25
5	WL_3	250；300~500	梁长4.5 m 计4根	$0.25\times(0.3+0.5)\times\frac{1}{2}\times4.5\times4$	

5.2.4 工程量计算注意事项

(1) 要依据对应的工程量计算规则来进行计算,其中包括项目划分的一致、计量单位的一致及成果格式的一致等。

(2) 注意熟悉设计图纸和设计说明,能作出准确的项目描述,对图中的错漏、尺寸不符、用料及做法不清等问题及时请设计单位解决,计算时应以图纸注明尺寸为依据不能任意加大或缩小。

(3) 注意计算中的整体性、相关性。在工程量计算时,应有这样的理念:一个建筑物是一个整体,计算时应从整体出发。例如墙身工程,开始计算时不论有无门窗洞口先按整个墙身计算,在算到门、窗或其他相关分部时再在墙身工程中扣除这部分洞口工程量。抹灰工程和粉刷工程也可以用同样的方法来计算。如果门窗工程和粉刷工程是由不同的人来计算的话,那么最好由计算门、窗工程的人来做墙身工程量的扣除和调整。又如计算土方工程量时,要注意自然地坪标高与设计室外地坪标高的差数,为计算挖、填深度提供可靠数据。

(4) 注意计算列式的规范性与完整性。计算时最好采用统一格式的工程量计算纸,书写时必须标清部位、轴线编号(例如 D 轴线③~⑥的内墙)以便核对。

(5) 注意计算过程中的顺序性:工程量计算时为了避免发生遗漏、重复等现象,应按一定的计算顺序进行计算。一般常用的顺序有下述几种:

① 先外后内,从图纸左上角开始,按顺时针方向依次计算,最后回到左上角的起始点,如图 5.2.5 所示。这种方法适用于计算外墙、室内楼地面工程、天棚等。

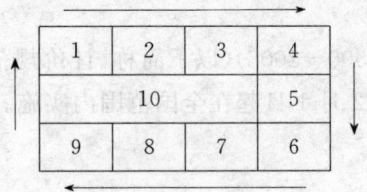

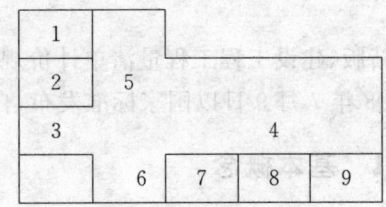

图 5.2.5 工程量计算顺序图①　　图 5.2.6 工程量计算顺序图②

② 按先横后竖、先上后下、先左后右的顺序计算。有些项目如内墙及内墙基础、间隔墙等,都是互相交错的,如图 5.2.6 所示。按照这个原则,可依次计算①~⑨的工程量。

③ 按照图纸上所注明不同类别的构件、配件的编号顺序进行计算。如计算钢筋混凝土柱、梁及门、窗、屋架等都可按这种顺序进行。如图 5.2.7 所示,可按柱 Z_1, Z_2, Z_3,…,梁 L_1, L_2, L_3,…,依次计算。

以上几种计算顺序是一般的程序,在实际操作中,可以根据具体情况灵活运用,也可以将几种顺序混合使用。

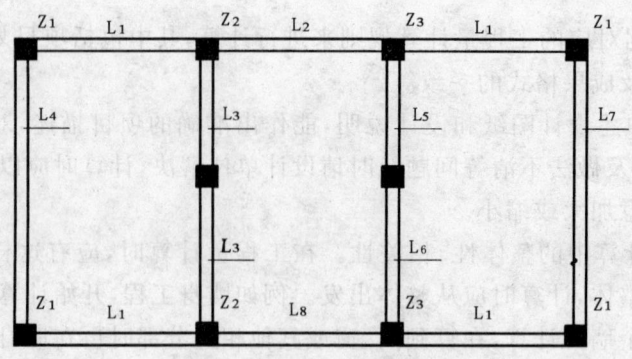

图 5.2.7　工程量计算顺序图③

(6) 计算过程中应注意切实性。工程量计算前应了解工程的现场情况、拟用的施工方案、施工方法等,从而使工程量更切合实际。当然有些规则规定计算工程量时,只考虑图示尺寸不考虑实际发生的量,这时两者的差异应在报价时考虑。

(7) 注意对计算结果的自检和他检。工程量计算完毕后,自己应进行粗略的检查,如指标检查(某种结构类型的工程正常每 m^2 耗用的实物工程量指标)、对比检查(同以往类似工程的数字进行比较)等,也可以请经验比较丰富、水平比较高的估价师来检查。

5.3　建设工程工程量清单计价规范

新版《建设工程工程量清单计价规范》(GB 50500—2008)(以下简称《计价规范》)于 2008 年 7 月 9 日以国家标准发布,自 2008 年 12 月 1 日起在全国范围内实施。

5.3.1　基本概念

1) 工程量清单的含义

工程量清单(BOQ:Bill of Quantity)的含义有:

(1) 工程量清单是按照招标要求和施工设计图纸要求,将拟建招标工程的全部项目和内容依据统一的工程量计算规则和子目分项要求,计算分部分项工程实物量,列在清单上作为招标文件的组成部分,供投标单位逐项填写单价用于投标报价。

(2) 工程量清单是把承包合同中规定的准备实施的全部工程项目和内容,按工程部位、性质以及它们的数量、单价、合价等列表表示出来,用于投标报价和中标后计算工程价款的依据,工程量清单是承包合同的重要组成部分。

(3) 工程量清单,严格地说不单是工程量,工程量清单已超出了施工设计图纸量的范围,它是一个工作量清单的概念。

2) 工程量清单的作用和要求

(1) 工程量清单是编制招标工程标底价,投标报价和工程结算时调整工程量的依据。

(2) 工程量清单必须依据行政主管部门颁发的工程量计算规则、分部分项工程项目划分及计算单位的规定、施工设计图纸、施工现场情况和招标文件中的有关要求进行编制。

(3) 工程量清单应由具有相应资质的中介机构进行编制。

(4) 工程量清单格式应当符合有关规定要求。

5.3.2 工程量清单计价的含义与特点

1) 工程量清单计价的准确含义

(1) 工程量清单

工程量清单是表现拟建工程的分部分项工程项目、措施项目、其他项目名称及其相应工程数量的明细清单。

(2) 工程量清单计价

工程量清单计价是指投标人完成由招标人提供的工程量清单所需的全部费用,包括分部分项工程费、措施项目费、其他项目费和规费、税金。

(3) 工程量清单计价方法

工程量清单计价方法,是指建设工程招标投标中,招标人按照国家统一的工程量计算规则提供工程数量,由投标人依据工程量清单自主报价,并按照经评审低价中标的工程造价的计价方法。

(4) 建设工程工程量清单计价规范

《计价规范》是统一工程量清单编制、规范工程量清单计价的国家标准,是调节建设工程招标投标中使用清单计价的招标人、投标人双方利益的规范性文件。《计价规范》是我国在招标投标工程中实行工程量清单计价的基础,是参与招标投标各方进行工程量清单计价应遵守的准则,是各级建设行政主管部门对工程造价计价活动进行监督管理的重要依据。

2) 工程量清单计价特点

《计价规范》具有明显的强制性、竞争性、通用性和实用性。

(1) 强制性

强制性主要表现在:一是由建设主管部门按照强制性国家标准的要求批准颁布,规定全部使用国有资金或国有资金投资为主的大中型建设工程应按《计价规范》规定执行;二是明确工程量清单是招标文件的组成部分,并规定了招标人在编制工程量清单时必须遵守的规则。

(2) 竞争性

竞争性一方面表现在《计价规范》中从政策性规定到一般内容的具体规定,充分体现了工程造价由市场竞争形成价格的原则。《计价规范》中的措施项目,在工程量清单中只列"措施项目"一栏,具体采用什么措施,由投标人根据企业的施工组织设计,视具体情况报价。另一方面,《计价规范》中人工、材料和施工机械没有具体的消耗量,为企业报价提供了自主的空间。

(3) 通用性

通用性的表现是我国采用的工程量清单计价是与国际惯例接轨的,符合工程量计算方法标准化、工程量计算规则统一化、工程造价确定市场化的要求。

(4) 实用性

实用性表现在《计价规范》的附录中,工程量清单项目及工程量计算规则的项目名称表现的是工程实体项目,项目名称明确清晰,工程量计算规则简洁明了。

5.3.3 工程量清单编制

1) 一般规定

(1) 工程量清单应由具有编制能力的招标人或受其委托,具有相应资质的工程造价咨询人编制。

(2) 采用工程量清单方式招标,工程量清单必须作为招标文件的组成部分,其准确性和完整性由招标人负责。

(3) 工程量清单是工程量清单计价的基础,应作为编制招标控制价、投标报价、计算工程量、支付工程款、调整合同价款、办理竣工结算以及工程索赔等的依据。

(4) 工程量清单应由分部分项工程量清单、措施项目清单、其他项目清单、规范项目清单、税金项目清单组成。

(5) 编制工程量清单的依据:

① 《计价规范》;

② 国家或省级建设主管部门和行业管理机构颁发的计价依据和办法;

③ 建设工程设计文件;

④ 与建设工程项目有关的标准、规范、技术资料;

⑤ 招标文件及其补充通知、答疑纪要;

⑥ 施工现场情况、工程特点及常规施工方案;

⑦ 其他相关资料。

2) 分部分项工程量清单

(1) 分部分项工程量清单应包括项目编码、项目名称、项目特征、计量单位和工程量。

(2)分部分项工程量清单应根据附录规定的项目编码、项目名称、项目特征、计量单位和工程量计算规则进行编制。

(3)分部分项工程量清单的项目编码,应采用十二位阿拉伯数字表示。一至九位应按附录的规定设置,十至十二位应根据拟建工程的工程量清单项目名称设置。同一招标工程的项目编码不得有重码。

(4)分部分项工程量清单的项目名称应按附录的项目名称结合拟建工程的实际确定。

(5)分部分项工程量清单中所列工程量应按附录中规定的工程量计算规则计算。

(6)分部分项工程量清单的计量单位应按附录中规定的计量单位确定。

(7)分部分项工程量清单项目特征应按附录中规定的项目特征,结合拟建工程项目的实际予以描述。

(8)编制工程量清单出现附录中未包括的项目,编制人应作补充,并报省级或行业工程造价管理机构备案,省级或行业工程造价管理机构应汇总报往住房和城乡建设部标准定额研究所。补充项目的编码由附录的顺序码与B和三位阿拉伯数字组成,并应从B001起顺序编制。同一招标工程的项目不得重码。工程量清单中需附有补充项目的名称、项目特征、计量单位、工程量计算规则、工程内容。

3)措施项目清单

(1)措施项目清单应根据拟建工程的实际情况列项。通用措施项目可按表5.3.1选择列项,专业工程的措施项目可按附录中规定的项目选择列项。若出现本规范未列的项目,可根据工程实际情况补充。

表5.3.1 通用措施项目一览表

序号	项目名称
1	安全文明施工(含环境保护、文明施工、安全施工、临时设施)
2	夜间施工
3	二次搬运
4	冬雨季施工
5	大型机械设备进出场及安拆
6	施工排水
7	施工降水
8	地上、地下设施,建筑物的临时保护设施
9	已完工程及设备保护

(2) 措施项目中可以计算工程量的项目清单宜采用分部分项工程量清单的方式编制,列出项目编码、项目名称、项目特征、计量单位和工程量计算规则;不能计算工程量的项目清单,以"项"为计量单位。

4) 其他项目清单

(1) 其他项目清单宜按照下列内容列项:

① 暂列金额;

② 暂估价:包括材料暂估价、专业工程暂估价;

③ 计日工;

④ 总承包服务费。

(2) 出现上述未列的项目,可根据工程实际情况补充。

5) 规费项目清单

(1) 规费项目清单应按照下列内容列项:

① 工程排污费;

② 工程定额测定费;

③ 社会保障费:包括养老保险费、失业保险费、医疗保险费;

④ 住房公积金;

⑤ 危险作业意外伤害保险。

《江苏省建设工程费用定额》(2009版)对规费项目作了如下调整:取消了建筑管理费、劳动保险费、定额测定费、安监费,增加了工程排污费。根据各地规定计取,增加了建筑安全监督管理费,增加了社会保障费。社会保障费包括企业按规定标准为职工缴纳的养老保险、失业保险、医疗保险、工伤保险和生育保险、住房公积金等社会保障方面的费用支出。为确保施工企业各类从业人员社会保障权益落到实处,各地可根据实际情况制定管理办法。

(2) 出现《计价规范》所列规费项目清单未列的项目,应根据省级政府或有关权力部门的规定列项。

6) 税金项目清单

税金项目清单应包括下列内容:

① 营业税;

② 城市维护建设税

③ 教育费附加

5.3.4　工程量清单计价

《计价规范》有关工程量清单计价的一般规定:

(1) 采用工程量清单计价,建设工程造价由分部分项工程费、措施项目费、其他项目费、规费和税金组成。

(2) 分部分项工程量清单应采用综合单价计价。

(3) 招标文件中的工程量清单标明的工程量是投标人投标报价的共同基础，竣工结算的工程量按发、承包双方在合同中约定应予计量且实际完成的工程量确定。

(4) 措施项目清单计价应根据拟建工程的施工组织设计，可以计算工程量的措施项目，应按分部分项工程量清单的方式采用综合单价计价；其余的措施项目可以"项"为单位的方式计价，应包括除规费、税金外的全部费用。

(5) 措施项目清单中的安全文明施工费应按照国家或省级建设主管部门的规定计价，不得作为竞争性费用。

(6) 其他项目清单应根据工程特点和规范的规定计价。

(7) 招标人在工程量清单中提供了暂估价的材料和专业工程属于依法必须招标的，由承包人和招标人共同通过招标确定材料单价与专业工程分包价。若材料不属于依法必须招标的，经发、承包双方协商确认单价后计价。若专业工程不属于依法必须招标的，由发包人、总承包人与分包人按有关计价依据进行计价。

(8) 规费和税金应按国家或省级建设主管部门的规定计算，不得作为竞争性费用。

(9) 采用工程量清单计价的工程，应在招标文件或合同中明确风险内容及其范围(幅度)，不得采用无限风险、所有风险或类似语句规定风险内容及其范围(幅度)。

5.3.5 工程量清单计价规范表格

1)《计价规范》表格的组成

为了保证工程量清单计价工作的规范进行，《计价规范》给出了多种统一格式表格，具体包括：

(1) 封面

封面又可分为工程量清单、招标控制价、投标总价、竣工结算总价四种封面。

(2) 总说明

(3) 汇总表

汇总表又包括工程项目招标控制价/投标报价汇总表、单项工程招标控制价/投标报价汇总表、单位工程招标控制价/投标报价汇总表、工程项目竣工结算汇总表、单项工程竣工结算汇总表、单位工程竣工结算汇总表等。

(4) 分部分项工程量清单表

分部分项工程量清单表又包括分部分项工程量清单与计价表及工程量清单综合单价分析表。

(5) 措施项目清单表

措施项目清单表又包括措施项目清单与计价表(一)及措施项目清单与计价表(二)。

(6) 其他项目清单表

其他项目清单表又包括其他项目清单与计价汇总表、暂列金额明细表、材料暂估单价表、专业工程暂估价表、计日工表、总承包服务费计价表、索赔与现场签证计价汇总表、费用索赔申请(核准)表、现场签证表等。

(7) 规范、税金项目清单与计价表。

(8) 工程款支付申请(核准)表。

以上这些表格的具体格式请读者参见《计价规范》5.1。

2) 计价表格使用规定

(1) 工程量清单与计价宜采用统一格式。各省、自治区、直辖市建设行政主管部门和行业管理机构可根据本地区、本行业的实际情况,在本规范计价表格的基础上补充完善。

(2) 工程量清单的编制应符合下列规定:

① 工程量清单编制使用统一表格。

② 封面应按规定的内容填写、签字、盖章,造价员编制的工程量清单应有负责审核的造价工程师签字、盖章。

③ 总说明应按下列内容填写:a) 工程概况:建设规模、工程特征、计划工期、施工现场实际情况、自然地理条件、环境保护要求等。b) 工程招标和分包范围。c) 工程量清单编制依据。d) 工程质量、材料、施工等的特殊要求。e) 其他需要说明的问题。

(3) 招标控制价、投标报价、竣工结算的编制应符合下列有关规定:

① 使用统一表格

② 封面应按规定的内容填写、签字、盖章,除承包人自行编制的投标报价和竣工结算外,受委托编制的招标控制价、投标报价、竣工结算若为造价员编制的,应有负责审核的造价工程师签字、盖章以及工程造价咨询人盖章。

③ 总说明应按下列内容填写:a) 工程概况:建设规模、工程特征、计划工期、合同工期、实际工期、施工现场及变化情况、施工组织设计的特点、自然地理条件、环境保护要求等。b) 编制依据等。

(4) 投标人应按照招标文件的要求,附工程量清单综合单价分析表。

(5) 工程量清单与计价表中列明的所有需要填写的单价和合价,投标人均应填写,未填写单价和合价,视为此项费用已包含在工程量清单的其他单价和合价中。

5.4 计价表下的工程计量

《计价表》将原综合预算定额、单位估价表、装饰定额三合一。计价表适用于一般工业与民用建筑的新建、扩建、改建工程及其单独装饰工程,不适用于修缮工程。

计价表的作用:编制工程标底、招标工程结算审核的指导;工程投标报价、企业内部核算、制定企业定额的参考;一般工程(依法不招标工程)编制与审核工程预结算的依据;编制建筑工程概算定额的依据;建设行政主管部门调解工程造价纠纷、合理确定工程造价的依据。

计价表的计算规则、项目设置与原定额相比基本相同,个别项目有所变化,其目的是既要适应计价规范的要求,又要方便大家使用。

5.4.1 土石方工程计量

1) 土、石方工程的计算规则及应用要点

(1) 挖土深度是以设计室外地坪标高为起点,至图示基础垫层底面的尺寸。

(2) 土方工程套用定额规定:挖填土方厚度在±300 mm 以内及找平为平整场地;沟槽底宽在 3 m 以内,沟槽底长大于 3 倍沟槽底宽的为挖地槽、地沟;基坑底面积在 20 m² 以内的为挖基坑;以上范围之外的均为挖土方。

(3) 平整场地工程量按建筑物底层外墙外边线,每边各加 2 m,以平方米计算。

(4) 沟槽工程量按沟槽长度乘沟槽截面积计算。其中,沟槽长度:外墙按图示基础中心线长度计算;内墙按净长线计算(即为轴线长度,扣减两端和中间交叉的基础底宽及工作面宽度),沟槽宽度:按设计宽度加基础施工所需工作面宽度计算。

(5) 挖沟槽、基坑土方需放坡时,按施工组织设计的放坡要求计算,若施工组织设计无此要求时,可按表 5.4.1 取值计算。

表 5.4.1 放坡高度、比例确定表

土壤类别	放坡深度规定/m	高与宽之比		
		人工挖土	机械挖土	
			坑内作业	坑上作业
一、二类土	超过 1.20	1:0.50	1:0.33	1:0.75
三类土	超过 1.50	1:0.33	1:0.25	1:0.67
四类土	超过 2.00	1:0.25	1:0.10	1:0.33

(6) 挖沟槽、基坑土方所需工作面宽度按施工组织设计的要求计算,若施工组织设计无此要求时,可按表 5.4.2 取值计算。

表 5.4.2 基础施工所需工作面宽度表

基础材料	每边各增加工作面宽度/mm
砖基础	以最底下一层大放脚边至地槽(坑)边 200
浆砌毛石、条石基础	以基础边至地槽(坑)边 150
支模板混凝土基础	以基础边至地槽(坑)边 300
垂直面做防水层基础	以防水层面的外表面至地槽(坑)边 800

(7) 回填土以立方米计算,基槽、坑回填土体积=挖土体积-设计室外地坪以下埋设的实体体积(基础垫层、各类基础、地下室墙、地下水池壁等)及其空腔体积,室内回填土体积按主墙间净面积乘填土厚度计算。

(8) 余土外运或缺土内运工程量=运土工程量-回填土工程量。正值为余土外运,负值为缺土内运。

(9) 干土与湿土的划分,应以地质勘察资料为准。如果无此资料,则以地下常水位为准,常水位以上为干土,常水位以下为湿土。采用人工降低地下水位时,干湿土的划分仍以常水位为准。

(10) 管道沟槽按图示中心线长度计算,沟底宽度设计有规定的,按设计规定;设计未规定的,按表 5.4.3 取值计算。

表 5.4.3 管道地沟底宽取定表

管径/mm	铸铁管、钢管、石棉水泥管/mm	混凝土、钢筋混凝土、预应力混凝土管/mm
50~70	600	800
100~200	700	900
250~350	800	1 000
400~450	1 000	1 300
500~600	1 300	1 500
700~800	1 600	1 800
900~1 000	1 800	2 000
1 100~1 200	2 000	2 300
1 300~1 400	2 200	2 600

(11) 管道沟槽回填,以挖方体积减去管外径所占体积计算。管外径小于或等于 500 mm 时,不扣除管道所占体积。管外径超过 500 mm 以上时,按表 5.4.4 规定扣除。

表 5.4.4 管道沟槽回填扣除管道所占体积值表　　　　单位：m³/m

管道名称	管道直径/mm				
	501~600	601~800	801~1 000	1 001~1 200	1 201~1 400
钢管	0.21	0.44	0.71		
铸铁管、石棉水泥管	0.24	0.49	0.77		
混凝土、钢筋混凝土、预应力混凝土管	0.33	0.60	0.92	1.15	1.35

2) 土、石方工程工程量计算实例

例 5.4.1　图 5.4.1 是某单位传达室基础平面图及基础详图。土壤为三类土、干土、场内运土。试计算人工挖地槽工程量。

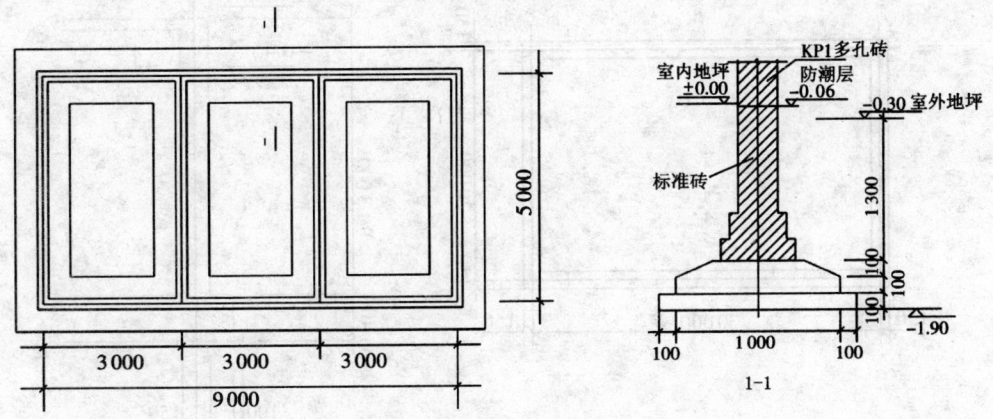

图 5.4.1　某单位传达室基础平面图及基础详图

相关知识

(1) 挖土深度从设计室外地坪至垫层底面，三类土，挖土深度超过 1.5 m，按表 5.4.1，取 1∶0.33 放坡。

(2) 垫层需支模板，工作面从垫层边至槽边，按表 5.4.2，每边各增加工作面宽度 300 mm。

(3) 地槽长度：外墙按基础中心线长度计算，内墙按扣去基础宽和工作面后的净长线计算，放坡增加的宽度不扣。

解　工程量计算如下：

(1) 挖土深度：1.90－0.30＝1.60(m)

(2) 槽底宽度：(加工作面)

　　　　1.20＋0.30×2＝1.80(m)

(3) 槽上口宽度：(加放坡长度)

放坡长度：1.60×0.33＝0.53(m)
1.80＋0.53×2＝2.86(m)
(4) 地槽长度：外：(9.00＋5.0)×2＝28.0(m)
内：(5.00－1.80)×2＝6.40(m)
(5) 地槽总体积：1.60×(1.80＋2.86)×1/2×(28.0＋6.40)＝128.24(m³)
(6) 挖出土场内运输：128.24(m³)

例 5.4.2 某建筑物地下室如图 5.4.2 所示。地下室墙外壁做涂料防水层，施工组织设计确定用反铲挖掘机挖土，土壤为三类土，机械挖土坑内作业，土方外运 1 km，回填土已堆放在距场地 150 m 处。试计算挖土方工程量及回填土工程量。

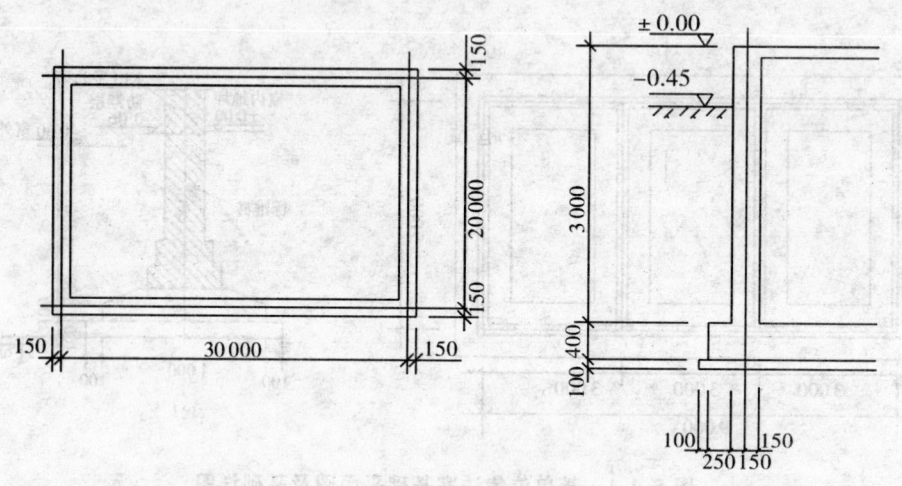

图 5.4.2 某地下室示意图

相关知识

(1) 三类土、机械挖土深度超过 1.5 m，按表 5.4.1，取 1∶0.25 放坡。

(2) 垂直面做防水层，工作面从防水层的外表面至地坑边，按表 5.4.2，每边各增加工作面宽度 800 mm。

(3) 机械挖不到的地方，人工修边坡和整平的工程量需人工挖土方，但其量不得超过挖土方总量的 10%。

(4) 计算回填土时，用挖出土总量减设计室外地坪以下的垫层、整板基础、地下室墙及地下室净空体积。

解 工程量计算如下：

(1) 挖土深度：3.50－0.45＝3.05(m)

(2) 坑底尺寸：(加工作面，从墙防水层外表面至坑边)

长：30.30＋0.80×2＝31.90(m)
宽：20.30＋0.80×2＝21.90(m)

(3) 坑顶尺寸：(加放坡长度)
放坡长度：3.05×0.25＝0.76(m)
长：31.90＋0.76×2＝33.42(m)
宽：21.90＋0.76×2＝23.42(m)

(4) 总体积：(31.90×21.90＋33.42×23.42＋65.32×45.32)×3.05/6＝
2 257.82(m^3)

其中：人工挖土方量：
坑底整平：0.20×31.90×21.90＝139.72(m^3)
修边坡：0.10×(31.90＋33.42)×(1/2)×3.14×2＝20.51(m^3)
　　　　0.10×(21.90＋23.42)×(1/2)×3.14×2＝14.23(m^3)
计：人工挖土方：139.72＋20.51＋14.23＝174.46(m^3)
(未超过挖土方总量的10%)
机械挖土方：2 257.82－174.46＝2 083.36(m^3)

(5) 回填土：挖土方总量：2 257.82 m^3
垫层体积：0.10×31.00×21.00＝65.10(m^3)
底板体积：0.40×30.80×20.80＝256.26(m^3)
地下室墙及地下室净空体积：2.55×30.30×20.30＝1 568.48(m^3)
回填土量：2 257.82－65.10－256.26－1 568.48＝367.98(m^3)

5.4.2 打桩及基础垫层工程计量

1) 桩及基础垫层工程的计算规则及运用要点

(1) 打预制钢筋混凝土桩的工程量，按设计桩长(包括桩尖长度)乘以桩身截面面积，以立方米计算，管桩则应扣除空心体积。

(2) 打预制桩需送桩，送桩长度从桩顶面标高至自然地坪另加500 mm，乘以桩身截面面积，以立方米计算。

(3) 泥浆护壁钻孔灌注桩，钻孔与灌注混凝土分别计算。钻土孔从自然地面至桩底或至岩石表面的深度乘以桩身截面面积，以立方米计算；钻岩石孔则以入岩深度乘以桩身截面面积，以立方米计算。泥浆外运体积按钻孔体积计算。

(4) 灌注桩按设计桩长包括桩尖另加一个直径(设计有规定时，加设计要求长度)乘以桩身截面面积，以立方米计算。

(5) 深层搅拌桩，按设计桩长加500 mm(设计有规定时，加设计要求长度)，乘以设计桩身截面面积，以立方米计算，群桩之间的搭接不扣除。

(6) 凿灌注混凝土桩头按立方米计算，凿、截断预制桩以根计算。

2) 打桩及基础垫层工程工程量计算实例

例 5.4.3 某工程桩基础为现场预制混凝土方桩（见图 5.4.3），C30 商品混凝土，室外地坪标高-0.30，桩顶标高-1.80，桩计 150 根。试计算与打桩有关的工程量。

相关知识

（1）设计桩长包括桩尖，不扣除桩尖虚体积。

（2）送桩长度从桩顶面到自然地面另加 500 mm。

（3）桩的制作混凝土按设计桩长乘以桩身截面积计算，钢筋按设计图纸和规范要求计算在钢筋工程内，模板按接触面积计算在措施项目内。

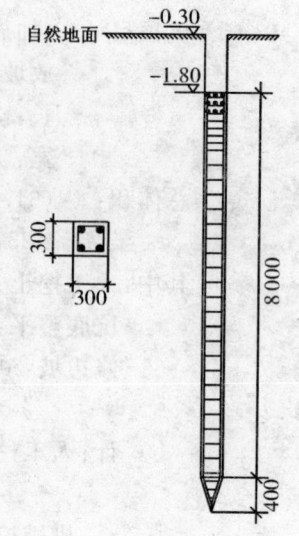

解 工程量计算如下：

（1）打桩：桩长=桩身+桩尖=8.00+0.40=8.40(m)

$$0.30×0.30×8.40×150=113.40(m^3)$$

（2）送桩：长度=1.50+0.50=2.00(m)

$$0.30×0.30×2.00×150=27.0(m^3)$$

图 5.4.3 某工程混凝土方桩图

（3）凿桩头：150 根

例 5.4.4 某工程桩基础是钻孔灌注混凝土桩（见图 5.4.4），C25 混凝土现场搅拌，土孔中混凝土充盈系数为 1.25，自然地面标高-0.45，桩顶标高-3.00，设计桩长 12.30 m，桩进入岩层 1 m，桩直径 600 mm，计 100 根，泥浆外运 5 km。试计算与桩有关的工程量。

相关知识

（1）钻土孔与钻岩石孔分别计算。

（2）钻土孔深度从自然地面至岩石表面，钻岩石孔深度为入岩深度。

（3）土孔与岩石孔灌注混凝土的量分别计算。

（4）灌注混凝土桩长是设计桩长（包括桩尖），另加一个桩直径，如果设计有规定，则加设计要求长度。

（5）砌泥浆池的工料费用在编制标底时暂按每立方米桩 1.0 元计算，结算时按实调整。

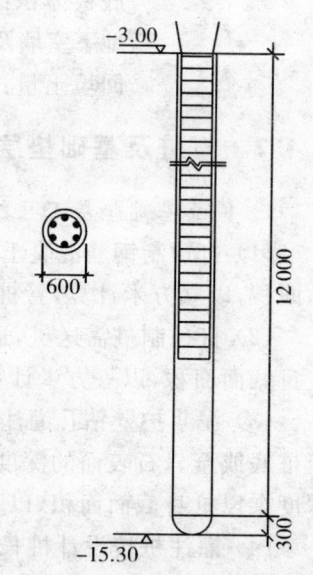

图 5.4.4 某工程混凝土圆桩图

解 工程量计算如下：

（1）钻土孔：深度：15.30-0.45-1.00=13.85(m)

体积：$0.30\times0.30\times3.14\times13.85\times100=391.40(m^3)$

(2) 钻岩石孔：深度：1.0(m)

体积：$0.30\times0.30\times3.14\times1.00\times100=28.26(m^3)$

(3) 灌注混凝土桩(土孔)：桩长：$12.30+0.60-1.00=11.90(m)$

体积：$0.30\times0.30\times3.14\times11.90\times100=336.29(m^3)$

(4) 灌注混凝土桩(岩石孔)：桩长：1.0(m)

体积：$0.30\times0.30\times3.14\times1.00\times100=28.26(m^3)$

(5) 泥浆外运量即钻孔体积：$391.40+28.26=419.66(m^3)$

(6) 砖砌泥浆池量即桩体积：$336.29+28.26=364.55(m^3)$

(7) 凿桩头体积：$0.30\times0.30\times3.14\times0.60\times100=16.96(m^3)$

5.4.3 砌筑工程

1) 砌筑工程的计算规则及运用要点

(1) 基础与墙身使用同一种材料时，以设计室内地坪为界，室内地坪以下为基础，以上为墙身。基础与墙身使用不同材料，两种材料分界线位于设计室内地坪±300 mm 范围以内时，以不同材料为分界线，分界线下部为基础，上部为墙身；分界线在设计室内地坪±300 mm 范围以外时，仍以设计室内地坪为界。

(2) 外墙砖基础按外墙中心线长度计算。内墙砖基础按内墙基之间大放脚上部的净距离计算，大放脚 T 型接头处重叠部分不扣除。附墙砖垛基础宽出部分的体积，并入所依附的基础工程量内。

(3) 墙的长度计算：外墙按外墙中心线，内墙按内墙净长线。墙的高度计算：现浇斜屋面板，算至墙中心线屋面板底；现浇平板楼板或屋面板，算至楼板或屋面板底；有框架梁时，算至梁底面；女儿墙从梁或板顶面算至女儿墙顶面；有混凝土压顶时，算至压顶底面。

(4) 计算墙体工程量时，应扣除门窗洞口，各种空洞，嵌入墙身的混凝土柱、梁所占的体积；不扣除梁头、梁垫、外墙预制板头、木砖、铁件、钢管等以及面积在 $0.3 m^2$ 以下的孔洞所占的体积；突出墙面的压顶线、门窗套，三皮砖以内的腰线，挑檐等体积不增加；附墙砖垛，三皮砖以上的腰线，挑檐等体积，并入墙身体积内计算。

(5) 砖砌地下室外墙、内墙均按相应内墙定额计算。

(6) 砌块墙、多孔砖墙中，窗台虎头砖、腰线、门窗洞边接茬用标准砖已综合在定额内，不再另外计算。

(7) 各种砌块墙按图示尺寸计算，砌块内的空心体积不扣除。砌体中设计有钢筋砖过梁时，按小型砌体定额计算。

(8) 墙基防潮层按墙基顶面水平宽度乘以长度，以平方米计算。

(9) 阳台砖隔断按相应内墙定额执行。

2) 砌筑工程工程量计算举例

例 5.4.5 图 5.4.1 是某单位传达室基础平面图及基础详图。室内地坪±0.00 m,防潮层—0.06 m,防潮层以下用 M10 水泥砂浆砌标准砖基础,防潮层以上为多孔砖墙身。试计算砖基础、防潮层的工程量。

相关知识

(1) 基础与墙身使用不同材料的分界线位于—60 mm 处,在设计室内地坪±300 mm 范围以内,因此—0.06 m 以下为基础,—0.06 m 以上为墙身。

(2) 墙的长度计算:外墙按中心线,内墙按净长线,大放脚 T 型接头处重叠部分不扣除。

解 工程量计算如下:

(1) 外墙基础长度： 外：$(9.00+5.00) \times 2 = 28.00$ (m)

内墙基础长度： 内：$(5.00-0.24) \times 2 = 9.52$ (m)

(2) 基础高度： $1.30+0.30-0.06=1.54$ (m)

大放脚折加高度：等高式,240 厚墙,2 层,双面,0.197(m)

(3) 砖基础体积： $0.24 \times (1.54+0.197) \times (28.0+9.52) = 15.64$ (m^3)

(4) 防潮层面积： $0.24 \times (28.0+9.52) = 9.00$ (m^2)

例 5.4.6 图 5.4.5 是某单位传达室工程图。构造柱 240 mm×240 mm,有马牙搓与墙嵌接,圈梁 240 mm×300 mm,屋面板厚 100 mm,门窗上口无圈梁处设置过梁厚 120 mm,过梁长度为洞口尺寸两边各加 250 mm,窗台板厚 60 mm,长度为窗洞口尺寸两边各加 60 mm,窗两侧有 60 mm 宽砖砌窗套,砌体材料为 KP1 多孔砖,女儿墙为标准砖。试计算墙体工程量。

相关知识

(1) 墙的长度计算:外墙按外墙中心线,内墙按内墙净长线。墙的高度计算:现浇平屋(楼)面板,算至板底;女儿墙自屋面板顶算至压顶底。

(2) 计算工程量时,要扣除嵌入墙身的柱、梁、门窗洞口,突出墙面的窗套不增加。

(3) 扣构造柱要包括与墙嵌接的马牙搓,本图构造柱与墙嵌接面有 20 个。

(4) 因计价表中 KP1 多孔砖内、外墙为同一定额子目,若砌筑砂浆标号一致,可合并计算。

解 工程量计算如下:

(1) 一砖墙

① 墙长度： 外墙长度：$(9.00+5.00) \times 2 = 28.00$ (m)

内墙长度：$(5.00-0.24) \times 2 = 9.52$ (m)

② 墙高度： (扣圈梁、屋面板厚度,加防潮层至室内地坪高度)

$2.80-0.30+0.06=2.56$ (m)

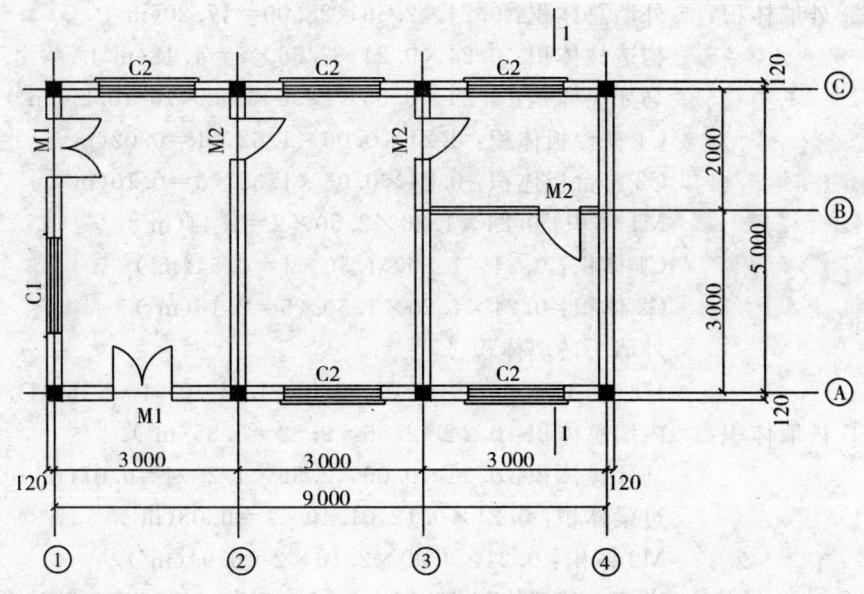

a. 平面图

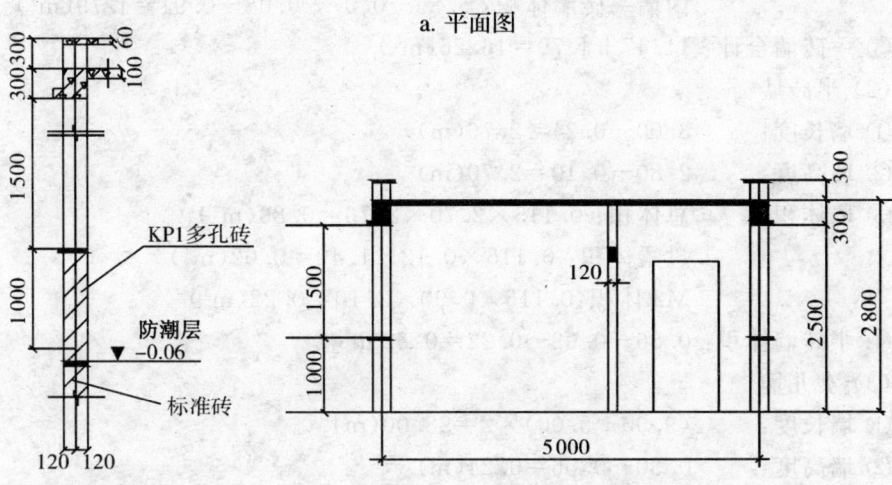

c. 墙身大样图　　　　　　　　　　b. 剖面图

d. 门窗尺寸表

编号	宽	高	樘数
M1	1 200	2 500	2
M2	900	2 100	3
C1	1 500	1 500	1
C2	1 200	1 500	5

图 5.4.5　某传达室工程图

③ 外墙体积： 外墙总体积：$0.24 \times 2.56 \times 28.00 = 17.20 (m^3)$
构造柱体积：$0.24 \times 0.24 \times 2.56 \times 8 = 1.18 (m^3)$
马牙搓体积：$0.24 \times 0.06 \times 2.56 \times 1/2 \times 16 = 0.29 (m^3)$
C1 窗台板体积：$0.24 \times 0.06 \times 1.62 \times 1 = 0.02 (m^3)$
C2 窗台板体积：$0.24 \times 0.06 \times 1.32 \times 5 = 0.10 (m^3)$
M1 体积：$0.24 \times 1.20 \times 2.50 \times 2 = 1.44 (m^3)$
C1 体积：$0.24 \times 1.50 \times 1.50 \times 1 = 0.54 (m^3)$
C2 体积：$0.24 \times 1.20 \times 1.50 \times 5 = 2.16 (m^3)$
外墙一砖墙体积：
$17.20 - 1.18 - 0.29 - 0.02 - 0.10 - 1.44 - 0.54 - 2.16 = 11.47 (m^3)$

④ 内墙体积： 内墙总体积：$0.24 \times 2.56 \times 9.52 = 5.85 (m^3)$
马牙搓体积：$0.24 \times 0.06 \times 2.56 \times 1/2 \times 4 = 0.07 (m^3)$
过梁体积：$0.24 \times 0.12 \times 1.40 \times 2 = 0.08 (m^3)$
M2 体积：$0.24 \times 0.90 \times 2.10 \times 2 = 0.91 (m^3)$
内墙一砖墙体积：$5.85 - 0.07 - 0.08 - 0.91 = 4.79 (m^3)$

⑤ 一砖墙合计：$11.47 + 4.79 = 16.26 (m^3)$

（2）半砖墙

① 墙长度： $3.00 - 0.24 = 2.76 (m)$
② 墙高度： $2.80 - 0.10 = 2.70 (m)$
③ 墙体积： 总体积：$0.115 \times 2.70 \times 2.76 = 0.86 (m^3)$
过梁体积：$0.115 \times 0.12 \times 1.40 = 0.02 (m^3)$
M2 体积：$0.115 \times 0.90 \times 2.10 = 0.22 (m^3)$
④ 半砖墙体积：$0.86 - 0.02 - 0.22 = 0.62 \ m^3$

（3）女儿墙

① 墙长度： $(9.00 + 5.00) \times 2 = 28.00 (m)$
② 墙高度： $0.30 - 0.06 = 0.24 (m)$
③ 体积： $0.24 \times 0.24 \times 28.0 = 1.61 (m^3)$

5.4.4 钢筋工程计量

1）钢筋工程工程量计算规则及应用要点

（1）编制预算时，钢筋工程量可暂按构件体积或水平投影面积或外围面积或延长米乘以钢筋含量计算，结算时根据设计图纸按实调整。

（2）钢筋工程应区别现浇构件、预制构件、加工厂预制构件、预应力构件、点焊网片等以及不同规格分别按设计展开长度（展开长度、保护层、搭接长度应符合规范规定）乘以理论重量，以吨计算。

(3) 计算钢筋工程量时,搭接长度按规范规定计算。当梁、板(包括整板基础) φ8 以上的通筋未设计搭接位置时,预算书暂按 8 m 一个双面电焊接头考虑,结算时应按钢筋实际定尺长度调整搭接个数。搭接方式按已审定的施工组织设计确定。

(4) 电渣压力焊、锥螺纹、套管挤压等接头以"个"计算。柱按自然层每根钢筋 1 个接头计算。

(5) 桩顶部破碎混凝土后主筋与底板钢筋焊接分别分为灌注桩、方桩(离心管桩按方桩),以桩的根数计算,每根桩端焊接钢筋根数不调整。

(6) 在加工厂制作的铁件(包括半成品)、已弯曲成型钢筋的场外运输按吨计算。

(7) 各种砌体内的钢筋加固分绑扎、不绑扎按吨计算。

(8) 混凝土柱中埋设的钢柱,其制作、安装应按相应的钢结构制作、安装定额执行。

(9) 先张法预应力构件中的预应力和非预应力钢筋工程量应合并按设计长度计算,按预应力钢筋定额(梁、大型屋面板、F 板执行 φ5 外的定额,其余均执行 φ5 内定额)执行。

(10) 后张法预应力钢筋与非预应力钢筋分别计算,预应力钢筋长度按设计图规定的预应力钢筋预留孔道长度。区别不同锚具类型分别按下列规定计算:

① 低合金钢筋两端采用螺杆锚具时,预应力钢筋长度按预留孔道长度减 350 mm,螺杆另行计算。

② 低合金钢筋一端采用镦头插片,另一端采用螺杆锚具时,预应力钢筋长度按预留孔道长度计算。

③ 低合金钢筋一端采用镦头插片,另一端采用帮条锚具时,预应力钢筋长度增加 150 mm;两端均采用帮条锚具时,预应力钢筋长度共增加 300 mm 计算。

④ 低合金钢筋采用后张混凝土自锚时,预应力钢筋长度增加 350 mm 计算。

(11) 后张法预应力钢丝束、钢绞线束按设计图纸预应力筋的结构长度(即孔道长度)加操作长度之和乘以钢材理论重量计算(无黏结钢绞线封油包塑的重量不计算),其操作长度按下列规定计算:

① 钢丝束采用镦头锚具时,不论一端张拉或两端张拉均不增加操作长度(即:结构长度等于计算长度)。

② 钢丝束采用锥形锚具时,一端张拉为 1.0 m,两端张拉为 1.6 m。

(12) 基础中钢支架、预埋铁件按下列规定计算:

① 基础中,多层钢筋的型钢支架、垫铁、撑筋、马凳等按已审定的施工组织设计,合并用量计算;执行金属结构的钢托架制,按定额执行(并扣除定额中的油漆材料费)。现浇楼板中设置的撑筋按已审定的施工组织设计用量与现浇构件钢筋用

量合并计算。

② 预埋铁件、螺栓按设计图纸以吨计算,执行铁件制安定额。

③ 预制柱上钢牛腿按铁件以吨计算。

2) 钢筋工程量计算实例

例 5.4.7 有一根梁,其配筋如图 5.4.6 所示,其中：① 号筋弯起角度为 45°,请计算该梁钢筋重量。

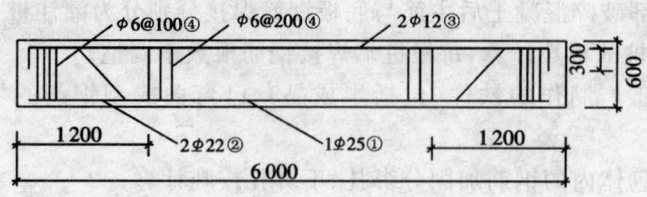

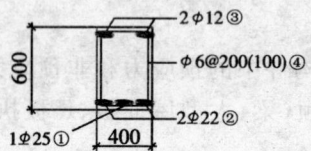

图 5.4.6 某工程梁配筋图

解 （1）长度及数量计算

① 号筋（$\phi 25$,1 根）：

$L_1 = 6 - 0.025 \times 2 + 0.414 \times 0.55 \times 2 + 0.3 \times 2 = 7.01$（m）

② 号筋（$\phi 22$,2 根）：

$L_2 = 6 - 0.025 \times 2 = 5.95$（m）

③ 号筋（$\phi 12$,2 根）：

$L_3 = 6 - 0.025 \times 2 + 12.5 \times 0.012 = 6.1$（m）

④ 号筋 $\phi 6$：

$L_4 = (0.4 - 0.025 \times 2 - 0.006 \times 2) \times 2 + (0.6 - 0.025 \times 2 - 0.006 \times 2) \times 2 + 14 \times 0.006 = 1.93$(m)

根数为 $[(6 - 0.025 \times 2)/0.2] + 1 = 30.75$（根）,取 31 根。

（2）重量计算

$\phi 25$：$7.01 \times 3.850 = 26.99$（kg）

$\phi 22$：$5.95 \times 2.984 \times 2 = 35.50$（kg）

$\phi 12$：$6.10 \times 0.888 \times 2 = 10.84$（kg）

$\phi 6$：$1.93 \times 31 \times 0.222 = 13.28$（kg）

重量合计：86.61 kg

例 5.4.8 框架梁 KL1,如图 5.4.7 所示,混凝土强度等级为 C20,二级抗震设计,钢筋定尺为 9 m,当梁通筋 $d>22$ 时,选择焊接接头,柱的断面均为 600 mm×600 mm,计算该梁的钢筋重量。

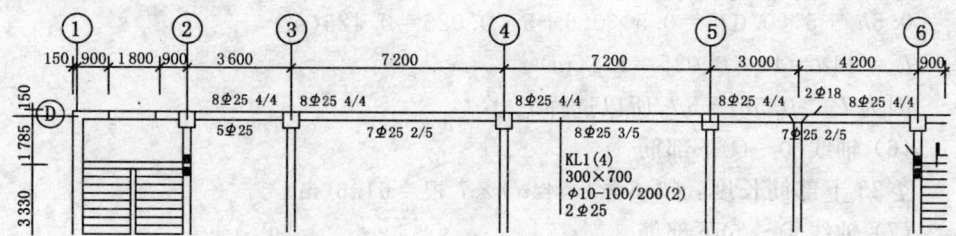

图 5.4.7 框架梁 KL1 配筋图

解 根据 03G101—1 标准图集,查第 34 页 $l_{ae}=44d$。

(1) 上部钢筋计算

上部通长筋见图 5.4.7

Φ25 通长筋长度:$(3.6+7.2\times3-0.6+2\times10\times0.025+0.4\times44\times0.025\times2+15\times0.025\times2)\times2=53.46$(m)

(2) 轴线②~③第 1 排

Φ25 通长筋长度:$\left(3.6-0.6+0.4\times44\times0.025+15\times0.025+0.6+\dfrac{6.6}{3}\right)\times2=13.23$(m)

第 2 排

Φ25 通长筋长度:$\left(3.6-0.6+0.4\times44\times0.025+15\times0.025+0.6+\dfrac{6.6}{4}\right)\times4=24.26$(m)

(3) 轴线④、⑤轴支座附加筋

第 1 排

Φ25 附加筋长度:$\left(\dfrac{6.6}{3}\times2+0.6\right)\times2\times2=20$(m)

第 2 排

Φ25 附加筋长度:$\left(\dfrac{6.6}{4}\times2+0.6\right)\times4\times2=31.2$(m)

(4) 轴线⑥端头附加筋

第 1 排

Φ25 附加筋长度:$\left(\dfrac{6.6}{3}+0.4\times44d+15d\right)\times2=6.03$(m)

第 2 排

Φ25 附加筋长度:$\left(\dfrac{6.6}{4}+0.40\times44d+15d\right)\times4=9.86$(m)

(5) 轴线②~③下部筋

$\Phi25$ 下部筋长度：$(3+0.4\times44d+15d+44d)\times5=24.58(m)$

注：根据 03G101-1 第 54 页，

$0.5h_c+5\times0.025=0.5\times0.6+5\times0.025=0.425(m)$

$l_{ae}=44d=44\times0.025=1.1(m)$

因为 $l_{ae}>0.5h_c+5d$，所以选择 l_{ae}。

(6) 轴线③~④下部筋

$\Phi25$ 下部筋长度：$(6.6+2\times44d)\times7$ 根 $=61.6(m)$

(7) 轴线④~⑤下部筋

$\Phi25$ 下部筋长度：$(6.6+2\times44d)\times8$ 根 $=70.4(m)$

(8) 轴线⑤~⑥下部筋

$\Phi25$ 下部筋长度：$(6.6+0.4\times44d+15d+44d)\times7$ 根 $=59.61(m)$

(9) 吊筋

$2\Phi18$ 吊筋长度：$[0.35+20d\times2+(0.7-0.025\times2)\times1.414\times2]\times2$ 根 $=5.82(m)$

(10) 箍筋

$\phi10$ 箍筋长度：$(0.3-0.025\times2+0.01\times2)\times2+(0.7-0.025\times2+0.01\times2)\times2+24d=2.12(m)$

加密区长度选择：根据 03G101-1 第 63 页，$1.5h_b=1.5\times0.7=1.05>0.5$。取 1.05 m。加密区箍筋数量：$[(1.05-0.05)/0.1+1]\times2\times4=88(只)$；非加密区箍筋数量：$(3+6.6\times3-1.05\times8)/0.2-4=68(只)$。

箍筋总长度：$(88+68)\times2.12=330.72(m)$

(11) KL1 配筋统计

$\Phi25$ 配筋长度：$53.46+13.23+24.26+20.00+31.20+6.03+9.86+24.58+61.60+70.40+59.61=374.23(m)$

$\Phi18$ 配筋长度：$5.82(m)$

$\phi10$ 配筋长度：$330.72(m)$

(12) KL1 配筋重量

$\Phi25$ 配筋重量：$374.23\times3.850=1\,440.79(kg)$

$\Phi18$ 配筋重量：$5.82\times1.998=11.63(kg)$

$\phi10$ 配筋重量：$330.72\times0.617=204.05(kg)$

重量合计：1 656.47 kg

例 5.4.9 某工程中楼梯梯段 TB1 共 4 个，TB1 宽 1.18 m，配筋及大样如图 5.4.8 所示，求 TB1 的钢筋重量。（列表计算）

型号	标高 $c\sim d$ /m	n /级	b /mm	h /mm	a /mm	L /mm	H /mm	① ② ③	备注
TB1	±0.00～7.20	11	270	164	100	2 700	1 800	ϕ12@120	

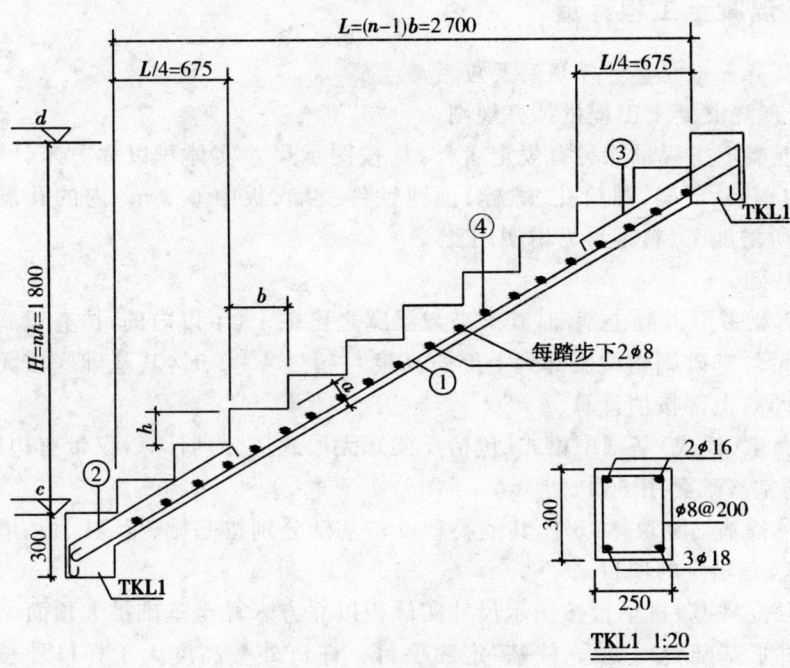

图 5.4.8 某工程楼梯配筋图

解 某工程楼梯配筋计算表

序号	直径 /mm	长度 /m	根数 /根	构件数量 /件	总长度 /m	计 算 公 式
①	12	4.06	11	4	178.64	$L=\sqrt{3.3^2+1.8^2}+0.15+6.25d\times 2$ $g=(1.18/0.12)+1$
②	12	1.33	11	4	58.52	$L=\sqrt{(0.68+0.25)^2+(0.164\times 2+0.15)^2}+0.15+6.25d+3.5d$ $g=(1.18/0.12)+1$
③	12	1.42	11	4	62.48	$L=\sqrt{(0.68+0.25)^2+(0.164\times 2+0.15)^2}+0.25+6.25d+3.5d$ $g=(1.18/0.12)+1$
④	8	1.28	20	4	102.40	$L=1.18+6.25d\times 2$ $g=2\times 10$

ϕ12 重量：$(178.64+58.52+62.48) \times 0.888 = 266.08$(kg)

ϕ8 重量：$102.40 \times 0.395 = 40.45$(kg)

合计重量：306.53(kg)

5.4.5 混凝土工程计量

1) 混凝土工程量计算规则及应用要点

(1) 现浇混凝土工程量计算规则

① 混凝土工程量除另有规定者外，均按图示尺寸实体积以立方米计算，不扣除构件内钢筋、支架、螺栓孔、螺栓、预埋铁件及墙、板中 $0.3 m^2$ 内的孔洞所占体积，留洞所增加工、料不再另增费用。

② 基础

a. 有梁带形混凝土基础，其梁高与梁宽之比在 4∶1 以内的，按有梁式带形基础计算（带形基础则指梁底部到上部的高度）；超过 4∶1 时，其基础底按无梁式带形基础计算，上部按墙计算。

b. 满堂（板式）基础中梁式（包括反梁）、无梁式应分别计算，仅带有边肋者，按无梁式满堂基础套用子目。

c. 设备基础除块体以外，其他类型设备基础分别按基础、梁、柱、板、墙等有关规定计算，套相应的项目。

d. 独立柱基、桩承台按图示尺寸实体积以立方米算至基础扩大顶面。

e. 杯形基础套用"独立柱基"定额项目。杯口外壁高度大于杯口外长边的杯形基础，套"高颈杯形基础"定额项目。

③ 柱

混凝土柱按图示断面尺寸乘柱高以立方米计算。柱高按下列规定确定：

a. 有梁板的柱高自柱基上表面（或楼板上表面）算至上一层楼板下表面处（如柱的部分断面与板相交，柱高应算至板顶面，但与板重叠部分应扣除）。

b. 无梁板的柱高，自柱基上表面（或楼板上表面）至柱帽下表面的高度计算。

c. 有预制板的框架柱柱高自柱基上表面至柱顶高度计算。

d. 构造柱按全高计算，应扣除与现浇板、梁相交部分的体积，与砖墙嵌接部分的混凝土体积并入柱身体积内计算。

e. 依附柱上的牛腿并入相应柱身体积内计算。

④ 梁

混凝土梁按图示断面尺寸乘以梁长，以立方米计算。梁长按下列规定确定。

a. 梁与柱连接时，梁长算至柱侧面。

b. 主梁与次梁连接时，次梁长算至主梁侧面。伸入砖墙内的梁头、梁垫体积并入梁体积内计算。

c. 圈梁、过梁应分别计算,过梁长度按图示尺寸,图纸无明确表示时,按门窗洞口外围宽另加 500 mm 计算。平板与砖墙上混凝土圈梁相交时,圈梁高应算至板底面。

d. 依附于梁(包括阳台梁、圈过梁)上的混凝土线条(包括弧形线条)按延长米另行计算(梁宽算至线条内侧)。

e. 现浇挑梁按挑梁计算,其压入墙身部分按圈梁计算。挑梁与单、框架梁连接时,其挑梁应并入相应梁内计算。

f. 花篮梁二次浇捣部分执行圈梁子目。

⑤ 板

混凝土板按图示面积乘以板厚,以立方米计算(梁板交接处不得重复计算)。其中:

a. 有梁板按梁(包括主、次梁)、板体积之和计算。有后浇板带时,后浇板带(包括主、次梁)应扣除。

b. 无梁板按板和柱帽体积之和计算。

c. 平板按实体积计算。

d. 现浇挑檐、天沟与板(包括屋面板、楼板)连接时,以外墙面为分界线;与圈梁(包括其他梁)连接时,以梁外边线为分界线。外墙边线以外或梁外边线以外为挑檐、天沟。

e. 各类板伸入墙内的板头并入板体积内计算。

f. 预制板板缝宽度在 100 mm 以上的现浇板缝按平板计算。

g. 后浇墙、板带(包括主、次梁)按设计图纸以立方米计算。

⑥ 墙

外墙按图示中心线长度(内墙按净长)乘以墙高、墙厚,以立方米计算,应扣除门、窗洞口及 0.3 m² 以上的孔洞体积。单面墙垛其突出部分并入墙体体积内计算,双面墙垛(包括墙)按柱计算。弧形墙按弧线长度乘以墙高、墙厚计算。地下室墙有后浇墙带时,后浇墙带应扣除。梯形断面墙按上口与下口的平均宽度计算。墙高的确定如下:

a. 墙与梁平行重叠,墙高算至梁底面;当设计梁宽超过墙宽时,梁、墙分别按相应项目计算。

b. 墙与板相交,墙高算至板底面。

⑦ 整体楼梯包括休息平台、平台梁、斜梁及楼梯梁,按水平投影面积计算,不扣除宽度小于 200 mm 的楼梯井,伸入墙内部分不另增加,楼梯与楼板连接时,楼梯算至楼梯梁外侧面。圆弧形楼梯包括圆弧形梯段、圆弧形边梁及与楼板连接的平台,按楼梯的水平投影面积计算。

⑧ 阳台、雨篷,按伸出墙外的板底水平投影面积计算,伸出墙外的牛腿不另计算。水平、竖向悬挑板按立方米计算。

⑨ 阳台、沿廊栏杆的轴线柱、下嵌、扶手以扶手的长度按延长米计算。混凝土栏板、竖向挑板以立方米计算。栏板的斜长如果图纸无规定,则按水平长度乘以系数 1.18 计算。

(2) 现场、加工厂预制混凝土工程量,按以下规定计算:

① 混凝土工程量均按图示尺寸实体积以立方米计算,扣除圆孔板内圆孔体积,不扣除构件内钢筋、铁件、后张法预应力钢筋灌浆孔及板内小于 $0.3 m^2$ 孔洞所占的体积。

② 预制桩按桩全长(包括桩尖)乘以设计桩断面面积(不扣除桩尖虚体积),以立方米计算。

③ 混凝土与钢杆件组合的构件中,混凝土按构件实体积以立方米计算,钢杆件按《计价表》第 6 章中相应子目执行。

④ 镂空混凝土花格窗、花格芯按外形面积以平方米计算。

⑤ 天窗架、端壁、桁条、支撑、楼梯、板类及厚度在 50 mm 以内的薄型构件按设计图纸加定额规定的场外运输、安装损耗以立方米计算。

2) 混凝土工程量计算实例

例 5.4.10 某工厂方柱的断面尺寸为 400 mm×600 mm,杯形基础尺寸如图 5.4.9 所示。试求杯形基础的混凝土工程量。

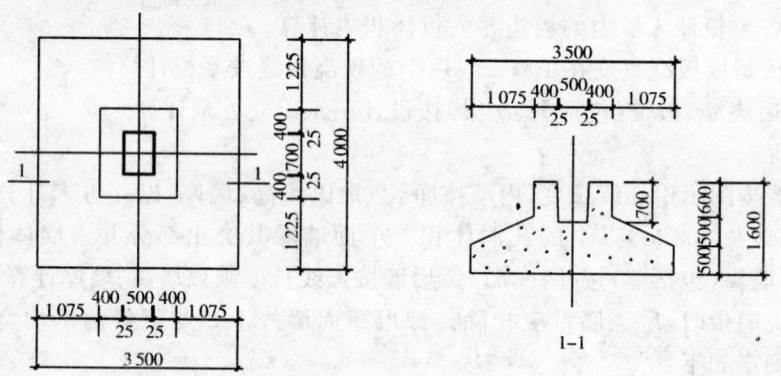

图 5.4.9 某杯形基础图

解 (1) 下部长方体体积 V_1
$$V_1 = 3.5 \times 4 \times 0.5 = 7.0 (m^3)$$
(2) 中部棱台体积 V_2

根据图示,已知下底宽 $a_1 = 3.5$ m,下底长 $b_1 = 4$ m,高 $h = 0.5$ m,则

上底宽 $a_2 = 3.5 - 1.075 \times 2 = 1.35 (m)$

上底长 $b_2 = 4.0 - 1.225 \times 2 = 1.55 (m)$

$$V_2 = \frac{1}{3} \times 0.5 \times (3.5 \times 4 + 1.35 \times 1.55 + \sqrt{3.5 \times 4 \times 1.35 \times 1.55}) = 3.58 (m^3)$$

(3) 上部长方体体积 V_3

$V_3 = a_2 \times b_2 \times h_2 = 1.35 \times 1.55 \times 0.6 = 1.26 (m^3)$（式中 h_2 为长方体的高）

(4) 杯口净空体积 V_4

$V_4 = \frac{1}{3} \times 0.7 \times (0.55 \times 0.75 + 0.5 \times 0.7 + \sqrt{0.55 \times 0.75 \times 0.50 \times 0.70})$
$= 0.27 (m^3)$

(5) 杯形基础体积

$V = V_1 + V_2 + V_3 - V_4 = 7.00 + 3.58 + 1.26 - 0.27 = 11.57 (m^3)$

例 5.4.11 某建筑物基础采用 C20 钢筋混凝土，平面图形和结构构造如图 5.4.10 所示，图中基础的轴心线与中心线重合，括号内为内墙尺寸。试计算钢筋混凝土的工程量。

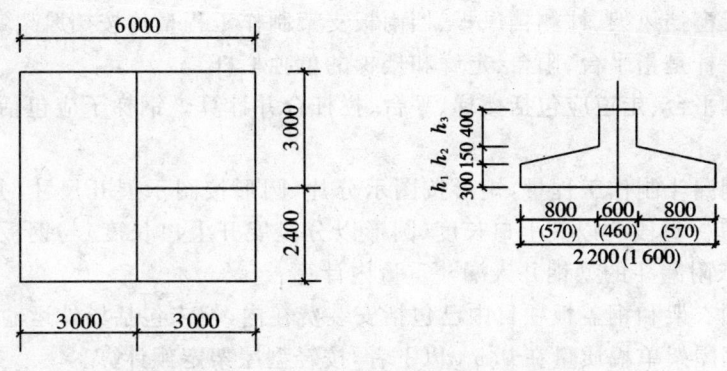

图 5.4.10 某建筑物钢筋混凝土基础图

解 (1) 计算长度

外墙长度 $L_外 = (6.0 + 3.0 + 2.4) \times 2 = 22.8 (m)$

内墙长度 $L_内 = (3.0 + 2.4 + 3.0) = 8.4 (m)$

(2) 外墙基础体积 V_1

$V_1 = [0.4 \times 0.6 + (0.6 + 2.2) \times 0.15/2 + 0.3 \times 2.2] \times 22.8 = 25.31 (m^3)$

(3) 内墙基础

下部体积 $V_{2-1} = 0.3 \times 1.6 \times (8.4 - 2.2 - 1.1 - 0.8) = 2.06 (m^3)$

上部体积 $V_{2-2} = 0.4 \times 0.46 \times (8.4 - 0.6 - 0.3 - 0.23) = 1.34 (m^3)$

中部体积 $V_{2-3} = [(0.46 + 1.6) \times 0.15/2] \times (8.4 - 1.4 - 0.7 - 0.515)$
$= 0.89 (m^3)$

内墙基础体积小计：$4.29\ m^3$。

(4) 钢筋混凝土带形基础

体积合计：$29.60\ m^3$。

5.4.6 金属结构工程计量

1) 金属结构工程工程量计算规则及应用要点

（1）金属结构制作按图示钢材尺寸以吨计算，不扣除孔眼、切肢、切角、切边的重量，电焊条质量已包括在定额内，不另计算。在计算不规则或多边形钢板质量时均以矩形面积计算。

（2）实腹柱、钢梁、吊车梁、H 型钢、T 型钢构件按图示尺寸计算，其中钢梁、吊车梁腹板及翼板宽度按图示尺寸每边增加 8 mm 计算。

（3）钢柱制作工程量包括依附于柱上的牛腿及悬臂梁质量；制动梁的制作工程量包括制动梁、制动桁架、制动板质量；墙架的制作工程量包括墙架柱、墙架梁及连接柱杆质量。

（4）天窗挡风架、柱侧挡风板、挡雨板支架制作工程量均按挡风架定额执行。

（5）栏杆是指平台、阳台、走廊和楼梯的单独栏杆。

（6）钢平台、走道应包括楼梯、平台、栏杆合并计算。钢梯子应包括踏步、栏杆合并计算。

（7）钢漏斗制作工程量，矩形按图示分片，圆形按图示展开尺寸，并依钢板宽度分段计算。每段均以其上口长度（圆形以分段展开上口长度）与钢板宽度，按矩形计算。依附漏斗的型钢并入漏斗重量内计算。

（8）晒衣架和钢盖板项目中已包括安装费在内，但未包括场外运输费。

（9）钢屋架单榀质量在 0.5 t 以下者，按轻型屋架定额计算。

（10）轻钢檩条、拉杆以设计型号、规格按吨计算（重量为设计长度乘以理论重量）。

（11）预埋铁件按设计的形体面积、长度乘以理论重量计算。

2) 金属结构工程量计算实例

例 5.4.12 求 10 块多边形连接钢板（见图 5.4.11）的重量，最大的对角线长 640 mm，最大的宽度 420 mm，板厚 4 mm。

图 5.4.11 多边形连接钢板平面图

相关知识

在计算不规则或多边形钢板重量时均以矩形面积计算。

解 （1）钢板面积：$0.64 \times 0.42 = 0.268\,8\,(m^2)$。

(2) 查预算手册钢板每平方理论重量为 31.4 kg/m²。
(3) 图示重量为 0.268 8×31.4=8.44(kg)。
(4) 工程量为 8.44×10=84.4(kg)。

例 5.4.13 求如图 5.4.12 所示柱间支撑的制作工程量。

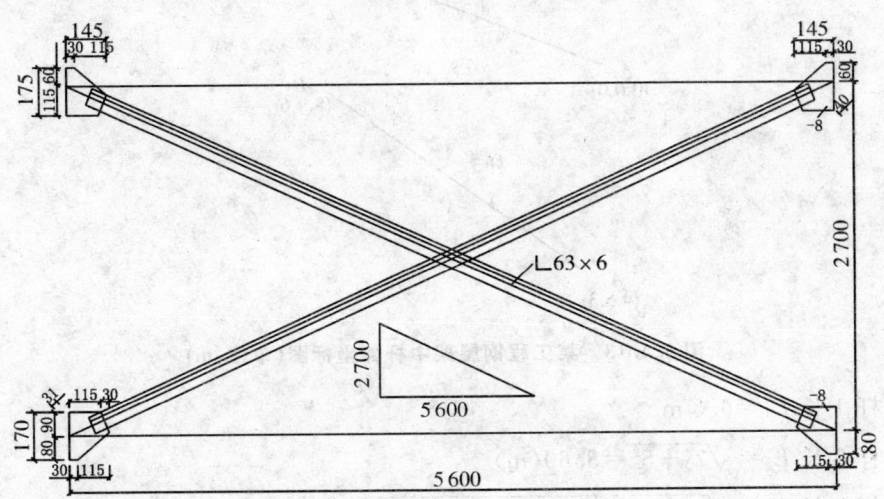

图 5.4.12 某柱间支撑工程立面图

解 (1) 求角钢重量
① 角钢长度可以按照图示尺寸用几何知识求出，
$$L=\sqrt{2.7^2+5.6^2}=6.22(\text{m})$$
$$L_{净长}=6.22-0.031-0.04=6.15(\text{m})$$
② 查角钢 L63×6 理论重量为 5.72 kg/m。
③ 角钢重量：6.15×5.72×2=70.36(kg)
(2) 求节点重量
① 上节点板面积：0.175×0.145×2=0.051(m²)
  下节点板面积：0.170×0.145×2=0.049(m²)
② 查 8 mm 扁铁理论重量为 62.8 kg/m²。
③ 钢板重量：(0.051+0.049)×62.8=6.28(kg)。
(3) 求柱间支撑工程量
70.36+6.28=76.64(kg)=0.077(t)。

例 5.4.14 某工程钢屋架中的 3 种杆件，空间坐标 (x,y,z) 的坐标值分别标在图 5.4.13 中。这 3 种杆件都为 L50×4，杆 1 为 20 根，杆 2 为 16 根，杆 3 为 28 根。试求钢屋架中这 3 种杆件的工程量。

解 (1) 求 3 种杆件的长度：

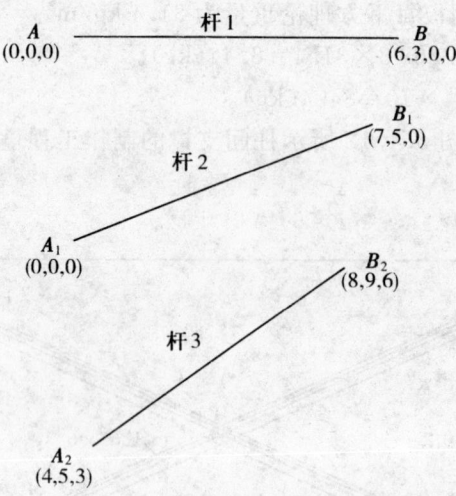

图 5.4.13 某工程钢屋架中杆件坐标图(单位:m)

杆 1 长 $L_1=6.3$ m

杆 2 长 $L_2=\sqrt{7^2+5^2}=8.60$ (m)

杆 3 长 $L_3=\sqrt{(8-4)^2+(9-5)^2+(6-3)^2}=6.40$ (m)

(2) 查角钢∟50×4 理论重量为 3.059 kg/m。

(3) 3 种杆件图示重量:

　　$(6.3×20+8.60×16+6.40×28)×3.059=1\ 354.53$ (kg)

(4) 钢屋架中这 3 种杆件的工程量为 1.355 t。

5.4.7 构件运输及安装工程工程计量

1) 构件运输及安装工程工程量计算规则及应用要点

(1) 构件运输、安装工程量计算方法与构件制作工程量计算方法相同(即:运输、安装工程量等于制作工程量)。但天窗架、端壁、桁条、支撑、踏步板、板类及厚度在 50 mm 内薄型构件由于在运输、安装过程中易发生损耗,其损耗率见表 5.4.5;工程量按下列规定计算:

　　　　制作、场外运输工程量=设计工程量×1.018

　　　　安装工程量=设计工程量×1.01

表 5.4.5　预制钢筋混凝土构件场内、外运输及安装损耗率表　　　　单位:%

名　　称	场外运输	场内运输	安装
天窗架、端壁、桁条、支撑、踏步板、板类及厚度在 50 mm 内薄型构件	0.8	0.5	0.5

(2)加气混凝土板(块),硅酸盐块运输每立方米折合钢筋混凝土构件体积 0.4 m³,按Ⅱ类构件运输计算。

(3)木门窗运输按门窗洞口的面积(包括框、扇在内)以 100 m² 计算,带纱扇另增洞口面积的 40% 计算。

(4)预制构件安装后接头灌缝工程量均按预制钢筋混凝土构件实际体积计算,柱与柱基的接头灌缝按单根柱的体积计算。

(5)组合屋架安装,以混凝土实际体积计算,钢拉杆部分不另计算。

2)构件运输及安装工程工程量计算实例

例 5.4.15 某工程有 8 个预制混凝土镂花窗外形尺寸为 1 200 mm × 800 mm,厚 100 mm,计算运输及安装工程量。

相关知识

天窗架、端壁、木桁条、支撑、踏步板、板类及厚度在 50 mm 内薄型构件运输及安装工程量要乘以损耗率。

解 (1)图示工程量为 $1.2 \times 0.8 \times 0.1 \times 8 = 0.768 (m^3)$。

(2)运输工程量为 $0.768 \times 1.018 = 0.782 (m^3)$。

(3)安装工程量为 $0.768 \times 1.01 = 0.777 (m^3)$。

例 5.4.16 某工程需要安装预制钢筋混凝土槽形板 80 块,如图 5.4.14 所示。预制厂距施工现场 12 km。试计算运输、安装工程量。

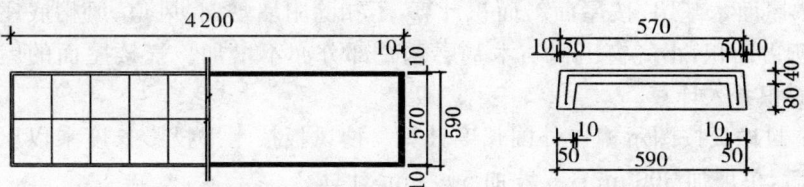

图 5.4.14 某预制钢筋混凝土槽形板图

解 (1)槽形板图示工程量

单板体积等于大棱台体积减小棱台体积:

$0.12/3 \times (0.59 \times 4.2 + 0.57 \times 4.18 + \sqrt{0.59 \times 4.2 \times 0.57 \times 4.18}) -$
$0.08/3 \times (0.49 \times 4.1 + 0.47 \times 4.08 + \sqrt{0.49 \times 4.1 \times 0.47 \times 4.08}) =$
$0.134\ 55 (m^3)$

80 块槽形板体积为 $80 \times 0.134\ 55 = 10.76 (m^3)$。

(2)运输工程量

$10.76 \times 1.018 = 10.95 (m^3)$

(3)安装工程量

$10.76 \times 1.01 = 10.87 (m^3)$

5.4.8 木结构工程计量

1) 木结构工程量计算规则及应用要点

(1) 门制作、安装工程量按门洞口面积计算。无框厂库房大门、特种门按设计门扇外围面积计算。

(2) 木屋架的制作安装工程量,按以下规定计算:

① 木屋架不论圆、方木,其制作安装均按设计断面竣工木料以立方米计算,分别套相应子目,其后备长度及配制损耗已包括在子目内不另外计算(游沿木、风撑、剪刀撑、水平撑、夹板、垫木等木料并入相应屋架体积内)。

② 圆木屋架刨光时,圆木按直径增加 5 mm 计算。附属于屋架的夹板、垫木等已并入相应的屋架制作项目中,不另计算;与屋架连接的挑檐木、支撑等工程量并入屋架体积内计算。

③ 圆木屋架连接的挑檐木、支撑等为方木时,方木部分按矩形檩木计算。

④ 气楼屋架、马尾折角和正交部分的半屋架应并入相连接的正榀屋架体积内计算。

(3) 檩木按立方米计算,简支檩木长度按设计图示中距增加 200 mm 计算。如两端出山,檩条长度算至博风板。连续檩条的长度按设计长度计算,接头长度按全部连续檩木的总体积的 5%计算。檩条托木已包括在子目内,不另计算。

(4) 屋面木基层,按屋面斜面积计算,不扣除附墙烟囱、风道、风帽底座和屋顶小气窗所占面积,小气窗出檐与木基层重叠部分亦不增加。气楼屋面的屋檐突出部分的面积并入计算。

(5) 封檐板按图示檐口外围长度计算。博风板按水平投影长度乘以屋面坡度系数 C 后,单坡加 300 mm,双坡加 500 mm 计算。

(6) 木楼梯(包括休息平台和靠墙踢脚板)按水平投影面积计算,不扣除宽度小于 200 mm 的楼梯井,伸入墙内部分的面积亦不另计算。

(7) 木柱、木梁制作安装均按设计断面竣工木料以立方米计算,其后备长度及配置损耗已包括在子目内。

2) 木结构工程量计算实例

例 5.4.17 某工程企口木板大门共 10 樘(平开),洞口尺寸为 2.4 m×2.6 m;折叠式钢大门 6 樘,洞口尺寸为 3.0 m×2.6 m;冷藏库门(保温层厚 150 mm)洞口尺寸为 3.0 m×2.8 m,1 樘。试计算工程量。

解 企口木板大门制作工程量:$2.4 \times 2.6 \times 10 = 62.4 (m^2)$

企口木板大门安装工程量:$62.4 m^2$

折叠式钢大门制作工程量:$3.0 \times 2.6 \times 6 = 46.8 (m^2)$

折叠式钢大门安装工程量:$46.8 m^2$

冷藏库门制作工程量： $3.0 \times 2.8 \times 1 = 8.4 (m^2)$
冷藏库门安装工程量： $8.4\ m^2$

5.4.9 屋面、防水及保温隔热工程计量

1) 屋面、防水及保温隔热工程量计算规则及运用要点

（1）油毡卷材屋面计价表项目中的卷材附加层应以展开面积单列项目计算。其他卷材屋面已包括附加层在内，不另计算；收头、接缝材料已计入定额。

（2）所有瓦屋面的脊瓦均以 10 延长米为定额单位单列项目计算。

（3）屋面中的防水砂浆、细石混凝土、水泥砂浆凡有分格缝的，计价表中均已包括了分格缝及嵌缝油膏在内。细石混凝土项目中还包括了干铺油毡滑动层在内。

（4）计价表中伸缩缝、止水带的材料品种、规格、断面与设计不同时，应按计价表中的附注说明进行换算。

（5）屋面排水项目中，阳台出水口至落水管中心线斜长按 1 m 计算。设计斜长不同时，调整计价表中 PVC 塑料管的含量。塑料管的规格不同时也应调整。

2) 屋面、防水及保温隔热工程量计算实例

例 5.4.18 某工程的平屋面及檐沟做法见图 5.4.15，计算屋面中找平层、找坡层、隔热层、防水层、排水管等的工程量。

解 （1）计算现浇混凝土板上 20 mm 厚 1∶3 水泥砂浆找平层工程量：因屋面面积较大，需做分格缝。根据计算规则，按水平投影面积乘以坡度系数计算。这里坡度系数很小，可忽略不计。$S = (9.60 + 0.24) \times (5.40 + 0.24) - 0.70 \times 0.70 = 55.01(m^2)$

（2）计算 SBS 卷材防水层工程量：根据计算规则，按水平投影面积乘以坡度系数计算，弯起部分另加，檐沟按展开面积并入屋面工程量中。

屋面面积：$(9.60 + 0.24) \times (5.40 + 0.24) - 0.70 \times 0.70 = 55.01(m^2)$

检修孔弯起面积：$0.70 \times 4 \times 0.20 = 0.56(m^2)$

檐沟展开面积：$(9.84 + 5.64) \times 2 \times 0.1 + [(9.84 + 0.54) + (5.64 + 0.54)] \times 2 \times 0.54 + [(9.84 + 1.08) + (5.64 + 1.08)] \times 2 \times (0.3 + 0.06) = 33.68(m^2)$

屋面部分工程量合计：$55.01 + 0.56 = 55.57(m^2)$

檐沟部分工程量：$33.68(m^2)$

工程量总计：$89.25(m^2)$

（3）计算 30 mm 厚聚苯乙烯泡沫保温板工程量（根据计算规则，按实铺面积乘以净厚度以立方米计算）：

$[(9.60 + 0.24) \times (5.40 + 0.24) - 0.70 \times 0.70] \times 0.03 = 1.650(m^3)$

（4）计算聚苯乙烯塑料保温板上砂浆找平层工程量：

$(9.60 + 0.24) \times (5.40 + 0.24) - 0.70 \times 0.70 = 55.01(m^2)$

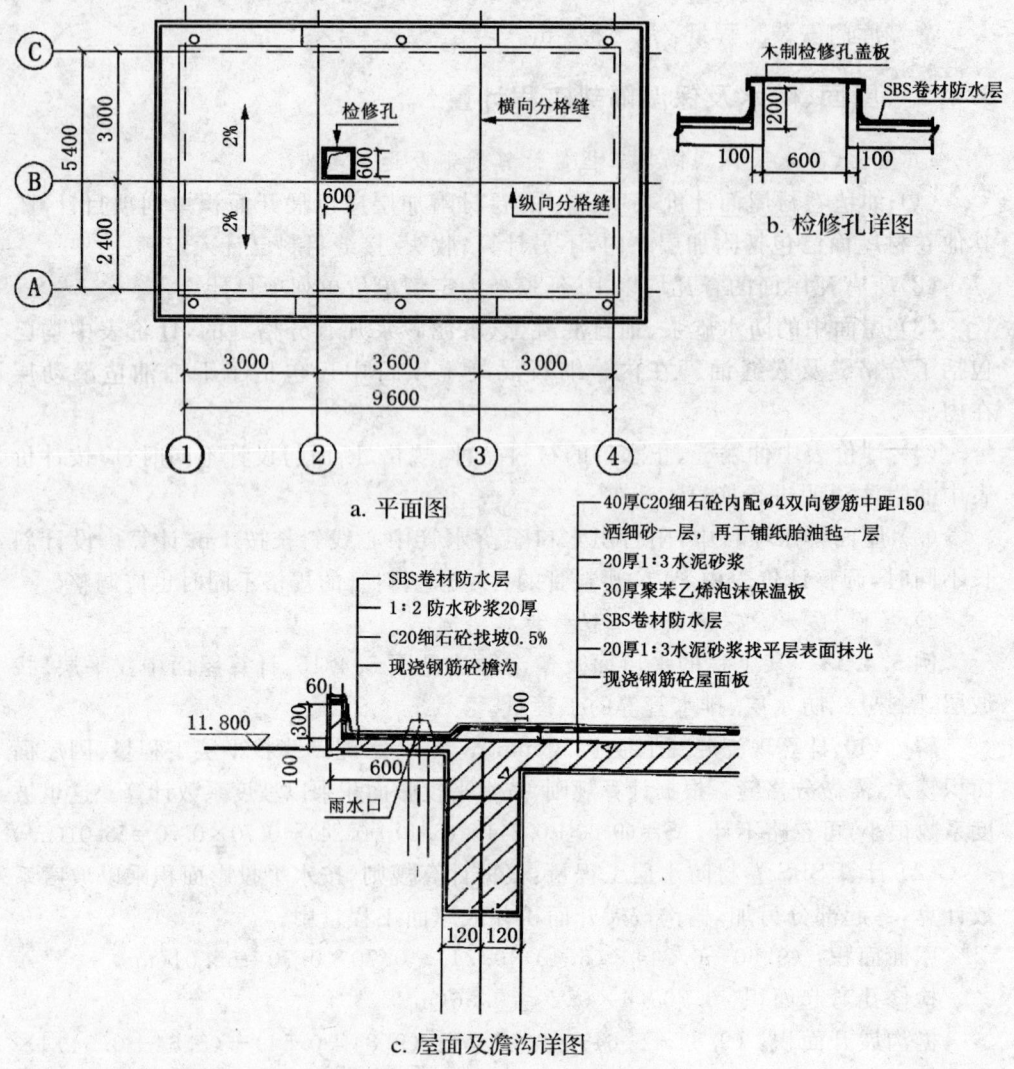

图 5.4.15 某平屋面及檐沟图

(5) 计算细石混凝土屋面工程量：

$(9.60+0.24)\times(5.40+0.24)-0.70\times0.70=55.01(m^2)$

(6) 计算檐沟内侧面及上底面防水砂浆工程量(厚度为20mm，无分格缝，工程量同檐沟卷材)：33.68(m^2)

(7) 计算檐沟细石找坡工程量(平均厚25mm)：

$[(9.84+0.54)+(5.64+0.54)]\times2\times0.54=17.88(m^2)$

(8) 计算屋面排水落水管工程量(根据计算规则，落水管从檐口滴水处算至设

计室外地面高度,按延长米计算,本例中室内外高差按 0.3 m 考虑):

$$(11.80+0.1+0.3)\times 6=73.20(m)$$

例 5.4.19 某工程的坡屋面如图 5.4.16 所示,试计算坡屋面中的相关工程量。

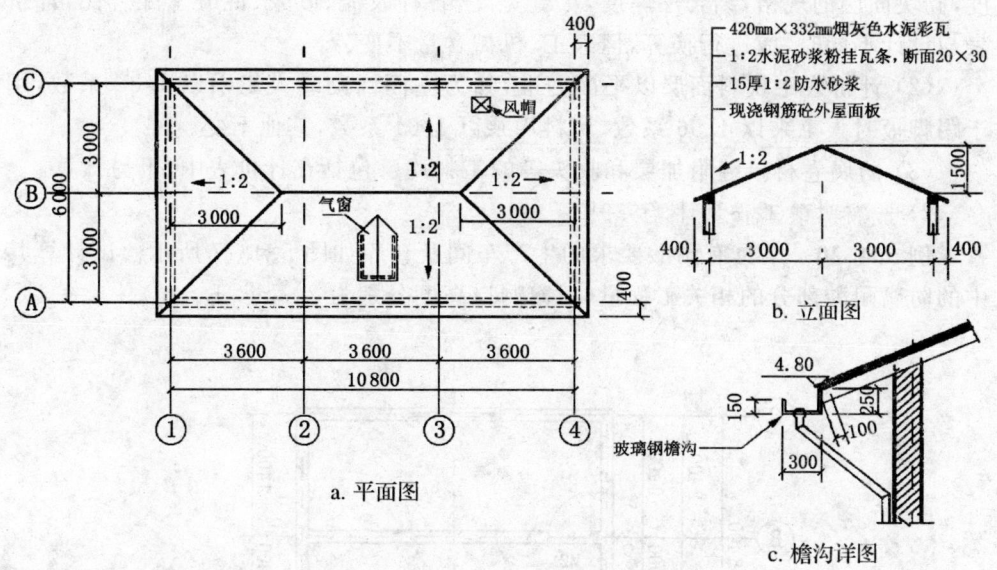

图 5.4.16 某坡屋面图

解 (1) 计算现浇混凝土斜板上 15 厚 1∶2 防水砂浆找平层工程量(根据计算规则,按水平投影面积乘以坡度系数计算,这里坡度系数为 1.118):

$$(10.80+0.40\times 2)\times(6.00+0.40\times 2)\times 1.118=88.19(m^2)$$

(2) 计算水泥砂浆粉挂瓦条工程量(根据计算规则,按斜面积计算):

$$(10.80+0.40\times 2)\times(6.00+0.40\times 2)\times 1.118=88.19(m^2)$$

(3) 计算瓦屋面工程量(根据计算规则,按图示尺寸以水平投影面积乘以坡度系数计算):

$$(10.80+0.40\times 2)\times(6.00+0.40\times 2)\times 1.118=88.19(m^2)$$

(4) 计算脊瓦工程量(根据计算规则,按延长米计算,如为斜脊,则按斜长计算,本例中隅延尺系数为 1.500):

正脊长度:$10.80-3.00\times 2=4.80(m)$

斜脊长度:$(3.00+0.40)\times 1.500\times 4=20.40(m)$

总长度:$4.80+20.40=25.20(m)$

(5) 计算玻璃钢檐沟工程量(按图示尺寸以延长米计算):

$$(10.80+0.40\times 2)\times 2+(6.00+0.40\times 2)\times 2=36.80(m)$$

5.4.10 防腐耐酸工程计量

1) 防腐耐酸工程量计算规则及运用要点

(1) 整体面层和平面块料面层适用于楼地面、平台的防腐面层;整体面层厚度,砌块面层的规格,结合层厚度,灰缝宽度,各种胶泥、砂浆、混凝土配合比,计价表与设计不同时,应进行换算,但人工、机械含量不变。

(2) 计价表中块料面层以平面为准,如为立面铺砌时人工乘以1.38系数,用于踢脚板时人工乘以1.56系数,块料均乘以1.01系数,其他不变。

(3) 防腐卷材接缝附加层和收头等的工料均已包括在计价表中,不另计算。

2) 防腐耐酸工程量计算实例

例 5.4.20 某具有耐酸要求的生产车间及仓库如图 5.4.17 所示。试计算其中的防腐耐酸部分的相关工程量(门窗洞口高度分别为 2.7 m,1.5 m)。

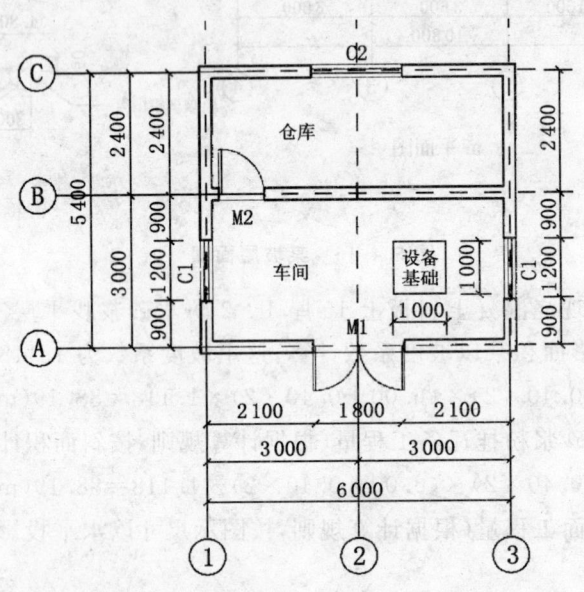

图 5.4.17 某耐酸生产车间及仓库平面图

解 (1) 计算车间部分防腐地面工程量。本例中车间地面为基层上贴 300 mm×200 mm×20 mm 铸石板,结合层为钠水玻璃胶泥。根据计价表中的工程量计算规则,块料地面应按设计实铺面积以平方米计算,应扣除突出地面的构筑物、设备基础等所占的面积。本例中假设先做墙面基层抹灰,基层抹灰厚度为 20 mm(以下同)。

房间面积:$(6.00-0.24-0.02\times 2)\times(3.00-0.24-0.02\times 2)=15.56(m^2)$

设备基础面积：$1.00\times1.00=1.00(m^2)$

M1 开口处面积：$(0.24+0.02\times2)\times(1.80-0.02\times2)=0.49(m^2)$

总面积：$15.56-1.00+0.49=15.05(m^2)$

（2）计算仓库部分防腐地面工程量。仓库地面为基层上贴 230 mm×113 mm× 62 mm 瓷砖，结合层为钠水玻璃胶泥，计算方法同上。

房间面积：$(6.00-0.24-0.02\times2)\times(2.40-0.24-0.02\times2)=12.13(m^2)$

M2 开口处面积：$(0.24+0.02\times2)\times(0.90-0.02\times2)=0.24(m^2)$

总面积：$12.13+0.24=12.37(m^2)$

（3）计算仓库踢脚板的工程量。根据计算规则，踢脚板按实铺长度乘以高度以平方米计算，应扣除门洞所占面积，并相应增加侧壁展开面积。

长度：$(6.00-0.24-0.04)\times2+(2.40-0.24-0.04)\times2-(0.90-0.04)=$
　　　$14.82(m)$

总面积：$14.82\times0.20=2.96(m^2)$

（4）计算车间瓷板面层。根据计算规则，按设计实铺面积以平方米计算。

墙面部分面积：$[(6.00-0.24-0.04)\times2+(3.00-0.24-0.04)\times2]\times2.90$
　　　　　　　$-1.16\times1.46\times2-0.86\times2.68-1.76\times2.68=38.54(m^2)$

C1 侧壁面积：$(1.16+1.46)\times2\times0.10\times2=1.05(m^2)$

M1 侧壁面积：$(1.76+2.68\times2)\times0.20=1.42(m^2)$

M2 侧壁面积：$(0.86+2.68\times2)\times0.20=1.24(m^2)$

总面积：$38.54+1.05+1.42+1.24=42.25(m^2)$

（5）计算仓库 20 mm 厚钠水玻璃砂浆面层工程量。

墙面部分面积：$[(6.00-0.24-0.04)\times2+(2.40-0.24-0.04)\times2]\times$
　　　　　　　$(2.90-0.20)=42.34(m^2)$

C2 面积：$1.76\times1.46=2.57(m^2)$

M2 面积：$0.86\times2.68=2.30(m^2)$

C2 侧壁面积：$(1.76+1.46)\times2\times0.10=0.64(m^2)$

总面积：$42.34-2.57-2.30+0.64=38.11(m^2)$

（6）计算仓库防腐涂料工程量。

同仓库 20 mm 厚钠水玻璃砂浆面层工程量。

5.4.11　厂区道路及排水工程

1）厂区道路及排水工程的计算规则及运用要点

（1）整理路床、路肩和道路垫层、面层按平方米计算，路牙沿以延长米计算。

（2）混凝土井（池）和砖砌井（池）不分厚度均按实际体积计算，井（池）壁与排水管连接处的孔洞，其排水管径在 300 mm 以内所占的壁体积不扣除，排水管径超过 300 mm 时,应扣除该体积。

(3) 井(池)底、壁抹灰合并计算。

(4) 混凝土、PVC 排水管按不同管径分别以延长米计算,长度按两井之间净长度计算。

2) 厂区道路及排水工程工程量计算实例

例 5.4.21 某住宅小区内砖砌排水窨井,计 10 座,如图 5.4.18 所示。深度 1.3 m 的 6 座,1.6 m 的 4 座,窨井底板为 C10 混凝土,井壁为 M10 水泥砂浆砌 240 mm 厚标准砖,底板 C20 细石混凝土找坡,平均厚度 30 mm,壁内侧及底板粉 1∶2 防水砂浆 20 mm,铸铁井盖,排水管直径为 200 mm,土为三类土。试计算相关工程量。

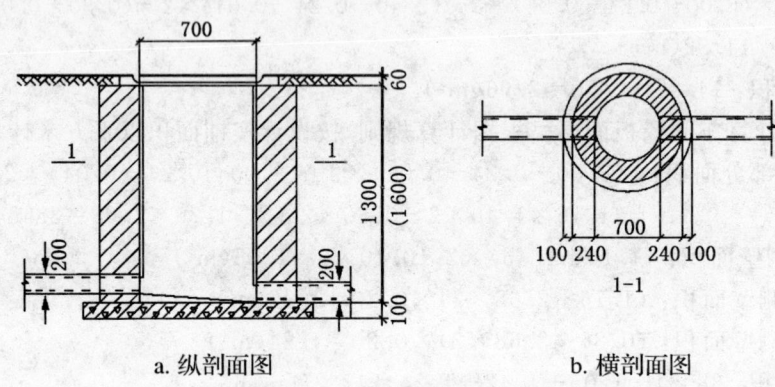

图 5.4.18 某砖砌排水窨井图

相关知识

(1) 排水管径为 200 mm,因此计算井壁工程量时,不扣除井壁与排水管连接处孔洞所占的体积;

(2) 回填土为挖出土体积减垫层、砖砌体体积和井内空体积;

(3) 2 种不同深度的窨井分别计算,每种先计算 1 座。

解 工程量计算如下:

(1) 窨井 1 (深度为 1.3 m)

① 人工挖地坑:(混凝土垫层支模板,垫层边至坑边工作面 300 mm,不放坡)

　　　　　　　挖土深度:$0.10+1.30+0.06=1.46(m)$

　　　　　　　坑底半径:$(0.70/2)+0.24+0.10+0.30=0.99(m)$

　　　　　　　挖土体积:$1.46\times0.99\times0.99\times3.14=4.49(m^3)$

② 基坑打夯:　坑底面积:$0.99\times0.99\times3.14=3.08(m^2)$

③ 混凝土垫层:垫层体积:$0.10\times0.69\times0.69\times3.14=0.15(m^3)$

④ 垫层模板:　模板面积:$0.10\times1.38\times3.14=0.43(m^2)$

⑤ 砖砌体： 砌体体积：$0.24 \times 1.30 \times 2.95 = 0.92 (m^3)$
⑥ 细石混凝土找坡：找坡面积：$0.35 \times 0.35 \times 3.14 = 0.38 (m^2)$
⑦ 井内抹灰： 井底面积：(同找坡面积)$0.38 m^2$
　　　　　　　井内壁面积：$1.27 \times 0.70 \times 3.14 = 2.79 (m^2)$
　　　　　　　井内抹灰面积：$0.38 + 2.79 = 3.17 (m^2)$
⑧ 抹灰脚手架：同井内壁面积，为 $2.79 m^2$
⑨ 井盖： 1 套
⑩ 回填土： 回填土体积：$4.49 - 0.15 - 0.92 - 1.30 \times 0.38 = 2.93 (m^3)$
⑪ 余土外运： 外运土体积：$4.49 - 2.93 = 1.56 (m^3)$

(2) 窨井 2（深度为 1.6 m）
① 人工挖地坑：(工作面同窨井 1，挖土深度超过 1.5 m 按 1:0.33 放坡)
　　　　　　　挖土深度：$0.10 + 1.60 + 0.06 = 1.76 (m)$
　　　　　　　坑底半径：$0.99 m$
　　　　　　　坑顶半径：(加放坡长度 0.58 m) $0.99 + 0.58 = 1.57 (m)$
　　　　　　　挖土体积：(截头直圆锥计算公式见计价表附录)
$$V = \pi h/3(R^2 + r^2 + rR)$$
$$= (3.14 \times 1.76/3) \times (1.57^2 + 0.99^2 + 0.99 \times 1.57)$$
$$= 9.21 (m^3)$$
② 基坑打夯： 坑底面积：$0.99 \times 0.99 \times 3.14 = 3.08 (m^2)$
③ 混凝土垫层：同窨井 1，体积为 $0.15 m^3$
④ 垫层模板： 同窨井 1，面积为 $0.43 m^2$
⑤ 砖砌体： 砌体体积：$0.24 \times 1.60 \times 2.95 = 1.13 (m^3)$
⑥ 细石混凝土找坡：同窨井 1，找坡面积为 $0.38 m^2$
⑦ 井内抹灰： 井底面积：(同找坡面积)$0.38 m^2$
　　　　　　　井内壁面积：$1.57 \times 0.70 \times 3.14 = 3.45 (m^2)$
　　　　　　　井内抹灰面积：$0.38 + 3.45 = 3.83 m^2$
⑧ 抹灰脚手架：同井内壁面积，为 $3.45 m^2$
⑨ 井盖： 1 套
⑩ 回填土： 回填土体积：$9.21 - 0.15 - 1.13 - 1.60 \times 0.38 = 7.32 (m^3)$
⑪ 余土外运： 外运土体积：$9.21 - 7.32 = 1.89 (m^3)$

5.5　工程量清单下的工程计量

《建设工程工程量清单计价规范》是建设部为规范建设工程工程量清单计价行为，统一建设工程工程量清单的编制和计价方法而制定的规范。

《计价规范》适用于建设工程招标投标的工程量清单计价活动。

《计价规范》的工程量计算规则与《计价表》的工程量计算规则有区别,按《计价规范》计算规则计算的工程量清单项目,是工程实体项目。

5.5.1 土石方工程计量

1) 土石方工程工程量计算规则及运用要点

(1) "平整场地"项目适用于建筑场地厚度在±300 mm 以内的挖、填、运、找平等,其工程量按设计图示建筑物首层面积计算,即以建筑物外墙外边线为界。如果有落地阳台,则合并计算;如果是悬挑阳台,则不计算。

场地平整的工程内容有 300 mm 以内的土方挖、填、场地找平、土方运输等。

(2) "挖土方"项目适用于设计室外地坪标高以上的挖土,其工程量按图示尺寸以体积计算。

挖土方的工程内容有排地表水、土方开挖、挡土板支拆、截桩头、基底钎探、土方运输等。

(3) "挖基础土方"项目适用于设计室外地坪标高以下的挖土,包括挖地槽、地坑、土方等,其工程量按设计图示尺寸以基础垫层底面积乘以挖土深度计算。桩间挖土方不扣除桩所占的体积。

挖基础土方的工程内容有排地表水、土方(地沟、地坑)开挖、挡土板支拆、截桩头、基底钎探、土方运输等。

(4) "挖管沟土方"项目适用于埋设管道工程的土方挖、填,其工程量按设计图示以管道中心线长度计算。

挖管沟土方的工程内容有排地表水、土方(沟槽)开挖、挡土板支拆、土方运输、回填等。

(5) "土(石)方回填"项目适用于场地回填,室内回填,基坑回填和回填土的挖运等,其工程量计算分下列几种情况:场地回填,按回填面积乘以平均回填厚度;室内回填,按主墙间净面积乘以回填厚度;基础回填,按挖基础土方体积减设计室外地坪以下埋设的基础体积。

土(石)方回填的工程内容有挖土(石)方、装运土(石)方、回填土(石)方、分层碾压夯实等。

2) 土石方工程工程量计算实例

例 5.5.1 图 5.4.1 是某单位传达室基础平面图及基础详图。土壤为三类土、干土,场内运土 150 m。试计算挖基础土方工程量。

相关知识

(1)《计价规范》中挖基础土方是指建筑物设计室外地坪标高以下的挖地槽、挖地坑、挖土方,统称为挖基础土方。

(2) 不需要分土壤类别、干土、湿土。
(3) 不考虑放工作面、放坡、工程量为垫层面积乘以挖土深度。
(4) 不考虑运土。

解 工程量计算如下：
(1) 挖土深度：$1.90-0.30=1.60(m)$
(2) 垫层宽度：$1.20\ m$
(3) 垫层长度：外：$(9.0+5.0)\times 2=28.0(m)$
　　　　　　　内：$(5.0-1.20)\times 2=7.60(m)$
(4) 挖基础土方体积：$1.60\times 1.20\times(28.0+7.60)=68.35(m^3)$

例 5.5.2 某建筑物为三类工程，地下室如图 5.4.2 所示。地下室墙外壁做涂料防水层，施工组织设计确定用反铲挖掘机挖土，土壤为三类土，机械挖土坑内作业，土方外运 1 km，回填土已堆放在距场地 150 m 处。试计算挖基础土方工程量及回填土工程量。

相关知识
(1) 挖土不需要分人工、机械，不考虑人工修边坡、整平。
(2) 回填土按挖基础土方体积减设计室外地坪以下的垫层，整板基础，地下室墙及地下室净空体积，"基础土方体积"是指按《计价规范》计算规则计算的土方体积。

解 工程量计算如下：
(1) 挖土深度：$3.50-0.45=3.05(m)$
(2) 垫层面积：$31.0\times 21.0=651.0(m^2)$
(3) 挖基础土方体积：$3.05\times 31.0\times 21.0=1\ 985.55(m^3)$
(4) 回填土：
挖土方体积：$1\ 985.55\ m^3$
垫层体积：(见题 5.4.2) $65.10\ m^3$
底板体积：$256.26\ m^3$
地下室墙及地下室净空体积：$1\ 568.48\ m^3$
回填土量：$1\ 985.55-65.10-256.26-1\ 568.48=95.71(m^3)$

5.5.2 地基与桩基础工程计量

1) 地基与桩基础工程量计算规则及运用要点
(1) "预制钢筋混凝土桩"项目适用于预制混凝土方桩、管桩和板桩等。计量单位为米时，工程量按图示桩长(包括桩尖)计算；计量单位为"根"时，工程量以根数计算。

预制钢筋混凝土桩的工程内容有桩制作、运输、打桩(包括试桩、斜桩)、送桩，管桩填充材料,刷防护材料,场地清理,桩运输等。

(2)"接桩"项目适用于预制混凝土方桩、管桩和板桩的接桩。方桩、管桩工程量按接头个数计算;板桩工程量按接头长度以米计算。

(3)"混凝土灌注桩"项目适用于钻孔灌注混凝土桩和用各种方法成孔后,在孔内灌注混凝土的桩。计量单位为米时,工程量按图示桩长(包括桩尖)计算;计量单位为"根"时,工程量以根数计算。

混凝土灌注桩的工作内容有成孔固壁,混凝土制作、运输、灌注、振捣、养护,泥浆池及沟槽砌筑、拆除,泥浆制作、运输等。

(4)"地下连续墙"项目适用于构成建筑物、构筑物地下结构部分的永久性的复合型地下连续墙。若作为深基础支护结构,则应列入清单措施项目内。地下连续墙的工程量按设计图示墙中心线长乘以厚度乘以槽深以体积计算。

地下连续墙的工作内容有挖土成槽、余土运输,导墙制作、安装,锁口管吊拔,浇筑混凝土连续墙,材料运输等。

(5)混凝土灌注桩的钢筋笼,地下连续墙的钢筋网制作,安装,按钢筋工程中相关项目列项计算。

2)地基与桩基础工程量计算实例

例 5.5.3 某工程桩基础为现场预制混凝土方桩,(见图 5.4.3)C30 商品混凝土,室外地坪标高-0.3 m,桩顶标高-1.80 m,桩计 150 根。试计算预制混凝土方桩的工程量。

相关知识

(1)计量单位为"米"时,只要按图示桩长(包括桩尖)计算长度,不需要考虑送桩。桩断面尺寸不同时,按不同断面分别计算。

(2)计量单位为"根"时,不同长度,不同断面的桩要分别计算。

解 工程量计算如下:

(1)计量单位为"米"时

桩长:$(8.0+0.40)\times 150=1\,260.0(m)$

(2)计量单位为"根"时

桩根数:150 根

如果桩的长度、断面尺寸一致,则以根数计算比较简单。

例 5.5.4 某工程桩基础是钻孔灌注混凝土桩,(见图 5.4.4)C25 混凝土现场搅拌,土孔中混凝土充盈系数为 1.25,自然地面标高-0.45 m,桩顶标高-3.0 m,设计桩长 12.30 m,桩进入岩层 1 m,桩直径 600 mm,计 100 根,泥浆外运 5 km。试计算钻孔灌注混凝土桩的工程量。

相关知识

(1)计算桩长时,不需要考虑增加一个桩直径长度。

(2) 不需要计算钻土孔或钻岩石孔的量,但桩在土孔中和岩石孔中的长度要分别计算。

解 工程量计算如下：

钻土孔桩：$(12.30-1.0)\times100=1\,130.0(m)$

钻岩石孔桩：$1.0\times100=100(m)$

5.5.3 砌筑工程计量

1) 砌筑工程量计算规则及运用要点

(1)"砖基础"项目适用于各种类型砖基础:砖柱基础、砖墙基础、砖烟囱基础、砖水塔基础、管道基础等,其工程量按设计图示尺寸以体积计算,具体计算方法与《计价表》中砖基础计算规则一致;基础与墙身的划分原则,与《计价表》一致。

砖基础的工作内容有砂浆制作、运输、铺设垫层、砌砖、铺设防潮层、材料运输等。

(2)"实心砖墙"项目适用于各种类型实心砖墙:外墙、内墙、围墙、直形墙、弧形墙;"空心砖墙、砌块墙"项目适用于各种规格、各种类型的空心砖、砌块墙体。实心砖墙、空心砖墙的工程量按设计图示尺寸以体积计算,其具体计算方法与《计价表》中墙体计算规则基本一致。个别规则与《计价表》不同,如内墙高度算至楼板板顶;(《计价表》是算至楼板板底)不论三皮砖以下或三皮砖以上的腰线、挑檐,突出墙面部分均不计算体积。(《计价表》是三皮砖以上要计算体积)

砖砌墙体的工作内容有砂浆制作、运输、砌砖、勾缝、砌砖压顶、材料运输等。

(3)"砖窨井、检查井"、"砖水池、化粪池"项目适用于各种砖砌井、砖砌池,其工程量按"座"计算。

工作内容为砖砌井、砖砌池中除铁爬梯、构件内钢筋外的所有项目。铁爬梯按 A.6.6 中钢梯项目列项计算;构件内钢筋按 A.4.16 中现浇混凝土钢筋列项计算。

(4) 框架外表面的镶贴砖部分,单独计算按 A.3.2 中零星砌砖项目列项。

(5) 附墙烟囱、通风道、垃圾道,按设计图示尺寸以体积计算,扣除孔洞所占的体积,并入所依附的墙体体积内。

(6) 砖砌台阶挡墙、梯带、池槽、池槽腿、花台、花池、砖砌栏板等按图示尺寸以立方米计算。砖砌台阶按水平投影面积以平方米计算。小便槽、地垄墙以长度计算,按 A.3.2 中零星砌砖项目列项。

2) 砌筑工程量计算实例

例 5.5.5 图 5.4.1 是某单位传达室基础平面图及基础详图。室内地坪±0.00 m,防潮层-0.06 m,防潮层以下用 M10 水泥砂浆砌标准砖基础,防潮层以上为多孔砖墙身。试计算砖基础的工程量。

相关知识

（1）基础与墙身的划分，砖基础计算规则均与《计价表》规定一致。

（2）防潮层不需计算。

解 工程量计算如下：

砖基础体积：$0.24 \times (1.54+0.197) \times [(9.0+5.0) \times 2 + 4.76 \times 2] = 15.64(m^3)$

例 5.5.6 图 5.4.5 是某单位传达室工程图（含平面图、剖面图、墙身大样图）。构造柱 240 mm×240 mm，有马牙槎与墙嵌接，圈梁 240 mm×300 mm，屋面板厚 100 mm。门窗上口无圈梁处设置过梁厚 120 mm，过梁长度为洞口尺寸两边各加 250 mm。窗台板厚 60 mm，长度为窗洞口尺寸两边各加 60 mm，窗两侧有 60 mm 宽砖砌窗套。砌体材料为 KP1 多孔砖，女儿墙为标准砖。试计算墙体工程量。

相关知识

（1）计算规则与《计价表》基本一致，扣除嵌入墙身的柱、梁、门窗洞口，突出墙面的窗套，不增加。

（2）墙的高度计算：平屋（楼）面，外墙算至板底同《计价表》规则，内墙算至板顶（《计价表》算至板底）。

解 工程量计算如下：

（1）一砖墙

① 墙高：$2.80 - 0.30 + 0.06 = 2.56(m)$

② 外墙总体积：$0.24 \times 2.56 \times (9.0+5.0) \times 2 = 17.20(m^3)$

减构造柱、窗台板、门窗洞体积，（见例 5.4.6）得

外墙体积：11.47 m³

③ 内墙总体积：$0.24 \times 2.56 \times 4.76 \times 2 = 5.85(m^3)$

减构造柱、过梁、门洞体积，（见例 5.4.6）得

内墙体积：4.79 m³

④ 一砖墙体积合计：$11.47 + 4.79 = 16.26(m^3)$

（2）半砖墙

① 墙高：$2.80 + 0.10 = 2.90(m)$

② 总体积：$0.115 \times 2.90 \times 2.76 = 0.92(m^3)$

减过梁、门洞 0.24 m³ 体积，（见例 5.4.6）得半砖墙体积。

③ 半砖墙体积：0.68 m³

（3）女儿墙

体积：$0.24 \times 0.24 \times 28.0 = 1.61(m^3)$

例 5.5.7 某住宅小区内砖砌排水窨井，计 10 座（见图 5.4.18）。深度 1.3 m 的 6 座，1.6 m 的 4 座。窨井底板为 C10 混凝土，井壁为 M10 水泥砂浆砌 240 厚

标准砖,底板C20细石混凝土找坡,平均厚度30 mm,壁内侧及底板粉1∶2防水砂浆20 mm,铸铁井盖,排水管直径为200 mm,土为三类土。试计算窨井工程量。

相关知识

窨井以座计算,不同规格的分别列项。

解 工程量计算如下:

(1) 深度1.3 m的窨井6座。

(2) 深度1.6 m的窨井4座。

5.5.4 混凝土及钢筋混凝土工程计量

1) 混凝土及钢筋混凝土工程量计算规则及运用要点

(1) 现浇混凝土基础按设计图示尺寸以体积计算,不扣除构件内钢筋、预埋铁件和伸入承台基础的桩头所占体积。

(2) 现浇混凝土柱按设计图示尺寸以体积计算,不扣除构件内钢筋、预埋铁件所占体积。

柱高计算规则如下:

① 有梁板的柱高,应自柱基上表面(或楼板上表面)至上一层楼板上表面之间的高度计算。

② 无梁板的柱高,应自柱基上表面(或楼板上表面)至柱帽下表面之间的高度计算。

③ 框架柱的柱高,应自柱基上表面至柱顶高度计算。

④ 构造柱按全高计算,嵌接墙体部分并入柱身体积。

⑤ 依附柱上的牛腿和升板的柱帽,并入柱身体积计算。

有相同截面、长度的预制混凝土柱的工程量可按根数计算。

(3) 现浇混凝土梁按设计图示尺寸以体积计算,不扣除构件内钢筋、预埋铁件所占体积,伸入墙内的梁头、梁垫并入梁体积内。

梁长计算规则如下:

① 梁与柱连接时,梁长算至柱侧面。

② 主梁与次梁连接时,次梁长算至主梁侧面。

(4) 现浇混凝土墙按设计图示尺寸以体积计算,不扣除构件内钢筋、预埋铁件所占体积,扣除门窗洞内及单个面积$0.3 m^2$以上的孔洞所占体积,墙垛及突出墙面部分并入墙体体积内计算。

(5) 现浇混凝土板按设计图示尺寸以体积计算,不扣除构件内钢筋、预埋铁件及单个面积$0.3 m^2$以内的孔洞所占体积。有梁板(包括主、次梁与板)按梁、板体积之和计算;无梁板按板和柱帽体积之和计算。各类板伸入墙内的板头并入板积内计算;薄壳板的肋、基梁并入薄壳体积内计算。

(6)天沟、挑檐板按设计图示尺寸以体积计算。雨篷、阳台板按设计图示尺寸以墙外部分体积计算,包括伸出墙外的牛腿和雨篷反挑檐的体积。其他板按设计图示尺寸以体积计算。

(7)现浇混凝土楼梯按设计图示尺寸以水平投影面积计算,不扣除宽度小于500 mm的楼梯井,伸入墙内部分不计算。

(8)其他构件按设计图示尺寸以体积计算,不扣除构件内钢筋、预埋铁件所占体积。散水、坡道按设计图示尺寸以面积计算,不扣除单个 $0.3\ m^2$ 以内的孔洞所占面积。电缆沟、地沟按设计图示以中心线长度计算。

(9)后浇带按设计图示尺寸以体积计算。

(10)预制混凝土柱按设计图示尺寸以体积计算,不扣除构件内钢筋、预埋铁件所占体积,或按设计图示尺寸以"数量"计算。

(11)预制混凝土梁按设计图示尺寸以体积计算,不扣除构件内钢筋、预埋铁件所占体积。

(12)预制混凝土屋架按设计图示尺寸以体积计算,不扣除构件内钢筋、预埋铁件所占体积。

(13)预制混凝土板按设计图示尺寸以体积计算,不扣除构件内钢筋、预埋铁件及单个尺寸 300 mm×300 mm 以内的孔洞所占体积,扣除空心板空洞体积。沟盖板、井盖板、井圈按设计图示尺寸以体积计算,不扣除构件内钢筋、预埋铁件所占体积。

(14)预制混凝土楼梯按设计图示尺寸以体积计算,不扣除构件内钢筋、预埋铁件所占体积,扣除空心踏步板空洞体积。

(15)混凝土构筑物按设计图示尺寸以体积计算,不扣除构件内钢筋、预埋铁件及单个面积 $0.3\ m^2$ 以内的孔洞所占体积。

(16)同类型相同构件尺寸的预制混凝土板工程量可按块数计算。

(17)同类型相同构件尺寸的预制混凝土沟盖板的工程量可按块数计算;预制混凝土井圈、井盖板工程量可按套数计算。

(18)有梁板,现浇有梁板是指现浇密肋板、井字梁板(即由同一平面内相互正交式相交的梁与板所组成的结构构件)。按设计图示尺寸以体积计算。

(19)薄壁柱,也称隐壁柱,即在框剪结构中,隐藏在墙体中的钢筋混凝土柱,抹灰后不再有柱的痕迹。按设计图示尺寸以体积计算。

(20)各种梁项目的工程量主梁与次梁连接时,次梁长算至主梁侧面,简而言之:截面小的梁长度计算至截面大的梁侧面。

(21)有相同截面、长度的预制混凝土梁的工程量可按根数计算。

(22)同类型、相同跨度的预制混凝土屋架的工程量可按榀数计算。

2）混凝土及钢筋混凝土工程量计算实例

例 5.5.8 某宾馆门厅施工，圆形钢筋混凝土柱 6 根，其尺寸为直径 $D=400$ mm，高度 $H=4\,100$ mm，主筋保护层 25 mm，螺旋箍筋 $\phi 10$ 间距 150 mm。试计算该 6 根柱的螺旋箍筋总长度。

相关知识

$$L_{总}=L \cdot N \cdot 6 = \sqrt{[(D-2c+d)\pi]^2+h^2} \cdot N \cdot 6$$

式中，$L_{总}$——6 根柱的螺旋箍筋总长度；

L——箍筋单圈长度；

N——单柱螺旋箍筋圈数[（柱高—保护层厚度×2）÷螺距]；

D——圆柱直径；

d——箍筋直径；

c——主筋保护层厚度；

h——箍筋螺距。

解 将已知数值代入计算式，得

$$L=\sqrt{[(0.4-0.025)\times 2+0.01)\times 3.14]^2+0.15^2}=1.14(\text{m})$$

$$N=(4.1-0.025\times 2)/0.15=27(圈)$$

$$L_{总}=L \cdot N \cdot 6=1.14\times 27\times 6=184.68(\text{m})$$

例 5.5.9 有一筏形基础，如图 5.5.1 所示。底板尺寸 39 m×17 m，板厚 300 mm，凸梁断面 400 mm×400 mm，纵横间距为 2 000 mm，边端各距板边 500 m。试求该基础的混凝土体积。

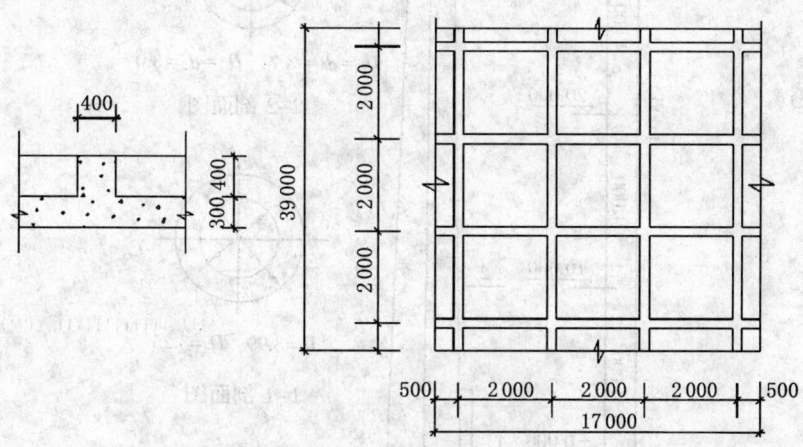

图 5.5.1 某筏形基础图

解 （1）板体积

$$V_b=39\times 17\times 0.3=198.9(\text{m}^3)$$

(2) 凸梁混凝土体积

纵梁根数 $n = \dfrac{17-1}{2} + 1 = 9$（根）

横梁根数 $n = \dfrac{39-1}{2} + 1 = 20$（根）

梁长 $L = 39 \times 9 + 17 \times 20 - 9 \times 20 \times 0.4 = 619 (\mathrm{m})$

凸梁体积 $V = 0.4 \times 0.4 \times 619 = 99.04 (\mathrm{m}^3)$

(3) 筏形基础混凝土体积

$V_{总} = 198.9 + 99.04 = 297.94 (\mathrm{m}^3)$

例 5.5.10 某厂锅炉房混凝土烟囱设计高度 h 为 40 m，如图 5.5.2 所示。第一段（自下向上数）高 10 m，下口外径 D_1 为 3.99 m，下口内径 D_2 为 3.25 m；上口外径 d_1 为 3.74 m，上口内径 d_2 为 3 m。第二段高 10 m，下口外径 D_3 为 3.74 m，下口内径 D_4 为 3 m；上口外径 d_3 为 2.77 m，上口内径 d_4 为 2.03 m。求这两段烟囱工程量。

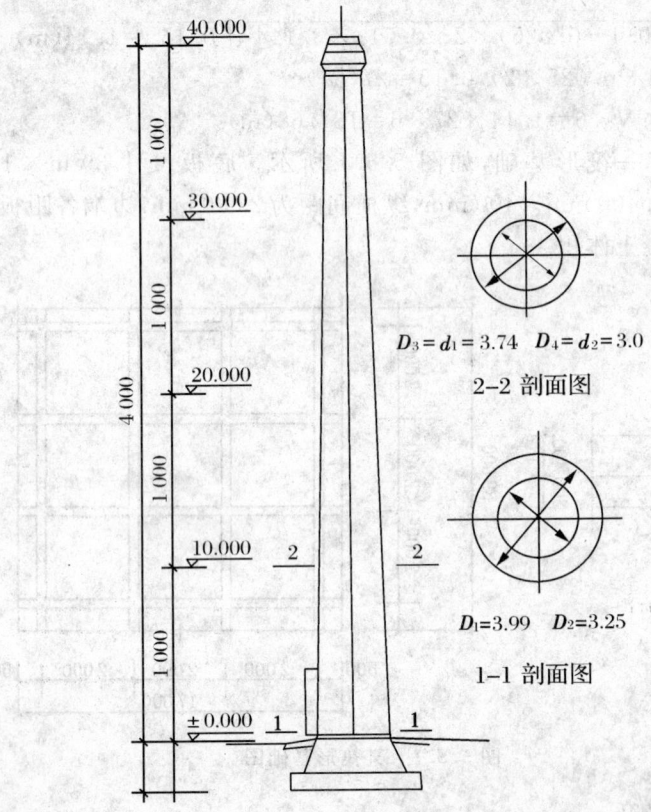

图 5.5.2 某厂锅炉房混凝土烟囱立面图（单位：m）

解 h_1（第一段高度）=10 m

$D_1 = 3.99$ m　　　　　　　$D_2 = 3.25$ m
$d_1 = 3.74$ m　　　　　　　$d_2 = 3.0$ m

h_2（第二段高度）=10 m

$D_3 = 3.74$ m　　　　　　　$D_1 = 3.0$ m
$d_3 = 2.77$ m　　　　　　　$d_4 = 2.03$ m

壁厚 $C = \dfrac{3.99-3.25}{2} = \dfrac{3.74-3.0}{2} = \dfrac{2.77-2.03}{2} = 0.37(\text{m})$

(1) 计算第一段

$$D = \frac{D_1+D_2}{2} = \frac{3.99+3.25}{2} = 3.62(\text{m})$$

$$d = \frac{d_1+d_2}{2} = \frac{3.74+3.0}{2} = 3.37(\text{m})$$

$$D_{平均} = \frac{D+d}{2} = \frac{3.62+3.37}{2} = 3.495(\text{m})$$

$$V_1 = \pi D_{平均} C h_1 = 3.14 \times 3.495 \times 0.37 \times 10 = 40.60(\text{m}^3)$$

(2) 计算第二段

$$D = \frac{D_3+D_4}{2} = \frac{3.74+3.0}{2} = 3.37(\text{m})$$

$$d = \frac{d_3+d_4}{2} = \frac{2.77+2.03}{2} = 2.40(\text{m})$$

$$D_{平均} = \frac{D+d}{2} = \frac{3.37+2.40}{2} = 2.885(\text{m})$$

$$V_2 = \pi D_{平均} C h_2 = 3.14 \times 2.885 \times 0.37 \times 10 = 33.52(\text{m}^3)$$

(3) 两段烟囱的工程量　40.60+33.52=74.12(m^3)

5.5.5　厂库房大门、特种门、木结构工程计量

1) 厂库房大门、特种门、木结构工程工程量计算规则及运用要点

(1) 厂库房大门、特种门按设计图示数量"樘"计算。应注意工程量按樘数计算（与《计价表》不同）。

(2) 木屋架按设计图示数量"榀"计算。

(3) 木柱、木梁按设计图示尺寸以体积立方米计算。

(4) 木楼梯按设计图示尺寸以水平投影面积计算，不扣除宽度小于 300 mm 的楼梯井，伸入墙内部分不计算。

(5) 其他木构件（如封檐板）按设计图示尺寸以体积"立方米"或长度"米"计算。

(6) 名词解释：

① 马尾，是指四坡水屋顶建筑物的两端屋面的端头坡面部位。

② 折角,是指构成"L"形的坡屋顶建筑横向和竖向相交的部位。
③ 正交部分,是指构成"丁"字形的坡屋顶建筑横向和竖向相交的部位。
(7) 屋架的跨度应以上、下弦中心线两交点之间的距离计算。

2) 厂库房大门、特种门、木结构工程工程量计算实例

例 5.5.11 某工程有木板大门 2.8 m×2.6 m 10 樘,钢木大门 3 m×2.6 m 8 樘,钢木屋架 10 樘,根据《计价规范》计算工程量。

相关知识

(1) 木板大门、钢木大门按设计图示数量计算。

(2) 木屋架、钢木屋架按设计图示数量计算。

解

木板大门　工程量　10 樘

钢木大门　工程量　8 樘

钢木屋架　工程量　10 樘

5.5.6　金属结构工程计量

1) 金属结构工程工程量计算规则及运用要点

(1) 轻钢屋架,是采用圆钢筋、小角钢(小于∟45×4 等肢角钢、小于∟56×36×4 不等肢角钢)和薄钢板(其厚度一般不大于 4 mm)等材料组成的轻型钢屋架。

(2) 薄壁型钢屋架,是指厚度在 2～6 mm 的钢板或带钢经冷弯或冷拔等方式弯曲而成的型钢组成的屋架。

(3) 钢管混凝土柱,是指将普通混凝土填入薄壁圆型钢管内形成的组合结构。

(4) 型钢混凝土柱、梁,是指由混凝土包裹型钢组成的柱、梁。

(5) 钢屋架、钢网架、钢托架、钢桁架按设计图示尺寸以重量计算,不扣除孔眼、切边、切肢的重量,焊条、铆钉、螺栓等不另增加重量。不规则或多边形钢板以其外接矩形面积乘以厚度乘以单位理论重量计算。

(6) 实腹柱、空腹柱按设计图示尺寸以重量计算,不扣除孔眼、切边、切肢的重量,焊条、铆钉、螺栓等不另增加重量。不规则或多边形钢板以其外接矩形面积乘以厚度乘以单位理论重量计算。依附在钢柱上的牛腿及悬臂梁等并入钢柱工程量内。

(7) 钢管柱按设计图示尺寸以重量计算,不扣除孔眼、切边、切肢的重量,焊条、铆钉、螺栓等不另增加重量。不规则或多边形钢板以其外接矩形面积乘以厚度乘以单位理论重量计算。钢管柱上的节点板、加强环、内衬管、牛腿等并入钢管柱工程量内。

(8) 钢梁、钢吊车梁按设计图示尺寸以重量计算,不扣除孔眼、切边、切肢的重量,焊条、铆钉、螺栓等不另增加重量。不规则或多边形钢板以其外接矩形面积乘以厚度乘以单位理论重量计算。制动梁、制动板、制动桁架、车挡并入钢吊车梁工作量中。

(9) 压型钢板楼板按设计图示尺寸以铺设水平投影面积计算,不扣除柱、垛及

单个 0.3 m² 以内的孔洞所占面积。

（10）压型钢板墙板按设计图示尺寸以铺挂面积计算,不扣除单个 0.3 m² 以内的孔洞所占的面积,包角、包边、窗台泛水等不另增加面积。

（11）钢构件按设计图示尺寸以重量计算,不扣除孔眼、切边、切肢的重量,焊条、铆钉、螺栓等不另增加重量。不规则或多边形钢板以其外接矩形面积乘以厚度乘以单位理论重量计算。钢漏斗中依附漏斗的型钢并入漏斗工程量内。

（12）金属网按设计图示尺寸以面积计算。

2）金属结构工程工程量计算实例

例 5.5.12 某车间操作平台栏杆和踏步式钢梯如图 5.5.3 所示。试根据《计价规范》计算踏步式钢梯工程量。

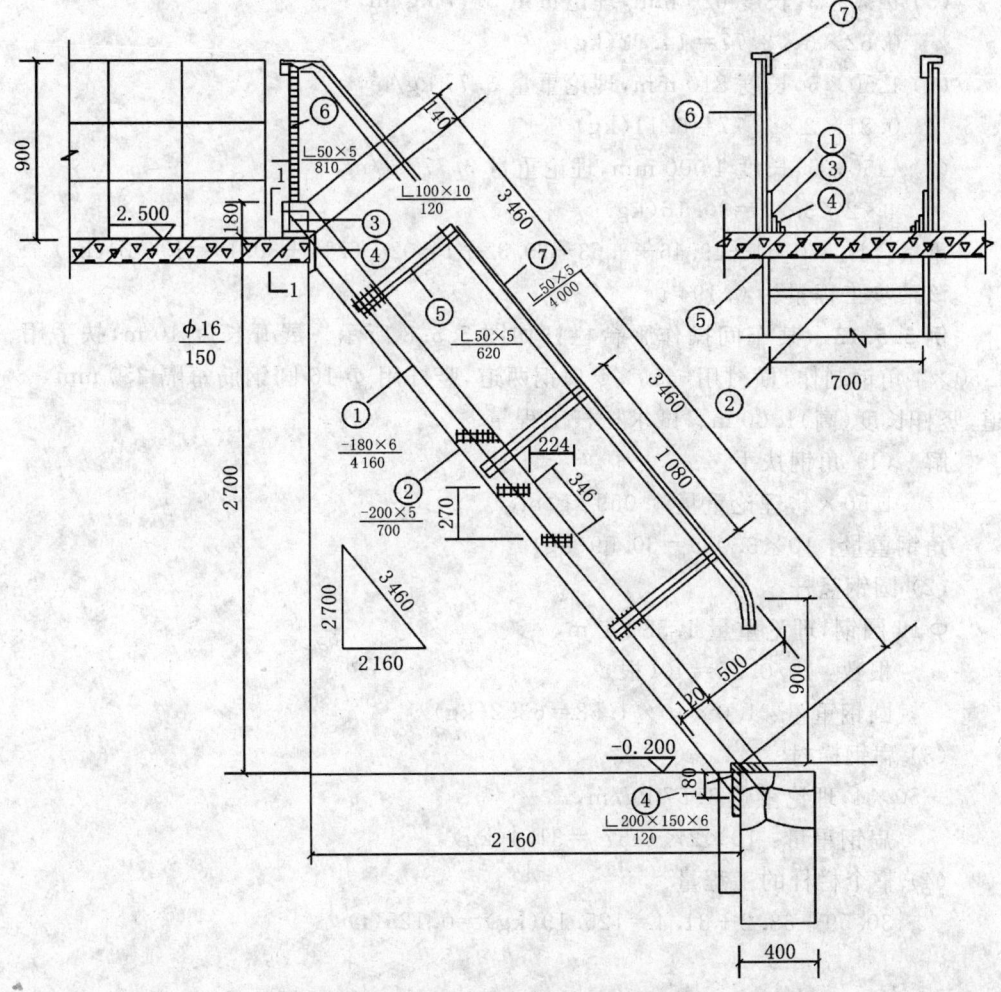

图 5.5.3 某操作平台和踏步式钢梯图

解 按构件的编号计算

(1) —180×6,长度 4 160 mm,理论重量 47.1 kg/m²,
    0.18×4.16×2×47.1=70.54(kg)

(2) —200×5,长度 700 mm,理论重量 39.25 kg/m²
    数量:(2.7/0.27)—1=9(个)
    0.2×0.7×9×39.25=49.46(kg)

(3) ∟100×10,长度 120 mm,理论重量 15.12 kg/m,
    0.12×2×15.12=3.63(kg)

(4) ∟200×150×6,长度 120 mm,理论重量 42.34 kg/m,
    0.12×4×42.34=20.32(kg)

(5) ∟50×5,长度 620 mm,理论重量 3.77 kg/m,
    0.62×6×3.77=14.02(kg)

(6) ∟50×5,长度 810 mm,理论重量 3.77 kg/m,
    0.81×2×3.77=6.11(kg)

(7) ∟50×5,长度 4 000 mm,理论重量 3.77 kg/m,
    4×2×3.77=30.16(kg)

重量合计:70.54+49.46+3.63+20.32+14.02+6.11+30.16=194.24(kg)

该踏步工程量为 0.194 t

例 5.5.13 某车间操作平台栏杆如图 5.5.3 所示。展开长度 10 m,扶手用 ∟50×4 角钢制作,横衬用—50×5 扁钢两道,竖杆用 $\varPhi$16 圆钢筋每隔 250 mm 一道,竖杆长度(高)1.00 m。试求栏杆工程量。

解 (1) 角钢扶手

∟50×4,理论重量 3.059 kg/m,

角钢重量:10×3.059=30.59(kg)

(2) 圆钢竖杆

$\varPhi$16 圆钢,理论重量 1.58 kg/m,

根数:10/0.25=40(根)

圆钢重量:1.0×40×1.58=63.2(kg)

(3) 扁钢横衬

—50×4,理论重量 1.57 kg/m,

扁钢重量:10×2×1.57=31.4(kg)

(4) 整个栏杆的工程量

30.59+63.2+31.4=125.19(kg)=0.125(t)

5.5.7 屋面及防水工程计量

1) 屋面及防水工程工程量的计算规则及运用要点

(1) 应按《计价规范》的要求,根据具体工程分项工程的内容进行正确分类合并,组成相应的清单内容,并详细描述其项目特征。

(2) "瓦屋面"、"型材屋面"中如果木材面需刷防火涂料,则可按相应项目单独编码列项,也可包含在"瓦屋面"、"型材屋面"清单下。

(3) "瓦屋面"、"型材屋面"、"膜结构屋面"中的钢檩条、钢支撑(柱、网架等)和拉结结构需刷防护材料时,可按相应项目单独编码列项,也可包含在"瓦屋面"、"型材屋面"、"膜结构屋面"清单下。

2) 屋面及防水工程工程量计算实例

例 5.5.14 列出本书例 5.4.18 中屋面及防水工程的工程量清单项目,列出清单编号、项目名称及特征描述,并计算出相应的工程量。

解 根据《计价规范》的规定和图纸内容,将该工程的屋面及防水工程清单列于表 5.5.1 中。

表 5.5.1 某工程的屋面及防水工程工程量清单表(Ⅰ)

序号	项目编码	项目名称	项目特征描述	计量单位	工程量
1	010702001001	屋面卷材防水	1. 卷材品种、规格:SBS 改性沥青卷材,厚 3 mm 2. 防水层作法:冷粘 3. 找平层:1:3 水泥砂浆 20 mm 厚,分格,高强 APP 嵌缝膏嵌缝	m²	55.57
2	010702003001	屋面刚性防水	1. 防水层厚度:40 mm 2. 嵌缝材料:高强 APP 嵌缝膏嵌缝 3. 混凝土强度等级:C20 细石混凝土 4. 找平层:1:3 水泥砂浆 20 mm 厚,分格,高强 APP 嵌缝膏嵌缝	m²	55.01
3	010702004001	屋面排水管	1. 排水管品种、规格、颜色:白色 D100UPVC 增强塑料管 2. 排水口:D100 带罩铸铁雨水口 3. 雨水斗:矩形白色 UPVC 增强塑料雨水斗	m	73.20
4	010702005001	屋面天沟、檐沟	1. 材料品种:SBS 改性沥青卷材,厚 3 mm 2. 防水层作法:满粘 3. 找坡:C20 细石混凝土找坡 0.5% 4. 找平层:1:2 防水砂浆 20 厚,不分格	m²	33.68

清单工程量的计算：

(1) 屋面卷材防水清单工程量。本例为平屋面，根据《计价规范》的规定，按水平投影面积计算。女儿墙、伸缩缝等处弯起部分的面积，并入屋面工程量内。本条清单包括的工程内容如下：① 20 mm 厚 1:3 砂浆找平层施工。② 卷材防水层的施工。

平屋面面积：$(9.60+0.24)\times(5.40+0.24)-0.70\times0.70=55.01(m^2)$

检修孔弯起面积：$0.70\times4\times0.20=0.56(m^2)$

面积合计：$55.01+0.56=55.57(m^2)$

(2) 屋面刚性防水清单工程量。按水平投影面积计算。本条清单包括的工程内容如下：① 20 mm 厚 1:3 砂浆找平层施工。② 40 mm 厚 C20 细石混凝土刚性防水层的施工。

$(9.60+0.24)\times(5.40+0.24)-0.70\times0.70=55.01(m^2)$

(3) 屋面排水管清单工程量。根据计算规则，按设计图示尺寸以长度计算，如果设计未规定，则以檐口至设计室外地面垂直距离计算。本例按檐口至设计室外地面垂直距离计算。本条清单包括的工程内容如下：① 落水管。② 雨水口。③ 雨水斗。

$(12.00-0.10+0.30)\times6=73.20(m)$

(4) 屋面天沟、檐沟清单工程量。本例中为卷材防水，按展开面积计算。本条清单包括的工程内容如下：① SBS 卷材防水。② 细石混凝土找坡。③ 水泥砂浆抹面。

$(9.84+5.64)\times2\times0.1+[(9.84+0.54)+(5.64+0.54)]\times2\times0.54+$
$[(9.84+1.08)+(5.64+1.08)]\times2\times(0.3+0.06)=33.68(m^2)$

例 5.5.15 列出本书例 5.4.19 中屋面及防水工程的工程量清单项目，并计算出相应的工程量。

解 根据《计价规范》规定和图纸内容，将该工程的屋面及防水工程清单列于表 5.5.2 中。

表 5.5.2 某工程的屋面及防水工程工程量清单表(Ⅱ)

序号	项目编码	项目名称	项目特征描述	计量单位	工程量
1	010701001001	瓦屋面	1. 瓦品种、规格、颜色：420×332 烟灰色水泥彩瓦，430×228 脊瓦 2. 铺瓦作法：在 20×30 水泥砂浆挂瓦条上铺瓦 3. 基层作法：现浇混凝土斜板上做 1:2 防水砂浆 20 厚，分格，高强 APP 嵌缝膏嵌缝	m²	55.57
2	010702005001	屋面天沟、檐沟	1. 材料品种：玻璃钢 2. 规格：宽度 300 mm，厚 3 mm，展开长 800 mm 3. 安装方式：每隔 1 m 用镀锌铁件固定	m²	29.44

清单工程量的计算:

(1)瓦屋面清单工程量:根据计算规则,按设计图示尺寸以斜面积计算,不扣除房上烟囱、风帽底座、风道、小气窗、斜沟等所占的面积,小气窗的出檐部分不增加面积。本条清单下包含的工作内容如下:① 铺瓦。② 水泥砂浆挂瓦条。③ 铺脊瓦。④ 防水砂浆找平层。

$$(10.80+0.40\times2)\times(6.00+0.40\times2)\times1.118=88.19(m^2)$$

(2)计算玻璃钢檐沟工程量:按展开面积计算。

$$(0.15+0.30+0.25+0.1)\times[(10.80+0.40\times2)+(6.00+0.40\times2)]\times2$$
$$=29.44(m^2)$$

5.5.8 防腐、隔热、保温工程计量

1) 防腐、隔热、保温工程工程量的计算规则及运用要点

(1)应分清本附录中各清单项目的适用范围,如"防腐混凝土面层"、"防腐砂浆面层"、"防腐胶泥面层"项目适用于平面或立面的水玻璃混凝土、水玻璃砂浆、水玻璃胶泥、沥青混凝土、沥青砂浆、沥青胶泥、树脂砂浆、树脂胶泥以及聚合物水泥砂浆等防腐工程。

(2)应列出各种防腐材料的种类和配合比,如混凝土材料种类有水玻璃混凝土、沥青混凝土等,应注明。

(3)应注明防腐工程施工项目的部位,如平面、立面等。

(4)应注明各种防腐材料的规格型号,如铸石板的规格为 $300\times200\times20$ mm,必须注明。

(5)保温材料上做防水层时,应按屋面防水项目单独立项,保温材料下或其上的找平层应包括在内,但不可与屋面防水项目的找平层重复计算。

2) 防腐、隔热、保温工程量计算实例

例 5.5.16 列出并计算例 5.4.18 中屋面保温项目清单。根据计算规则,按设计图示尺寸以面积计算,不扣除柱、垛所占面积,找坡、找平应包括在报价内,但这里找平层已计入防水清单项目内,不再包含找平工程量。

解 根据《计价规范》和图纸内容,将该项目的屋面保温工程工程量清单列于表 5.5.3 中。

表 5.5.3 某屋面保温工程工程量清单表

序号	项目编码	项目名称	项目特征描述	计量单位	工程量
1	010803001001	保温隔热屋面	1. 保温隔热部位:平屋面 2. 保温隔热方式:外保温 3. 保温隔热材料品种、规格:30 mm 厚聚苯乙烯泡沫板	m^2	55.01

工程量计算：

$(9.60+0.24)\times(5.4+0.24)-0.70\times0.70=55.01(m^2)$

例 5.5.17 列出并计算例 5.4.20 中防腐工程量清单。

解 根据《计价规范》和图纸内容，将该项目的防腐工程工程量清单列于表 5.5.4 中。

表 5.5.4 某防腐工程工程量清单表

序号	项目编码	项目名称	项目特征描述	计量单位	工程量
1	010801002001	防腐砂浆面层	1. 防腐部位：立面 2. 面层厚度：20 mm 3. 砂浆种类：钠水玻璃砂浆 1：0.17：1.1：1.26	m^2	38.11
2	010801006001	块料防腐面层	1. 防腐部位：地面 2. 块料品种、规格：300×200×20 铸石板 3. 黏结和勾缝材料：钠水玻璃胶泥	m^2	15.05
3	010801006002	块料防腐面层	1. 防腐部位：地面 2. 块料品种、规格：230×113×62 瓷砖 3. 黏结和勾缝材料：钠水玻璃胶泥	m^2	12.37
4	010801006003	块料防腐面层	1. 防腐部位：踢脚板 2. 块料品种、规格：300×200×20 铸石板 3. 黏结和勾缝材料：钠水玻璃胶泥	m^2	2.96
5	010802003001	防腐涂料	1. 涂刷部位：墙面 2. 基层材料类型：抹灰面 3. 涂料品种、遍数：过氯乙烯底漆一遍、中间漆一遍、面漆一遍。	m^2	38.11

清单工程量计算（墙面抹灰面基层厚按 20 mm 考虑）：

(1) 防腐砂浆面层计算。按设计图示尺寸以面积计算，砖垛等突出部分按展开面积并入墙面工程量。

墙面部分：$[(6.00-0.24-0.04)\times2+(2.40-0.24-0.04)\times2]\times(2.90-0.20)=$
$42.34(m^2)$

C2 面积：$1.76\times1.46=2.57(m^2)$

M2 面积：$0.86\times2.68=2.30(m^2)$

C2 侧壁面积：$(1.76+1.46)\times2\times0.10=0.64(m^2)$

总面积：$42.34-2.57-2.30+0.64=38.11(m^2)$

(2) 车间 300×200×20 铸石板地面计算。按设计图示尺寸以面积计算，应扣除突出地面的构筑物、设备基础等。

房间面积：$(6.00-0.24-0.02\times2)\times(3.00-0.24-0.02\times2)=15.56(m^2)$

设备基础：$1.00\times1.00=1.00(m^2)$

M1 开口处面积：$(0.24+0.02\times2)\times(1.80-0.02\times2)=0.49(m^2)$

总面积：$15.56-1.00+0.49=15.05(m^2)$

(3) 仓库 $230\times113\times62$ 瓷砖地面计算。

房间面积：$(6.00-0.24-0.02\times2)\times(2.40-0.24-0.02\times2)=12.13(m^2)$

M2 开口处面积：$(0.24+0.02\times2)\times(0.90-0.02\times2)=0.24(m^2)$

总面积：$12.13+0.24=12.37(m^2)$

(4) 仓库 $300\times200\times20$ 踢脚板计算。根据计算规则，踢脚板扣除门洞所占面积并相应增加门洞侧壁面积。

长度：$(6.00-0.24-0.04)\times2+(2.40-0.24-0.04)\times2-(0.90-0.04)$
$=14.82(m)$

面积：$14.82\times0.20=2.96(m^2)$

(5) 仓库防腐涂料工程量计算。按设计图示尺寸以面积计算，砖垛等突出部分按展开面积并入墙面工程量。

同仓库 20 mm 厚钠水玻璃砂浆面层工程量：$38.11(m^2)$

复习思考题

1. 叙述工程计量的概念及工程计量原理。
2. 与工程计量相关的因素有哪些？
3. 试计算图 5-1 所示的某工程预制钢筋混凝土花篮梁的工程量。

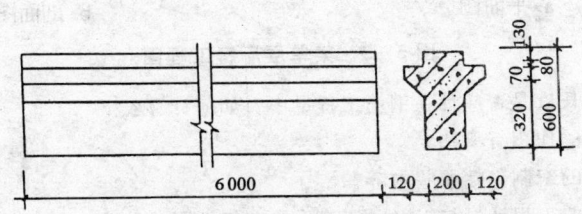

图 5-1 某工程预制钢筋混凝土花篮梁示意图

4. 图 5-2 是某工程的基础图。已知室外设计地坪以下各种工程量：垫层 $2.4\ m^3$，砖基础 $16.24\ m^3$。试求该建筑物平整场地、挖土方、回填土、房心回填土、余(亏)土运输工程量(不考虑挖填土方的运输)。图中尺寸以毫米计算，放坡系数 $k=0.33$，工作面宽度 $c=300$。

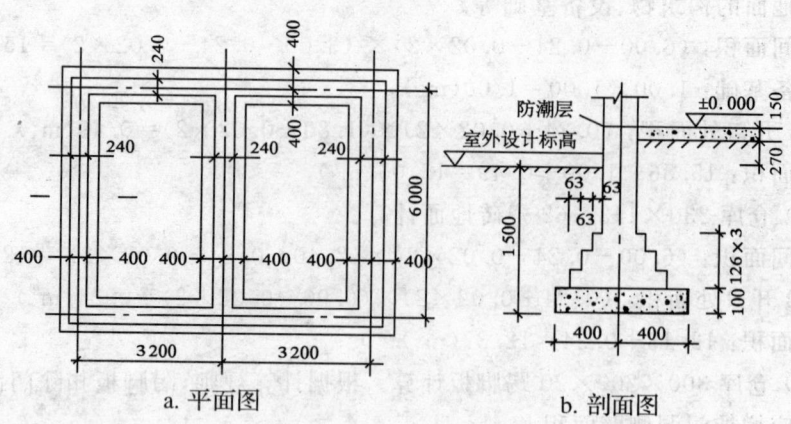

a. 平面图　　　　　　　　b. 剖面图

图 5-2　某工程基础图

5. 求图 5-3 所示的单层厂房的建筑面积。

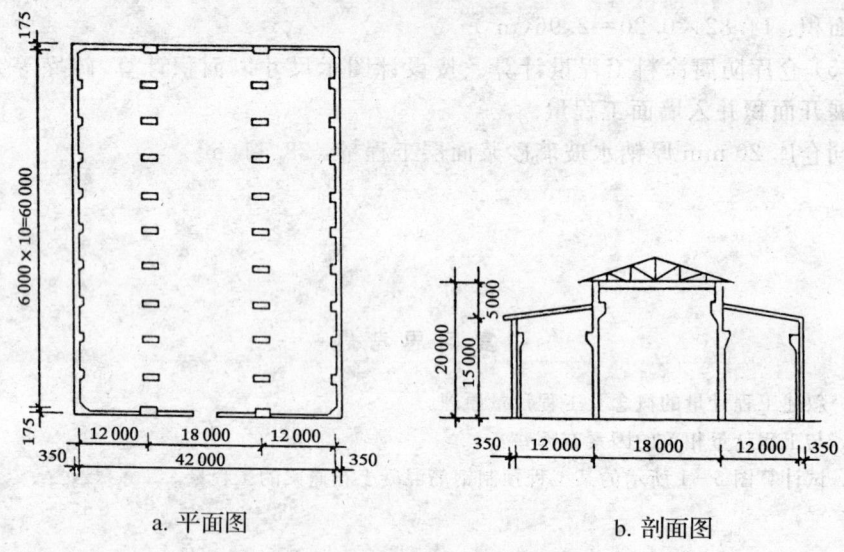

a. 平面图　　　　　　　　b. 剖面图

图 5-3　某单层厂房工程图

6. 钢筋的搭接长度是否应计在钢筋工程量中？如何计算？
7. 工程量清单的作用有哪些？
8. 工程量清单的编制包括哪些内容？
9. 《计价表》下的工程计量与《计价规范》下的有何不同？
10. 实行工程量清单计价有何意义？

6 投资估算

6.1 投资估算概述

6.1.1 投资估算的概念

投资估算是指在建设项目的决策阶段,对将来进行该项目建设可能要花费的各项费用的事先匡算。该匡算有两种操作方式:一是在明确项目建设必须达到的标准要求前提下,匡算需要多少资金;二是在投资额限制的条件下,框定项目建设的规模与标准。实际操作时往往将两者结合起来应用。

6.1.2 投资估算的阶段划分

项目的投资决策过程一般要经历一个逐步详细的技术经济论证过程,通常把项目的投资决策过程划分为投资机会研究阶段、初步可行性研究阶段、详细可行性研究阶段,投资估算工作也相应分为3个阶段,由于不同阶段估价条件和资料的掌握程度不同,因而投资估算的准确程度不同,投资估算所起的作用也不同,但随着研究的不断深入,投资估算将逐步准确。概括起来如表6.1.1所示。

表 6.1.1 不同阶段的投资估算分析表

阶段划分	误差幅度	主 要 作 用
投资机会研究阶段	±30%以内	估出概略投资,作为有关部门审批项目建议书的依据,据此可否定一个项目,但不能完全肯定一个项目
初步可行性研究阶段	±20%以内	在项目方案初步明确的基础上,作出投资估算,为项目进行技术经济论证提供依据
详细可行性研究阶段	±10%以内	为全面、详细、深入的技术经济分析论证提供依据,是决定项目可行性,也是编制设计文件、控制初步设计概算的依据

6.1.3 投资估算的作用

根据工程项目建设程序的要求,任何一个拟建项目,都须通过全面的技术、经济论证后,才能决定其是否正式立项。在对拟建项目的全面论证过程中,除考虑国家经济发展上的需求和技术上的可行性外,还要考虑经济上的合理性。因此,项目

的投资额是经济评价的重要依据。具体来说,投资估算具有以下作用:

1) 项目主管部门审批项目建议书的依据之一

在项目建议书阶段,主管部门将根据所报项目的类型、初步规划、规模及其对应的投资估算额来初步分析评价决策项目。

2) 可行性研究中进行经济评价和项目决策的重要依据

3) 控制设计概算的依据

在项目决策后的实施过程中,为保证有效控制投资,应进行限额设计,以保证设计概算不得突破批准的投资估算额,并应控制在投资估算额以内。

4) 制定项目建设资金筹措计划的依据

总之,投资估算的作用:一是作为建设项目投资决策的依据;二是在项目决策以后,成为项目实施阶段投资控制的依据。

6.2 投资估算编制的内容及要求

6.2.1 投资估算编制的内容

一份完整的投资估算,应包括投资估算编制依据。投资估算编制说明及投资估算总表,其中投资估算总表是核心内容,它主要包括建设项目总投资的构成。但该构成的范围及按什么标准计算,要受编制依据的制约,所以估算编制中,编制依据及编制说明是不可缺少的内容,它是检验编制结果准确性的必要条件之一。编制依据和说明包括明确待估项目的项目特征、所在地区的状况、政策条件、估算的基准时间等。

6.2.2 投资估算编制的要求

投资估算是建设项目投资决策的依据,也是项目实施阶段投资控制的依据。投资估算质量如何将影响项目的取舍,影响项目真正的投资效益,因此投资估算不能太粗糙,必须达到国家或部门规定的精度要求。如果误差太大,必然导致投资者决策失误,带来不良后果,所以投资估计的最根本要求是精度要求。但投资估算的精度怎样才算符合要求,一般难以定论。其实每一工程在不同的建设阶段,由于条件不同,其估算准确度的标准也就不同,人们不可能超越客观条件,把建设项目投资估算编制得与最终实际投资(决算价)完全一致。但可以肯定,如果能充分地掌握市场变动信息,并全面加以分析,那么投资估算准确性就能提高。所以每一工程在估算编制时应根据不同的估算阶段,充分收集相关资料,合理选用估算方法,以确保一定的估算精度。

投资估算的另一个要求是责任要求,为了保证投资的精度要求,对估算编制部门或个人应予以一定的责任要求,给予一定的约束,以防止主观原因造成的估算不准确。在美国,凡上马的建设项目,都要进行前期可行性确定。咨询公司参与前期的工程造价估算,一旦估算经有关方面批准,就成为不可逾越的标准。另外咨询公司对自己的估算要负全责,如果实际工程超估算时,则咨询公司要进行认真分析。如果没有确切的理由进行说明,则咨询公司要以一定比例进行赔偿。这样便有效地控制着工程造价。而我国预算超估算,结算超预算的问题一直没有很好解决,这有待于我们学习先进经验,参与工程全过程的控制,学习借鉴问责赔偿方式,进一步提高投资估算的准确性。

6.3 投资估算的编制依据及编制方法

6.3.1 投资估算的编制依据

编制建设项目投资估算的依据一般包括下述几项:

(1) 项目特征

它是指待建项目的类型、规模、建设地点、时间、总体建筑结构、施工方案、主要设备类型、建设标准等,它是进行投资估算的最根本的内容,该内容越明确,则估算结果相对越准确。

(2) 同类工程的竣工决算资料

它为投资估算提供可比性资料。

(3) 项目所在地区状况

该地区的地质、地貌、交通等情况等,是作为对同类投资资料调整的依据。

(4) 时间条件

待建项目的开工日期、竣工日期、每段时间的投资比例等。因为不同时间有不同的价格标准、利率高低等。

(5) 政策条件

投资中需缴哪些规费、税费及有关的取费标准等。

6.3.2 投资估算的编制方法

编制投资估算首先应分清项目的类型;然后根据该类项目的投资构成列出项目费用名称;进而依据有关规定、数据资料选用一定的估算方法,对各项费用进行估算。具体估算时,一般可分为动态、静态及铺底流动资金3部分,其中静态投资部分的估算,又因民用项目与工业生产项目的出发点及具体方法不同而有显著的区别。一般情况下,工业生产项目的投资估算从设备费用入手,而民用项目则往往从建筑工程投资估算入手。基本方法概括起来有以下几种:

1）系数法

该方法的原理是,以某部分的投资费用为基数,其他部分的投资则通过测定的系数与基数相乘求得。如工业项目的总建设费用,可通过以设备费为基数来求得,勘察设计监理费用可通过以匡算的投资为基数来求得等。该方法又可分为以下几种：

（1）百分比系数

以拟建项目或装置的设备费为基数,根据已建成的同类项目或装置的建筑安装工程费和其他费用等占设备百分比,求出相应的建筑安装及其他有关费用,其总和即为项目或装置的投资。公式如下：

$$C = E(1 + f_1 P_1 + + f_2 P_2 + f_3 P_3) + I \quad (6.3.1)$$

式中,C——拟建项目或装置的投资额；

E——根据拟建项目或装置的设备清单按当时当地价格计算的设备费（包括运杂费）的总和；

P_1、P_2、P_3——分别为已建项目中建筑、安装及其他工程费用占设备费百分比；

f_1、f_2、f_3——分别为由于时间因素引起的定额、价格、费用标准等变化的综合调整系数；

I——拟建项目的其他费用。

（2）朗格系数

这种方法是以设备费为基础,乘以适当系数来推算项目的建设费用。基本公式如下：

$$D = C(1 + \sum K_i) K_c \quad (6.3.2)$$

式中,D——总建设费用；

C——主要设备费用；

K_i——管线、建筑物等项费用的估算系数；

K_c——包括管理费、合同费、应急费等间接费在内的总估算系数。

总建设费用与设备费用之比为朗格系数 K_L。即：

$$K_L = (1 + \sum K_i) \cdot K_c \quad (6.3.3)$$

表 6.3.1 所示是国外的流体加工系统的典型经验系数值。

这种方法比较简单,但没有考虑设备规格、材质的差异,所以精确度不高。

（3）经验或规定系数

估算主体建筑工程周边的附属及零星工程（道路、室外排水、围墙等）费用时,可以主体投资乘以 2.5%加入总投资中,基本预备费可以匡算的静态投资的 6%～10%来计算等。

表 6.3.1 某国流体加工系统的典型经验系数值表

主设备交货费用	C
附属其他直接费用与 C 之比	K_i
主设备安装工程人工费	0.10～0.20
保温工程费	0.10～0.25
管线工程费	0.50～1.00
基础工程费	0.03～0.13
建筑物工程费	0.07
构架工程费	0.05
防火工程费	0.06～0.10
电气工程费	0.07～0.15
油漆粉刷工程费	0.06～0.10
其他直接费用估算系数 $\sum K_i$	1.04～1.93
通过直接费表示的间接费	
日常管理、合同费和利息	0.30
工程费	0.13
不可预见费	0.13
总体估算系数 K_c	1+0.56=1.56
总费用 $D=(1+\sum K_i)K_c C$	(3.18～4.57)C

2) 指标估算法

该方法是根据以往统计的或自行测定的投资估算指标来乘以待估项目的估算工程量,进行投资估算的一种方法。其中投资估算指标的表示形式有多种多样,如建筑物的建筑工程以(元/m²),给排水工程或照明工程以(元/m),变电工程以[元/(kV·A)],道路工程以(元/m²),水库以(元/m³),饭店以(元/客房),医院以(元/床位),等等。

采用这种方法时,一般根据项目的设计深度不同,选用不同的指标形式,同时要根据国家有关规定、投资主管部门或地区颁布的估算指标,结合工程的具体情况编制。一方面要注意,若套用的指标与具体工程之间的标准或条件有差异时,应加以必要的换算或调整;另一方面要注意,使用的指标单位应密切结合每个单位工程的特点,能正确反映其设计参数,切勿盲目地单纯套用一种单位指标。

(1) 单位面积综合指标估算法

对于单项工程的投资估算,其投资包括土建、给排水、采暖、通风、空调、电气、动力管道等所需费用。其数学计算式如下:

$$\text{单项工程投资额} = \text{建筑面积} \times \text{单位面积造价指标} \times \text{价格浮动指数} \pm \text{结构和装饰部分的价差} \quad (6.3.4)$$

(2) 单元指标估算法

一般可按下式计算：

$$\text{项目投资} = \text{单元估价指标} \times \text{单元数} \times \text{调整系数} \tag{6.3.5}$$

3）生产能力指数法

根据已建成的、性质类似的建设项目或生产装置的投资额和生产能力及拟建项目或生产装置的生产能力估算项目的投资额。计算公式为：

$$C_2 = C_1 \left(\frac{A_2}{A_1}\right)^n \cdot f \tag{6.3.6}$$

式中，C_1, C_2——分别为已建类似项目（装置）和拟建项目（装置）的投资额；

A_1, A_2——分别为已建类似项目（装置）和拟建项目（装置）的生产能力；

f——为不同时期、不同地点的定额、单价、费用变更等的综合调整系数；

n——为生产能力指数，$0 \leqslant n \leqslant 1$。

若已建类似项目（装置）的规模和拟建项目（装置）的规模相差不大，生产规模比值在 0.5～2 之间，则指数 n 的取值近似为 1。

若已建类似项目（装置）与拟建项目（装置）的规模相差不大于 50 倍，且拟建项目（装置）的扩大仅靠增大设备规格来达到时，则 n 取值在 0.6～0.7 之间；若是靠增加相同规格设备的数量达到时，则 n 的取值在 0.8～0.9 之间。

采用这种方法，计算简单，速度快；但要求类似工程的资料可靠，条件基本相同，否则误差就会增大。

例 6.3.1 已知建设日产 10 t 氢氰酸装置的投资额为 18 000 美元，试估计建设日产 30 t 氢氰酸装置的投资额（生产能力指数 $n=0.52, f=1$）。

解

$$C_2 = C_1 \left(\frac{A_2}{A_1}\right)^n \cdot f = 18\,000 \times \left(\frac{30}{10}\right)^{0.52} \times 1 = 31\,869.52 \text{（美元）}$$

例 6.3.2 若将设计中的化工生产系统的生产能力在原有的基础上增加 1 倍，则投资额大约增加多少？

解 对于一般未加确指的化工生产系统，可按 $n=0.6$ 估计投资额。因此

$$\frac{C_2}{C_1} = \left(\frac{A_2}{A_1}\right)^n = \left(\frac{2}{1}\right)^{0.6} \approx 1.5$$

计算结果表明，生产能力增加 1 倍，投资额大约增加 50%。

4）动态投资估算

动态投资估算主要包括由价格变动可能增加的投资额、建设期贷款利息两部分内容，对于涉外项目还应考虑汇率的变化对投资的影响。

(1) 涨价预备费的估算

一般按下式估算：

$$PC = \sum_{t=1}^{n} K_t [(1+i)^t - 1] \tag{6.3.7}$$

式中，PC——涨价预备费估算额；

K_t——建设期中第 t 年的投资计划数；

n——项目的建设期年数；

i——平均价格预计上涨指数；

t——施工年度。

例 6.3.3 某项目的静态投资为 35 230 万元。按本项目进度计划，项目建设期为 3 年。3 年的投资分年使用比例为第一年 20%，第二年 55%，第三年 25%。建设期内年平均价格变动率预测为 6%。试估计该项目建设期的涨价预备费。

解 第一年投资计划用款额：

$$K_1 = 35\ 230 \times 20\% = 7\ 046(万元)$$

第一年涨价预备费：

$$PC_1 = K_1[(1+i)-1] = 7\ 046 \times [(1+6\%)-1] = 422.76(万元)$$

第二年投资计划用款额：

$$K_2 = 35\ 230 \times 55\% = 19\ 376.5(万元)$$

第二年涨价预备费：

$$PC_2 = K_2[(1+i)^2-1] = 19\ 376.5 \times [(1+6\%)^2-1] = 2\ 394.94(万元)$$

第三年投资计划用款额：

$$K_3 = 35\ 230 \times 25\% = 8\ 807.5(万元)$$

第三年涨价预备费：

$$PC_3 = K_3[(1+i)^3-1] = 8\ 807.5 \times [(1+6\%)^3-1] = 1\ 682.37(万元)$$

所以，建设期的涨价预备费：

$$PC = PC_1 + PC_2 + PC_3 = 422.76 + 2\ 394.94 + 1\ 682.37 = 4\ 500.07(万元)$$

计算涨价预备费要注意以下问题：

① 涨价预备费系按开工至竣工的合理建设工期计算，不包括编制年至工程开工时止这段时间因物价上涨所增加的费用。

工程开工与投资编制采用的价格水平年，在 2 年及以内者，应按工程审定的物价指数调整各大部分的分年度投资和投资合计数,然后依据审定的基本预备费和物价指数,加编制年至工程开工时的涨价预备费,调整工程总投资。

投资编制采用的价格年份与工程开工年份之间超过 2 年以上的工程,应重编概算。

② 概算的投资总额度是否突破投资估算的总额度,应将投资估算调整至与概算相同年份的价格水平相比较。避免因采用的价格水平年份不同而影响投资的正确比较。

(2) 建设期贷款利息估算

一般按下式计算:

$$建设期每年应计利息=\left(年初借款累计+\frac{1}{2}\times当年借款额\right)\times年利率$$

(6.3.8)

例 6.3.4 某工程项目估算的静态投资为 15 620 万元,根据项目实施进度规划,项目建设期为 3 年,3 年的投资分年使用比例分别为 30%、50%、20%,其中各年投资中贷款比例为年投资的 20%,预计建设期中 3 年的贷款利率分别为 5%、6%、6.5%,试求该项目建设期内的贷款利息。

解 第一年的利息 $=(0+\frac{1}{2}\times 15\,620\times 30\%\times 20\%)\times 5\%=23.43$(万元)

第二年的利息 $=(15\,620\times 30\%\times 20\%+23.43+15\,620\times 50\%\times 20\%)\times 6\%$
$=104.5$(万元)

第三年的利息 $=(15\,620\times 80\%\times 20\%+23.43+104.5+\times 15\,620\times 20\%$
$\times 20\%)\times 6.5\%$
$=191.07$(万元)

建设期贷款利息合计为 319 万元。

5) 铺底流动资金估算

该部分的流动资金是指项目建成后,为保证项目正常生产或服务运营所必需的周转资金。它的估算对于项目规模不大且同类资料齐全的可采用分项估算法,其中包括劳动工资、原材料、燃料动力等部分;对于大项目及设计深度浅的可采用指标估算法。具体来讲有以下几种方法:

(1) 扩大指标估算法

① 按产值(或销售收入)资金率估算

一般加工工业项目大多采用产值(或销售收入)资金率进行估算。

$$流动资金额=年产值(或年销售收入额)\times 产值(或销售收入)资金率$$

(6.3.9)

例 6.3.5 已知某项目的年产值为 5 000 万元,其类似企业百元产值的流动资金占用率为 20%,则该项目的流动资金应为:

$$5\,000 \times 20\% = 1\,000(万元)$$

② 按经营成本(或总成本)资金率估算

由于经营成本(或总成本)是一项综合性指标,能反映项目的物资消耗、生产技术和经营管理水平以及自然资源条件的差异等实际状况,一些采掘工业项目常采用经营成本(或总成本)资金率估算流动资金。

例 6.3.6 某铁矿年经营成本为 8 000 万元,经营成本资金率取 35%,则该矿山的流动资金额为:

$$8\,000 \times 35\% = 2\,800(万元)$$

③ 按固定资产价值资金率估算

有些项目如火电厂可按固定资产价值资金率估算流动资金。

$$流动资金额 = 固定资产价值总额 \times 固定资产价值资金率 \tag{6.3.10}$$

固定资产价值资金率是流动资金占固定资产价值总额的百分比。

④ 按单位产量资金率估算

有些项目如煤矿,按吨煤资金率估算流动资金。

$$流动资金额 = 年生产能力 \times 单位产量资金率 \tag{6.3.11}$$

(2) 分项详细估算法

① 按分项详细估算

按项目占用的储备资金、生产资金、成品资金、货币资金与结算资金分别进行估算,加总后即为项目的流动资金。为详细估算流动资金,需先估算产品成本。

a. 储备资金的估算

储备资金是指从用货币资金购入原材料、燃料、备品备件等各项投入物开始,到这些投入物投入生产使用为止占用流动资金的最低需要量。占用资金较多的主要投入物,需按品种类别逐项分别计算。计算公式为:

$$某种主要投入物的流动资金定额 = \frac{该投入物价格 \times 年耗量}{360} \times 储存天数$$

$$储存天数 = 在途天数 + 平均供应间隔天数 \times 供应间隔系数 + 验收天数 + 整理准备天数 + 保险天数 \tag{6.3.12}$$

供应间隔系数,一般取 50%~60%。

各种主要投入物流动资金之和除以其所占储备资金的百分比,即为项目的储备资金。

b. 生产资金的估算

生产资金是指从投入物投入生产使用开始,到产成品入库为止的整个生产过程占用流动资金的最低额。

在制品按种类分别计算后汇总,计算公式为:

$$\begin{matrix} 在制品流动 \\ 资金定额 \end{matrix} = \begin{matrix} 在制品每日 \\ 平均生产费用 \end{matrix} \times \begin{matrix} 生产周 \\ 期天数 \end{matrix} \times \begin{matrix} 在制品 \\ 成本系数 \end{matrix} \quad (6.3.13)$$

在制品成本系数是指在制品平均单位成本与产品单位成本之比。由于产品生产费用是在生产过程中形成的,随着生产的进展生产费用不断地积累增加,直到产品完成时才构成完整的产品成本,因此在制品成本系数的大小依生产费用逐步增加的情况而定。如果费用集中在开始时投入,则在制品成本系数就大,反之则小。如果费用是在生产过程中均衡的发生,那么在制品成本系数可按 0.5 计算。上式是设定大部分原材料费用在开始时发生,其他费用在生产过程中均衡发生的。

c. 成品资金的估算

成品资金是指从产品入库开始,到发出商品收回货币为止占用的流动资金金额。产品应按品种类别分别计算后汇总。计算公式为:

$$成品资金定额 = 产品平均日销售量 \times 工厂单位产品经营成本 \times 定额天数 \quad (6.3.14)$$

d. 其他流动资金的估算

按类似企业平均占用天数估算。

以上各项资金加总,即为项目的流动资金需要量。

② 按分项分别采用定额指标估算

在设计中,为简化计算,按流动资金组成中各主要细项分别采用定额指标估算后加总。例如,某矿山项目扩建工程参照该矿区原有各项流动资金和流动资金占用率,结合有关规定确定各项资金占用率如下:

a. 营业现金取经营成本减原材料、减外购动力的差的 4% 估算。

b. 应收账款按经营成本的 16% 估算。

c. 库存材料、备件按材料费用的 40% 估算。

d. 库存矿石按经营成本的 4% 估算。

e. 应付账款按原材料、燃料、外购动力和工资的和的 8% 估算。

按上述定额指标估算所得之和即流动资金总需要量。

6.3.3 投资估算编制注意事项

为保证投资估算精度,应注意以下几个方面:

(1) 费用项目要齐全,不能漏项

什么类型的项目,通常包括哪些费用项目要清楚,另外应考虑项目的特殊性、地区的特殊性等。

（2）数据资料的收集要全面可靠

各种建设项目的竣工决算造价资料的广泛性与可靠性是保证投资精确度的前提和基础。因此,全面认真地收集整理和积累各种决策资料是做好投资估算的必备工作。

（3）以往数据资料的应用要注意动态性

投资的估算必须考虑建设期物价、工资等方面的动态因素变化。

（4）编制者工作态度的科学性

进行投资时,编制者要认真负责,实事求是,以科学的态度进行估算,既不能有意高估冒算,造成积压和浪费资金;也不应故意压价少估,而后进行投资追加,打乱项目投资计划。

总之,对拟建项目投资估算在深入调查研究和已掌握条件的基础上,应尽量做到估算投资与现实相符合,估足投资,不留缺口,以便拟建项目立项后在各阶段的实施过程中,使估算投资真正能够起到控制投资最高限额的作用。

6.4 投资估算编制实例

6.4.1 某火力发电厂项目的投资估算

表6.4.1是某火力发电厂项目的投资估算表。该总投资仅考虑固定资产投资,未计生产或运营铺底流动资金。

表6.4.1　某建设项目总投资估算表　　　　　　　　（单位:万元）

序号	工程或费用名称	估算价值						占总估算价的百分数(%)	备注
		建筑工程费(一)	安装工程费(二)	设备购置费(三)	其他费用(四)	预备费用(五)	建设期利息(六)	小计(七)	
1	热力系统	13 451.53	34 570.47	16 138.26				64 160.26	33.25
2	燃料供应系统	5 168.76	896.71	2 014.33				8 079.80	4.19
3	除灰系统	9 013.28	1 019.65	7 103.59				17 136.52	8.88
4	水处理系统	502.41	201.70	4 586.13				5 290.24	2.74
5	供水系统	7 471.54	2 114.69	2 139.05				11 725.28	6.08
6	电气系统	1 397.38	9 013.78	1 989.78				12 400.94	6.42
7	热工控制系统		903.20	8 135.29				9 038.49	4.68
8	道路工程	4 436.14						4 436.14	2.30
9	环境绿化费	411.91	205.30					617.21	0.32
10	其他建设费				38 285.81			38 285.81	19.84
	土地费用				18 357.43				
	排污费				381.30				
	建设管理费				2 103.72				

续表 6.4.1

序号	工程或费用名称	建筑工程费(一)	安装工程费(二)	设备购置费(三)	其他费用(四)	预备费用(五)	建设期利息(六)	小计(七)	占总估算价的百分数(%)	备注
	通讯费				528.60					
	勘察设计费				1 578.60					
	可行性研究费				420.00					
	工程监理费				3 100.50					
	造价编审费				1 952.00					
	开办费				3 850.40					
	配套费				5 723.94					
	工程保险费				289.32					
11	预备费					15 815.80		15 815.80	8.20	
	基本预备费					9 643.78				
	涨价预备费					6 172.02				
12	建设期利息						5 979.14	5 979.14	3.10	
	小计	41 852.95	48 925.50	42 106.43	38 285.81	15 815.80	5 979.14	192 965.63		
	占总估算价的%	21.7	25.35	21.82	19.84	8.19	3.10		100	

6.4.2 房地产开发项目的投资估算

房地产项目投资不同于基本建设投资。根据国家有关规定,房地产开发项目的投资构成包括开发直接费和开发间接费,其构成见图 6.4.1。

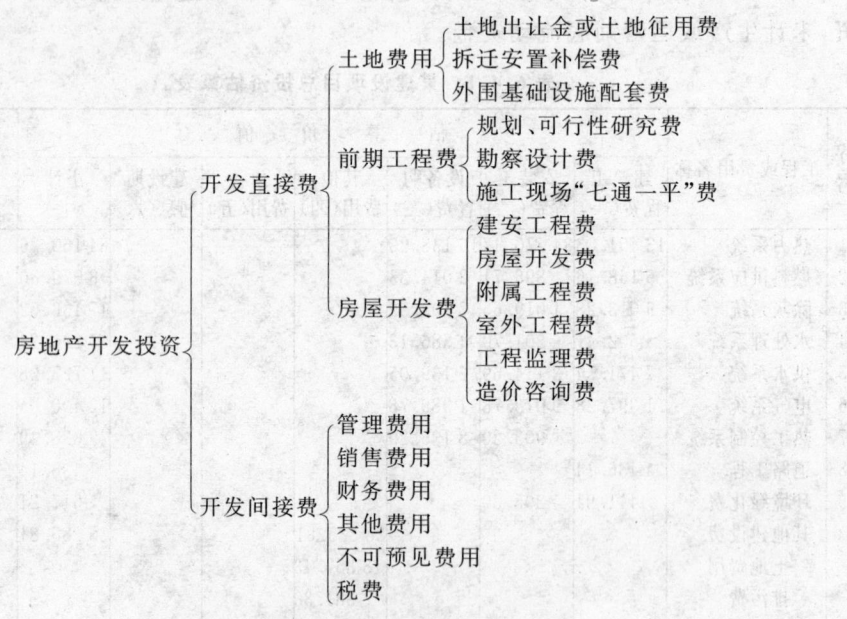

图 6.4.1 房地产开发项目的投资构成图

1) 土地费用估算

土地费用指为取得项目土地使用权而发生的费用。由于获取土地使用权的方式不同,因此所发生的土地费用也就略有差异。

(1) 土地出让金估算。国家以土地所有者身份将土地使用权在一定年限内让与土地使用者,土地使用者向国家支付土地使用权出让金。土地出让金的估算一般可参照政府近期出让的类似地块的出让金数额并进行时间、地段、用途、临街状况、建筑容积率、土地出让年限、周围环境状况及土地现状等因素的修正得到;也可以依据城市人民政府颁布的城市基准地价,根据项目用地所处的地段等级、用途、容积率和使用年限等因素修正得到。

(2) 土地征用费估算。根据《中华人民共和国土地管理法》的规定,国家建设征用农村土地发生的费用主要有土地补偿费、土地投资补偿费(青苗补偿费、树木补偿费、地面附着物补偿费)、人员安置补偿费、新菜地开发基金、土地管理费、耕地占用税和拆迁费等。这些费用的估算可参照国家和地方有关的现行标准进行估算。

(3) 拆迁安置补偿费估算。在城镇地区,国家或地方政府可以依照法定程序,将国有储备土地或已经由企事业单位或个人使用的土地划拨给房地产开发项目或其他建设项目使用。因划拨土地使原用地单位或个人造成经济损失,新用地单位应按规定给予合理补偿。拆迁安置补偿费实际包括两部分费用,即拆迁安置费和拆迁补偿费。

拆迁安置费指开发建设单位对被拆除房屋的使用人,依据有关规定给予安置所需的费用。一般情况下应按照拆除的建筑面积给予安置。被拆除房屋的使用人因拆迁而迁出时,作为拆迁人的开发建设单位应付给搬家费或临时搬迁安置费。拆迁补偿费指开发建设单位对被拆除房屋的所有权人,按照有关规定给予补偿所需的费用。拆迁补偿的形式可以分为产权调换、作价补偿或者产权调换与作价补偿相结合的形式。产权调换的面积按照所拆房屋的建筑面积计算;作价补偿的金额按照所拆除建筑物面积的重置价格结合新旧程度计算。

(4) 基础设施配套费估算。这是因进行城市基础设施如自来水厂、污水处理厂、煤气厂、供热厂和城市道路等的建设而分摊的费用,这些费用的收费标准在各地都有具体的规定,城市建设配套费的估算可参照这些规定或标准进行。

2) 前期工程费估算

前期工程费主要包括项目前期可行性研究、规划、设计、水文和地质勘测以及"七通一平"等土地开发工程费用支出。

(1) 项目的规划、设计、可行性研究所需的费用支出一般可按项目总投资的一个百分比估算。一般情况下,规划设计费为建安工程费的3%左右,可行性研究费占项目总投资的1%左右。水文和地质勘测所需的费用可根据所需工作量结合有关收费标准估算,一般为设计概算的0.5%。

(2)"七通一平"等土地开发费用,主要包括地上原有建筑物、构筑物拆除费用以及场地平整费用和通水、电、路的费用。这些费用的估算可根据实际工作量,参照有关经费标准估算,也可包含在基础设施配套费中。

3)房屋开发费估算

(1)建安工程费指直接用于房屋工程的总成本,主要包括建筑工程费(结构、建筑、特殊装修工程费)、设备及安装工程费(给排水、电气照明及设备安装,通风空调、弱电设备及安装,电梯及安装,其他设备及安装)和室内装修家具费等。

(2)附属工程费包括锅炉房、热力站、变电室、煤气调压站、自行车棚和信报箱等建设费用。

(3)室外工程费包括自来水、雨水、污水、煤气、热力、供电、电信、道路、绿化、环卫、室外照明和小区监控等工程的建设费用。

4)开发间接费用估算

(1)管理费用。管理费用指以开发建设单位为管理和组织开发经营活动而发生的各种费用,包括公司经费、工会经费、职工教育培训经费、劳动保险费、待业保险费、董事会费、咨询费、审计费、诉讼费、排污费、房地产税、土地使用税、业务招待费、坏账损失、报废损失及其他管理费用。管理费可按开发直接费的一定百分比估算,一般取3%左右。

(2)销售费用。销售费用指开发建设单位在销售其产品过程中发生的各项费用以及专设销售机构或委托销售代理的各项费用,包括销售人员的工资、奖金、福利费和差旅费等,销售机构的折旧费、修理费、物料消耗费、广告宣传费、代理费、销售服务费及销售许可证申领费等。

(3)财务费用。财务费用指开发建设单位为筹集资金而发生的各项费用,主要为借款的利息,还包括金融机构手续费、融资代理费、承诺费、外汇汇兑净损失以及企业筹资发生的其他财务费用。利息的计算可参照金融市场利率和投资分期投入的情况按复利计算。利息以外的其他费用一般按利息的10%左右估算。

(4)其他费用。其他费用主要包括临时用地费和临时建设费、标底编制费、招标管理费、总承包管理费、合同公证费、工程质量监督费、工程监理费、保险费、建材发展基金、人防工程费和档案管理费等费用。这些费用一般按当地有关部门规定的费率估算。

(5)不可预见费。不可预见费根据项目的复杂程度和前述各项费用估算的准确程度进行估算,一般按上述各项费用总和的3%~7%估算。

(6)税费。开发项目投资估算中应考虑项目所应缴纳的各种税项和地方政府或有关部门收取的行政规费。在一些大中型城市,这部分税费已经成为开发项目投资中占最大比重的费用。各项税费应根据当地有关标准估算。

例 6.4.1 某房地产开发项目,规划建设用地面积为 16.3 万 m^2。该项目用地范围内现有 4 家生产经营单位和 108 户居民,地上建筑面积 21 470 m^2。为改善城市面貌,根据城市规划,政府决定由某开发商对该地块进行开发。根据规划管理部门批准的初步规划设计方案,该地块上可建设总建筑面积为 20.38 万 m^2 的商住楼、写字楼、公寓、商业建筑及附属用房,小区各类道路面积 1.48 万 m^2,景观绿化面积 5.46 万 m^2。各类建筑基底面积 3.15 万 m^2。该项目的开发建设期预计为 4 年。

依据该项目的规划设计、该市同类建筑的造价资料以及有关房地产开发项目收费的规定,编制该项目的投资估算见表 6.4.2 所示。

表 6.4.2 某房地产开发项目投资估算表

序号	项目或费用名称	估算工程量	估算单价(元)或费率(%)	估算金额(万元)
一	建设前期费用			67 049.76
1.1	建设用地费			65 689
1.1.1	土地出让金	163 000 m^2	2 600	42 380
1.1.2	城市建设配套费	163 000 m^2	180	2 934
1.1.3	拆迁安置补偿费	163 000 m^2	850	13 855
1.1.4	手续费及税金	163 000 m^2	400	6 520
1.2	前期工程费			1 523.80
1.2.1	项目可行性研究	二十三	0.8%	286.18
1.2.2	规划方案设计	二十三	0.5%	178.86
1.2.3	施工图设计	203 800 m^2	20	407.6
1.2.4	室外配套设计	163 000 m^2	8	130.4
1.2.5	地质勘探测绘	二十三	0.1%	357.72
1.2.6	"七通一平"费	203 800 m^2	8	163.04
二	基础设施费			3 170.2
2.1	供水(红线内房屋外)	131 500 m^2	35	460.25
2.2	供电(红线内房屋外)	131 500 m^2	55	723.25
2.3	供气(红线内房屋外)	131 500 m^2	40	526
2.4	通讯	131 500 m^2	20	263
2.5	环卫、环保设施	203 800 m^2	15	305.7
2.6	景观绿化	54 600 m^2	120	655.2
2.7	小区道路	14 800 m^2	160	236.8

续表 6.4.2

序号	项目或费用名称	估算工程量	估算单价(元)或费率(%)	估算金额(万元)
三	房屋开发费			32 439
3.1	建筑安装工程费			32 439
3.1.1	住宅楼(多层及小高层)	162 200 m²	1 500	24 330
3.1.2	商业	6 500 m²	2 100	1 365
3.1.3	写字楼主楼	12 000 m²	1 800	2 160
3.1.4	公寓	18 000 m²	2 000	3 600
3.1.5	会所	2 400 m²	2 200	528
3.1.6	幼儿园	1 200 m²	1 800	216
3.1.7	管理用房	1 500 m²	1 600	240
四	管理费用			1 037.4
4.1	建设单位管理费	二+三	1%	357.72
4.2	招标代理费	二+三	0.1%	35.77
4.3	工程造价咨询费	二+三	0.3%	107.32
4.4	工程监理费	二+三	1.5%	536.59
五	各项规费			1 285.8
5.1	人防费	203 800 m²	25	509.5
5.2	维修基金	203 800 m²	35	713.3
5.3	白蚁防治费	31 500 m²	20	63
六	财务费用	二+三+四	0.6%	220.86
七	开发期税费	二+三+四	5%	1 840.49
八	不可预见费	二+三+四	6%	2 208.59
	总计			109 415.34

复习思考题

1. 投资估算的编制应掌握哪些依据?
2. 投资估算的作用有哪些?
3. 建设项目投资估算中其总投资的构成如何?
4. 投资估算的编制方法有哪些?编制时应如何选用?
5. 投资估算的编制应关注哪些注意事项?
6. 房地产开发项目的投资估算的费用组成有哪些?

7 设计概算的编制

7.1 设计概算的基本概念

7.1.1 设计概算的含义

设计概算是指在工程建设项目的初步设计（或扩大初步设计）阶段，设计单位根据初步设计（或扩大初步设计）图纸、概算定额或概算指标、材料价格、费用定额和有关取费规定，对编制的建设工程对象进行概略的费用计算，称为设计概算。

设计概算是工程建设项目初步设计文件的重要组成部分，它是工程初步设计阶段计算建筑物、构筑物的造价以及从筹建开始起至交付使用为止所发生的全部建设费用的文件。根据国家有关规定，建设工程在初步设计阶段，必须编制设计概算；在报批设计文件的同时，必须报批设计概算；施工图设计阶段，必须按照经批准的初步设计及其相应的设计概算进行施工图的设计工作。

7.1.2 设计概算的编制依据

1) 经批准的可行性研究报告

工程建设项目的可行性研究报告，由国家或地方计划或建设主管部门批准，其内容随建设项目的性质而异。一般包括建设目的、建设规模、建设理由、建设布局、建设内容、建设进度、建设投资、产品方案和原材料来源等。

2) 初步设计或扩大初步设计图纸和说明书

有了初步设计图纸和说明书，才能了解工程的具体设计内容和要求，并计算主要工程量。这些是编制设计概算的基础资料，并在此基础上制定概算的编制方案、编制内容和编制步骤。

3) 概算定额、概算指标

概算定额、概算指标是由国家或地方建设主管部门编制颁发的一种能综合反映某种类型的工程建设项目在建设过程中资源和资金消耗量的数量标准。这种数量标准的大小与一定时期社会平均的生产力发展水平以及生产效率水平相一致。所以，概算定额、概算指标是计算设计概算的依据，不足部分可参照与其相应的预算定额或其他有关资料进行补充。

4) 设备价格资料

各种定型的标准设备（如各种用途的泵、空压机、蒸汽锅炉等）均按国家有关部门规定的现行产品出厂价格计算。非标准设备按制造厂的报价计算。此外,还应具备计算供销部门的手续费、包装费、运输费及采购保管费等费用的资料。

5) 地区材料价格、工资标准

用于编制设计概算的材料价格及人工工资标准一般是由国家或地方工程建设造价主管部门编制颁发的、能反映一定时期材料价格及工资标准一般水平的指导价格。

6) 有关取费标准和费用定额

地区规定的各种费用、取费标准、计算范围、材差系数等有关文件内容,必须符合建设项目主管部门制定的基本原则。

7) 投资估算文件

经批准的投资估算是设计概算的最高额度标准。设计概算不得突破投资估算,投资估算应切实控制设计概算。根据国家有关规定,如果设计概算超过投资估算的10%以上,则要进行初步设计(或扩大初步设计)及概算的修正。

7.1.3 设计概算的作用

工程建设项目设计概算文件是初步设计文件的重要组成部分。国家规定:建设项目在报审初步设计或扩大初步设计的同时,必须附有设计概算。没有设计概算,就不能作为完整的设计文件。具体地说,工程建设项目设计概算有以下作用:

1) 国家制定和控制建设投资的依据

在我国,各项工程建设必须按国家批准的计划进行。国家投资的建设项目,只有当设计概算文件经主管部门批准后,才能列入年度建设计划,所批准的总费用就成为该建设项目投资的最高限额。国家拨款、银行贷款及竣工决算,都不能突破这个限额。

2) 编制建设计划的依据

建设年度计划安排的工程项目,其投资需要量的确定、建设物资供应计划和建筑安装施工计划等,都以主管部门批准的设计概算作依据。

3) 选择设计方案的依据

设计概算是设计方案的技术经济效果的反映,不同的设计方案有了设计概算就能进行比较,从而可以选出技术上先进和经济上合理的设计方案,达到节约投资的目的。所以说,设计概算是考核设计方案经济合理性的依据。

4) 签订工程总承包合同的依据

对于施工期限较长的大中型建设项目,可以根据批准的建设计划、初步设计和总概算文件确定工程项目的总承包价,采用工程总承包的方式进行建设。而设计概算一般用作建设单位和工程总承包单位签订总承包合同的依据。

5）办理工程拨款、贷款的依据

在施工图预算未编出以前,可先根据设计概算进行申请贷款和工程拨款。

6）控制施工图设计的依据

依据施工图设计编制的施工图预算不能超过设计概算所规定的造价,否则要对施工图设计进行修改,使施工图预算造价在概算的控制以内,或报请主管部门批准后,才能突破概算额。

7）考核和评价工程建设项目成本和投资效果的依据

工程建设项目的投资转化为建设项目法人单位的新增资产,可根据建设项目的生产能力计算建设项目的成本、回收期以及投资效果系数等技术经济指标,并将以概算造价为基础计算的指标与以实际发生造价为基础计算的指标进行对比,从而对工程建设项目成本和投资效果进行评价。

7.2 编制设计概算的基本方法

7.2.1 编制设计概算的方法及步骤

编制设计概算的目的是计算相应的工程造价,在明确工程造价的概念及所需计算的费用范围基础上,根据工程造价的费用构成及不同费用的性质,采用逐个编制、层层汇总的原则开展编制工作。具体步骤如下:

首先,编制单位工程概算书。通过单位工程概算书的编制,分别计算确定工程建设项目所属每个单位工程的概算造价。单位工程的概算造价即该单位工程的工程费。

其次,编制工程项目(单项工程)综合概算书。编制工程项目(单项工程)综合概算书的目的,是为了分别计算确定工程建设项目所属每个工程项目(单项工程)的概算造价。而该概算造价是指发生在该工程项目(单项工程)的建造过程中并且能直接计算的费用,该费用一般包括该工程项目(单项工程)所属的各单位工程造价之和再加上该工程项目(单项工程)所属的设备、工器具购置费用。所以,编制工程项目(单项工程)综合概算书的方法是将各单位工程概算书进行汇总,再加上该工程项目(单项工程)所属的设备、工器具购置费用即可。

第三,编制工程建设其他费用概算书。编制工程建设其他费用概算书的目的是计算确定工程建设项目所属的各项工程建设其他费用。其编制方法是根据概算工程的具体情况,采用一览表的形式,分别计算各项工程建设其他费用并汇总。

第四,编制工程建设项目总概算书。编制工程建设项目总概算书的目的是计算确定该工程建设项目在要求的概算范围内的总造价。工程建设项目总概算的编制方法是将各工程项目(单项工程)综合概算书进行汇总再加上相应的工程建设其他费用概算书即可。

7.2.2 设计概算编制的准备工作

(1) 深入现场,调查研究,掌握第一手材料。对新结构、新材料、新技术和非标准设备价格要搞清楚并落实,认真收集其他有关基础资料(如定额、指标等)。

(2) 根据设计要求、总体布置图和全部工程项目一览表等资料,对工程项目的内容、性质、建设单位的要求、建设地区的施工条件等,作一概括性的了解。

(3) 在掌握和了解上述资料与情况的基础上,拟出编制设计概算的提纲,明确编制工作的主要内容、重点、步骤和审核方法。

(4) 根据已拟定的设计概算编制提纲,合理选用编制依据,明确取费标准。

7.3 单位工程设计概算的编制方法

单位工程设计概算是初步设计文件的重要组成部分。设计单位在进行初步设计时,必须同时编制出单位工程设计概算。

单位工程设计概算,是在初步设计阶段,利用国家颁发的概算指标、概算定额或综合预算定额(如江苏省在没有概算定额时规定其综合预算定额具有概算定额的作用)等,按照设计要求,概略地计算建筑物或构筑物的造价,以及确定人工、材料和机械等需用量。

一般情况下,施工图预算造价不允许超过设计概算造价,以使设计概算能起到控制施工图预算的作用。所以,建筑单位工程设计概算的编制,既要保证它的及时性,又要保证它的正确性。

单位工程设计概算,一般有下列两种编制方法:一是根据概算指标进行编制;二是根据概算定额进行编制。

7.3.1 利用概算指标编制设计概算

1) 编制特点

概算指标一般是以建筑面积(或建筑体积)为单位,以整栋建筑物为依据而编制的指标。它的数据均来自各种已建的建筑物预算或竣工结算资料,用其建筑面积(或建筑体积)除需要的各种人工、材料等而得出。

由于概算指标通常是按每栋建筑物每 100 m^2 建筑面积(或每栋建筑物每 1 000 m^3 建筑体积)表示的价值或工料消耗量,因此,它比概算定额更为扩大、综合,所以按此编制的设计概算比按概算定额编制的设计概算更加简化,精确度显然也要比用概算定额编制的设计概算低一些,是一种对工程造价估算的方法。但由于编制速度快,能解决时间紧迫的要求,该法有一定的实用价值。

2) 编制方法

在初步设计阶段编制设计概算,如果已有初步设计图纸,则可根据初步设计图纸、设计说明和概算指标,按设计的要求、条件和结构特征(如结构类型、基础、内外墙、楼板、屋架;建筑外形、层数、层高、檐高、屋面、地面、门窗、建筑装饰等),查阅概算指标中的相同类型建筑物的简要说明和结构特征来编制设计概算;如果无初步设计图纸无法计算工程量,或在可行性研究阶段只有轮廓方案,也可用概算指标来编制设计概算。

(1) 直接套用概算指标编制概算

如果拟编工程项目在设计上与概算指标中的某建筑物相符,则可直接套用指标进行编制。以指标中所规定的土建工程每 100 m^2 或每 1 000 m^3 的造价或人工、主要材料消耗量,乘以设计工程项目的概算建筑面积(或建筑体积),即可得出该设计工程的全部概算价值(即直接费)和主要材料消耗量。具体步骤及计算公式如下:

① 根据概算指标中的人工工日数及工资标准计算人工费:

$$每 m^2 建筑面积人工费 = 指标人工工日数 \times 地区日工资标准 \quad (7.3.1)$$

② 根据概算指标中的主要材料数量及材料预算价格计算材料费:

$$每 m^2 建筑面积主要材料费 = \sum(主要材料数量 \times 地区材料预算价格) \quad (7.3.2)$$

③ 按求得的主要材料费及其他材料费占主要材料费中的百分比,求出其他材料费:

$$每 m^2 建筑面积其他材料费 = 每 m^2 建筑面积主要材料费 \times 其他材料费与主要材料费的比率 \quad (7.3.3)$$

④ 按求得的人工费、材料费、机械费,求出直接费:

$$每 m^2 建筑面积直接费 = 人工费 + 主要材料费 + 其他材料费 + 机械费 \quad (7.3.4)$$

施工机械使用费在概算指标中一般是用"元"表示的,故不需计算,可直接按概算指标确定。

⑤ 按求得的直接费及地区规定取费标准,求出间接费、税金等其他费用及材料价差。

⑥ 将直接费和其他费用相加,得出概算单价:

$$每 m^2 建筑面积概算单价 = 直接费 + 间接费 + 材料价差 + 税金 \quad (7.3.5)$$

⑦ 用概算单价和建筑面积相乘,得出单位工程概算造价:

$$设计工程概算造价 = 设计工程建筑面积 \times 每\ m^2\ 建筑面积概算造价 \quad (7.3.6)$$

⑧ 最后计算主要材料和人工用量:

$$\begin{matrix}设计所需主要\\材料、人工用量\end{matrix} = \begin{matrix}设计工程\\建筑面积\end{matrix} \times \begin{matrix}每\ m^2\ 建筑面积主\\要材料、人工耗用量\end{matrix} \quad (7.3.7)$$

(2) 换算概算指标编制概算

由于随着建筑技术的发展,新结构、新技术、新材料的应用,设计做法也在不断地发展。因此,在套用概算指标时,设计内容不可能完全符合概算指标中所规定的结构特征。此时,就不能简单地按照类似的或最相近的概算指标套算,而必须根据差别的具体情况,对其中某一项或某几项不符合设计要求的内容,分别加以修正和换算。经换算后的概算指标,方可使用。换算方法如下:

$$\begin{matrix}单位建筑面积\\造价换算概算指标\end{matrix} = \begin{matrix}原概算\\指标单价\end{matrix} - \begin{matrix}换出结构\\构件单价\end{matrix} + \begin{matrix}换入结构\\构件单价\end{matrix} \quad (7.3.8)$$

其中:

$$\begin{matrix}换出(或换入)\\结构构件单价\end{matrix} = \begin{matrix}换出(或换入)\\结构构件工程量\end{matrix} \times \begin{matrix}相应的概算\\定额单价\end{matrix} \quad (7.3.9)$$

设计内容与概算指标规定不符时需要换算概算指标,其目的是为了保证概算价值的正确性。具体编制步骤如下:

① 根据概算指标求出每 m^2 建筑面积的直接费。

② 根据求得的直接费,算出与设计对象不符的结构构件的价值。

③ 将换入结构构件工程量与相应概算定额单价相乘,得出设计对象所要的结构构件价值。

④ 将每 m^2 建筑面积直接费,减去与设计对象不符的结构构件价值,加上设计对象要的结构构件价值,即为修正后的每 m^2 建筑面积的直接费。

⑤ 求得修正后的每 m^2 建筑面积的直接费后,就可按照"直接套用概算指标法",编制出单位工程概算。

7.3.2 利用概算定额编制设计概算

1) 编制依据

(1) 初步设计或扩大初步设计的图纸资料和说明书。

(2) 概算定额。

(3) 概算费用指标。

(4) 施工条件和施工方法。

2）编制方法

利用概算定额编制单位工程设计概算的方法，与利用预算定额编制单位工程施工图预算的方法基本上相同，概算书所用表式与预算书表式亦基本相同。不同之处在于设计概算项目划分较施工图预算粗略，是把施工图预算中的若干个项目合并为一项，并且采用的是概算工程量计算规则。

利用概算定额编制概算，其编制对象必须是设计图纸中对建筑、结构、构造均有明确的规定，图纸内容比较齐全、完善，能够计算工程量。该法编制精度高，是编制设计概算的常用方法。

利用概算定额编制设计概算的具体步骤如下：

（1）熟悉设计图纸，了解设计意图、施工条件和施工方法

由于初步设计图纸比较粗略，一些结构构造尚未能详尽表示出来，如果不熟悉结构方案和设计意图，就难以正确地计算出工程量，因而也就不能准确地计算出土建工程的造价；同样，如果不了解地质情况、土壤类别、挖土方法、余土外运等施工条件和施工方法，也会影响编制设计概算的准确性。

（2）列出工程设计图中各分部分项的工程项目，并计算其工程量

在熟悉设计图纸和了解施工条件的基础上，按照概算定额分部分项工程的划分，列出各分项工程项目。工程量计算应按概算定额中规定的工程量计算规则进行，并将各分项工程量按概算定额编号顺序，填入工程概算表内。

由于设计概算项目内容比施工图预算项目内容扩大，在计算工程量时，必须熟悉概算定额中每个项目所包括的工程内容，避免重算和漏算。

（3）确定各分部分项工程项目的概算定额单价（基价）和工料消耗指标

工程量计算完毕并经复核整理后，即按照概算定额中分部分项工程项目的顺序，查概算定额的相应项目，将项目名称、定额编号、工程量及其计量单位、定额基准价和人工、材料消耗量指标，分别填入工程概算表和工料分析表中的相应栏内。

当设计图中的分项工程项目名称、内容与采用的概算定额中相应的项目完全一致时，即可直接套用定额进行计算；如果遇有某些不相符时，则按规定对定额进行换算后才可以套用定额进行计算。

（4）计算各分部分项工程的直接费和总直接费

将已算出的各分部分项工程的工程量及已查出的相应定额基准价相乘，即可得出各分项工程的直接费；汇总各分项工程的直接费，即可得到该单位工程的总直接费。

直接费计算结果，均可取整数，小数点后四舍五入。如果规定有地区的人工、材料价差调整指标，计算直接费时，还应按规定的调整系数进行调整计算。

（5）计算间接费和税金等费用

根据总直接费、各项施工取费标准，分别计算间接费和税金等费用。

(6) 计算单位工程的基本预备费

单位工程的基本预备费是指设计中无法预先估计而在施工中可能出现的费用。如果不扩大工程范围、不改变结构方案的设计变更所增加的费用,那么其计算方法是在直接费、间接费、税金等的总和基础上,乘以一个合理的费率。

(7) 计算单位工程概算总造价

将上面算得的直接费、间接费、税金、预备费等相加起来,即得到单位工程概算总造价。

(8) 计算每 m^2 建筑面积造价

将建筑面积除概算总造价,即求出每 m^2 建筑面积的概算造价。

(9) 进行概算工料分析

工料分析是指对主要工种人工和主要建筑材料进行分析,计算出人工、材料的总耗用量。

(10) 编写概算编制说明

江苏省规定,在应用概算定额编制单位建筑设计概算时,可在基准价基础上增加概算编制期的材料价差、有关部门批准的政策性调价,然后根据工程特点、工期等情况再增加预备费(5%~10%)。如编制施工图预算和标底,在基准价基础上增加编制期的材料价差和有权部门批准的政策性调价;如编制投标报价,由投标单位根据各自的管理水平、技术水平和经济实力等因素,结合定额,自主报价。

7.4 工程建设项目总概算的编制

工程建设项目总概算是综合反映工程建设项目在建设过程中所需发生的所有一次性建设费用总和的概算文件。为了全面地计算和确定工程建设项目在建设过程中所需发生的所有一次性建设费用的总和,一般应根据工程造价的费用构成及不同费用的性质,在概算编制工作中采用逐个编制、层层汇总的原则,首先编制单位工程概算,其次编制工程项目综合概算,在此基础上通过综合汇总,得到工程建设总概算。

下面结合江苏省有关编制设计概算的规定,具体讨论工程建设项目总概算文件所需包括的内容及相应的编制步骤。

工程建设项目设计概算是设计文件的重要组成部分,采用两阶段设计的建设项目,初步设计阶段必须编制设计概算;采用3阶段设计的建设项目,除了初步设计阶段必须编制设计概算外,技术设计阶段必须编制修正概算。

设计概算必须根据批准的可行性研究报告、初步设计文件、设备清单、概算定额或指标、费用标准、技术经济指标等资料,并考虑工程建设期贷款利率、汇率等动态因素进行编制,应完整地反映工程建设项目的全部投资费用。

7.4.1 工程建设项目设计总概算的内容

工程建设项目设计总概算一般应由以下内容组成:
(1) 封面、签署页及目录
(2) 编制说明
(3) 总概算表
(4) 前期工程费统计汇总表
(5) 单项(位)工程概算表
(6) 建筑工程概算表
(7) 设备安装工程概算表
(8) 工程建设其他费用概算表
(9) 工程主要工程量表
(10) 工程主要材料汇总表
(11) 工程主要设备汇总表
(12) 工程工日数量表
(13) 分年度投资汇总表
(14) 资金供应量汇总表

7.4.2 主要内容的要求及编制步骤

(1) 封面、签署页应按统一规定格式填写,其中签署页应设立工程经济人员的资格证号栏目,填写编制、校审人员的姓名并盖资格证书专用章。

(2) 编制说明应包括以下主要内容:

① 工程概况,简述工程建设项目的性质、特点,以及生产规模、建设周期、建设地点等主要情况,引进项目应说明引进内容以及国内配套工程等主要情况。

② 资金来源及投资方式。

③ 编制依据及编制原则。

④ 投资分析,主要分析各项投资的比重,各专业投资的比重等经济指标以及国内外同类工程的比较并分析投资高低的原因。

⑤ 其他需要说明的问题。

(3) 总概算表由静态投资和动态投资两部分组成:静态投资部分应根据工程所有项目,以前期工程费统计汇总表、各单项工程概算表、工程建设其他费用概算表、主要材料汇总表、主要设备汇总表为基础汇总编制;动态投资部分应按照建设项目的性质,计列相应的税、费。

(4) 单项工程概算应以其所辖的单位工程概算为基础汇总编制。单项工程是指建成后可以独立发挥生产能力或使用功能的工程。

(5)单位工程概算应分为建筑工程概算和安装工程概算,单位工程是单项工程的组成部分,是指具有单独设计,可以单独组织施工,但不能独立发挥生产能力或使用的工程。单位工程概算由建筑安装工程费中的直接费、间接费、利润和税金组成,是编制单项工程概算的依据。

(6)概算中,国内工程建设项目的投资额均以人民币计算,其中引进部分应列出外币金额;合资项目应分别列出外币和人民币,合计金额以人民币计算。

(7)一个建设项目如由几个设计单位承担设计时,主体设计单位应负责制定统一概算的编制原则、编制依据及其他有关事项,负责汇编并对编制质量负责;其他设计单位负责各自承担设计部分的概算编制并做好配合协作工作。

设计单位在编制概算时,必须完整填报工程项目主要设备材料价格,并依据市场实际价格和各种设备、材料的品牌、性能及价格的不同,明确品牌、规格、型号及产地,择优选用。

(8)设计概算的编制必须严格执行国家的有关方针、政策,要真正做到概算能控制预算,批准的设计概算是确定建设项目投资额的依据。

复习思考题

1. 简述设计概算的概念及其作用。
2. 简述编制设计概算的原则及步骤。

8 招标控制价

8.1 招标控制价概述

实行工程量清单招标后,由于招标方式的改变,标底保密这一法律规定已不能起到有效遏止哄抬标价的作用。我国有的地区和部门已经发生了在招标项目上所有投标人的报价均高于标底的现象,致使中标人的中标价高于招标人的预算,对招标工程的项目业主带来了困扰。因此,为有利于客观、合理的评审投标报价和避免哄抬标价,造成国有资产流失,招标人应编制招标控制价,作为招标人能够接受的最高交易价格。招标控制价应由具有编制能力的招标人,或受其委托具有相应资质的工程造价咨询人编制。

8.2 建筑与装饰工程计价表

《计价表》中的综合单价由人工费、材料费、机械费、管理费、利润等五项费用组成。一般建筑工程、单独打桩与制作兼打桩项目的管理费和利润,已按三类工程标准计入综合单价内,一、二类工程和单独装饰工程、大型土石方工程等应根据《江苏省建筑与装饰工程费用计算规则》的规定,对管理费和利润进行调整后计入综合单价内。

8.2.1 土石方工程计价

1) 土石方工程计价表有关说明及注意事项

(1) 土方工程套用定额规定:挖填土方厚度在±300 mm 以内及找平为平整场地;沟槽底宽在 3 m 以内,沟槽底长大于 3 倍沟槽底宽的为挖地槽、地沟;基坑底面积在 20 m² 以内的为挖基坑;以上范围之外的均为挖土方。

(2)《计价表》土石方工程中未包括地下水位以下的施工排水费用,如需要排水,应根据施工组织设计规定,在措施项目中计算排水费用。

(3) 人工挖地槽、地坑、土方根据土壤类别套用相应定额,人工挖地槽、地坑、土方在城市市区或郊区一般按三类土定额执行。

(4) 利用挖出土回填或余土外运时,堆积期在一年以内的土,除按运土方定额执行外,还要计算挖一类土的定额项目。回填土取自然土时,按土壤类别执行挖土定额。

(5) 机械挖土方定额是按三类土计算的,如实际土壤类别不同时,定额中机械台班量按表8.2.1取值调整系数。

表8.2.1　机械挖土方机械台班量系数调整表

项目	三类土	一、二类土	四类土
推土机推土方	1.00	0.84	1.18
铲运机铲运土方	1.00	0.84	1.26
自行式铲运机铲运土方	1.00	0.86	1.09
挖掘机挖土方	1.00	0.84	1.14

(6) 机械挖土方工程量,按机械实际完成工程量计算。机械挖不到的地方,人工修边坡,整平的土方工程量套用人工挖土方相应定额项目,其中人工乘以系数2。(人工挖土方的量不得超过挖土方总量的10%)

(7) 定额中自卸汽车运土,对道路的类别及自卸汽车的吨位已综合计算,套定额时只要根据运土距离选择相应项目。

(8) 自卸汽车运土定额是按正铲挖掘机挖土装车考虑的,如系反铲挖掘机挖土装车,则自卸汽车运土台班量乘系数1.1。

2) 土石方工程计价实例

例8.2.1　图5.4.1是某单位传达室基础平面图及基础详图。土壤为三类土、干土,场内运土150 m,要求人工挖土。工程量在例5.4.1中已计算,现按《计价表》规定计价。

相关知识

(1) 沟槽底宽在3 m以内,沟槽底长是底宽的3倍以上,该土方应按人工挖地槽、地沟定额执行;

(2) 按土壤类别、挖土深度套相应定额;

(3) 运土距离和运土工具按施工组织设计要求定。

解　《计价表》计价:

(1) 三类干土、挖土深度1.6 m(深度3 m以内)

《计价表》1—24　人工挖地槽　每立方米综合单价:16.77元

人工挖地槽综合价:128.24×16.77＝2 150.58(元)

(2) 场内运土150 m,用双轮车运土

《计价表》1—92　运距在50 m以内

　　　　　1—95　运距在500 m以内每增加50 m

　　　　　1—92＋95×2　人力车运土150 m

每立方米综合单价：6.25＋1.18×2＝8.61元

人力车运土综合价：128.24×8.61＝1 104.15(元)

例 8.2.2 某建筑物地下室见图 5.4.2。地下室墙外壁做涂料防水层,施工组织设计确定用反铲挖掘机挖土,土壤为三类土,机械挖土坑内作业,土方外运 1 公里,回填土已堆放在距场地 150 m 处。工程量在例 5.4.2 中已计算,现按《计价表》规定计价。

相关知识

(1) 用何种型号的挖土机械应按施工组织设计的要求和现场实际使用机械定；

(2) 机械挖土不分挖土深度及干湿土；(如有地下水时,应根据施工组织设计,在措施项目中计算排水费用。)

(3) 修边坡,整平等人工挖土方按相关定额,人工乘系数"2"；

(4) 挖出土场内堆放或转运距离或全部外运距离均按施工组织设计要求计算。本例题中挖出土全部外运 1 公里,其中人工挖土部分在坑上再由挖掘机装车外运；

(5) 反铲挖掘机挖土装车,自卸汽车运土台班量要乘系数"1.10"；

(6) 机械挖一类土,定额中机械台班数量要按表 6.1.1 的系数调整；

(7) 回填要考虑挖、运；

(8) 挖土机械进退场费在措施项目中计算；

(9) 单独编制概预算或在一个单位工程内挖方或填方在 5 000 m³ 以上按大型土石方工程调整管理费和利润。本题不属此范围,仍按一般土建三类工程计算。

解 《计价表》计价：

(1) 斗容量 1 m³ 以内反铲挖掘机挖土装车

《计价表》1—202　反铲挖掘机挖土装车

每 1 000 m³ 综合单价：2 657.21 元

反铲挖掘机挖土装车综合价：

2.083×2 657.21＝5 534.97(元)

(2) 自卸汽车运土 1 公里(反铲挖掘机装车)

《计价表》1—239 换：自卸汽车台班乘"1.10"

机械费：8.127×0.10×619.83＝503.74(元)

管理费：503.74×25％＝125.94(元)

利润：503.74×12％＝60.45(元)

自卸汽车运土每 1 000 m³ 综合单价：

7 121.18＋503.74＋125.94＋60.45＝7 811.31(元)

自卸汽车运土 1 公里综合价：

2.083×7 811.31=16 270.96(元)

(3) 人工修边坡整平,三类干土,深度 3.05 m

《计价表》1—3　　　挖土方 1.5 m 以内

　　　　1—11　　　挖土深度超过 1.5 m,在 4 m 以内增加费

　　　　1—3+11 换　人工挖土方深在 4 m 以内

　　　　　　定额价换算：人工乘系数"2",该项只有人工费、管理费、利润,因此也是综合单价乘以"2"。

　　　　　　每立方米综合单价：(10.19+4.60)×2＝29.58(元)

　　　　　　人工挖土方综合价：174.46×29.58＝5 160.53(元)

(4) 人工挖出的土用挖掘机挖出装车(人工挖土部分)

《计价表》1—202 换　　反铲挖掘机挖一类土、装车

　　　　　　定额价换算：机械台班乘系数"0.84"

　　　　挖掘机机械费：　2.264×(1−0.84)×781.10＝282.94(元)

　　　　推土机机械费：　0.226×(1−0.84)×438.75＝15.87(元)

　　　　管理费：　　　　(282.94+15.87)×25%＝74.70(元)

　　　　利润：　　　　　(282.94+15.87)×12%＝35.86(元)

　　　　挖掘机挖一类土、装车每 1 000 m³ 综合单价：
　　　　2 657.21−282.94−15.87−74.70−35.86＝2 247.84(元)

　　　　机械挖土工程量：(人工挖土部分) 174.46 m³

　　　　机械挖土方综合价：0.174×2 247.84＝391.12(元)

(5) 自卸汽车运土 1 公里,反铲挖掘机装车(人工挖土部分)

《计价表》1—239 换　　自卸汽车运土 1 公里(同第 2 项计算)

　　　　　　综合单价每 1 000 m³：7 811.31 元

　　　　　　自卸汽车运土 1 公里综合价：
　　　　　　0.174×7 811.31＝1 359.17(元)

(6) 回填土,人工回填夯实

《计价表》1—104　　基坑回填土　每立方米综合单价：10.70 元

　　　　　　基坑回填土综合价：367.98×10.70＝3 937.39(元)

(7) 挖回填土、堆积期在一年以内,为一类土

《计价表》1—1　　人工挖土方　每立方米综合单价：3.95 元

　　　　　　人工挖土方综合价：367.98×3.95＝1 453.52 元

(8) 双轮车运回填土 150 m

《计价表》1—92+95×2　人力车运土 150 m

　　　　　　每立方米综合单价：6.25+1.18×2＝8.61(元)

　　　　　　人力车运土综合价：367.98×8.61＝3 168.31(元)

8.2.2 打桩及基础垫层工程计价

1) 打桩及基础垫层工程计价表有关说明和注意事项

（1）打桩机的类别、规格在定额中不换算，但打桩机及为打桩机配套的施工机械进（退）场费，组装、拆卸费按实际进场机械的类别、规格在措施项目中计算。

（2）每个单位工程的打（灌注）桩工程量小于表8.2.2中规定数量时，为小型工程，其人工、机械（包括送桩）按相应定额项目乘系数1.25。

表 8.2.2　小型打（灌注）桩工程工程量指标表

项　　目	工程量/m³
预制钢筋混凝土方桩	150
预制钢筋混凝土离心管桩	50
打孔灌注混凝土桩	60
打孔灌注砂桩、碎石桩、砂石桩	100
钻孔灌注混凝土桩	60

（3）打预制方桩、离心管桩的定额中已综合考虑了300 m的场内运输。当场内运输超过300 m时，运输费另外计算，同时扣除定额内的场内运输费。

（4）打预制桩定额中不含桩本身，只有1%的桩损耗，桩的制作费另按第四章、第五章相应定额计算。

（5）各种灌注桩的定额中已考虑了灌注材料的充盈系数和操作损耗率。（见表8.2.3）但这个数量是供编制标底时参考使用的，结算时灌注材料的充盈系数应按打桩记录的灌入量进行计算，但操作损耗率不变。

表 8.2.3　灌注桩充盈系数及操作损耗率表

项目名称	充盈系数	操作损耗率/%
打孔沉管灌注混凝土桩	1.20	1.50
打孔沉管灌注砂（碎石）桩	1.20	2.00
打孔沉管灌注砂石桩	1.20	2.00
钻孔灌注混凝土桩（土孔）	1.20	1.50
钻孔灌注混凝土桩（岩石孔）	1.10	1.50
打孔沉管夯扩灌注混凝土桩	1.15	2.00

（6）钻孔灌注混凝土桩钻孔定额中，已含挖泥浆池及地沟土方的人工，但不含砌泥浆池的人工及耗用材料。在编制标底时暂按每立方米桩1.0元计算，结算时按实调整。

(7) 灌注桩中设计有钢筋笼时,按第四章相应定额计算。

(8) 本《计价表》中,灌注混凝土桩的混凝土灌注,有三种方法,即:现场搅拌混凝土,泵送商品混凝土,非泵送商品混凝土,应根据设计要求或施工方案选择使用。

(9) 混凝土垫层厚度在 15 cm 以内时,按垫层计算;厚度超过 15 cm 时按混凝土基础计算。

(10) 整板基础下的垫层采用压路机碾压时,人工乘系数 0.9,垫层材料乘系数 1.15。定额中的电动打夯机取消,改为光轮压路机(8 T)0.022 台班。

2) 打桩及基础垫层工程计价实例

例 8.2.3 某工程桩基础为现场预制混凝土方桩,(见图 5.4.3) C30 商品混凝土,室外地坪标高 −0.3,桩顶标高 −1.80,桩计 150 根。工程量在例 5.4.3 中已计算,现按《计价表》规定计价。

相关知识

(1) 本工程桩工程量小于表 8.2.2 中相应的工程量,属小型工程,打桩的人工、机械(包括送桩)按相应定额乘系数"1.25"。

(2) 打桩定额中预制桩 1% 损耗为 C35 混凝土,混凝土强度等级不同按规定不调整。

(3) 预制桩根据工程实际情况,如是购买成品桩,则将成品桩价格计入;如果是现场制作桩,则将桩的制作费计入。本例题是现场制作桩,因此要按相关章节规定计算方桩制作(桩内钢筋暂不考虑)。

(4)《计价表》中的打桩、送桩项目的管理费、利润的计取标准,是按"打预制桩"三类工程费率计算的。《计价表》中的桩制作项目的管理费、利润的计取标准,是按"土建"三类工程费率计算的。本工程根据桩长确定为三类工程,但需要现场制作桩,所以桩制作、打桩、送桩项目中的管理费、利润均需要调整为"制作兼打桩"三类工程的费率标准。

(5) 按 2009 年《江苏省建设工程费用定额》,"制作兼打桩"三类工程的管理费为 11%、利润为 7%,因此本例题中的管理费、利润均应按此标准计算。

解 《计价表》计价:

(1) 桩制作,用 C30 非泵送商品混凝土

《计价表》5—334　方桩制作

(管理费由 25% 调整为 11%,利润由 12% 调整为 7%,此过程可在电脑上操作调整,在本例题中不再细述)

每立方米综合单价:326.76 元

方桩制作综合价:113.40×326.76＝37 054.58(元)

(2) 打预制方桩,桩长 8.4 m,工程量小于 150 m³

《计价表》2—1 换　打预制方桩　桩长 12 m 以内

（管理费 11%，利润由 6% 调整为 7%）

综合单价：167.82 元

定额价换算：小型工程，人工、机械乘系数"1.25"

人工费：$0.82 \times 0.25 \times 24.0 = 4.92$（元）

机械费：$0.102 \times 0.25 \times 719.46 = 18.35$（元）

管理费：$(4.92 + 18.35) \times 11\% = 2.56$（元）

利润： $(4.92 + 18.35) \times 7\% = 1.63$（元）

打预制方桩每立方米综合单价：

$167.82 + 4.92 + 18.35 + 2.56 + 1.63 = 195.28$（元）

打预制方桩综合价：$113.40 \times 195.28 = 22\,144.75$（元）

（3）预制方桩送桩，桩长 8.4 m，送桩长度 2 m

《计价表》2—5 换　预制方桩送桩，桩长 12 m 以内

（管理费 11%，利润由 6% 调整为 7%）

综合单价：146.03 元

定额价换算：小型工程，人工、机械乘系数"1.25"

人工费：$0.94 \times 0.25 \times 24.0 = 5.64$（元）

机械费：$0.117 \times 0.25 \times 719.46 = 21.04$（元）

管理费：$(5.64 + 21.04) \times 11\% = 2.93$（元）

利润： $(5.64 + 21.04) \times 7\% = 1.87$（元）

预制方桩送桩每立方米综合单价：

$146.03 + 5.64 + 21.04 + 2.93 + 1.87 = 177.51$（元）

预制方桩送桩综合价：$27.0 \times 177.51 = 4\,792.77$（元）

（4）预制方桩凿桩头

《计价表》2—102　凿方桩桩头

（管理费由 14% 调整为 11%，利润由 8% 调整为 7%）

每 10 根桩综合单价：81.29 元

凿桩头综合价：$15.0 \times 81.29 = 1\,219.35$（元）

例 8.2.4　某工程桩基础是钻孔灌注混凝土桩，(见图 5.4.4) C25 混凝土现场搅拌，土孔中混凝土充盈系数为 1.25，自然地面标高 −0.45，桩顶标高 −3.0，设计桩长 12.30 m，桩进入岩层 1 m，岩石孔中充盈系数为 1.1，桩直径 600 mm，计 100 根，泥浆外运 5 公里。工程量在例 5.4.4 中已计算，现按《计价表》规定计价。

相关知识

（1）钻土孔、岩石孔，灌注混凝土桩土孔、岩石孔，均分别套相应定额；

（2）混凝土强度等级与定额不同要换算；

（3）充盈系数与定额不符要调整混凝土灌入量，但操作损耗率不变；

(4) 在投标报价时砖砌泥浆池要按施工组织设计,要求计算工、料费用;

解 《计价表》计价:

(1) 钻 $\phi 600$ mm 土孔

《计价表》2—29 钻土孔 (管理费由 14% 调整为 11%,利润由 8% 调整为 7%)

　　每立方米综合单价:172.38 元

　　钻土孔综合价:391.40×172.38＝67469.53(元)

(2) 钻 $\phi 600$ mm 岩石孔

《计价表》2—32 钻岩石孔 (管理费由 14% 调整为 11%,利润由 8% 调整为 7%)

　　每立方米综合单价:726.11 元

　　钻岩石孔综合价:28.26×726.11＝20 519.87(元)

(3) 拌混凝土灌土孔桩

《计价表》2—35 换　钻土孔灌注 C25 混凝土桩

　　定额价换算:C25 混凝土 充盈系数"1.25"

　　C25 混凝土用量 1.25＋0.019＝1.269(m^3)

　　004009 C25 混凝土综合单价:1.269×211.42＝268.29(元)

　　004011 C30 混凝土综合单价:1.218×218.56＝266.21(元)

　　(管理费由 14% 调整为 11%,利润由 8% 调整为 7%)

　　C25 混凝土桩每立方米综合单价:

　　303.98＋268.29－266.21＝306.06(元)

　　钻土孔灌注混凝土桩综合价:

　　336.29×306.06＝102 924.92(元)

(4) 拌混凝土灌岩石孔桩

《计价表》2—36 换　钻岩石孔灌注 C25 混凝土桩

　　定额价换算:C25 混凝土　充盈系数同定额　混凝土量不变,

　　C30 混凝土换为 C25 混凝土,减材料费:

　　1.117×(218.56－211.42)＝7.98(元)

　　(管理费由 14% 调整为 11%,利润由 8% 调整为 7%)

　　C25 混凝土桩每立方米综合单价:

　　278.87－7.98＝270.89(元)

　　钻岩石孔灌注桩综合价:

　　28.26×270.89＝7 655.35(元)

(5) 泥浆外运 5 公里

《计价表》2—37　泥浆外运

　　(管理费由 14% 调整为 11%,利润由 8% 调整为 7%)

　　每立方米综合单价:73.98 元

泥浆外运综合价:419.66×73.98=31 046.45(元)

(6) 泥浆池费用

按施工组织设计要求泥浆池经计算工料费用为 2 000 元(计算略)

(7) 灌注桩凿桩头

《计价表》2—101　凿灌注桩桩头

(管理费由 14% 调整为 11%,利润由 8% 调整为 7%)

每立方米综合单价:64.74 元

凿灌注桩桩头综合价:16.96×64.74=1 097.99(元)

8.2.3　砌筑工程计价

1) 砌筑工程计价表有关说明和注意事项

(1) 砖基础深度自室外地面至砖基础底面超过 1.5 m 时,其超过部分每立方米砌体应增加 0.041 工日。

(2) 本《计价表》中,只有标准砖有弧形墙定额,其他品种砖弧形墙未设定额,按相应定额项目每立方米砌体人工增加 15%,砖增加 5%。

(3) 材料的垂直运输在措施项目垂直运输费中考虑。

(4) 砖砌体内的钢筋加固,按第四章的砌体、板缝内加固钢筋定额执行。

(5) 砖砌体挡土墙以顶面宽度按相应墙厚内墙定额执行;顶面宽度超过 1 砖时,按砖基础定额执行。

2) 砌筑工程计价实例

例 8.2.5　图 5.4.1 是某单位传达室基础平面图及基础详图。室内地坪±0.00,防潮层−0.06,防潮层以下用 M10 水泥砂浆砌标准砖基础,防潮层以上为多孔砖墙身,条形基础用 C20 自拌混凝土,垫层用 C10 自拌混凝土。工程量在例 5.4.5 中已计算,现按《计价表》规定计价。

相关知识

(1) 砌体砂浆与定额不同时要调整综合单价;

(2) 混凝土垫层、混凝土基础的模板套相应计价表项目在措施项目中计算;

(3) 混凝土基础中如有钢筋,则应按计价表第四章钢筋工程中的相关项目计算。

解　《计价表》计价:

(1)《计价表》3—1 换　砖基础 M10 水泥砂浆

定额中 M5 水泥砂浆换为 M10 水泥砂浆

每立方米综合单价:185.80−29.71+32.15=188.24(元)

砖基础综合价:15.64×188.24=2 944.07(元)

(2)《计价表》3—42　防水砂浆防潮层　每 10 m² 综合单价:80.68 元

防潮层综合价：$0.90 \times 80.68 = 72.61$(元)

(3)《计价表》2—120　C10 混凝土垫层　每立方米综合单价：206.00 元
　　　　　　　　　　　C10 混凝土垫层综合价：$4.27 \times 206.00 = 879.62$(元)

(4)《计价表》5—2　无梁式条形基础　每立方米综合单价：222.38 元
　　　　　　　　混凝土无梁式条形基础综合价：
　　　　　　　　　　$6.48 \times 222.38 = 1\,441.02$(元)

例 8.2.6　图 5.4.5 是某单位传达室工程图(含平面图,剖面图,墙身大样图)。构造柱 240×240,有马牙搓与墙嵌接,圈梁 240×300 mm,屋面板厚 100 mm,门窗上口无圈梁处设置过梁厚 120 mm,过梁长度为洞口尺寸两边各加 250 mm,窗台板厚 60 mm,长度为窗洞口尺寸两边各加 60 mm,窗两侧有 60 mm 宽砖砌窗套,砌体材料为 KP1 多孔砖,女儿墙为标准砖。工程量在例 5.4.6 中已计算,现按《计价表》规定计价。

相关知识

(1)砌体材料不同,分别套定额。

(2)多孔砖砌体定额不分内外墙,可合并计价,但一砖墙与半砖墙要分别计价；

(3)标准砖砌体定额分内、外墙,需分别计价；女儿墙按外墙定额计算。

解　《计价表》计价：

(1)《计价表》3—22　KP1 多孔砖一砖外墙、内墙
　　　　　　　每立方米综合单价：184.17 元
　　　　　　　KP1 多孔砖墙综合价：$16.26 \times 184.17 = 2\,994.60$(元)

(2)《计价表》3—21　KP1 多孔砖半砖内墙　每立方米综合单价：190.56 元
　　　　　　　KP1 多孔砖半砖墙综合价：$0.62 \times 190.56 = 118.15$(元)

(3)《计价表》3—29　标准砖女儿墙　每立方米综合单价：197.70 元
　　　　　　　标准砖女儿墙综合价：$1.61 \times 197.70 = 318.30$(元)

8.2.4　钢筋工程计价

1) 钢筋工程计价表有关说明和注意事项

(1)本章包括现浇构件、预制构件、预应力构件及其他 4 节,共设置 32 个子目,其中现浇构件 8 个子目,主要包括普通钢筋、冷轧带肋钢筋、成型冷轧扭钢筋、钢筋笼、桩内主筋与底板钢筋焊接等；预制构件 6 个子目,主要包括现场预制混凝土构件钢筋、加工场预制混凝土构件钢筋、点焊钢筋网片等；预应力构件 10 个子目,主要包括：① 先张法、后张法钢筋；② 后张法钢丝束、钢绞线束钢筋；③ 其他 8 个子目,主要包括砌体、板缝内加固钢筋、铁件制作安装、电渣压力焊、锥螺纹、镦粗直螺纹、冷压套管接头等。

(2)钢筋工程以钢筋的不同规格、不同品种按现浇构件钢筋、现场预制构件钢筋、加工厂预制构件钢筋、预应力构件钢筋、点焊网片分别套用定额项目。

(3)钢筋工程内容包括除锈、平直、制作、绑扎(点焊)、安装以及浇灌混凝土时维护钢筋用工。

(4)钢筋搭接所耗用的电焊条、电焊机、铅丝和钢筋余头损耗已包括在定额内,设计图纸注明的钢筋接头长度以及未注明的钢筋接头按规范的搭接长度应计入设计钢筋用量中。

(5)先张法预应力构件中的预应力、非预应力钢筋工程量应合并计算,按预应力钢筋相应项目执行;后张法预应力构件中的预应力钢筋、非预应力钢筋应分别套用定额。

(6)预制构件点焊钢筋网片已综合考虑了不同直径点焊在一起的因素,如点焊钢筋直径粗细比在2倍以上时,其定额工日按该构件中主筋的相应子目乘系数1.25,其他不变(主筋是指网片中最粗的钢筋)。

(7)粗钢筋接头采用电渣压力焊、套管接头、锥螺纹等接头者,应分别执行钢筋接头定额。计算了钢筋接头不能再计算钢筋搭接长度。

(8)非预应力钢筋不包括冷加工,设计要求冷加工时,应另行处理。预应力钢筋设计要求人工时效处理时,应另行计算。

(9)后张法钢筋的锚固是按钢筋帮条焊V型垫块编制的,如果采用其他方法锚固时,则应另行计算。

(10)基坑护壁孔内安放钢筋按现场预制构件钢筋相应项目执行;基坑护壁壁上钢筋网片按点焊钢筋网片相应项目执行。

(11)对构筑物工程,其钢筋应按定额中规定系数调整人工和机械用量。

(12)钢筋制作、绑扎需拆分者,制作按45%、绑扎按55%折算。

(13)钢筋、铁件在加工厂制作时,由加工厂至现场的运输费应另列项目计算。在现场制作的不计算此项费用。

2)钢筋工程计价表应用实例

例8.2.7 根据例5.4.7计算出的工程量按《计价表》(三类工程)计价。

解 Φ12以内重量:5.42+13.28=18.7(kg)

Φ25以内重量:26.99+17.75=44.74(kg)

4—1子目 现浇混凝土构件Φ12以内钢筋综合价:
  18.7÷1 000×3 421.48=63.98(元)

4—2子目 现浇混凝土构件Φ25以内钢筋综合价:
  44.74÷1 000×3 241.82=145.04(元)

合计:209.02元

例8.2.8 根据例5.4.8计算出的工程量,假设该梁所在的屋面高5 m,二类工程,请按《计价表》计价。

解 Φ12 以内质量:204.05 kg

Φ25 以内质量:1 440.79+11.63=1 452.42(kg)

子目换算:① 层高超 3.6 m 在 8 m 以内人工乘系数 1.03;

② 定额中三类工程取费换算为二类工程取费。

单价换算:

4—1 换(330.46×1.03+57.83)×(1+30%+12%)+2 889.53=3 454.98(元/t)

4—2 换(166.14×1.03+84.40)×(1+30%+12%)+2 898.58=3 261.42(元/t)

子目套用:

4—1 换　204.05÷1 000×3 454.98=704.99(元)

4—2 换　1 452.42÷1 000×3 261.42=4 736.95(元)

合计:5 441.94 元

8.2.5　混凝土工程计价

1) 混凝土工程计价表有关说明和注意事项

(1) 本章混凝土构件分为自拌混凝土构件、商品混凝土泵送构件、商品混凝土非泵送构件 3 部分,共设置 423 个子目。其中:自拌混凝土构件 169 个子目,主要包括:① 现浇构件(基础、柱、梁、墙、板、其他),② 现场预制构件(桩、柱、梁、屋架、板、其他),③ 加工厂预制构件,④ 构筑物等;商品混凝土泵送构件 114 个子目,主要包括:① 泵送现浇构件(基础、柱、梁、墙、板、其他),② 泵送预制构件(桩、柱、梁),③ 泵送构筑物等;商品混凝土非泵送构件 140 个子目,主要包括:① 非泵送现浇构件(基础、柱、梁、墙、板、其他),② 现场非泵送预制构件(桩、柱、梁、屋架、板、其他),③ 非泵送构筑物等。

(2) 现浇柱、墙子目中,均已按规范规定综合考虑了底部铺垫 1∶2 水泥砂浆的用量。

(3) 室内净高超过 8 m 的现浇柱、梁、墙、板(各种板)的人工工日按定额规定分别乘以系数。

(4) 现场预制构件,在加工厂制作,混凝土配合比按加工厂配合比计算;加工厂构件及商品混凝土改在现场制作,混凝土配合比按现场配合比计算,其工料、机械台班不调整。

(5) 加工厂预制构件其他材料费中已综合考虑了掺入早强剂的费用,现浇构件和现场预制构件未考虑用早强剂费用,设计需使用或建设单位认可时,其费用可按定额规定增加。

(6) 加工厂预制构件采用蒸汽养护时,立窑、养护池养护应按规定增加费用。

(7) 小型混凝土构件,系指单体体积在 0.05 m³ 以内的未列出子目的构件。

(8)构筑物中混凝土、抗渗混凝土已按常用的强度等级列入基价,设计与子目取定不符时,调整综合单价。

(9)构筑物中的混凝土、钢筋混凝土地沟是指建筑物室外的地沟,室内钢筋混凝土地沟按现浇构件相应项目执行。

(10)泵送混凝土子目中已综合考虑了输送泵车台班,布拆管及清洗人工、泵管摊销费、冲洗费。

2)混凝土工程计价表应用实例

例 8.2.9 根据例 5.4.10 计算的工程量按《计价表》计价,二类工程,现场自拌 C30 混凝土。

解 套用《计价表》5—7 换 单价换算如下:

(1)混凝土标号 C20 换算为 C30;

(2)三类工程取费换算为二类工程取费。

单价:227.65+(19.50+14.93)×(30%+12%)=242.11(元/m³)

套价:11.57×242.11=2 801.21(元)

例 8.2.10 根据例 5.4.11 计算的工程量按《计价表》计价(三类工程)。

解 套用《计价表》5—3

有梁式带形基础:29.6 m³×221.98 元/m³=6 570.61 元

8.2.6 金属结构工程计价

1)金属结构工程计价表有关说明和注意事项

(1)本章共设置 45 个子目,主要包括:① 钢柱制作;② 钢屋架、钢托架、钢桁架制作;③ 钢梁、钢吊车梁制作;④ 钢制动梁、支撑、檩条、墙架、挡风架制作;⑤ 钢平台、钢梯子、钢栏杆制作;⑥ 钢拉杆制作、钢漏斗制安、型钢制作;⑦ 钢屋架、钢托架、钢桁架现场制作平台摊销等。

(2)金属构件不论在附属企业加工厂或现场制作均执行本定额(现场制作需搭设操作平台,其平台摊销费按本章相应项目执行)。

(3)本定额中各种钢材数量均以型钢表示。实际不论使用何种型材,估价表中的钢材总数量和其他工料均不变。

(4)本定额的制作均按焊接编制,定额中的螺栓是在焊接之前临时加固的螺栓,局部制作用螺栓连接,亦按本定额执行。

(5)本定额除注明者外,均包括现场内(工厂内)的材料运输、下料、加工、组装及成品堆放等全部工序。加工点至安装点的构件运输,应另按第 7 章构件运输定额相应项目计算。

(6)本定额构件制作项目中,均已包括刷一遍防锈漆工料。

(7)金属结构制作定额中的钢材品种系按普通钢材为准,如果用锰钢等低合金钢者,则调整其制作人工。

(8) 混凝土劲性柱内,用钢板、型钢焊接而成的 H、T 型钢柱,按 H、T 型钢构件制作定额执行,安装按第 7 章相应钢柱项目执行。

(9) 定额各子目均未包括焊缝无损探伤(如 X 光透视、超声波探伤、磁粉探伤、着色探伤等),亦未包括探伤固定支架制作和被检工件的退磁。

(10) 后张法预应力混凝土构件端头螺杆、轻钢檩条拉杆按端头螺杆螺帽定额执行;木屋架、钢筋混凝土组合屋架拉杆按钢拉杆定额执行。

(11) 铁件是指埋入混凝土内的预埋铁件。

2) 金属结构工程计价表应用实例

例 8.2.11 试根据例 5.4.13 计算的工程量按《计价表》计价(三类工程)。

解 套用《计价表》6—18 柱间钢支撑:$0.077 \times 4840.19 = 372.69$(元)

8.2.7 构件运输及安装工程计价

1) 构件运输及安装工程计价表有关说明和注意事项

(1) 本章分为构件运输、构件安装两节,共设置 154 个子目,其中:构件运输 48 个子目,主要包括:① 混凝土构件,② 金属构件,③ 门窗构件;构件安装 106 个子目,主要包括:① 混凝土构件,② 金属构件等。

(2) 构件运输中,将混凝土构件分为 4 类,金属构件分为 3 类。

(3) 运输机械、装卸机械是取定的综合机械台班单价,实际与定额取定不符时,亦不做调整。

(4) 本定额包括混凝土构件、金属构件及门窗运输,运输距离应由构件堆放地(或构件加工厂)至施工现场距离确定。

(5) 定额已综合考虑了城镇、现场运输道路等级、上下坡等各种因素,不得因道路条件不同而调整定额。构件运输过程中,如遇道路、桥梁限载而发生的加固、拓宽和公安交通管理部门的保安护送以及沿途的过路、过桥等费用,应另行处理。

(6) 现场预制构件已包括了机械回转半径 15 m 以内的翻身就位。如受现场条件限制,混凝土构件不能就位预制,其费用应作调整。

(7) 加工厂预制构件安装,定额中已考虑运距在 500 m 以内的场内运输。场内运距如超过时,则应扣去上列费用,另按 1 km 以内的构件运输定额执行。

(8) 金属构件安装未包括场内运输费,如发生另计。

(9) 本章中定额子目不含塔式起重机台班,已包括在垂直运输机械费章节中。

(10) 本安装定额均不包括为安装工作需要所搭设的脚手架,若发生应按脚手架工程章节规定计算。

(11) 本定额构件安装是按履带式起重机、塔式起重机编制的。如施工组织设计需使用轮胎式起重机或汽车式起重机,经建设单位认可后,可按履带式起重机相应项目套用,其中人工、吊装机械乘系数,轮胎式起重机或汽车起重机的起重吨位,按履带式起重机相近的起重吨位套用,换算台班单价。

(12) 金属构件中轻钢檩条拉杆的安装是按螺栓考虑,其余构件拼装或安装均按电焊考虑,设计用连接螺栓,其连接螺栓按设计用量另行计算(人工不再增加),电焊条、电焊机应相应扣除。

(13) 单层厂房屋盖系统构件如必须在跨外安装时,按相应构件安装定额中的人工、吊装机械台班乘系数。用塔吊安装时,不乘此系数。

(14) 履带式起重机安装点高度以 20 m 内为准,超过时,人工、吊装机械台班应予调整。

(15) 钢屋架单榀重量在 0.5 t 以下者,按轻钢屋架子目执行。

(16) 构件安装项目中所列垫铁,是为了校正构件偏差用的。凡设计图纸中的连接铁件、拉板等不属于垫铁范围的,应按铁件相应子目执行。

(17) 钢屋架、天窗架拼装是指在构件厂制作、在现场拼装的构件。在现场不发生拼装或现场制作的钢屋架、钢天窗架不得套用本定额。

(18) 小型构件安装包括:沟盖板、通气道、垃圾道、楼梯踏步板、隔断板以及单体体积小于 0.1 m³ 的构件安装。

(19) 钢柱安装在混凝土柱上(或混凝土柱内),其人工、吊装机械乘系数调整。混凝土柱安装后,如有钢牛腿或悬臂梁与其焊接时,钢牛腿或悬臂梁执行钢墙架安装定额,钢牛腿执行铁件制作定额。

(20) 矩形、工型、空格型、双肢柱、管道支架预制钢筋混凝土构件安装,均按混凝土柱安装相应定额执行。

(21) 预制钢筋混凝土多层柱安装,第一层的柱按柱安装定额执行,二层及二层以上柱按柱接柱定额执行。

(22) 预制钢筋混凝土柱、梁通过焊接形成的框架结构,其柱安装按框架柱计算,梁安装按框架梁计算,框架梁与柱的接头现浇混凝土部分按混凝土工程相应项目另行计算。预制柱、梁一次制作成型的框架按连体框架柱梁定额执行。

(23) 定额子目内既列有"履带式起重机"又列有"塔式起重机"的,可根据不同的垂直运输机械选用;① 选用卷扬机(带塔)施工的,套"履带式起重机"定额子目;② 选用塔式起重机施工的,套"塔式起重机"定额子目。

2) 构件运输及安装工程计价表应用举例

例 8.2.12 某工程从预制构件厂运输大型屋面板(6 m×1 m)100 m³,8 t 汽车,运输 9 km,求屋面板运费及安装费(该工程为二类工程)

解

(1) 根据《2004 年江苏省计价表》P273 预制混凝土构件分类表,知该大型屋面板为Ⅱ类构件。

(2) 套子目 7—9 换

(3) 7—9 单价换算 三类工程取费换算为二类工程取费

　　$(6.24+2.5+70.89)+(6.24+70.89)×(30\%+12\%)=112.02(元/m^3)$

(4) 屋面板运费：$100×1.018×112.02=11\,403.64(元)$

(5) 套子目 7—82 换

(6) 7—82 单价换算 三类工程取费换算为二类工程取费

　　$(11.96+40.45+27.4)+(11.96+27.4)×(30\%+12\%)=96.34(元/m^3)$

(7) 屋面板安装费：$100×1.01×96.34=9\,730.34(元)$

例 8.2.13 某工程按施工图计算混凝土天窗架 $30\,m^3$，加工厂制作，场外运输 15 km。试计算混凝土天窗运输、安装工程量，并套定额子目，计算定额综合单价。

解

(1) 混凝土天窗架场外运输工程量：

　　$30×1.018=30.54(m^3)$

　　套 7—16　$30.54×213.86 元/m^3=6\,531.28(元)$

(2) 混凝土天窗架安装工程量：

　　$30×1.01=30.30(m^3)$

　　套 7—80　$30.30×538.56=16\,318.37(元)$

例 8.2.14 某工程在构件厂制作钢屋架 20 榀，每榀重 2.95 t，需运到 15 km 内工地安装。试计算钢屋架运输、跨外安装（包括拼装按电焊考虑，采用履带吊安装）的工程量和计价表综合单价及综合价。

解

(1) 计算安装、拼装工程量：$2.95×20=59.00(t)$

(2) 计算运输工程量：$2.95×20=59.00(t)$

(3) 计算钢屋架安装工程定额综合单价：

套 7—124 换

　　$400.96 元/t+(96.94+81.95)×18\%×(1+25\%+12\%)=445.07(元/t)$

　　$59.00×445.07 元/t=26\,259.13(元)$

(4) 计算屋架拼装工程定额综合单价：

套 7—120　$59.00×343.57 元/t=20\,270.63(元)$

(5) 计算屋架运输工程定额综合单价：

套 7—28　$59.00×98.15 元/t=5\,790.85(元)$

(6) 钢屋架运输、安装、拼装综合价：

　　$5\,790.85+26\,259.13+20\,270.63=52\,320.61(元)$

8.2.8 木结构工程计价

1) 木结构工程计价表有关说明和注意事项

(1) 本章定额内容分3节：① 厂库房大门、特种门；② 木结构；③ 附表（厂库房大门、特种门五金、铁件配件表）。共编制了81个子目。

(2) 本章中均以一、二类木种为准，如果采用三、四类木种（木种划分见《计价表》第15章说明），则木门制作、安装和其他项目的人工、机械费乘系数调整。

(3) 定额是按已成型的两个切断面规格料编制的，两个切断面以前的锯缝损耗按规定应另外计算。

(4) 本章中注明的木材断面或厚度均以毛料为准，如果设计图纸注明的断面或厚度为净料时，则应增加断面刨光损耗：一面刨光加3 mm，两面刨光加5 mm，圆木按直径增加5 mm。

(5) 本章中的木材是以自然干燥条件下的木材编制的，需要烘干时，其烘干费用及损耗另计。

(6) 厂库房大门的钢骨架制作已包括在子目中，其上、下轨及滑轮等应按五金铁件表相应项目执行。

(7) 厂库房大门、钢木大门及其他特种门的五金铁件表按标准图用量列出，仅作备料参考。

2) 木结构工程计价表应用实例

例8.2.15 试根据例5.4.17计算出的工程量按《计价表》计价（三类工程）。

解

8—1　　企口木板大门制作：62.4÷10×1 087.87＝6 788.31(元)
8—2　　企口木板大门安装：62.4÷10×554.35＝3 459.14(元)
8—13　　折叠式钢大门制作：46.8÷10×1 854.31＝8 678.17(元)
8—14　　折叠式钢大门安装：46.8÷10×414.17＝1 938.32(元)
8—17　　冷藏库门(保温，150 mm)：8.4÷10×1 312.11＝1 102.17(元)
8—18　　冷藏库门(保温，150 mm)：8.4÷10×3 151.90＝2 647.60(元)
合计：24 613.71 元

8.2.9 屋、平、立面防水及保温工程计价

1) 屋、平、立面防水及保温工程计价表有关说明和注意事项

(1) 瓦材的规格与定额不同时，瓦的数量应换算，其他不变。

(2) 高聚物、高分子防水卷材使用的黏结剂品种与定额不同时，黏结剂单价可以调整，其他不变。

(3) 在黏结层上洒绿豆砂者（定额中已包括洒绿豆砂的除外）每10 m² 增加人

工 0.066 工日,绿豆砂 0.078 t,合计 6.62 元。

(4) 保温、隔热项目用于地面时,增加电动打夯机 0.04 台班/m³。

2) 屋、平、立面防水及保温工程计价表应用实例

例 8.2.16 试根据例 5.4.18 中计算出的工程量,应用计价表计算综合单价及相应的合价(不含税金及规费和其他费用)。

解

(1) SBS 卷材防水层计价。

根据图纸标明的施工作法,套用计价表中 9—30 子目,其中 SBS 卷材价格按 30 元/m² 计价,二类人工按 44.00 元/工日,其余价格均按计价表中的基价列入,按三类工程计取综合间接费和利润,其市场综合单价组成见下表:(为便于对照,将定额价与市场价对照列出,下同。)

表 8.2.4 SBS 卷材防水层计价表

定额编号及名称	【9—30】SBS 改性沥青防水卷材　冷粘法　单层					
定额单位	10 m²					
市场直接费	【人工费+材料费+机械费】494.81(元)					
管理费	【(人工费+机械费)×管理费率】6.60(元)					
利润	【(人工费+机械费)×利润率】3.17(元)					
市场综合单价	【市场直接费+管理费+利润】504.58(元)					
编 号	人材机名称	单位	定额单价	市场单价	数量	定额合价	市场合价
1	人工费:						
1.1	二类工	工日	26.00	44.00	0.60	15.60	26.40
2	材料费:						
2.1	钢压条	kg	3.00	3.00	0.52	1.56	1.56
2.2	钢钉	kg	6.37	6.37	0.03	0.19	0.19
2.3	APP 及 SBS 基层处理剂	kg	4.60	4.60	3.55	16.33	16.33
2.4	APP 改性沥青黏结剂	kg	5.20	5.20	13.40	69.68	69.68
2.5	SBS 封口油膏	kg	7.50	7.50	0.62	4.65	4.65
2.6	SBS 聚酯胎乙烯膜卷材 厚度 3	m²	22.00	30.00	12.50	275.00	375.00
2.7	其他材料费	元	1.00	1.00	1.00	1.00	1.00

根据上表的计算结果,本项目综合单价为 504.58 元/10 m²

项目综合价为:504.58×8.925=4 503.38(元)

(2) 刚性防水屋面计价。

套用计价表中 9—72 子目,本定额中已包含洒细砂和干铺油毡的工作内容。为便于计算,定额含量中已将配合比材料 C20 细石混凝土分解成水泥、黄沙、碎石和水。计价中,水泥市场价按 0.37 元/kg,黄沙市场价按 55.42 元/t,5～16 mm 碎石按 48.00 元/t,细砂市场价按 38.76 元/t,周转木材市场价按 1 620.60 元/m³,石油沥青油毡按 2.41 元/m²,铁钉按 6.17 元/m²,水按 2.21 元/t,二类人工按 44.00 元/工日列入。其余价格均按计价表中的基价列入,按三类工程计取综合间接费和利润,其市场综合单价组成如表 8.2.5。

表 8.2.5 刚性防水屋面计价表

定额编号及名称	【9—72】细石混凝土屋面 有分格缝 40 mm C20 32.5 级水泥					
定额单位	10 m²					
市场直接费	【人工费＋材料费＋机械费】251.36(元)					
管理费	【(人工费＋机械费)×管理费率】22.88(元)					
利润	【(人工费＋机械费)×利润率】10.98(元)					
市场综合单价	【市场直接费＋管理费＋利润】285.22(元)					
编 号	人材机名称	单位	定额单价	市场单价	数量	定额合价	市场合价
1	人工费:						
1.1	二类工	工日	26.00	44.00	2.020	52.52	88.88
2	材料费:						
2.1	细砂	t	28.00	38.76	0.031	0.87	1.20
2.2	中(粗)砂	t	38.00	55.42	0.286	10.85	15.85
2.3	碎石 5～16 mm	t	27.80	48.00	0.493	13.70	23.66
2.4	水泥 32.5 级	kg	0.28	0.37	163.216	45.70	60.39
2.5	周转木材	m³	1 249.00	1 620.60	0.001	1.25	1.62
2.6	铁钉	kg	3.60	6.17	0.050	0.18	0.31
2.7	石油沥青油毡 350#	m²	2.96	2.41	10.500	31.08	25.31
2.8	高强 APP 嵌缝膏	kg	8.17	8.17	3.690	30.15	30.15
2.9	水	m³	2.80	2.21	0.606	1.69	1.34
3	机械费:						
3.1	{13072}滚筒式混凝土搅拌机(电动) 400 L	台班	83.39	83.39	0.025	2.08	2.08
3.2	{15003}混凝土震动器(平板式)	台班	14.00	14.00	0.041	0.57	0.57

根据上表的计算结果,本项目综合单价为 285.22 元/10 m²

项目综合价为:285.22×5.501＝1 569.00(元)

(3) 水泥砂浆有分格缝找平层计价。

为便于计算,定额含量中已将配合比材料 1∶3 水泥砂浆细石混凝土分解成水泥、黄沙、碎石和水。计价中,水泥市场价按 0.37 元/kg,黄沙市场价按 55.42 元/t,周转木材市场价按 1 620.60 元/m³,铁钉按 6.17 元/m²,水按 2.21 元/t,二类人工按 44.00 元/工日列入。其余价格均按计价表中的基价列入,按三类工程计取综合间接费和利润,其市场综合单价组成见表 8.2.6。

表 8.2.6 水泥砂浆找平层计价表

定额编号及名称	【9—75】水泥砂浆屋面 有分格缝 20 mm					
定额单位	10 m²					
市场直接费	【人工费＋材料费＋机械费】108.79(元)					
管理费	【(人工费＋机械费)×管理费率】9.98(元)					
利润	【(人工费＋机械费)×利润率】4.79(元)					
市场综合单价	【市场直接费＋管理费＋利润】123.56(元)					
编 号	人材机名称	单位	定额单价	市场单价	数量	定额合价	市场合价
1	人工费:						
1.1	二类工	工日	26.00	44.00	0.860	22.36	37.84
2	材料费:						
2.1	中(粗)砂	t	38.00	55.42	0.325	12.37	18.03
2.2	水泥 32.5 级	kg	0.28	0.37	82.405	23.08	30.49
2.3	周转木材	m³	1 249.00	1 620.60	0.000 4	0.50	0.65
2.4	铁钉	kg	3.60	6.17	0.030	0.11	0.19
2.5	高强 APP 嵌缝膏	kg	8.17	8.17	2.360	19.28	19.28
2.6	水	m³	2.80	2.21	0.122	0.34	0.27
3	机械费:						
3.1	{06016}灰浆搅拌机 200 L	台班	51.43	51.43	0.040	2.06	2.06

项目综合价为:123.56×5.501＝679.70(元)

(4) 同样方法计算出聚苯乙烯保温板、屋面找坡、沿沟防水砂浆、落水管、雨水斗、雨水口的计价表综合单价分别为 957.23 元/m³、91.53 元/m²、113.74 元/m²、254.85 元/m、221.94 元/10 只、300.77 元/10 只。

例 8.2.17 黏土瓦屋面 1 500 m², 在檩木上钉方木椽子和挂瓦条, 方木椽子规格为 45×60 mm, 中距为 450 mm, 挂瓦条规格为 30×25 mm, 方木椽子三面刨光。试计算该屋面木基层的定额综合单价。

解

(1) 方木椽子断面换算:

$40 \times 50 : 0.059 = 50 \times 63 : x$

$x = 0.092\ 9\ m^3$

(2) 间距为 450 mm 时木材用量换算:

$X = 400 \times 0.092\ 9 / 450 = 0.082\ 6\ m^3$

(3) 挂瓦条断面换算:

$25 \times 20 : 0.019 = 30 \times 25 : x$

$x = 0.028\ 5\ m^3$

(4) 换算后普通成材用量:

$0.082\ 6 + 0.028\ 5 = 0.111\ m^3$

(5) 计算定额综合单价:

套 8—52 换

$148.27 + 0.12 \times 37\ 元/工日 \times (1 + 25\% + 12\%) + (0.111 - 0.078) \times 1599 = 207.12\ 元/10\ m^2$

$150/10\ m^2 \times 207.12\ 元/10\ m^2 = 31\ 068.00\ 元$

8.2.10 防腐耐酸工程计价

1) 防腐耐酸工程计价表有关说明及注意事项

(1) 整体面层的厚度、块料面层的规格、结合层厚度、灰缝宽度以及各种胶泥、砂浆、混凝土的配合比, 设计与计价表不同时, 应换算, 但人工费、机械费不变。

(2) 块料面层以平面砌为准, 立面砌时相应的人工乘以系数 1.38, 踢脚板乘以系数 1.56, 块料乘以系数 1.01, 其他不变。

2) 防腐耐酸工程计价表应用实例

例 8.2.18 利用计价表对例 5.4.20 中的车间铸石板、墙面瓷板和仓库部分的踢脚板进行计价。(本例中 300×200×20 铸石板材料价格按 600 元/百块计价, 水市场价按 2.21 元/t 计算, 150×150×20 瓷板市场价按 200 元/百块计算; 二类人工按 44.00 元/工日, 其余价格均按计价表中的基价列入, 按三类工程计取综合间接费和利润。)

解

(1) 车间铸石板计价。

套用《计价表》中 10—80 子目。设计中块料面层规格、结合层材料及厚度与计价表中相同,不需进行换算,仅将材料价格作调整即可。其综合单价组成见表 8.2.7。

表 8.2.7 车间铸石板计价表

定额编号及名称	【10—80】钠水玻璃胶泥　铸石板 300×200×20 平面					
定额单位	10 m²					
市场直接费	【人工费+材料费+机械费】1 734.62(元)					
管理费	【(人工费+机械费)×管理费率】106.81(元)					
利润	【(人工费+机械费)×利润率】51.27(元)					
市场综合单价	【市场直接费+管理费+利润】1 892.70(元)					
编　号	人材机名称	单位	定额单价	市场单价	数量	定额合价	市场合价
1	人工费:						
1.1	二类工	工日	26.00	44.00	9.54	248.04	419.76
2	材料费:						
2.1	{015003} 1∶0.18∶1.2∶1.1 钠水玻璃—耐酸胶泥	m³	2969.23	2969.23	0.07	207.85	207.85
2.2	{015005} 1∶0.15∶0.5∶0.5 钠水玻璃—稀胶泥	m³	3 724.34	3 724.34	0.021	78.21	78.21
2.3	铸石板 300×200×20	百块	790.40	600.00	1.70	1343.68	1 020.00
2.4	水	m³	2.80	2.21	0.60	1.68	1.33
3	机械费:						
3.1	{12001}轴流通风机 7.5 kW	台班	37.33	37.33	0.20	7.47	7.47

(2) 车间墙面贴瓷板计价。

套用《计价表》中 10—74 子目,但《计价表》10—74 为平面贴,本例为立面贴,根据定额说明,人工按计价表含量×1.38,瓷板按定额含量×1.01,调整后人工和瓷板含量为:

调后人人工日:10.44×1.38=14.407(工日)

调后瓷板含量:4.31×1.01=4.3531(百块)

其综合价组成见表 8.2.8。

表 8.2.8 车间墙面贴瓷板计价表

定额编号及名称	【10—74 换】钠水玻璃胶泥 瓷板 150×150×20 立面					
定额单位	10 m²					
市场直接费	【人工费＋材料费＋机械费】1 811.05(元)					
管理费	【(人工费＋机械费)×管理费率】160.35(元)					
利润	【(人工费＋机械费)×利润率】76.97(元)					
市场综合单价	【市场直接费＋管理费＋利润】2 048.37(元)					
编号	人材机名称	单位	定额单价	市场单价	数量	定额合价	市场合价
1	人工费：						
1.1	二类工	工日	26.00	44.00	14.407 3	374.59	633.92
2	材料费：						
2.1	{015003}1∶0.18∶1.2∶1.1 钠水玻璃—耐酸胶泥	m³	2 969.23	2 969.23	0.074	219.72	219.72
2.2	{015005}1∶0.15∶0.5∶0.5 钠水玻璃—稀胶泥	m³	3 724.34	3 724.34	0.021	78.21	78.21
2.3	水	m³	2.80	2.21	0.50	1.40	1.10
2.4	瓷板 150×150×20	百块	152.95	200.00	4.353 1	665.81	870.62
3	机械费：						
3.1	{12001}轴流通风机 7.5 kW	台班	37.33	37.33	0.20	7.47	7.47

(3) 仓库贴铸石踢脚板计价。

套用《计价表》中 10—80 子目,但《计价表》10—74 为平面贴,本例为立面贴,根据定额说明,人工按计价表含量×1.38,瓷板按定额含量×1.01,调整后人工和瓷板含量为：

调后人人工日：9.54×1.56＝14.882(工日)

调后铸石板含量：1.7×1.01＝1.717(百块)

其综合价组成见表 8.2.9。

表 8.2.9　仓库贴铸石踢脚板计价表

定额编号及名称	【10—80 换】钠水玻璃胶泥　铸石板 300×200×20　踢脚板					
定额单位	10 m²					
市场直接费	【人工费＋材料费＋机械费】1 979.89(元)					
管理费	【(人工费＋机械费)×管理费率】165.58(元)					
利润	【(人工费＋机械费)×利润率】79.48(元)					
市场综合单价	【市场直接费＋管理费＋利润】2 224.95(元)					
编号	人材机名称	单位	定额单价	市场单价	数量	定额合价	市场合价
1	人工费：						
1.1	二类工	工日	26.00	44.00	14.8824	386.94	654.83
2	材料费：						
2.1	{015003}1∶0.18∶1.2∶1.1 钠水玻璃—耐酸胶泥	m³	2 969.23	2 969.23	0.07	207.85	207.85
2.2	{015005}1∶0.15∶0.5∶0.5 钠水玻璃—稀胶泥	m³	3 724.34	3 724.34	0.021	78.21	78.21
2.3	铸石板 300×200×20	百块	790.40	600.00	1.717	1 357.12	1 030.20
2.4	水	m³	2.80	2.21	0.602	1.68	1.33
3	机械费：						
3.1	{12001}轴流通风机 7.5 kW	台班	37.33	37.33	0.20	7.47	7.47

8.2.11　厂区道路及排水工程计价

1) 厂区道路及排水工程计价表有关说明和注意事项

(1) 厂区或住宅小区的道路、广场及排水，如按市政工程标准设计的，执行市政定额；如图纸未注明时，则按本定额执行。

(2) 执行本章定额，如发生土方、垫层、管道基础等项目时，按本定额其他章节相应项目执行。

(3) 管道铺设不论用人工或机械均执行本定额。

(4) 停车场、球场、晒场，按道路相应定额执行，其压路机台班乘以系数 1.2。

(5) 为了便于计算，本定额按照标准图集作了检查井、化粪池的综合子目。若设计要求按标准图集做法，则可直接套用该综合子目。

(6) 综合子目中,脚手架、模板以括号形式表现,其价未计入综合单价,应在措施费中计算。

2) 厂区道路及排水工程计价表应用实例

例 8.2.19 某住宅小区内砖砌排水窨井计 10 座,见图 5.4.18。其中深度 1.3 m 的 6 座,1.6 m 的 4 座。窨井底板为 C10 混凝土,井壁为 M10 水泥砂浆砌 240 厚标准砖,底板 C20 细石混凝土找坡,平均厚度 30 mm,壁内侧及底板粉 1:2 防水砂浆 20 mm,铸铁井盖,排水管直径为 200 mm,土为三类土。工程量在例 5.4.21 中已计算,试按《计价表》规定计价。

相关知识

土方按《计价表》第一章人工挖地坑定额执行,垫层按《计价表》第二章相关定额执行,细石混凝土找坡按《计价表》第十二章相关定额执行,其模板在措施项目费中考虑,如需脚手也在措施项目费中考虑。

解 《计价表》计价:

(1) 窨井 1 (深度为 1.3 m)

①《计价表》1—55　人工挖地坑 1.5 m 以内　每立方米综合单价:16.77 元

挖地坑综合价:$4.49 \times 16.77 = 75.30$(元)

②《计价表》1—100　基坑打夯每 10 m² 综合单价:6.17 元

打底夯综合价:$0.308 \times 6.17 = 1.90$(元)

③《计价表》2—120　C10 混凝土窨井底板　每立方米综合单价:206.00 元

窨井底板综合价:$0.15 \times 206.0 = 30.90$(元)

④《计价表》11—28　圆形砖砌窨井深度 1.5 m 以内每立方米综合单价:218.04 元

窨井砌体综合价:$0.92 \times 218.04 = 200.60$(元)

⑤《计价表》12—18—19×2　C20 混凝土细石混凝土找坡 3 cm 厚,

每 10 m² 综合单价:$106.78 - 12.28 \times 2 = 82.22$(元)

细石混凝土找坡综合价:$0.038 \times 82.22 = 3.12$(元)

⑥《计价表》11—30　井壁抹防水砂浆每 10 m² 综合单价:113.83 元

井内抹灰综合价:$0.317 \times 113.83 = 36.08$(元)

⑦《计价表》11—25　成品铸铁井盖及安装　每套综合单价:271.29 元

铸铁盖板综合价:$1.0 \times 271.29 = 271.29$(元)

⑧《计价表》1—104　基坑回填土每立方米综合单价:10.70 元

回填土综合价:$2.93 \times 10.70 = 31.35$(元)

⑨《计价表》1—92+95×2　余土外运 150 m,

每立方米综合单价:$6.25 + 1.18 \times 2 = 8.61$(元)

外运土综合价:$1.56 \times 8.61 = 13.43$(元)

⑩《计价表》1—1　挖外运土每立方米综合单价:3.95 元

挖外运土综合价 1.56×3.95=6.16(元)

（2）窨井 2

计价同窨井 1,因窨井深度为 1.6 m,其挖土坑和砌圆形窨井 2 项定额与窨井 1 不同

① 1—56　人工挖地坑 3 m 以内：9.21×19.40=178.67(元)
② 1—100　基坑打夯：0.308×6.17=1.90(元)
③ 2—120　C10 混凝土窨井底板：0.15×206.0=30.90(元)
④ 11—29　圆形砖砌窨井深度 1.5 m 以上：1.13×219.46=247.99(元)
⑤ 12—18—19×2　C20 混凝土细石混凝土找坡 3 cm 厚：0.038×82.22=3.12(元)
⑥ 11—30　井壁抹防水砂浆：0.383×113.83=43.60(元)
⑦ 11—25　成品铸铁井盖及安装：1.0×271.29=271.29(元)
⑧ 1—104　基坑回填土：7.32×10.70=78.32(元)
⑨ 1—92+95×2　余土外运 150 m：1.89×8.61=16.27(元)
⑩ 1—1　挖外运土：1.89×3.95=7.47(元)

8.3　分项工程清单计价

分部分项工程量清单表格应按照《计价规范》规定设置,应根据附录规定的项目编码、项目名称、项目特征、计量单位和工程量计算规则进行编制。

分部分项工程量清单的项目编码,应采用十二位阿拉伯数字表示。一至九位应按附录的规定设置,十至十二位应根据拟建工程的工程量清单项目名称设置。同一招标工程的项目编码不得有重码。

分部分项工程量清单的项目名称,应按附录的项目名称结合拟建工程的实际确定。

分部分项工程量清单的项目特征,应按附录中规定的项目特征,结合拟建工程项目的实际予以描述。

分部分项工程量清单的计量单位,应按附录中规定的计量单位确定。

分部分项工程量清单中所列工程量,应按附录中规定的工程量计算规则计算。

在编制工程量清单时,要详细描述清单中每个项目的特征,要明确清单中每个项目所含的具体工程内容。在工程量清单计价时,要依据工程量清单的项目特征和工程内容,按照《计价表》的定额项目、计量单位、工程量计算规则和施工组织设计来确定清单中工程内容的含量和价格。

工程量清单的综合单价,是由单个或多个工程内容按照《计价表》规定计算出来的价格汇总,除以按《计价规范》规定计算出来的清单工程量。用计算式可表示为：

$$\text{工程量清单的综合单价} = \frac{\sum(\text{《计价表》项目工程量} \times \text{《计价表》项目综合单价})}{\text{清单工程量}}$$

(8.3.1)

8.3.1 土石方工程清单计价

1) 土石方工程清单计价有关说明和注意事项

(1) "平整场地"可能出现±300 mm 以内的全部是挖方或全部是填方,需外运土方或取(购)土回填时,在工程清单中应描述弃土或取土运距。在工程量清单计价时要把"平整场地"工程发生的土方运输或购土等施工项目计算在"平整场地"项目报价内。

(2) "挖基础土方"在工程清单中应描述土壤类别、基础类型、垫层底宽、底面积、挖土深度、弃土运距。在工程量清单计价时要把"挖基础土方"工程发生的挖土(包括按施工方案或《计价表》规定的放坡、工作面等增加的挖土量)、排地表水、挡土板支拆、截桩头、基底钎探、土方运输等施工项目计算在"挖基础土方"项目报价内。

(3) "管沟土方"在工程清单中应描述土壤类别、管外径、挖沟平均深度、弃土运距、回填要求。在工程量清单计价时要把"管沟土方"工程发生的挖土(包括管沟开挖加宽工作面、放坡和接口处加宽工作面等增加的挖土量)、排地表水、挡土板支拆、土方运输,以及管沟土方回填等施工项目计算在"管沟土方"项目报价内。

(4) "土(石)方回填"在工程清单中应描述土质要求、密实度要求、粒径要求、夯填或松填、取(购)土回填。在工程量清单计价时要把"土(石)方回填"工程发生的包括取土回填的土方开挖以及土方指定范围内的运输、回填土、夯实等施工项目计算在"土(石)方回填"项目报价内。

2) 土石方工程清单计价实例

例 8.3.1 图 5.4.1 是某单位传达室基础平面图及基础详图。土壤为三类土、干土,场内运土,人工挖土。要求计算:① 挖基础土方的工程量清单;② 挖基础土方的工程量清单计价。

解 (1) 挖基础土方的工程量清单

① 确定项目编码、项目名称和计量单位

项目编码:010101003001

项目名称:挖条形基础土方

计量单位:m^3

② 描述项目特征

三类干土、条形基础、垫层底宽 1.2 m、挖土深度 1.6 m、场内运土 150 m。

③ 按《计价规范》规定的工程量计算规则计算工程量(参见例 5.5.1)

$1.60 \times 1.20 \times (28.0 + 7.60) = 68.35 (m^3)$

(2) 挖基坑土方的工程量清单计价
① 按《计价表》规定的工程量计算规则计算各项工程内容的工程量(参见例5.4.1)
人工挖地槽　1.60×(1.8+2.86)×1/2+(28.0+6.40)=128.24(m³)
人力车运土　工程量同挖土　128.24(m³)
② 套《计价表》定额计算各项工程内容的综合价(参见例8.2.1)
　a. 1—24　人工挖地槽　128.24×16.77=2 150.58(元)
　b. 1—92+95×2　人力车运土150 m　128.24×8.61=1 104.15(元)
　c. 计算挖基础土方的综合价、综合单价
挖基础土方的工程量清单综合价:2 150.58+1 104.15=3 254.73(元)
挖基础土方的工程量清单综合单价:3 254.73/68.35=47.62(元/m³)
(注:此过程在计算机上完成,无需人工计算)

例8.3.2　某建筑物为三类工程,地下室如图5.4.2所示。地下室墙外壁做涂料防水层,施工组织设计确定用反铲挖掘机挖土,土壤为三类土,机械挖土坑内作业,土方外运1公里,回填土已堆放在距场地150 m处。

要求计算:① 挖基础土方,土方回填的工程量清单;② 挖基础土方,土方回填的工程量清单计价。

解　(1) 挖基础土方的工程量清单
① 确定项目编码、项目名称和计量单位
项目编码:010101003001
项目名称:挖地下室基础土方
计量单位:m³
② 描述项目特征
三类干土、整板基础、垫层面积 31.0 m×21.0 m、挖土深度 3.05 m、场外运土1公里。
③ 按《计价规范》规定的工程量计算规则计算工程量(参见例5.5.2)
3.05×31.0×21.0=1 985.55(m³)
(2) 挖基础土的工程量清单计价
① 按《计价表》规定的工程量计算规则计算各项工程内容的工程量(参见例5.4.2)
机械挖土方:　　　　　2 083.36 m³
运机械挖出的土方:　　2 083.36 m³
人工修边坡:　　　　　174.46 m³
运人工挖出的土方:　　174.46 m³
② 套《计价表》定额计算各项工程内容的综合价(参见例8.2.2)
(注:该题的土方挖运由施工组织设计决定,详见例8.2.2中的相关知识,《计价表》的定额换算详见例8.2.2的定额计价。)

1—202　反铲挖掘机挖土、装车　2.083×2 657.21＝5 534.97(元)

1—239换　自卸汽车运土1公里　2.083×7 811.31＝16 270.96(元)

1—(3+11)×2　人工挖土方深4 m以内　174.46×29.58＝5 160.53(元)

1—202换　反铲挖掘机挖一类土、装车　0.174×2 247.84＝391.12(元)

1—239换　自卸汽车运土1公里　0.174×7 811.31＝1 359.17(元)

③ 计算挖基础土方的综合价、综合单价

挖基础土方的工程量清单综合价(②中5项合计)：28 716.75元

挖基础土方的工程量清单综合单价：28 716.75/1 985.55＝14.46(元/m³)

(3) 土方回填的工程量清单

① 确定项目编码、项目名称和计量单位

项目编码：010103001001

项目名称：基坑土方回填

计量单位：m³

② 描述项目特征

基坑夯填、一类土，运距150 m。

③ 按《计价规范》规定的工程量计算规则计算工程量(参见例5.5.2)

回填土量 95.71 m³

(4) 土方回填的工程量清单计价

① 按《计价表》规定的工程量计算规则计算各项工程内容的工程量(参见例5.4.2)

回填土量 367.98 m³

② 套《计价表》定额计算各项工程内容的综合价参见例8.2.2

1—104　　　　基坑回填土　　　　　367.98×10.70＝3 937.39(元)

1—1　　　　　人工挖一类土　　　　367.98×3.95＝1 453.52(元)

1—92+95×2　人力车运土150 m　　367.98×8.61＝3 168.31(元)

③ 计算土方回填的综合价、综合单价

土方回填的工程量清单综合价(②中3项合计)：8 559.22元

土方回填的工程量清单综合单价：8 559.22/95.71＝89.43(元/m³)

例8.3.3　图5.4.5是某单位传达室工程图。局部位置土壤高出自然地面200 mm，范围4 m×5 m，该部分土需外运150 m。

要求计算：① 平整场地的工程量清单；② 平整场地的工程量清单计价。

相关知识

(1) 300 mm以内的挖、填、找平按平整场地计算；

(2) 平整场地工程量计算规则，《计价规范》是按底层建筑物外墙外边线面积计算，《计价表》是按底层建筑物外墙外边线每边加2 m后的面积计算；

(3)挖土或填土需土方外运或内运,在清单计价时要包括在平整场地项目报价内。

解 (1)平整场地的工程量清单
① 确定项目编码、项目名称和计量单位
项目编码:010101001001
项目名称:平整场地
计量单位:m^2
② 描述项目特征:三类干土,土方外运 150 m。
③ 按《计价规范》规定的工程量计算规则计算工程量:9.24 m×5.24 m=48.42(m^2)
(2)平整场地的工程量清单计价
① 按《计价表》规定的工程量计算规则计算各项工程内容的工程量
平整场地:(9.24+2.0×2)×(5.24+2.0×2)=122.34(m^2)
外运土 150 m:0.20×4×5=4.0(m^3)
② 套《计价表》定额计算各项工程内容的综合价
1—98 平整场地 12.23(10 m^2)×18.74=229.19(元)
1—92+95×2. 人力车运土 150 m 4.0(m^3)×8.61=34.44(元)
③ 计算平整场地的综合价、综合单价
平整场地的工程量清单综合价:(②中2项合计) 263.63 元
平整场地的工程量清单综合单价:263.63/48.42=5.44(元/m^2)

例 8.3.4 某框架结构厂房为二类工程,有 20 个桩承台,见图 8.3.1。每个桩承台下有 4 根直径为 400 mm 的混凝土灌注桩,土壤为三类土、干土,凿桩头长 400 mm,场内运土 50 m。

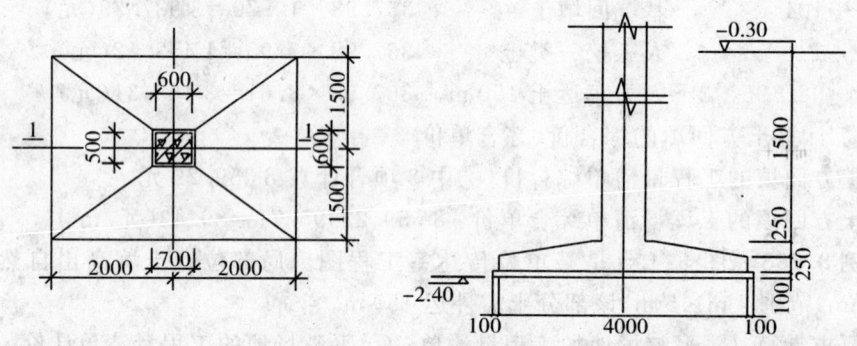

图 8.3.1 某厂房桩承台工程图

要求计算:① 挖基础土方的工程量清单;② 挖基础土方的工程量清单计价。
相关知识
(1)挖基础土方量,计算清单工程量时,按《计价规范》的规定,垫层面积乘挖

土深度。在清单计价时,则要按施工组织设计或《计价表》的规定加工作面、放坡;

(2)清单计价时,挖土、运土、凿桩头均包括在报价内;

(3)《计价表》综合单价中的管理费是按三类工程计算的,二类工程要调整其中的管理费率。

解 (1)确定项目编码、项目名称和计量单位

① 项目编码:010101003001

项目名称:挖基坑基础土方

计量单位:m³

② 描述项目特征:三类干土、独立基础 20 个、垫层面积 4.2 m×3.2 m、挖土深度 2.1 m、凿灌注混凝土桩头 80 个、桩直径 400 mm、长 400 mm、场内运土 50 m。

③ 按《计价规范》规定的工程量计算规则计算工程量

4.20×3.20×2.10×20=564.48(m³)

(2)挖基础土方的工程量清单计价

① 按《计价表》规定计算各项工程内容的工程量

人工挖地坑(按 1∶0.33 放坡)

[2.10/6×(4.80×3.80+6.18×5.18+10.98×8.98)]×20=1 041.97(m³)

凿桩头 0.20×0.20×3.14×0.4×4×20=4.02(m³)

② 套《计价表》定额计算各项工程内容的综合价(二类工程,(1)(3)两项管理费由 25%调至 28%)

1—56 人工挖地坑:(定额单价为 19.82(元))

1 041.97(m³)×19.82=20 651.85 元)

2—101 凿桩头 4.02(m³)×64.74=260.25(元)

1—92 人力车运土 50 m (定额单价为 6.39(元))

1 041.97(m³)×6.39=6 658.19(元)

③ 计算挖基础土方的综合价、综合单价

挖基础土方的工程量清单综合价:(②中 3 项合计) 27 570.29 元

挖基础土方的工程量清单综合单价:27 570.29/564.48=48.84(元/m³)

例 8.3.5 某小区内的钢筋混凝土排水管直径 600 mm,中心线长 500 m,基坑深度 2 m,三类干土,管沟开挖回填后余土外运 200 m。

要求计算:① 管沟土方的工程量清单;② 管沟土方的工程量清单计价。

相关知识

(1)计算清单工程量时,按《计价规范》的规定,按管沟中心线长计算,清单中管沟土方的工程内容包括土方开挖、回填、余土外运;

(2)在清单计价时,要按《计价表》的规定计价,管沟开挖宽度、回填土和扣减量可参照表 5.4.3、表 5.4.4 取定。

解 （1）管沟土方的工程量清单
① 确定项目编码、项目名称和计量单位
项目编码：010101006001
项目名称：挖管沟土方
计量单位：m
② 项目特征：三类干土、混凝土管直径 600 mm、基坑深 2 m、余土外运 200 m、管沟回填。
③ 按《计价规范》规定的工程量计算规则计算工程量：500 m
（2）管沟土方的工程量清单计价
① 按《计价表》规定计算各项工程内容的工程量
工挖地槽（地槽底宽查表 5.4.3 为 1.5 m，按 1：0.33 放坡）
$2.0 \times (1.5+2.82) \times 1/2 \times 500 = 2160.0 (m^3)$
基槽回填（管外径所占的体积查表 5.4.4 为 0.33 m^3/m）
$2160.0 - 0.33 \times 500 = 1995.0 (m^3)$
余土外运　$2160.0 - 1995.0 = 165.0 (m^3)$
② 套《计价表》定额计算各项工程内容的综合价：
1—24　　　　人工挖地槽　　　$2160.0(m^3) \times 16.77 = 36223.20$(元)
1—104　　　 基槽回填土　　　$1995.0(m^3) \times 10.70 = 21346.50$(元)
1—92+95×3　双轮车运土 200 m　$165.0(m^3) \times 9.79 = 1615.35$(元)
③ 计算挖管沟土方的综合价、综合单价
管沟土方的工程量清单综合价：（②中 3 项合计）　59185.05 元
管沟土方的工程量清单综合单价：$59185.05/500 = 118.37$(元/m)

8.3.2　地基及桩基础工程清单计价

1）地基及桩基础工程清单计价有关说明和注意事项

（1）试桩按相应桩项目编码单独列项，试桩与打桩之间间歇时间，机械在现场的停置，应包括在打试桩报价内。

（2）"预制钢筋混凝土桩"在工程清单中应描述土壤级别、桩长度、根数、桩截面、混凝土强度等级。在工程量清单计价时要把"预制钢筋混凝土桩"工程发生的桩制作、运输、打桩、送桩等施工项目计算在"预制钢筋混凝土桩"项目报价内。如果桩刷防护材料也应包括在报价内。

（3）"接桩"在工程清单中应描述桩截面、接头长度、接桩材料。在工程量清单计价时要把"接桩"工程发生的接桩、材料运输等施工项目计算在"接桩"项目报价内。"接桩"项目适用于预制钢筋混凝土方桩、管桩和板桩的接桩。

（4）"混凝土灌注桩"在工程清单中应描述土壤级别、桩长度、根数、桩截面、成孔方法、混凝土强度等级；在工程量清单计价时要把"混凝土灌注桩"工程发生的成孔、固壁、混凝土制作运输灌注、泥浆池及沟槽砌筑拆除、泥浆运输等施工项目计算在"混凝土灌注桩"项目报价内。

（5）"人工挖孔桩"挖孔时采用的护壁（如：砖砌护壁、预制钢筋混凝土护壁、现浇钢筋混凝土护壁、钢模周转护壁等），应包括在报价内。

（6）预制桩的模板在措施项目中计算报价，各种桩的钢筋在混凝土及钢筋混凝土项目中计算报价。

2）地基及桩基础工程清单计价实例

例8.3.6 某工程桩基础为现场预制混凝土方桩，见图5.4.3。C30商品混凝土，室外地坪标高-0.3 m，桩顶标高-1.80 m，桩计150根。

要求计算：① 打预制方桩的工程量清单；② 打预制方桩的工程量清单计价。

相关知识

（1）凿桩头在挖基础土方工程清单计价中计算。

（2）桩内钢筋在钢筋工程清单计价中计算。

（3）模板在措施项目清单中计算。

解 （1）打预制方桩的工程量清单

① 确定项目编码、项目名称和计量单位

项目编码：010201001001

项目名称：打预制钢筋混凝土方桩

计量单位：根（也可以为 m，由清单编制人定）

② 项目特征：三类干土、桩长8.4 m 150根、桩断面300 mm×300 mm、C30商品混凝土；

③ 按《计价规范》规定的工程量计算规则计算工程量：150根。

（2）打预制方桩的工程量清单计价

① 按《计价表》规定计算各项工程内容的工程量（参见例5.4.3）

打桩 $0.3×0.3×8.4×150=113.4(m^3)$

送桩 $0.3×0.3×2.0×150=27.0(m^3)$

桩制作 C30 混凝土 113.4 m^3

② 套《计价表》定额计算各项工程内容的综合价（参见例8.2.3）

2—1 换 打预制方桩 $113.40(m^3)×195.28=22\ 144.75(元)$

（注：定额换算一是调整了管理费率，二是小型项目乘以系数，详见例8.2.3的定额计价）

2—5 换 打预制方桩送桩 $27.0(m^3)×177.51=4\ 792.77(元)$

（5—334 换 方桩制作 $113.40(m^3)×326.76=37\ 054.58(元)$

③ 计算打预制方桩的综合价、综合单价

打预制方桩的工程量清单综合价(②中3项合计):63 992.1(元)

打预制方桩的工程量清单综合单价:64 928.96/150=426.61(元/根)

例 8.3.7 某工程桩基础是钻孔灌注混凝土桩,(见图 5.4.4)C25 混凝土现场搅拌,土孔中混凝土充盈系数为 1.25,自然地面标高—0.45,桩顶标高—3.0,设计桩长 12.30 m,桩进入岩层 1 m,桩直径 600 mm,计 100 根,泥浆外运 5 公里。

要求计算:① 钻孔灌注混凝土桩的工程量清单;② 钻孔灌注混凝土桩的工程量清单计价。

解 (1) 钻孔灌注混凝土桩的工程量清单

① 确定项目编码、项目名称和计量单位

项目编码:010201003001

项目名称:混凝土灌注桩

计量单位:m(也可以为根,由清单编制人定)

② 项目特征:三类干土、桩长 12.3 m 100 根、桩直径 600 mm、钻孔灌注混凝土桩、C25 混凝土自拌、桩顶标高—3.0、桩进入岩层 1 m、泥浆外运 5 公里。

③ 按《计价规范》规定的工程量计算规则计算工程量:12.3×100=1 230(m)

(2) 钻孔灌注混凝土桩的工程量清单计价

① 按《计价表》规定计算各项工程内容的工程量(参见例 5.4.4)

钻土孔　　　　　　　0.30×0.30×3.14×13.85×100=391.40(m^3)

钻岩石孔　　　　　　0.30×0.30×3.14×1.0×100=28.26(m^3)

土孔灌注混凝土桩　　0.30×0.30×3.14×11.90×100=336.29(m^3)

岩石孔灌注混凝土桩　0.30×0.30×3.14×1.0×100=28.26(m^3)

泥浆外运量即钻孔体积　391.40+28.26=419.66(m^3)

② 套《计价表》定额计算各项工程内容的综合价(参见例 8.2.4)

2—29　　钻土孔　　　　　　　391.40(m^3)×172.38=67 469.53(元)

2—32　　钻岩石孔　　　　　　28.26(m^3)×726.11=20 519.87(元)

2—35 换　土孔灌注混凝土桩　　336.29(m^3)×306.06=102 924.92(元)

2—36 换　岩石孔灌注混凝土桩　28.26(m^3)×270.89=7 655.35(元)

2—37　　泥浆外运　　　　　　419.66(m^3)×73.98=31 046.45(元)

泥浆池费用按施工组织设计要求计算　2 000 元

③ 计算钻孔灌注混凝土桩的综合价、综合单价

钻孔灌注混凝土桩的工程量清单综合价(②中6项合计):231 616.12 元

钻孔灌注混凝土桩的工程量清单综合单价:231 616.12/1 230=188.31(元/m)

8.3.3 砌筑工程清单计价

1) 砌筑工程清单计价有关说明和注意事项

(1) "砖基础"项目适用于各种类型砖基础,在工程清单特征中应描述砖品种、规格、强度等级、基础类型、基础深度、砂浆强度等级。在工程量清单计价时要把"砖基础"工程发生的砂浆制作运输、砌砖基础、防潮层、材料运输等施工项目计算在"砖基础"项目报价内。

(2) "实心砖墙"、"空心砖墙、砌块墙"项目适用于实心砖、空心砖、砌块砌筑的各种墙:外墙、内墙、直墙、弧墙,以及不同厚度,不同砂浆砌筑的墙。在工程清单特征中应描述砖品种、规格、强度等级、墙体类型、墙体厚度、墙体高度、砂浆强度等级、配合比。在编制清单时,用第五级项目编码将不同的墙体分别列项;在工程量清单计价时要把"实心砖墙"或"空心砖墙、砌块墙"工程发生的砂浆制作运输、砌砖、材料运输等施工项目计算在"实心砖墙"或"空心砖墙、砌块墙"项目报价内。

(3) "砖窨井、检查井"、"砖水池、化粪池"在工程量清单中以"座"计算,在工程清单特征中应描述井(池)截面、垫层材料种类、厚度、底板厚度、勾缝要求、混凝土强度等级、砂浆强度等级、配合比、防潮层材料种类。在工程量清单计价时要把"砖窨井、检查井"或"砖水池、化粪池"工程发生的土方挖运、砂浆制作运输、铺设垫层、底板混凝土制作运输浇筑、砌砖、勾缝、抹灰、回填土等施工项目计算在"砖窨井、检查井"或"砖水池、化粪池"项目报价内。钢筋在混凝土及钢筋混凝土项目中报价,如井(池)施工需脚手架、模板,则在措施项目中报价。

2) 砌筑工程清单计价实例

例 8.3.8 图 5.4.1 是某单位传达室基础平面图及基础详图。室内地坪±0.00,防潮层-0.06,防潮层以下用 M10 水泥砂浆砌标准砖基础,防潮层以上为多孔砖墙身,条形基础用 C20 自拌混凝土,垫层用 C10 自拌混凝土。

要求计算:① 砖基础的工程量清单;② 砖基础的工程量清单计价;③ 混凝土条形基础的工程量清单;④ 混凝土条形基础的工程量清单计价;⑤ 混凝土垫层的工程量清单;⑥ 混凝土垫层的工程量清单计价。

解 (1) 砖基础的工程量清单

① 确定项目编码、项目名称和计量单位

项目编码:010301001001

项目名称:砖基础

计量单位:m^3

② 项目特征:标准砖、条形基础、埋深 1.6 m、M10 水泥砂浆砌筑、防水砂浆防潮层。

③ 按《计价规范》规定的工程量计算规则计算工程量(参见例 5.5.5)

$0.24 \times (1.54 + 0.197) \times [(9.0 + 5.0) \times 2 + 4.76 \times 2] = 15.64(m^3)$

(2) 砖基础的工程量清单计价

① 按《计价表》规定计算各项工程内容的工程量(参见例 5.4.5)

砖基础　$0.24 \times (1.54 + 0.197) \times [(9.0 + 5.0) \times 2 + 4.76 \times 2] = 15.64(m^3)$

防潮层　$0.24 \times [(9.0 + 5.0) \times 2 + 4.76 \times 2] = 9.0(m^2)$

② 套《计价表》定额计算各项工程内容的综合价(参见例 8.2.5)

3—1 换　砖基础　$15.64(m^3) \times 188.24 = 2\,944.07(元)$

3—42　防潮层　$0.90(10\ m^2) \times 80.68 = 72.61(元)$

③ 计算砖基础的综合价、综合单价

砖基础的工程量清单综合价(②中2项合计)：3 016.68 元

砖基础的工程量清单综合单价：$3\,016.68/15.64 = 192.88(元/m^3)$

(3) 混凝土条形基础的工程量清单(应用要点详见 5.5.4 混凝土及钢筋混凝土工程计量)

① 确定项目编码、项目名称和计量单位

项目编码：010401001001

项目名称：混凝土条形基础

计量单位：m^3

② 项目特征：C20 自拌混凝土。

③ 按《计价规范》规定的工程量计算规则计算工程量

条形基础　$S_{上} = (0.58 + 1.0) \times 0.1/2 = 0.079(m^2)$

$S_{下} = 1.0 \times 0.1 = 0.1(m^2)$

$V_{外} = (0.079 + 0.1) \times 28 = 5.012(m^2)$

$V_{内} = 0.079 \times [5 - (0.58 + 1)/2] + 0.1 \times (5 - 1.0) \times 2 = 1.465(m^3)$

$V_{总} = 6.48(m^3)$

(4) 混凝土条形基础的工程量清单计价

① 按《计价表》规定计算各项工程内容的工程量

条形基础　$6.48(m^3)$

② 套《计价表》定额计算各项工程内容的综合价

5—2　无梁式条形基础　$6.48(m^3) \times 222.38 = 1\,411.02(元)$

③ 计算混凝土条形基础的综合价、综合单价

混凝土条形基础的工程量清单综合价：1 411.02 元

混凝土条形基础的工程量清单综合单价：$1\,411.02/6.48 = 222.38(元/m^3)$

(5) 混凝土垫层的工程量清单

① 确定项目编码、项目名称和计量单位

项目编码：010401006001

项目名称:混凝土垫层

计量单位:m³

② 项目特征:C10 自拌混凝土

③ 按《计价规范》规定的工程量计算规则计算工程量

垫层　1.2×0.1×[(9+5)×2+(5-1.2)×2]=4.27(m³)

(6) 混凝土垫层的工程量清单计价

① 按《计价表》规定计算各项工程内容的工程量

垫层 1.2×0.1×[(9+5)×2+(5-1.2)×2]=4.27(m³)

② 套《计价表》定额计算各项工程内容的综合价

2—120　C10 混凝土垫层　4.27×206.00 元=879.62(元)

③ 计算混凝土垫层的综合价、综合单价

混凝土垫层的工程量清单综合价：879.62 元

混凝土垫层的工程量清单综合单价：879.62/4.27=206.0(元/m³)

例 8.3.9　图 5.4.5 是某单位传达室工程图(含平面图,剖面图,墙身大样图)。构造柱 240×240,有马牙搓与墙嵌接,圈梁 240×300 mm,屋面板厚 100 mm。门窗上口无圈梁处设置过梁厚 120 mm,过梁长度为洞口尺寸两边各加 250 mm。窗台板厚 60 mm,长度为窗洞口尺寸两边各加 60 mm,窗两侧有 60 mm 宽砖砌窗套。砌体材料为 KP1 多孔砖,女儿墙为标准砖。

要求计算：① 墙身的工程量清单；② 墙身的工程量清单计价。

解　(1) 一砖多孔砖墙的工程量清单

① 确定项目编码、项目名称和计量单位

项目编码：010304001001

项目名称：空心砖墙

计量单位：m³

② 项目特征：内外墙、240 厚、KP1 多孔砖,M5 混合砂浆砌筑。

③ 按《计价规范》规定的工程量计算规则计算工程量(参见例 5.5.6)

外墙：11.47 m³

内墙：4.79 m³

合计：16.26 m³

(2) 一砖多孔砖墙的工程量清单计价

① 按《计价表》规定计算各项工程内容的工程量(参见例 5.4.6)

外墙：11.47 m³

内墙：4.79 m³

合计：16.26 m³

② 套《计价表》定额计算各项工程内容的综合价(参见例 8.2.6)

3—22　KP1多孔砖一砖墙　16.26(m^3)×184.17=2 994.60(元)

③ 计算一砖多孔砖墙的综合价、综合单价

一砖多孔砖墙的工程量清单综合价:2 994.60元

一砖多孔砖墙的工程量清单综合单价:2 994.60/16.26=184.17(元/m^3)

(3) 半砖多孔砖墙的工程量清单

① 确定项目编码、项目名称和计量单位

项目编码:010304001002

项目名称:空心砖墙

计量单位:m^3

② 项目特征:内墙、115厚、KP1多孔砖、M5混合砂浆砌筑。

③ 按《计价规范》规定的工程量计算规则计算工程量(参见例5.5.6):0.68 m^3

(4) 半砖多孔砖墙的工程量清单计价

① 按《计价表》规定计算各项工程内容的工程量(参见例5.4.6):0.62 m^3

② 套《计价表》定额计算各项工程内容的综合价(参见例8.2.6)

3—21　KP1多孔砖1/2砖墙　0.62(m^3)×190.56=118.15(元)

③ 计算半砖多孔砖墙的综合价、综合单价

半砖多孔砖墙的工程量清单综合价:118.15元

半砖多孔砖墙的工程量清单综合单价:118.15/0.68=173.75(元/m^3)

(5) 女儿墙的工程量清单

① 确定项目编码、项目名称和计量单位

项目编码:010302001001

项目名称:实心砖墙

计量单位:m^3

② 项目特征:标准砖墙、女儿墙、240厚、M5混合砂浆砌筑。

③ 按《计价规范》规定的工程量计算规则计算工程量(参见例5.5.6):1.61 m^3

(6) 女儿墙的工程量清单计价

① 按《计价表》规定计算各项工程内容的工程量(参见例5.4.6):1.61 m^3

② 套《计价表》定额计算各项工程内容的综合价(参见例8.2.6)

3—29　标准砖一砖外墙　1.61(m^3)×197.70=318.30(元)

③ 计算女儿墙的综合价、综合单价

女儿墙的工程量清单综合价:318.30元

女儿墙的工程量清单综合单价:318.30/1.61=197.70(元/m^3)

例8.3.10　某住宅小区内砖砌排水窨井,计10座。(见图5.4.18)深度1.3 m的6座,1.6 m的4座。窨井底板为C10混凝土,井壁为M10水泥砂浆砌240厚标准砖,底板C20细石混凝土找坡,平均厚度30 mm,壁内侧及底板粉1∶2防水砂浆 20 mm。铸铁井盖,排水管直径为 200 mm,土为三类土。

要求计算:① 窨井的工程量清单;② 窨井的工程量清单计价

解 (1)深度为 1.3 m 窨井的工程量清单(窨井 1)

① 确定项目编码、项目名称和计量单位

项目编码:010303003001

项目名称:砖窨井

计量单位:座

② 项目特征:内径 700 mm、C10 混凝土底板 100 厚、240 厚 M10 水泥砂浆砌标准砖井壁、井深 1.3 m、底板 C20 细石混凝土找坡 3 cm 厚、内壁底板抹防水砂浆、铸铁井盖、三类干土。

③ 按《计价规范》规定的工程量计算规则计算工程量:6 座

(2)深度为 1.3 m 窨井的工程量清单计价

① 按《计价表》规定计算各项工程内容的工程量(参见例 5.4.21)

人工挖地坑	$1.46 \times 0.99 \times 0.99 \times 3.14 = 4.49(m^3)$
基坑打夯	$0.99 \times 0.99 \times 3.14 = 3.08(m^2)$
混凝土垫层	$0.10 \times 0.69 \times 0.69 \times 3.14 = 0.15(m^3)$
垫层模板	$0.10 \times 1.38 \times 3.14 = 0.43(m^2)$
砖砌体	$0.24 \times 1.30 \times 2.95 = 0.92(m^3)$
细石混凝土找坡	$0.35 \times 0.35 \times 3.14 = 0.38(m^2)$
井内抹灰	$0.38 + 2.79 = 3.17(m^2)$
抹灰脚手架	$2.79(m^2)$
井盖	1 套
回填土	$4.49 - 0.15 - 0.92 - 1.30 \times 0.38 = 2.93(m^3)$
余土外运	$4.49 - 2.93 = 1.56(m^3)$

② 套《计价表》定额计算各项工程内容的综合价(参见例 8.2.19)

1—55	人工挖地坑	$4.49(m^3) \times 6 \times 16.77 = 451.78(元)$
1—100	基坑打夯	$0.308(10 m^2) \times 6 \times 6.17 = 11.40(元)$
2—120	C10 混凝土垫层	$0.15(m^3) \times 6 \times 206.0 = 185.40(元)$

(注:模板、抹灰脚手架在措施项目清单中计算)

11—28	砖砌窨井	$0.92(m^3) \times 6 \times 218.04 = 1203.58(元)$
12—18—19×2	细石混凝土找坡	$0.038(10 m^2) \times 6 \times 82.22 = 18.75(元)$
11—30	井壁抹灰	$0.317(10 m^2) \times 6 \times 113.83 = 216.50(元)$
11—25	铸铁盖板安装	$1.0 套 \times 6 \times 271.29 = 1627.74(元)$
1—104	基坑回填土	$2.93(m^3) \times 6 \times 10.70 = 188.11(元)$
1—92+95×2	余土外运	$1.56(m^3) \times 6 \times 8.61 = 80.59(元)$

| 1—1 | 挖外运土 | 1.56(m^3)×6×3.95=36.97(元) |

③ 计算深度为 1.3 m 窨井的综合价、综合单价
窨井 1 的工程量清单综合价(1~10 项合计):4 020.82 元
窨井 1 的工程量清单综合单价:4 020.82/6=670.13(元/座)
(3) 深度为 1.6 m 窨井的工程量清单(窨井 2)
① 确定项目编码、项目名称和计量单位
项目编码:010303003002
项目名称:砖窨井
计量单位:座
② 项目特征:内径 700 mm、C10 混凝土底板 100 厚、240 厚 M10 水泥砂浆砌标准砖井壁、井深 1.6 m、底板 C20 细石混凝土找坡 3 cm、内壁底板抹防水砂浆、铸铁井盖、三类干土。
③ 按《计价规范》规定的工程量计算规则计算工程量:4 座
(3) 深度为 1.6 m 窨井的工程量清单计价
① 按《计价表》规定计算各项工程内容的工程量(参见例 5.4.21)

人工挖地坑	3.14×1.76/3×(1.572+0.992+0.99×1.57)=9.21(m^3)
基坑打夯	0.99×0.99×3.14=3.08(m^2)
混凝土垫层	(同窨井 1) 0.15 m^3
垫层模板	(同窨井 1) 0.43 m^2
砖砌体	0.24×1.60×2.95=1.13(m^3)
细石混凝土找坡	(同窨井 1) 0.38 m^2
井内抹灰	0.38+3.45=3.83(m^2)
抹灰脚手架	3.45(m^2)
井盖	1 套
回填土	9.21-0.15-1.13-1.60×0.38=7.32(m^3)
余土外运	9.21-7.32=1.89(m^3)

② 套《计价表》定额计算各项工程内容的综合价(参见例 8.2.19)

1—56	人工挖地坑	9.21(m^3)×4×19.40=714.70(元)
1—100	基坑打底夯	0.308(10 m^2)×4×6.17=7.60(元)
2—120	C10 混凝土垫层	0.15(m^3)×4×206.0=123.60(元)
11—29	圆形砖砌窨井	1.13(m^3)×4×219.46=991.96(元)
12—18—19×2	细石混凝土找坡	0.038(10 m^2)×4×82.22=12.50(元)
11—30	井壁抹灰	0.383(10 m^2)×4×113.83=174.39(元)
11—25	铸铁盖板安装	1.0 套×4×271.29=1 085.16(元)
1—104	基坑回填土	7.32(m^3)×4×10.70=313.30(元)

| 1—92+95×2 | 余土外运 | 1.89(m^3)×4×8.61=65.09(元) |
| 1—1 | 挖外运土 | 1.89(m^3)×4×3.95=29.86(元) |

③ 计算深度为1.6 m窨井的综合价、综合单价

窨井2的工程量清单综合价(②中10项合计):3 518.16元

窨井2的工程量清单综合单价:3 518.16/4=879.54(元/座)

例 8.3.11 某单位围墙共100 m长,附墙垛12个(见图8.3.2),基础为M5水泥砂浆砌标准砖,垫层为C10非泵送商品混凝土。

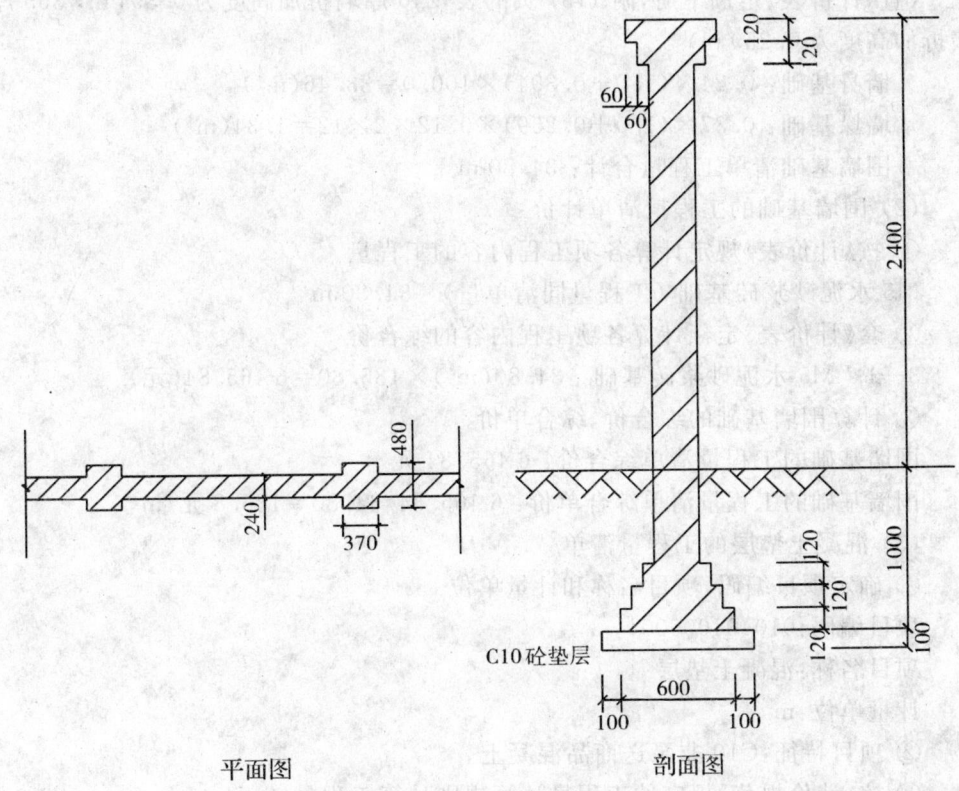

图 8.3.2 某单位围墙工程图

要求计算:① 围墙基础的工程量清单;② 围墙基础的工程量清单计价;③ 混凝土垫层的工程量清单;④ 混凝土垫层的工程量清单计价。

相关知识

(1) 砖围墙基础与墙身的划分以设计室外地坪为分界线,设计室外地坪以下为基础,以上为墙身;

(2) 清单计价时,基础、混凝土垫层分别单独列清单计价。

解 (1) 围墙基础的工程量清单

① 确定项目编码、项目名称和计量单位
项目编码:010301001001
项目名称:砖基础
计量单位:m³
② 项目特征:M5 水泥砂浆砌 240 厚标准砖基础、深 1.0 m、等高式三层大方脚、双面墙垛。
③ 按《计价规范》规定的工程量计算规则计算工程量(清单工程量)
(查《计价表》定额下册,附 1137 页的表,240 厚墙折加高度为 0.394 m,365 厚墙折加高度为 0.259 m)

  墙身基础:0.24×(1.0+0.394)×100.0=33.46(m³)
  墙垛基础:0.37×(1.0+0.259)×0.12×2×12=1.34(m³)
  围墙基础清单工程量合计:34.80 m³

(2) 围墙基础的工程量清单计价
① 按《计价表》规定计算各项工程内容的工程量
M5 水泥砂浆砖基础(工程量同清单量) 34.80 m³
② 套《计价表》定额计算各项工程内容的综合价
3—1 M5 水泥砂浆砖基础 34.80(m³)×185.80=6 465.84(元)
③ 计算围墙基础的综合价、综合单价
围墙基础的工程量清单综合价:6 465.84 元
围墙基础的工程量清单综合单价:6 465.84/34.80=185.8 元/m³

(3) 混凝土垫层的工程量清单
① 确定项目编码、项目名称和计量单位
项目编码:010401006001
项目名称:混凝土垫层
计量单位:m³
② 项目特征:C10 非泵送商品混凝土
③ 按《计价规范》规定的工程量计算规则计算工程量
C10 混凝土垫层 0.1×(0.80×100.0+0.12×0.57×2×12)=8.16(m³)

(4) 混凝土垫层的工程量清单计价
① 按《计价表》规定计算各项工程内容的工程量
C10 混凝土垫层(工程量同清单量) 8.16(m³)
② 套《计价表》定额计算各项工程内容的综合价
2—122 C10 混凝土垫层(非泵送商品混凝土) 8.16×273.17 元=2 229.07 元
③ 计算混凝土垫层的综合价、综合单价
混凝土垫层的工程量清单综合价:2 229.07(元/m³)

混凝土垫层的工程量清单综合单价：2 229.07/8.16＝273.17(元/m³)

例 8.3.12 某单位围墙共 100 m 长，附墙垛 12 个(见图 8.3.2)，围墙墙身为 M2.5 混合砂浆砌标准砖。

要求计算：① 围墙的工程量清单；② 围墙的工程量清单计价。

相关知识

(1) 计算工程量清单时，围墙高度算至砖压顶上表面，凸出墙面的压顶不计算，凸出墙面的砖垛并入墙体积内；

(2) 计算工程量清单计价时，围墙的及砖垛并入墙体积内。

解 (1) 围墙的工程量清单

① 确定项目编码、项目名称和计量单位

项目编码：010302001001

项目名称：实心砖墙

计量单位：m³

② 项目特征：标准砖围墙双面墙垛、240 厚、2.4 m 高、M2.5 混合砂浆砌筑双面墙垛。

③ 按《计价规范》规定的工程量计算规则计算工程量(清单工程量)

墙身：0.24×2.4×100.0＝57.60(m³)

墙垛：0.37×2.4×0.12×2×12＝2.56(m³)

围墙清单工程量计：60.16 m³

(2) 围墙的工程量清单计价

① 按《计价表》规定计算各项工程内容的工程量

墙身：0.24×2.4×100.0＝57.60(m³)

墙垛：0.37×2.4×0.12×2×12＝2.56(m³)

压顶：(0.06×0.12×2＋0.12×0.12×2)×(100.0＋0.12×2×2×12)＝4.07(m³)

墙身合计：64.23 m³

② 套《计价表》定额计算各项工程内容的综合价：

3—44 换　M2.5 混合砂浆砖砌围墙

换算内容：M5 混合砂浆改为 M2.5 混合砂浆

单价：197.23－29.01＋27.71＝195.93(元)

64.23(m³)×195.93＝12 584.58(元)

③ 计算围墙的综合价、综合单价

围墙的工程量清单综合价：12 584.58 元

围墙的工程量清单综合单价：12 584.58/60.16＝209.18(元/m³)

例 8.3.13 某建筑物为三类工程，共有 6 个卫生间，每个卫生间内的零星砌砖：大便槽长 1.2 m×4 m。(见图 8.3.3)

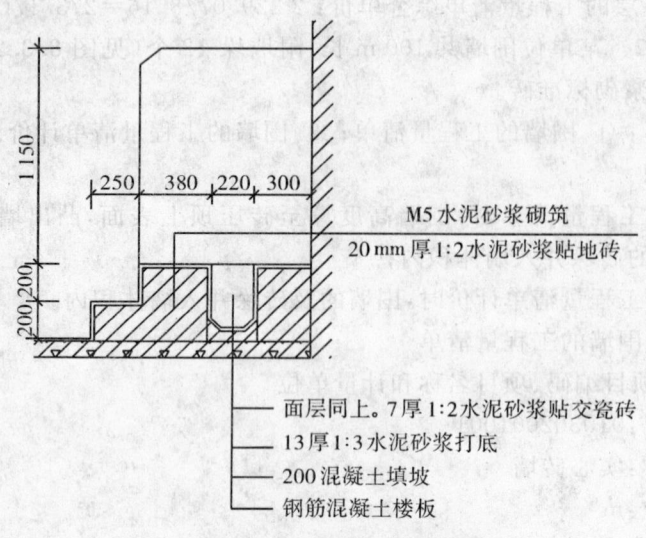

图 8.3.3 某卫生间大便槽剖面图

要求计算：① 零星砌砖的工程量清单；② 零星砌砖的工程量清单计价。

相关知识

(1) 零星砌砖的工程量清单计量单位有多种(m^3、m^2、m、个)，由清单编制人员定；

(2) 在清单计价时，砌砖体、混凝土找坡包括在报价内；地砖、瓷砖面层不在此处计价，在装饰工程中报价。

解 (1) 零星砌砖的工程量清单

① 确定项目编码、项目名称和计量单位

项目编码：010302006001

项目名称：零星砌砖

计量单位：m

② 项目特征：标准砖砌大便槽、M5 水泥砂浆、槽内 C20 细石混凝土找坡平均厚 3 cm。

③ 按《计价规范》规定的工程量计算规则计算工程量(清单工程量)

　　$1.20 \times 4 \times 6 = 28.80$(m)

(2) 零星砌砖的工程量清单计价

① 按《计价表》规定计算各项工程内容的工程量

零星砌砖　$(0.20 \times 0.25 + 0.40 \times 0.38 + 0.40 \times 0.30) \times 1.2 \times 4 \times 6 = 9.27$($m^3$)

槽内细石混凝土找坡　$0.22 \times 1.2 \times 4 \times 6 = 6.34$($m^2$)

② 套《计价表》定额计算各项工程内容的综合价：

3—47换　M5水泥砂浆小型砌体

换算内容：M5混合砂浆改为M5水泥砂浆

单价：$222.57-26.84+25.91=221.64$(元)

　　　　$9.27(m^3)×221.64=2054.60$(元)

12—18—19×2　C20细石混凝土找坡　$0.63(10\ m^2)×82.22=51.80$(元)

③ 计算零星砌砖的综合价、综合单价

零星砌砖的工程量清单综合价：(②中2项合计)：2 106.40 元

零星砌砖的工程量清单综合单价：$2106.40/28.8=73.14$(元/m)

8.3.4　混凝土及钢筋混凝土工程清单计价

1) 混凝土及钢筋混凝土工程清单计价有关说明和注意事项如下。

(1) 本章共 17 节 69 个项目，包括现浇混凝土基础、现浇混凝土柱、现浇混凝土梁、现浇混凝土墙、现浇混凝土板、现浇混凝土楼梯、现浇混凝土其他构件、后浇带、预制混凝土柱、预制混凝土梁、预制混凝土屋架、预制混凝土板、预制混凝土楼梯、其他预制构件、混凝土构筑物、钢筋工程、螺栓铁件等适用于建筑物、构筑物的混凝土工程。

(2) "带形基础"项目适用于各种带形基础，墙下的板式基础包括浇筑在一字排桩上面的带形基础，应注意工程量不扣除浇入带形基础体积内的桩头所占体积。

(3) "独立基础"项目适用于块体柱基、杯基、柱下的板式基础、无筋倒圆台基础、壳体基础、电梯井基础等。

(4) "满堂基础"项目适用于地下室的箱式、筏式基础等。

(5) "设备基础"项目适用于设备的块体基础、框架基础等，应注意螺栓孔灌浆包括在报价内。

(6) "桩承台基础"项目适用于浇筑在组桩(如：梅花桩)上的承台，应注意工程量不扣除浇入承台体积内的桩头所占体积。

(7) "矩型柱"、"异型柱"项目适用于各型柱，除无梁板柱的高度计算至柱帽下表面，其他柱都计算全高。应注意以下 3 点：① 单独的薄壁柱根据其截面形状，确定以异型柱或矩形柱编码列项；② 柱帽的工程量计算在无梁板体积内；③ 混凝土柱上的钢牛腿按规范附录 A.6.6 零星钢构件编码列项。

(8) "直形墙"、"弧形墙"项目也适用于电梯井，应注意与墙相连接的薄壁柱按墙项目编码列项。

(9) 混凝土板采用浇筑复合高强薄型空心管时，其工程量应扣除管所占体积，复合高强薄型空心管应包括在报价内。采用轻质材料浇筑在有梁板内，轻质材料应包括在报价内。

(10) 单跑楼梯的工程量计算与直形楼梯、弧形楼梯的工程量计算相同，单跑楼梯如无中间休息平台时,应在工程量清单中进行描述。

(11)"其他构件"项目中的压顶、扶手工程量可按长度计算,台阶工程量可按水平投影面积计算。

(12)"电缆沟、地沟"和"散水、坡道"需抹灰时,应包括在报价内。

(13)"后浇带"项目适用于梁、墙、板的后浇带。

(14)"水磨石构件"需要打蜡抛光时,包括在报价内。

(15)"滑模筒仓"按"贮仓"项目编码列项。"滑模烟囱"按"烟囱"项目编码列项。

(16)混凝土的供应方式(现场搅拌混凝土、商品混凝土)以招标文件确定。

(17)购入的商品构配件以商品价进入报价。

(18)附录要求分别编码列项的项目(如:箱式满堂基础、框架式设备基础等),可在第五级编码上进行分项编码。如:框架式设备基础,010401004001 设备基础、010401004002 框架式设备基础柱、010401004003 框架式设备基础梁、010401004004 框架式设备基础墙、010401004005 框架式设备基础板等。这样列项的优点是:①不必再翻后面的项目编码;②一看就知道是框架式设备的基础、柱、梁、墙、板,十分明了。

(19)预制构件的吊装机械(如:履带式起重机、轮胎式起重机、汽车式起重机、塔式起重机等)不包括在项目内,应列入措施项目费。

(20)滑模的提升设备(如:千斤顶、液压操作台等)应列在模板及支撑费内。

(21)钢网架在地面组装后的整体提升、倒锥壳水箱在地面就位预制后的提升设备(如:液压千斤顶及操作台等)应列在垂直运输费内。

(22)项目特征内的构件标高(如:梁底标高、板底标高等)、安装高度,不需要每个构件都注上标高和高度,而是要求选择关键部件注明,以便投标人选择吊装机械和垂直运输机械。

2)混凝土及钢筋混凝土工程清单计价实例

例 8.3.14 业主根据设备基础(框架)施工图计算:(工程类别按三类工程)

(1)混凝土强度等级 C35。

(2)柱基础为块体,工程量 6.24 m^3;墙基础为带形基础,工程量 4.16 m^3;柱截面 450 mm×450 mm,工程量 12.75 m^3;基础墙厚度 300 mm,工程量 10.85 m^3;基础梁截面 350 mm×700 mm,工程量 17.01 m^3;基础板厚度 300 mm,工程量 40.53 m^3。

(3)混凝土合计工程量 91.54 m^3。

(4)螺栓孔灌浆:1:3 水泥砂浆 12.03 m^3。

(5)钢筋:ϕ12 以内,工程量 2.829 t;ϕ12~ϕ25 内工程量 4.362 t。

试计算该设备基础(框架)的综合单价。

解 (1) 招标人编制清单
① 清单工程量套子目
　　010401004　　设备基础
　　010416001　　现浇钢筋
② 编制分部分项工程量清单
分部分项工程量清单见表8.3.1

表8.3.1　分部分项工程量清单表

工程名称：某工厂　　　　　　　　　　　　　　　　　　　　　第＿＿页　共＿＿页

序号	项目编号	项　目　名　称	计量单位	工程数量
	010401004001	A.4 混凝土及钢筋混凝土工程 设备基础 　　块体柱基础：6.24 m³ 　　带型墙基础：4.16 m³ 　　基础柱：截面450 mm×450 mm 　　基础墙：厚度300 mm 　　基础梁：截面350 mm×700 mm 　　基础板：厚度300 mm 　　混凝土强度：C35 　　螺栓孔灌浆细石混凝土强度C35	m³	91.54
	010416001001	现浇钢筋 　　ϕ10 以内：2.829 t 　　ϕ10 以外：4.362 t	t	7.191
		本页小计		
		合　　计		

(2) 投标人报价计算
① 套《2004年江苏省计价表》
a. 柱基础
5—7 换　C30 柱基　6.24 m³×240.39 元/m³＝1 500.03(元)
单价换算：227.65＋8.61＋4.13＝240.39(元/m³)
b. 带形混凝土基础
5—3 换　C30 条形混凝土基础　4.16 m³×241.43/m³＝1 004.35(元)
单价换算：228.69＋8.61＋4.13＝241.43(元/m³)
c. 柱
5—13　C30 混凝土柱　12.75 m³×277.28 元/m³＝3 535.32(元)
d. 混凝土墙

5—26　C30 混凝土墙　10.85 m³×271.61 元/m³=2 946.97(元)

e. 基础梁

5—17　基础梁 C30　17.01 m³×251.44 元/m³=4 276.99(元)

f. 基础板

5—6 换　基础板 C30　40.53 m³×243.76 元/m³=9 879.59(元)

单价换算:230.35+9.06+4.35=243.76(元/m³)

g. 螺栓孔灌浆

5—8　螺栓孔灌浆 C35　12.03 m³×204.42 元/m³=2 459.17(元)

h. ϕ12 以内钢筋

4—1　ϕ12 以内钢筋　2.829 t×3 421.48 元/t=9 679.37(元)

i. ϕ25 以内钢筋

4—2　ϕ25 以内钢筋　4.362 t×3 241.82 元/t=14 140.82(元)

② 填写分部分项工程量清单计价表格

a. 分部分项工程量清单计价见表 8.3.2

表 8.3.2　分部分项工程量清单计价表

工程名称:某工厂　　　　　　　　　　　　　　　　第＿＿页　共＿＿页

序号	项目编号	项目名称	计量单位	工程数量	金额(元) 综合单价	合价
	010401004001	A.4 混凝土及钢筋混凝土工程 设备基础 块体柱基础:6.24 m³ 带型墙基础:4.16 m³ 基础柱:截面 450 mm×450 mm 基础墙:厚度 300 mm 基础梁:截面 350 mm×700 mm 基础板:厚度 300 mm 混凝土强度:C35 螺栓孔灌浆细石混凝土强度 C35	m³	91.54	279.69	25 602.43
	010416001001	现浇钢筋 ϕ10 以内:2.829 t ϕ10 以外:4.326 t	t	7.191	3 312.50	23 820.18
		本页小计				
		合　　计				

b. 分部分项工程量清单综合单价计算见表8.3.3和表8.3.4

表8.3.3 分部分项工程量清单综合单价计算表

工程名称:某工厂　　　　　　　　　　　　　　　　　　　计量单位:m³
项目编码:010401004001　　　　　　　　　　　　　　　　工程数量:91.54
项目名称:现浇设备基础(框架)　　　　　　　　　　　　　综合单价:279.69元

序号	定额编号	工程内容	单位	数量	其中（元）					
					人工费	材料费	机械费	管理费	利润	小计
	5—7换	柱基础:混凝土强度C35	m³	6.24	121.68	1 205.69	93.16	53.73	25.77	1 500.03
	5—3换	带形混凝土基础:混凝土强度C35	m³	4.16	81.12	808.12	62.11	35.82	17.18	1 004.35
	5—13	基础柱:截面450 mm×450 mm,混凝土强度C35	m³	12.75	636.48	2 552.93	80.58	179.27	86.06	3 535.32
	5—26	基础墙:厚度300 mm,混凝土强度C35	m³	10.85	442.90	2 246.17	68.57	127.92	61.41	2 946.97
	5—17	基础梁:截面350 mm×700 mm,混凝土强度C35	m³	17.01	336.12	3 413.23	294.27	157.68	75.69	4 276.99
	5—6换	基础板:厚度300 mm,混凝土强度C35	m³	40.53	864.10	7 866.87	605.11	367.20	176.31	9 879.59
	5—8	螺栓孔灌浆	m³	12.03	62.56	2 201.37	125.59	47.04	22.62	2 459.18
		合计			2 544.96	20 294.38	1 329.39	968.66	465.04	25 602.43

表8.3.4 分部分项工程量清单综合单价计算表

工程名称:某工厂　　　　　　　　　　　　　　　　　　　计量单位:t
项目编码:010416001001　　　　　　　　　　　　　　　　工程数量:7.191
项目名称:现浇设备基础(框架)钢筋　　　　　　　　　　　综合单价:3 312.50元

序号	定额编号	工程内容	单位	数量	其中（元）					
					人工费	材料费	机械费	管理费	利润	小计
	4—1	现浇混凝土钢筋 φ12以内	t	2.829	934.87	8 174.48	163.60	274.61	131.80	9 679.36
	4—2	现浇混凝土钢筋 φ25以内	t	4.362	724.70	12 643.61	368.15	273.24	131.12	14 140.82
		合计			1 659.57	20 818.09	531.75	547.85	262.92	23 820.18

8.3.5 厂库房大门、特种门、木结构工程清单计价

1) 厂库房大门、特种门、木结构工程清单计价有关说明和注意事项

(1) 本章共3节11个项目,包括厂库房大门、特种门、木屋架、木构件,适用于建筑物、构筑物的特种门和木结构工程。

(2) 原木构件设计规定梢径时,应按原木材积计算表计算体积。

(3) 设计规定使用干燥木材时,干燥损耗及干燥费应包括在报价内。

(4) 木材的出材率应包括在报价内。

(5) 木结构有防虫要求时,防虫药剂应包括在报价内。

(6) "木板大门"项目适用于厂库房的平开、推拉、带观察窗、不带观察窗等各类型木板大门,应用时需描述每樘门所含门扇数和有框或无框。

(7) "钢木大门"项目适用于厂库房的平开、推拉、单面铺木板、双面铺木板、防风型、保暖型等各类型钢木大门。应注意两点:① 钢骨架制作安装包括在报价内;② 防风型钢木门应描述防风材料或保暖材料。

(8) "全钢板门"项目适用于厂库房的平开、推拉、折叠、单面铺钢板、双面铺钢板等各类型全钢板门。

(9) "特种门"项目适用于各种防射线门、密闭门、保温门、隔音门、冷藏库门、冷藏冻结间门等特殊使用功能门。

(10) "围墙铁丝门"项目适用于钢管骨架铁丝门、角钢骨架铁丝门、木骨架铁丝门等。

(11) "木屋架"项目适用于各种方木、圆木屋架。应注意两点:① 与屋架相连接的挑檐木应包括在木屋架报价内;② 钢夹板构件、连接螺栓应包括在报价内。

(12) "钢木屋架"项目适用于各种方木、圆木的钢木组合屋架,应注意钢拉杆(下弦拉杆)、受拉腹杆、钢夹板、连接螺栓应包括在报价内。

(13) "木柱"、"木梁"项目适用于建筑物各部位的柱、梁,应注意接地、嵌入墙内部分的防腐应包括在报价内。

(14) "木楼梯"项目适用于楼梯和爬梯。应注意两点:① 楼梯的防滑条应包括在报价内;② 楼梯栏杆(栏板)、扶手,应按 B.3.7 中相关项目编码列项。

(15) "其他木构件"项目适用于斜撑和传统民居的垂花、花芽子、封檐板、博风板等构件。应注意两点:① 封檐板、博风板工程量按延长米计算;② 博风板带大刀头时,每个大刀头增加长度 50 cm。

(16) 冷藏门、冷冻间门、保温门、变电室门、隔音门、防射线门、人防门、金库门等,应按 A.5.1 中特种门项目编码列项。

(17) 带气楼的屋架和马尾、折角以及正交部分的半屋架,应按相关屋架编码列项。

2) 厂库房大门、特种门、木结构工程清单计价实例

例 8.3.15 某跃层住宅室内木楼梯,共 1 套,楼梯斜梁截面:80 mm×150 mm,踏步板 900 mm×300 mm×25 mm,踢脚板 900 mm×150 mm×20 mm,楼梯栏杆⌀50,硬木扶手为圆形⌀60,除扶手材质为桦木外,其余材质为杉木。业主根据全国工程量清单的计算规则计算出木楼梯工程量如下:(三类工程)

(1) 木楼梯斜梁体积为 0.256 m^3

(2) 楼梯面积为 6.21 m^2(水平投影面积)

(3) 楼梯栏杆为 8.67 m(垂直投影面积为 7.31 m^2)

(4) 硬木扶手 8.89 m

试计算该木楼梯的综合单价。

解 (1) 招标人编制清单

① 清单工程量套子目

010503003　木楼梯

020107002　木栏杆

② 编制分部分项工程量清单

分部分项工程量清单见表 8.3.5。

表 8.3.5　分部分项工程量清单表

工程名称:某跃层住宅　　　　　　　　　　　　　　　　　第___页　共___页

序号	项目编号	项目名称	计量单位	工程数量
	010503003001	A.5 厂库房大门、特种门、木结构工程 木楼梯 木材种类:杉木 刨光要求:露面部分刨光 踏步板 900 mm×300 mm×25 mm 踢脚板 900 mm×150 mm×20 mm 斜梁截面 80 mm×150 mm 刷防火漆 2 遍 刷地板清漆 2 遍	m²	6.21
	020107002001	木栏杆(硬木扶手) 木材种类:栏杆杉木、扶手桦木 刨光要求:刨光 栏杆截面 ϕ50 mm 扶手截面 ϕ60 mm 刷防火漆 2 遍 栏杆刷聚氨酯清漆 2 遍 扶手刷聚氨酯清漆 2 遍	m	8.67
		本页小计		
		合　　计		

(2) 投标人报价计算

① 套《计价表》

a. 木楼梯(含楼梯斜梁、踢脚板)制作、安装

8—65　木楼梯:6.21 m²÷10×2 440.87 元/10 m²=1 515.78(元)

b. 楼梯刷防火漆 2 遍

16—212　防火漆 2 遍:6.21×2.3 m²÷10×83.41 元/10 m²=119.13(元)

c. 楼梯刷清漆 2 遍

265

16—56 清漆 2 遍：6.21×2.3 m²÷10×69.47 元/10 m²＝99.22(元)

d. 木栏杆、木扶手制作安装

12—164 木栏杆、木扶手：8.67 m÷10×1 230.60 元/10 m＝1 066.93(元)

e. 木栏杆、木扶手刷防火漆 2 遍

16—212 木栏杆、木扶手防火漆：7.31 m²÷10×1.82×83.41 元/10 m²＝110.97(元)

f. 木栏杆木扶手刷聚氨酯漆 2 遍

16—96 木栏杆、木扶手聚氨酯漆：7.31 m²÷10×1.82×146.43 元/10 m²＝194.81(元)

② 填写分部分项工程量清单计价表格

a. 分部分项工程量清单见表 8.3.6。

表 8.3.6 分部分项工程量清单表

工程名称：某跃层住宅　　　　　　　　　　　　　　　　　第___页 共___页

序号	项目编号	项目名称	计量单位	工程数量	金额(元)	
					综合单价	合价
		A.5 厂库房大门、特种门、木结构工程				
	010503003001	木楼梯	m²	6.21	279.24	1 734.09
		木材种类：杉木				
		刨光要求：露面部分刨光				
		踏步板 900 mm×300 mm×25 mm				
		踢脚板 900 mm×150 mm×20 mm				
		斜梁截面 80 mm×150 mm				
		刷防火漆 2 遍				
		刷地板清漆 2 遍				
	020107002001	木栏杆(硬木扶手)	m	8.67	158.32	1 372.63
		木材种类：栏杆杉木、扶手桦木				
		刨光要求：刨光				
		栏杆截面 φ50				
		扶手截面 φ60				
		刷防火漆 2 遍				
		栏杆刷聚氨酯清漆 2 遍				
		扶手刷聚氨酯清漆 2 遍				
		本页小计				
		合　　计				

b. 分部分项工程量清单综合单价计算见表 8.3.7 和表 8.3.8。

表 8.3.7　分部分项工程量清单综合单价计算表

工程名称：某跃层住宅　　　　　　　　　　　　　计量单位：m²
项目编码：010503003001　　　　　　　　　　　　工程数量：6.21
项目名称：木楼梯　　　　　　　　　　　　　　　综合单价：279.24 元

序号	定额编号	工程内容	单位	数量	其中 （元）					
					人工费	材料费	机械费	管理费	利润	小计
	8—65	木楼梯	10 m²	0.621	252.52	1 169.82	0	63.13	30.30	1 515.77
	16—212	防火漆2遍	10 m²	1.428	49.98	50.64	0	12.50	6.00	119.12
	16—56	清漆2遍	10 m²	1.428	55.98	22.52	0	13.99	6.71	99.20
		合计			358.48	1 242.98	0	89.62	43.01	1 734.09

表 8.3.8　分部分项工程量清单综合单价计算表

工程名称：某跃层住宅　　　　　　　　　　　　　计量单位：m
项目编码：020107002001　　　　　　　　　　　　工程数量：8.67
项目名称：木栏杆、扶手　　　　　　　　　　　　综合单价：158.32 元

序号	定额编号	工程内容	单位	数量	其中 （元）					
					人工费	材料费	机械费	管理费	利润	小计
	12—164	木栏杆制作、安装	10 m	0.867	234.26	745.99	0	58.57	28.11	1 066.93
	16—212	栏杆刷防火漆2遍	10 m²	1.33	46.55	47.16	0	11.64	5.59	110.94
	16—96	栏杆刷聚氨酯清漆2遍	10 m²	1.33	104.27	51.90	0	26.07	12.52	194.76
		合计			385.08	845.05	0	96.28	46.22	1 372.63

8.3.6　金属结构工程清单计价

1) 金属结构工程清单计价有关说明和注意事项

(1) 本章共7节24个项目，包括钢屋架、钢网架、钢托架、钢桁架、钢柱、钢梁、压型钢板楼板、墙板、钢构件、金属网等，适用于建筑物、构筑物的钢结构工程。

(2) 钢构件的除锈刷漆包括在报价内。

(3) 钢构件的拼装台的搭拆和材料摊销应列入措施项目费。

(4) 钢构件需探伤（包括射线探伤、超声波探伤、磁粉探伤、金相探伤、着色探伤、荧光探伤等）应包括在报价内。

(5) "钢屋架"项目适用于一般钢屋架和轻钢屋架、冷弯薄壁型钢屋架。

(6) "钢网架"项目适用于一般钢网架和不锈钢网架。不论节点形式（球形节点、板式节点等）和节点连接方式（焊结、丝结）等均使用该项目。

(7)"实腹柱"项目适用于实腹钢柱和实腹式型钢混凝土柱。

(8)"空腹柱"项目适用于空腹钢柱和空腹型钢混凝土柱。

(9)"钢管柱"项目适用于钢管柱和钢管混凝土柱,应注意钢管混凝土柱的盖板、底板、穿心板、横隔板、加强环、明牛腿、暗牛腿应包括在报价内。

(10)"钢梁"项目适用于钢梁和实腹式型钢混凝土梁、空腹式型钢混凝土梁。

(11)"钢吊车梁"项目适用于钢吊车梁及吊车梁的制动梁、制动板、制动桁架、车挡应包括在报价内。

(12)"压型钢板楼板"项目适用于现浇混凝土楼板,使用压型钢板作永久性模板,并与混凝土叠合后组成共同受力的构件。压型钢板采用镀锌或经防腐处理的薄钢板。

(13)"钢栏杆"适用于工业厂房平台钢栏杆。

(14)型钢混凝土柱、梁浇筑混凝土和压型钢板楼板上浇筑钢筋混凝土中的混凝土和钢筋应按 A.4 中相关项目编码列项。

(15)钢墙架项目包括墙架柱、墙架梁和连接杆件。

(16)加工铁件等小型构件,应按 A.6.6 中零星钢构件项目编码列项。

2)金属结构工程清单计价实例

例 8.3.16 某单层工业厂房屋面钢屋架 12 榀,现场制作,根据《计价表》计算该屋架每榀 2.76 t,刷红丹防锈漆 1 遍,防火漆 2 遍,构件安装,场内运输 650 m,履带式起重机安装高度 5.4 m,跨外安装,请计算钢屋架的综合单价(三类工程)。

解 (1)招标人编制清单

① 清单工程量套子目

010601001 钢屋架

② 编制分部分项工程量清单

分部分项工程量清单见表 8.3.9。

表 8.3.9 分部分项工程量清单表

工程名称:某工业厂房 第___页 共___页

序号	项目编号	项目名称	计量单位	工程数量
	010601001001	A.6 金属结构工程 钢屋架 钢材品种规格∟50 mm×50 mm×4 mm 单榀屋架质量 2.76 t 屋架跨度 9 m 屋架无探伤要求 屋架防火漆 2 遍 屋架调和漆 2 遍	榀	12

(2) 投标人报价计算

① 套《计价表》

工程量：2.76×12＝33.12(t)

6—7	钢屋架制作：	33.12×4 716.44＝156 208.49(元)
16—264	红丹防锈漆 1 遍：	33.12×1.1×88.39＝3 220.22(元)
16—272	防火漆 2 遍：	33.12×291.54＝9 655.80(元)
16—260	调和漆 2 遍：	33.12×131.87＝4 367.53(元)
7—25	金属构件运输：	33.12×37.49＝1 241.67(元)
7—120 换	钢屋架安装(跨外)：	33.12×325.02＝10 764.66(元)

单价：人工费：55.90×1.18＝65.96(元)

材料费：80.16(元)

机械费：103.51＋51.47×0.18＝112.77(元)

管理费：(65.96＋112.77)×25％＝44.68(元)

利　润：(65.96＋112.77)×12％＝21.45(元)

单价合计：325.02 元/t。

② 填写分部分项工程量计价表格

a. 分部分项工程量清单见表 8.3.10。

表 8.3.10　分部分项工程量清单表

工程名称：某工业厂房　　　　　　　　　　　　　　　第＿＿＿页　共＿＿＿页

序号	项目编号	项目名称	计量单位	工程数量	金额(元)	
					综合单价	合价
		A.6 金属结构工程				
	010601001001	钢屋架	榀	12	15 454.86	185 458.37
		钢材品种规格∟50 mm×50 mm×4 mm				
		单榀屋架质量 2.76 t				
		屋架跨度 9 m				
		屋架无探伤要求				
		屋架防火漆 2 遍				
		屋架调和漆 2 遍				
		本页小计				
		合　　计				

b. 分部分项工程量清单综合单价见表 8.3.11。

表 8.3.11　分部分项工程量清单综合单价计算表

工程名称:某工业厂房　　　　　　　　　　　　　计量单位:榀
项目编码:010601001001　　　　　　　　　　　　工程数量:12
项目名称:钢屋架　　　　　　　　　　　　　　　综合单价:15 454.86 元

序号	定额编号	工程内容	单位	数量	其中 (元)					
					人工费	材料费	机械费	管理费	利润	小计
	6—7	钢屋架制作	t	33.12	14 389.32	112 651.72	17 403.90	7 948.47	3 815.09	156 208.49
	16—264	红丹防锈漆1遍	t	33.12	1 101.70	1 710.84	0	275.43	132.25	3 220.22
	16—272	防火漆2遍	t	33.12	4 553.34	3 417.65	0	1 138.33	546.48	9 655.80
	16—260	调和漆2遍	t	33.12	1 836.17	1 852.07	0	459.04	220.25	4 367.53
	7—25	金属构件运输	t	33.12	47.69	171.56	733.28	195.41	93.73	1 241.67
	7—120 换	钢屋架安装	t	33.12	2 184.60	2 654.90	3 734.94	1 479.80	710.42	10 764.66
		合　计			24 112.82	122 458.74	21 872.12	11 496.48	5 518.22	185 458.37

8.3.7　屋面及防水工程清单计价

1) 屋面及防水工程清单计价有关说明和注意事项

(1) 应搞清屋面及防水工程中各条清单中所包含的工作内容,哪些内容应包括在报价内,分别套用适合的计价表项目或根据相应的企业定额进行计价;

(2) 掌握屋面及防水工程中各条清单的工程量计算规则;

(3) 根据每条清单的项目特征,分析人、材、机的消耗量,正确组价。

2) 屋面及防水工程清单计价实例

例 8.3.17　计算出例 5.5.14 中列出的清单项目的综合单价,并列出该分部分项工程量清单与计价表。

解　(1) 卷材防水屋面清单项目综合单价的计算。本清单项目下包含 SBS 卷材和 1:3 水泥砂浆分格找平层这两个分项工程。可以先计算出每平方米卷材清单项目中所包含的计价表中分项工程含量,乘以相应的计价表综合单价进行汇总计算,得出清单单价;也可以根据计价表项目的总工程量乘以相应的计价表综合单价,再除以清单总工程量,得出清单单价。

计算步骤如下:

① 分别计算出单位清单项目数量中所含的计价表项目的数量、含量及单价和合价

a. 卷材(计价表编号 9—30),清单工程量为 55.57 m^2:

数量(见例 5.4.18 计算结果):55.57 m^2

含量:55.57÷55.57=1.00(m^2)=0.10(10 m^2)

计价表综合单价(见例 8.2.16 计算结果):504.58 元/10 m²

合价:504.58×0.10=50.46(元)

b. 1:3 水泥砂浆有分格找平层(计价表编号 9—75):

数量(见例 5.4.18 的计算结果):55.01 m²

含量:55.01÷55.57=0.99(m²)=0.099(10 m²)

计价表综合单价(见例 8.2.16 计算结果):123.56 元/10 m²

合价:123.56×0.099=12.23(元)

② 计算本清单项目综合单价

本条清单综合单价:50.46+12.23=62.69(元/m²)

(2) 刚性防水屋面清单项目。本清单项目下包含 40 厚 C20 细石混凝土厚刚性防水层和 1:3 水泥砂浆分格找平层这两个内容。这里先计算出计价表项目总价,再除以清单工程量,得出清单单价(计算时引用例 5.4.18 计算出的计价表工程量和例 8.2.16 计算出的计价表综合单价)。

计算步骤如下:

① 分别计算出清单项目中所含的计价表项目的数量、单价和合价

a. 刚性防水屋面(计价表编号为 9—72):

数量:55.01 m²=5.501(10 m²)

计价表综合单价:285.22 元/10 m²

合价:285.22×5.501=1569.00 元

b. 1:3 水泥砂浆有分格找平层(计价表编号 9—75):

数量:55.01 m²=5.501(10 m²)

计价表综合单价:123.56 元/10 m²

合价:123.56×5.501=679.70(元)

② 用上述总合价除以清单数量,即得出清单综合单价:

本条清单综合单价:(1 569.00+679.70)÷55.01=40.88(元/m²)

(3) 屋面排水管清单项目。本条清单下包含排水管、雨水口和雨水斗三个计价表项目。

计算步骤如下:

① 分别计算出清单项目中所含的计价表项目的数量、单价和合价

a. D100UPVC 排水管(计价表编号为 9—188):

数量:73.20 m =7.32(10 m)

计价表综合单价:254.85 元/10 m

合价:254.85×7.32=1 865.50 元

b. D100 铸铁带罩雨水口(计价表编号 9—196):

数量:6 只 =0.6(10 只)

计价表综合单价:221.94 元/10 只

合价:221.94×0.6=133.16(元)

c. D100UPVC 雨水斗(计价表编号 9—190):

数量:6 只 =0.6(10 只)

计价表综合单价:300.77 元/10 只

合价:300.77×0.6=180.46(元)

② 用上述总合价除以清单数量,即得出清单综合单价:

本条清单综合单价:(1865.50+133.16+180.46)÷73.20=29.77(元/m)

(4) 屋面天沟、沿沟清单项目。本条清单下包括 SBS 卷材防水层、C20 细石混凝土找坡和 1:2 水泥砂浆面层三个计价表项目。

计算步骤如下:

① 分别计算出清单项目中所含的计价表项目的数量、单价和合价

a. SBS 卷材(计价表编号为 9—30):

数量 33.68 m^2=3.368(10 m^2)

计价表综合单价:504.58 元/10 m^2

合价:504.58×3.368=1 699.43(元)

b. C20 细石混凝土找坡平均 25 厚(计价表编号为 12—18、12—19):

数量:17.88 m^2=1.788(10 m^2)

计价表综合单价:91.53 元/10 m^2

合价:91.53×1.788=163.66(元)

c. 防水砂浆屋面无分格 20 mm 厚((计价表编号为 9—70、9—71)

数量:33.68 m^2=3.368(10 m^2)

计价表综合单价:113.74 元/10 m^2

合价:113.74×3.368=383.08(元)

② 用上述总合价除以清单数量,即得出清单综合单价:

本条清单综合单价:(1 699.43+163.66+383.08)÷33.68=66.69(元/m^2)

该分部的分部分项工程量清单计价见表 8.3.12。

表8.3.12 分部分项工程量清单计价表

工程名称：示例工程　　　　　　　　　　　　　　　　　　　　　　　　　　第1页共1页

序号	项目编码	项目名称	项目特征描述	计量单位	工程数量	金额(元)		
						综合单价	合价	其中：暂估价
1	010702001001	屋面卷材防水	1. 卷材品种、规格：SBS改性沥青卷材，厚3 mm 2. 防水层作法：冷粘 3. 找平层：1∶3水泥砂浆20厚，分格，高强APP嵌缝膏嵌缝	m²	55.57	62.69	3 483.68	
2	010702003001	屋面刚性防水	1. 防水层厚度：40 mm 2. 嵌缝材料：高强APP嵌缝膏嵌缝 3. 混凝土强度等级：C20细石混凝土 4. 找平层：1∶3水泥砂浆20厚，分格，高强APP嵌缝膏嵌缝	m²	55.01	40.88	2 248.81	
3	010702004001	屋面排水管	1. 排水管品种、规格、颜色：白色D110UPVC增强塑料管 2. 排水口：D100带罩铸铁雨水口 3. 雨水斗：矩形白色UPVC增强塑料雨水斗	m	73.20	29.77	2 179.16	
4	010702005001	屋面天沟、沿沟	1. 材料品种：SBS改性沥青卷材，厚3 mm 2. 防水层作法：满粘 3. 找坡：C20细石混凝土找坡0.5% 4. 找平层：1∶2防水砂浆20厚，不分格	m²	33.68	66.69	2 246.12	
			本页小计				10 157.77	
			合　　计				10 157.77	

8.4 措施费及其他项目费计算

8.4.1 建筑物超高增加费用

1) 建筑物超高增加费用《计价表》概况

《计价表》本章根据《计价规范》对定额的章节划分方式单独设置,划分为两节,一是建筑物超高增加费;二是单独装饰工程超高部分人工降效分段增加系数计算表,共36个子目。

2) 建筑物超高增加费用有关说明

(1) 建筑物超高增加费

① 建筑物设计室外地面至檐口的高度(不包括女儿墙、屋顶水箱、突出屋面的电梯间、楼梯间等的高度)超过20 m时,应计算超高费。如图8.4.1所示。

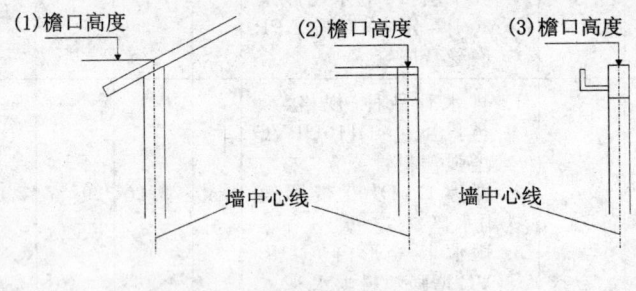

图 8.4.1

② 超高费内容包括:人工降效、高压水泵摊销、临时垃圾管道等所需费用。超高费包干使用,不论实际发生多少,均按本定额执行,不调整。

③ 建筑物超高费以超过20 m部分的建筑面积计算。

a. 檐高超过20 m部分的建筑物应按其超过部分的建筑面积计算。

b. 层高超过3.6 m时,以每增高1 m(不足0.1 m按0.1 m计算)按相应子目的20%计算,并随高度变化按比例递增。

c. 建筑物檐高高度超过20 m,但其最高一层或其中一层楼面未超过20 m时,则该楼层在20 m以上部分仅能计算每增高1 m的层高超高费。

d. 同一建筑物中有两个或两个以上的不同檐口高度时,应分别按不同高度竖向切面的建筑面积套用定额。

e. 单层建筑物(无楼隔层者)高度超过20 m,其超过部分除构件安装按构件安装的计算规定执行外,另再按相应超高费项目计算每增高1m的层高超高费。

(2) 单独装饰工程超高人工降效

① 单独装饰工程超高部分人工降效以超过 20 m 部分的人工费分段计算。
② "高度"和"层高",只要其中一个指标达到规定,即可套用该项目。
③ 当同一个楼层中的楼面和天棚不在同一计算段内,按天棚面标高段为准计算。

3) 建筑物超高增加费计算实例

例 8.4.1 如图 8.4.2 所示,某楼主楼为 19 层,每层建筑面积为 1 000 m²;附楼为 6 层,每层建筑面积为 1 500 m²;主附楼底层层高均为 5 m,其余各层层高均为 3 m。试计算该楼的超高费。

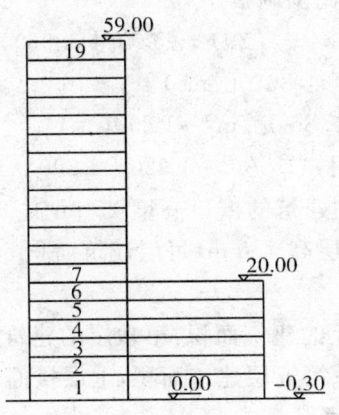

图 8.4.2

相关知识

(1) 超过 20 m 部分的计算超高费。

(2) 建筑物檐高高度超过 20 m,但其最高一层或其中一层楼面未超过 20 m,则该楼面在 20 m 以上部分仅能计算每增高 1 m 的层高超高费。

(3) 有两个不同檐口高度时,分别按不同高度竖向切面的建筑面积套用。

解 (1) 计算工程量

① 计算楼面 20 m 以上各层建筑面积:
   1 000 m²×13 层=13 000(m²)

② 计算楼面 20 m 以下第六层建筑面积,上层楼面 20.30 m,仅计算每增高 1 m 的增加费(0.3 m)。

③ 计算楼面 20 m 以下且屋面 20.3 m,顶层建筑面积 1500 m²(已知)。

(2) 套建筑与装饰工程计价表

① 套子目 18—4 换,单价计算说明:三类工程换算为一类工程

综合单价:(13.65+0.54+7.74)+(13.65+7.74)×(35%+12%)=
   31.98(元/m²)

$$13\ 000\ m^2 \times 31.98\ 元/m^2 = 415\ 740(元)$$

② 套子目 18—4 换×20%×0.3 按相应定额的 20%计算增高高度 0.3 m

综合单价:$31.98 \times 20\% \times 0.3 = 1.92(元/m^2)$

$$1\ 000\ m^2 \times 1.92\ 元/m^2 = 1\ 920(元)$$

③ 套子目 18—1 换×20%×0.3

单价换算说明:

a. 三类工程换算为一类工程;

b. 每增高 1 m 按相应定额的 20%计算;

c. 增高高度 0.3 m 按比例调整。

综合单价:$[(5.46+0.54+3.39)+(5.46+3.93) \times (35\%+12\%)] \times$
$$20\% \times 0.3 = 0.86(元/m^2)$$
$$1\ 500\ m^2 \times 0.86\ 元/m^2 = 1\ 290(元)$$

(3) 该楼的总超高费用:$415\ 740+1\ 920+1\ 290 = 418\ 950(元)$

例 8.4.2 某多层民用建筑的檐口高度 25 m,共 6 层,室内外高差 0.3 m,第一层层高 4.7 m,第二至六层高 4.0 m,每层建筑面积 500 m²,计算超高费用。

解 (1) 计算工程量

① 计算楼面 20 m 以上的建筑面积:第六层的建筑面积 500 m²。

② 计算楼面 20 m 以下第五层建筑面积,上层楼面 21 m,仅计算每增高 1 m 增加费(1 m):第五层的建筑面积 500 m²。

③ 第六层的层高超 3.6 m,计算每增高 1 m 增加费(0.4 m)。

(2) 套建筑与装饰工程计价表

① 套子目 18—1 $500\ m^2 \times 13.41\ 元/m^2 = 6\ 705(元)$

② 套子目 18—1×20% $500\ m^2 \times 13.41 \times 20\% = 1\ 341(元)$

③ 套子目 18—1×20% ×0.4 $500\ m^2 \times 13.41 \times 20\% \times 0.4 = 536.4(元)$

(3) 该楼的总超高费用:$6\ 705+1\ 341+536.4 = 8\ 582.4(元)$

8.4.2 脚手架费

1) 脚手架费《计价表》概况

《计价表》本章沿用了单位估价表中的脚手架,并对其加以补充完善,使该章节与国家工程量清单计价规范措施清单的要求相吻合。本章共分脚手架和 20 m 以上脚手材料增加费两节,计 47 个子目。

2) 脚手架费有关说明

(1) 脚手架工程

① 凡工业与民用建筑、构筑物所需搭设的脚手架,均按本定额执行。

② 本定额适用于檐高在 20 m 以内的建筑物,檐高不包括女儿墙、屋顶水箱、

突出主体建筑的楼梯间等高度。如前后檐高不同,则按平均高度计算。檐高在20 m以上的建筑物脚手架除按脚手架子目计算外,其超过部分所需增加的脚手架加固措施等费用,均按超高脚手架材料增加费子目执行。构筑物、烟囱、水塔、电梯井按其相应子目执行。

③ 本定额已按扣件钢管脚手架与竹脚手架综合编制,实际施工中不论使用何种脚手架材料,均按本定额执行。

④ 以下情况中,脚手架套用定额的规定:

a. 高度在 3.60 m 以内的墙面、天棚、柱、梁抹灰(包括钉间壁、钉天棚)用的脚手架费用套用 3.60 m 以内的抹灰脚手架。

b. 室内(包括地下室)净高超过 3.60 m 时,天棚需抹灰(包括钉天棚)应按满堂脚手架计算,但其内墙抹灰不再计算脚手架。

c. 高度在 3.60 m 以上的内墙面抹灰,如无满堂脚手架可以利用时,可按墙面垂直投影面积计算抹灰脚手架。

d. 建筑物室内净高超过 3.60 m 的钉板间壁以其净长乘以高度计算一次脚手架(按抹灰脚手架定额执行),天棚吊筋与面层按其水平投影面积计算一次满堂脚手架。

e. 天棚面层高度在 3.60 m 内,吊筋与楼层的连结点高度超过 3.60 m,应按满堂脚手架相应项目基价乘以 0.60 计算。

f. 室内天棚面层净高 3.6 m 以内的钉天棚、钉间壁的脚手架与其抹灰的脚手架合并计算一次脚手架,套用 3.60 m 以内的抹灰脚手架。

g. 单独天棚抹灰计算一次脚手架,按满堂脚架相应项目乘以 0.1 系数。

h. 室内天棚面层净高超过 3.60 m 的钉天棚、钉间壁的脚手架与其抹灰的脚手架合并计算一次满堂脚手架。

i. 室内天棚净高超过 3.60 m 的板下勾缝、刷浆、油漆可另行计算一次脚手架费用,按满堂脚手架相应项目乘以 0.10 计算;墙、柱梁面刷浆、油漆的脚手架按抹灰脚手架相应项目乘以 0.10 计算。

⑤ 瓦屋面坡度大于 45 度时,屋面基层、盖瓦的脚手架费用应另按实计算。

⑥ 当结构施工搭设的电梯井脚手架使用延续至电梯设备安装时,套用安装用电梯井脚手架子目时应扣除定额中的人工及机械。

⑦ 构件吊装的脚手架,混凝土构件按体积以立方米计算,钢构件按构件的重量以吨位计算。

(2) 超高脚手架材料增加费

① 本定额中脚手架是按建筑物檐高在 20 m 以内编制的,檐高超过 20 m 时应计算脚手架材料增加费。

② 檐高超过 20 m 的脚手架材料增加费内容包括:脚手架使用周期延长摊销

费、脚手架加固费。脚手架材料增加费包干使用,无论实际发生多少,均按本章规定执行,不调整。

③ 檐高超过 20 m 的脚手架材料增加费按下列规定计算:

a. 檐高超过 20 m 部分的建筑物应按其超过部分的建筑面积计算。

b. 层高超过 3.6 m 每增高 0.1 m 按增高 1 m 的比例换算(不足 0.1 m 按 0.1 m 计算),按相应项目执行。

c. 建筑物檐高高度超过 20 m,但其最高一层或其中一层楼面未超过 20 m 时,则该楼层在 20 m 以上部分仅能计算每增高 1 m 的增加费。

d. 同一建筑物中有两个或两个以上的不同檐口高度时,应分别按不同高度竖向切面的建筑面积套用相应子目。

e. 单层建筑物(无楼隔层者)高度超过 20 m,其超过部分除构件安装按构件安装的规定执行外,另再按相应脚手架增加费项目计算每增高 1 m 的脚手架材料增加费。

3) 脚手架工程工程量计算规则

(1) 脚手架工程量一般计算规则:

① 凡砌筑高度超过 1.5 m 的砌体均需计算脚手架。

② 砌墙脚手架均按墙面(单面)垂直投影面积以平方米计算。

③ 计算脚手架时,不扣除门、窗洞口、空圈、车辆通道、变形缝等所占面积。

④ 同一建筑物高度不同时,按建筑物的竖向不同高度分别计算。

(2) 砌筑脚手架工程量计算规则:

① 外墙脚手架按外墙外边线长度(如外墙有挑阳台,则每只阳台计算一个侧面宽度,计入外墙面长度,二户阳台连在一起的也只算一个侧面)乘以外墙高度以平方米计算。外墙高度指室外设计地坪至檐口女儿墙上表面高度,坡屋面至屋面板下(或椽子顶面)墙中心高度。

② 内墙脚手架以内墙净长乘以内墙净高计算。有山尖者算至山尖 1/2 处的高度;有地下室者,自地下室室内地坪至墙顶面高度。

③ 砌体高度在 3.6 m 以内者,套用里脚手架;高度超过 3.60 m 者,套用外脚手架。

④ 山墙自设计室外地坪至山尖 1/2 处高度超过 3.60 m 时,该整个外山墙按相应外脚手架计算,内山墙按单排外架子计算。

⑤ 独立砖(石)柱高度在 3.60 m 以内者,脚手架以柱的结构外围周长乘以柱高计算,执行砌墙脚手架里架子;柱高超过 3.60 m 者,以柱的结构外围周长加 3.6 m 乘以柱高计算,执行砌墙脚手架外架子(单排)。

⑥ 砌石墙到顶的脚手架,工程量按砌墙相应脚手架乘系数 1.50。

⑦ 外墙脚手架包括一面抹灰脚手架在内,另一面墙可计算抹灰脚手架。

⑧ 砖基础自设计室外地坪至垫层(或混凝土基础)上表面的深度超过 1.5 m 时,按相应砌墙脚手架执行。

⑨ 突出屋面部分的烟囱,高度超过 1.50 m 时,其脚手架按外围周长加 3.60 m 乘以实砌高度按 12 m 内单排外手架计算。

(3) 现浇钢筋混凝土脚手架工程量计算规则:

① 钢筋混凝土基础自设计室外地坪至垫层上表面的深度超过 1.50 m,同时带形基础底宽超过 3.0 m,独立基础、满堂基础及大型设备基础的底面积超过 16 m² 的混凝土浇捣脚手架(必须要满足上述两个条件),应按槽、坑土方规定放工作面后的底面积计算,按满堂脚手架相应定额乘以 0.3 系数计算脚手架费用。

② 现浇钢筋混凝土独立柱、单梁、墙高度超过 3.60 m 应计算浇捣脚手架。柱的浇捣脚手架以柱的结构周长加 3.60 m 乘以柱高计算;梁的浇捣脚手架按梁的净长乘以地面(或楼面)至梁顶面的高度计算;墙的浇捣脚手架以墙的净长乘以墙高计算。套柱、梁、墙混凝土浇捣脚手架子目。

③ 层高超过 3.60 m 的钢筋混凝土框架柱、墙(楼板、屋面板为现浇板)所增加的混凝土浇捣脚手架费用,以每 10 m² 框架轴线水平投影面积(注意:是框架轴线面积),按满堂脚手架相应子目乘以 0.3 系数执行;层高超过 3.60 m 的钢筋混凝土框架柱、梁、墙(楼板、屋面板为预制空心板)所增加的混凝土浇捣脚手架费用,以每 10 m² 框架轴线水平投影面积,按满堂脚手架相应子目乘以 0.4 系数执行。

(4) 贮仓脚手架工程量计算规则:

贮仓脚手架,不分单筒或贮仓组,高度超过 3.60 m,均按外边线周长乘以设计室外地坪至贮仓上口之间高度以平方米计算。高度在 12 m 内,套双排外脚手架,乘 0.7 系数执行;高度超过 12 m 套 20 m 内双排外脚手架乘 0.7 系数执行。(均包括外表面抹灰脚手架在内)

(5) 抹灰脚手架、满堂脚手架工程量计算规则:

① 抹灰脚手架

A. 钢筋混凝土单梁、柱、墙,按以下规定计算脚手架工程量:

a. 单梁以梁净长乘以地坪(或楼面)至梁顶面高度计算;

b. 柱以柱结构外围周长加 3.60 m 乘以柱高计算;

c. 墙以墙净长乘以地坪(或楼面)至板底高度计算。

B. 墙面抹灰以墙净长乘以净高计算。

C. 如有满堂脚手架可以利用时,不再计算墙、柱、梁面抹灰脚手架。

D. 天棚抹灰高度在 3.60 m 以内,按天棚抹灰面(不扣除柱、梁所占的面积)以平方米计算。

② 满堂脚手架

天棚抹灰高度超过 3.60 m,按室内净面积计算满堂脚手架工程量,不扣除柱、垛、附墙烟囱所占面积。

a. 基本层：高度在8m以内计算基本层。

b. 增加层：高度超过8m，每增加2m，计算一层增加层。计算式如下：

$$增加层数 = \frac{室内净高(m) - 8\,m}{2\,m} \tag{8.4.1}$$

余数在0.6m以内，不计算增加层；超过0.6m，按增加一层计算。

c. 满堂脚手架高度以室内地坪面（或楼面）至天棚面或屋面板的底面为准（斜的天棚或屋面板按平均高度计算）。室内挑台栏板外侧共享空间的装饰如无满堂脚手架利用时，按地面（或楼面）至顶层栏板顶面高度乘以栏板长度以平方米计算，套相应抹灰脚手架定额。

(6) 其他脚手架工程量计算规则

① 高压线防护架按搭设长度以延长米计算。

② 金属过道防护棚按搭设水平投影面积以平方米计算。

③ 斜道、烟囱、水塔、电梯井脚手架区别不同高度以座计算。滑升模板施工的烟囱、水塔，其脚手架费用已包括在滑模计价表内，不另计算脚手架。烟囱内壁抹灰是否搭设脚手架，按施工组织设计规定办理，其费用按相应满堂脚手架执行，人工增加20%其余不变。

④ 高度超过3.60m的贮水(油)池，其混凝土浇捣脚手架按外壁周长乘以池的壁高以平方米计算，按池壁混凝土浇捣脚手架项目执行；抹灰者按抹灰脚手架另计。

4) 脚手架费计算实例

例8.4.3 某工程取费三类工程，钢筋混凝土独立基础如图8.4.3所示。试判别该基础是否可计算浇捣脚手费。如可以计算，试计算出工程量和合价。

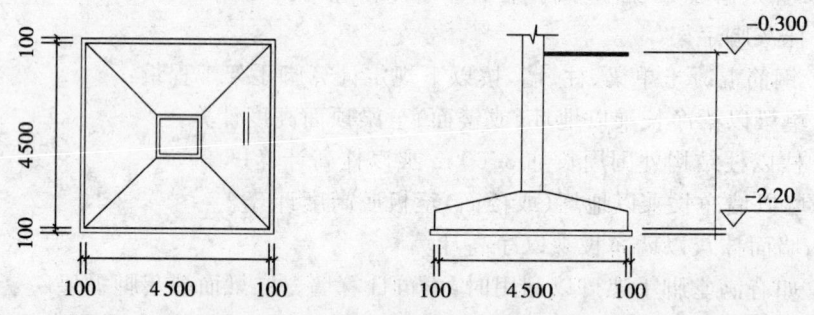

图8.4.3 某钢筋混凝土独立基础图

相关知识

(1) 计算钢筋混凝土浇捣脚手架费的条件：

混凝土带形基础：

① 自设计室外地坪至垫层上表面的深度超过 1.5 m。

② 带形基础混凝土底宽超过 3.0 m。

混凝土独立基础、满堂基础、大型设备基础：

① 自设计室外地坪至垫层上表面的深度超过 1.5 m。

② 混凝土底面积超过 16 m²。

(2) 按槽坑上方规定放工作面后的底面积计算。

(3) 按满堂脚手架乘以 0.3 系数。

解 (1) 该钢筋混凝土独立基础深度：2.2－0.3＝1.9 m＞1.5 m

该钢筋混凝土独立基础混凝土底面积：4.5×4.5＝20.25 m²＞16 m²

因为同时满足两个条件，故应计算浇捣脚手架费。

(2) 工程量计算

(4.5＋0.3)×(4.5＋0.3)＝23.04 m²(0.3 m 为规定的工作面增加尺寸)

(3) 套建筑与装饰计价表

套 19—7×0.3 子目 23.04/10×63.23×0.3＝43.70(元)

例 8.4.4 某工程天棚抹灰需要搭设满堂脚手架，室内净面积为 500 m²，室内净高为 11 m，计算该项满堂脚手费。

相关知识

(1) 计算满堂脚手的增加层数；

(2) 余数的处理，在 0.6 m 以内不计算增加层。

解 (1) 工程量为已知室内净面积 500 m²。

(2) 计算增加层数＝(11－8)/2＝1.5。余数 0.5＜0.6，只能计算 1 个增加层。

(3) 套子目(2004 年江苏省计价表)

19—8 500 m²×79.12/10＝3 956(元)

19—9 500 m²×17.52/10＝876(元)

(4) 该项满堂脚手费合计：4 832 元

例 8.4.5 某单层建筑物平面如图 8.4.4 所示，室内外高差 0.3 m，平屋面，预应力空心板厚 0.12 m，天棚抹灰。试根据以下条件计算内外墙、天棚脚手架费用：(1) 檐高 3.52 m；(2) 檐高 4.02 m；(3) 檐高 6.12 m。

解 (1) 檐高 3.52 m

① 计算工程量：

a. 外墙砌筑脚手架

(18.24＋12.24)×2×3.52＝214.58(m²)

b. 内墙砌筑脚手架

(12－0.24)×2×(3.52－0.3－0.12)＝72.91(m²)

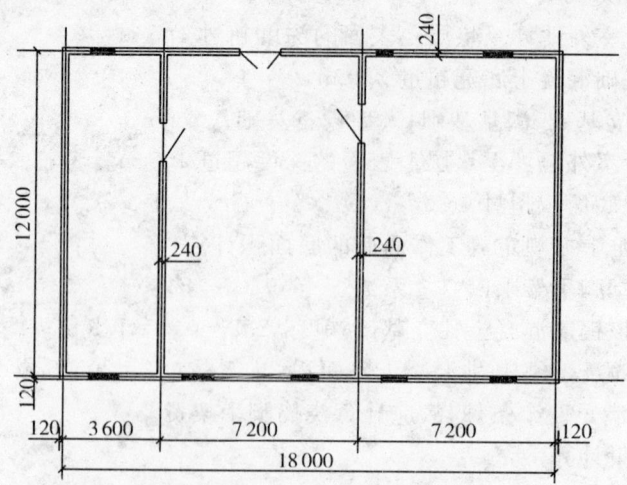

图 8.4.4 某单层建筑物平面图

c. 抹灰脚手架

高度 3.6 m 以内的墙面,天棚套用 3.6 m 以内的抹灰脚手架。

墙面抹灰(按砌筑脚手可以利用考虑):

$$[(12-0.24)\times 4+(18-0.24)\times 2]\times(3.52-0.3-0.12)=255.94(m^2)$$

天棚抹灰:

$$[(3.6-0.24)+(7.2-0.24)\times 2]\times(12-0.24)=203.21(m^2)$$

抹灰面积小计:255.94+203.21=459.15(m^2)

② 套子目:

19—1 　　(214.58+72.91)/10×6.88=197.79(元)

19—10　　(459.15/10)×2.05=94.13(元)

所以内外墙、天棚的脚手费 291.92 元。

(2) 高 4.02 m

① 计算工程量:

a. 外墙砌筑脚手架

$$(18.24+12.24)\times 2\times 4.02=245.06(m^2)$$

b. 内墙砌筑脚手架

$$(12-0.24)\times 2\times(4.02-0.3-0.12)=84.67(m^2)$$

c. 抹灰脚手架

墙面抹灰:

$$[(12-0.24)\times 4\times(18-0.24)\times 2]\times(4.02-0.3-0.12)=297.22(m^2)$$

天棚抹灰:

$[(3.6-0.24)+(7.2-0.24)\times 2]\times(12-0.24)=203.21(m^2)$

抹灰面积小计：500.43 m^2

② 套子目(2004年江苏省计价表)：

19—2　　245.06/10×65.26＝1 599.26(元)

19—1　　84.67/10×6.88＝58.25(元)

19—10　　500.43/10×2.05＝102.59(元)

因此内外墙、天棚的脚手费1 760.1元。

(3) 檐高6.12 m

① 计算工程量：

a. 外墙砌筑脚手架

　　(18.24＋12.24)×2×6.12＝373.08(m^2)

b. 内墙砌筑脚手架

　　(12－0.24)×2×(6.12－0.3－0.12)＝134.06(m^2)

c. 抹灰脚手架

净高超3.6 m，按满堂脚手架计算：

　　$[(3.6-0.24)+(7.2-0.24)\times 2]\times(12-0.24)=203.21(m^2)$

② 套子目(2004年江苏省计价表)：

19—2　(373.08＋134.06)/10×65.26＝3 309.60(元)

19—8　203.21/10×79.12＝1 607.80(元)

所以内外墙、天棚的脚手费4 917.4元。

例8.4.6　某工程施工图纸标明有独立柱370 mm×490 mm方形柱10根，高度4.6 m；300 mm×400 mm方形柱6根，高度3.5 m。试计算柱的浇捣脚手费(三类工程)

相关知识

现浇钢筋混凝土独立柱高度超3.6 m的应计算浇捣脚手架。

解　(1) 工程量

　　[(0.37＋0.49)×2＋3.6]×4.6×10＝244.72(m^2)

(2) 套子目(2004年江苏省计价表)

19—13　244.72/10×16.56＝405.26(元)

(3) 柱的浇捣脚手费为405.26元

例8.4.7　某工程施工图标明有现浇钢筋混凝土剪力墙三道，净长长度共为15.5 m，二层楼表面至三层楼表面层高3.8 m，楼板厚80 mm。试计算该三道剪力墙的浇捣脚手费。

相关知识

墙的浇捣脚手架以墙的净长乘以墙高计算。

解 （1）工程量

$15.5 \times (3.8 - 0.08) = 57.66 (m^2)$

（2）套子目

19—13　$57.66/10 \times 16.56 = 95.48$（元）

剪力墙的浇捣脚手费 95.48 元。

8.4.3 模板工程费用

1）模板工程费用《计价表》概况

《计价表》本章共设置了 4 节：（1）现浇构件模板；（2）现场预制构件模板；（3）加工场预制构件模板；（4）构筑物工程模板。全章 254 个子目。

在定额编制中，现场预制构件的底模按砖底模考虑，侧模考虑了组合钢模板和复合木模板两种；加工场预制构件的底模按混凝土底模考虑，侧模考虑定型钢模板和组合钢模板两种；现浇构件除部分项目采用全木模和塑壳模外，都考虑了组合钢模板配钢支撑和复合木模板配钢支撑两种。在编制报价时施工单位应根据制定的施工组织设计中的模板方案选择一种子目或补充一种子目执行。

2）模板工程费用有关说明

（1）为便于施工企业快速报价，在附录中列出了混凝土构件的模板含量表，供使用单位参考。按设计图纸计算模板接触面积或使用混凝土含模量折算模板面积，这两种方法仅能使用其中一种，相互不得混用。使用含模量者，竣工结算时模板面积不得再调整。构筑物工程中的滑升模板是以立方米混凝土为单位的，模板系综合考虑。倒锥形水塔水箱提升以"座"为单位。

（2）预制构件模板子目，按不同构件，分别以组合钢模板、复合木模板、木模板、定型钢模板、长线台钢拉模、加工厂预制构件配混凝土地模、现场预制构件配砖胎模、长线台配混凝土地胎模编制，使用其他模板时，不予换算。

（3）模板工作内容包括清理、场内运输、安装、刷隔离剂、浇灌混凝土时模板维护、拆模、集中堆放、场外运输。木模板包括制作（预制构件包括刨光、现浇构件不包括刨光）；组合钢模板、复合木模板包括装箱。

（4）现浇钢筋混凝土柱、梁、墙、板的支模高度以净高（底层无地下室者高需另加室内外高差）在 3.6 m 以内为准，净高超过 3.6 m 的构件其钢支撑、零星卡具及模板人工分别乘相应系数。但其脚手架费用应按脚手架工程的规定另行执行。注意：轴线未形成封闭框架的柱、梁、板称独立柱、梁、板。

（5）支模高度净高的尺寸分述如下：

① 柱：无地下室底层是指设计室外地面至上层板底面、楼层板顶面至上层板底面；

② 梁：无地下室底层是指设计室外地面至上层板底面、楼层板顶面至上层板

底面；

③ 板：无地下室底层是指设计室外地面至上层板底面、楼层板顶面至上层板底面；

④ 墙：整板基础板顶面（或反梁顶面）至上层板底面、楼层板顶面至上层板底面。

(6) 模板项目中，仅列出周转木材而无钢支撑的项目，其支撑量已含在周转木材中，模板与支撑按 7∶3 拆分。

(7) 模板材料已包含砂浆垫块与钢筋绑扎用的 22♯ 镀锌铁丝在内，现浇构件和现场预制构件不用砂浆垫块，而改用塑料卡，应根据定额说明增加费用。目前，许多城市已强行规定使用塑料卡，因此在编制标底和投标报价时一定要注意。

(8) 有梁板中的弧形梁模板按弧形梁定额执行（含模量＝肋形板含模量）其弧形板部分的模板按板定额执行。

(9) 砖墙基上带形混凝土防潮层模板按圈梁定额执行。

(10) 混凝土底板面积在 1 000 m² 以内，有梁式满堂基础的反梁或地下室墙侧面的模板如用砖侧模时，砖侧模的费用应另外增加，同时扣除相应的模板面积（扣除的模板总量不得超过总的定额中的含模量，否则会出现倒挂现象）；超过 1 000 m² 时，反梁用砖侧模，则砖侧模及边模的组合钢模应分别另列项目计算。

(11) 地下室后浇墙带的模板应按已审定的施工组织设计另行计算，但混凝土墙体模板含量不扣。

(12) 弧形构件按相应定额执行，但带形基础、设备基础、栏板、地沟如遇圆弧形，除按相应定额的复合模板执行外，其人工、复合木模板乘定额规定的系数调整，其他不变。

(13) 用钢滑升模板施工的烟囱、水塔、贮仓使用的钢提升杆是按 $\phi 25$ 一次性用量编制的，设计要求不同时，进行换算。定额中施工时是按无井架计算的，并综合了操作平台，不再计算脚手架和竖井架。

(14) 倒锥壳水塔塔身钢滑升模板项目，也适用于一般水塔塔身滑升模板工程。

(15) 本章的 20—246、20—247、20—248 子目混凝土、钢筋混凝土地沟是指建筑物室外的地沟，室内钢筋混凝土地沟按 20—87、20—88 子目执行。

(16) 现浇有梁板、无梁板、平板、楼梯、雨篷及阳台，底面设计不抹灰者，增加模板缝贴胶带纸人工 0.27 工日/10 m²，计 7.02 元。

3) 模板工程计算规则

(1) 现浇混凝土及钢筋混凝土模板工程量

① 现浇混凝土及钢筋混凝土模板工程量除另有规定者外，均按混凝土与模板的接触面积以平方米计算。若使用含模量计算模板接触面积者，其工程量等于构

件体积乘以相应项目含模量。

② 钢筋混凝土墙、板上单孔面积在 0.3 m² 以内的孔洞,不予扣除,洞侧壁模板不另增加,但突出墙面的侧壁模板应相应增加。单孔面积在 0.3 m² 以上的孔洞,应予扣除。洞侧壁模板面积并入墙、板模板工程量之内计算。

③ 现浇钢筋混凝土框架分别按柱、梁、墙、板有关规定计算,墙上单面附墙柱并入墙内工程量计算,双面附墙柱按柱计算,但后浇墙、板带的工程量不扣除。

④ 设备螺栓套孔或设备螺栓分别按不同深度以"个"计算;二次灌浆,按实灌体积以立方米计算。

⑤ 预制混凝土板间或边补现浇板缝,缝宽在 100 mm 以上者,模板按平板定额计算。

⑥ 构造柱外露均应按图示外露部分计算面积(锯齿形,则按锯齿形最宽面计算模板宽度)构造柱与墙接触面不计算模板面积。

⑦ 现浇混凝土雨篷、阳台、水平挑板,按图示挑出墙面以外板底尺寸的水平投影面积计算(附在阳台梁上的混凝土线条不计算水平投影面积)。挑出墙外的牛腿及板边模板已包括在内。复式雨篷挑口内侧净高超过 250 mm 时,其超过部分按挑檐定额计算。(超过部分的含模量按天沟含模量计算)竖向挑板按 100 mm 内墙定额执行。

⑧ 整体直形楼梯包括楼梯段、中间休息平台、平台梁、斜梁及楼梯与楼板连结的梁,按水平投影面积计算,不扣除小于 200 mm 的梯井,伸入墙内部分不另增加。

⑨ 圆弧形楼梯按楼梯的水平投影面积以平方米计算(包括圆弧形梯段、休息平台、平台梁、斜梁及楼梯与楼板连接的梁)。

⑩ 楼板后浇带以延长米计算。(整板基础的后浇带不包括在内)

⑪ 现浇圆弧形构件除定额已注明者外,均按垂直圆弧形的面积计算。

⑫ 栏杆按扶手的延长米计算,栏板竖向挑板按模板接触面积以平方米计算。扶手、栏板的斜长按水平投影长度乘系数 1.18 计算。

⑬ 劲性混凝土柱模板,按现浇柱定额执行。

⑭ 砖侧模分别不同厚度,按实砌面积以平方米计算。

(2) 现场预制混凝土及钢筋混凝土模板工程量

① 现场预制构件模板工程量,除另有规定者外,均按模板接触面积以平方米计算。若使用含模量计算模板面积者,其工程量等于构件体积乘以相应项目的含模量。砖地模费用已包括在定额含量中,不再另行计算。

② 漏空花格窗、花格芯按外围面积计算。

③ 预制桩不扣除桩尖虚体积。

④ 加工厂预制构件有此项目,而现场预制无此项目,实际在现场预制时模板按加工厂预制模板子目执行。现场预制构件有此项目,加工厂预制构件无此项目,

实际在加工厂预制时,其模板按现场预制模板子目执行。

(3) 加工厂预制构件的模板,除漏空花格窗、花格芯外,均按构件的体积以立方米计算。

① 混凝土构件体积一律按施工图纸的几何尺寸以实体积计算,空腹构件应扣除空腹体积。

② 漏空花格窗、花格芯按外围面积计算。

4) 模板工程费用计算实例

例8.4.8 设现浇钢筋混凝土方形柱层高5 m,板厚100 mm,设计断面尺寸为450 mm×400 mm。试计算模板接触面积和模板费用。(按一类工程计取)

相关知识

柱净高超3.6 m支模增加费,钢支撑、零星卡具模板乘以调整系数。

解 (1) 模板接触面积:

$(0.45+0.4) \times 2 \times (5-0.1) = 8.33 (m^2)$

(2) 根据施工组织设计,施工方法按复合木模板考虑。

① 20—26 换① 取费由三类工程换算为一类工程

$(83.72+85.33+9.36)+(83.72+9.36) \times (35\%+12\%) = 222.16 (元/m^2)$

② 20—26 换②,超3.6 m增加费,取费由三类工程换算为一类工程

$[(11.07+6.73) \times 0.07+83.72 \times 0.05] \times (1+35\%+12\%) = 7.99 (元/m^2)$

(3) 套价(2004年江苏省计价表)

20—26 换① $8.33/10 \times 222.16 = 185.06$(元)

20—26 换② $8.33/10 \times 7.99 = 6.66$(元)

模板费:$185.06+6.65 = 191.72$(元)

例8.4.9 现浇有梁板中的主梁长为14.24 m,断面尺寸400 mm×300 mm,板厚80 mm,采用塑料卡垫保护层。试计算模板费用。(三类工程)

相关知识

(1) 有梁板中的肋梁部分模板应套用现浇板子目;

(2) 用塑料卡代替砂浆垫块,应增加费用。

解 (1) 模板接触面积:

$[(0.4-0.08) \times 2+0.3] \times 14.24 = 13.39 (m^2)$

(2) 套子目(2004年江苏省计价表)

20—57 $13.39/10 \times 188.01 = 251.75$(元)

塑料卡费:$13.39/10 \times 6 = 8.03$(元)

(3) 模板费:$251.75+8.03 = 259.78$(元)

例8.4.10 设现浇240 mm×250 mm圈梁一道,其周长为45 m。试计算它的模板接触面积及模板费用。(三类工程)

解 (1)模板接触面积:

$(0.25+0.25)\times 45=22.5(m^2)$

(2)套子目(2004年江苏省计价表)

20—40 模板费:$22.5/10\times 198.51=446.65$(元)

例 8.4.11 某工程地面上钢筋混凝土墙厚180 mm,混凝土工程量1 200 m^2。试根据附录中混凝土及钢筋混凝土构件模板含量表计算模板接触面积。

解 $1\,200\times 13.63=16\,356(m^2)$

模板接触面积:$16\,356\,m^2$

例 8.4.12 试计算"L"、"T"形墙体处构造柱模板工程量及费用。墙体厚240 mm,构造柱高2.8 m,"L"形20根,"T"形10根。(三类工程)

相关知识

构造柱按锯齿形最宽面计算模板宽度。

解 (1)工程量

"L"形:$(0.3\times 2+0.06\times 2)\times 2.8=2.02(m^2)$

"T"形:$(0.36+0.12\times 2)\times 2.8=1.68(m^2)$

工程量:$2.02\times 20+1.68\times 10=57.2(m^2)$

(2)套子目(2004年江苏省计价表)

20—30 模板费:$57.2/10\times 261.15=1\,493.78$(元)

例 8.4.13 如图8.4.5所示某独立基础,试计算该独立基础模板费用。(三类工程)

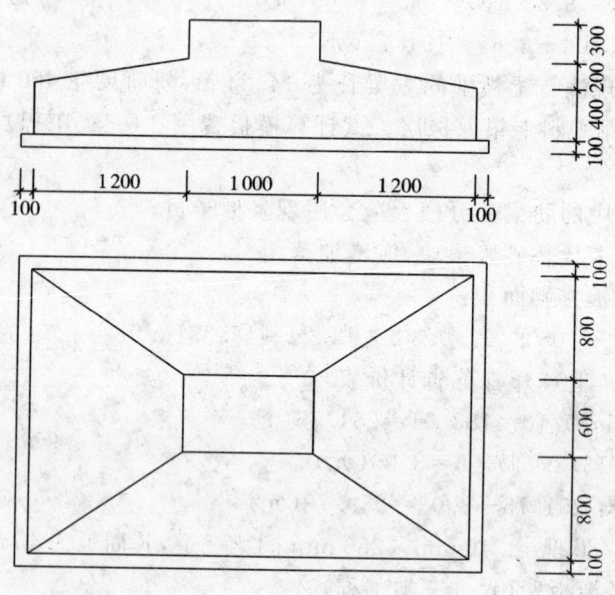

图8.4.5 某独立基础图

解 （1）工程量

$(3.4+2.2)\times 2\times 0.4+(1.0+0.6)\times 2\times 0.3=5.44(m^2)$

（2）套子目（2004年江苏省计价表）

20—11　模板费：$5.44/10\times 177.52=96.57$（元）

例 8.4.14　如图 8.4.6 所示，某带三层裙房的现浇框架高层建筑，一至三层有关情况如下：层高底层 5 m，二、三层 4.5 m，室内外高差 0.6 m。房间面与墙中心线，墙厚 200，二至四层 C30 混凝土有梁楼板厚度 100，后浇带 C35 混凝土，宽度 1 000，后浇带立最底层支撑至拆四层屋面支撑预计需 10 个月零 8 天。底层柱上焊钢牛腿 0.48 t，现场制作钢牛腿刷一度防锈漆，二度调和漆，图中肋梁不考虑，每层的楼梯、电梯间等非有梁板面积 60 m²，柱子工程量自室外地坪起算。试计算柱的混凝土、模板（按含量）、脚手架费用、钢牛腿、后浇带混凝土、模板费用。

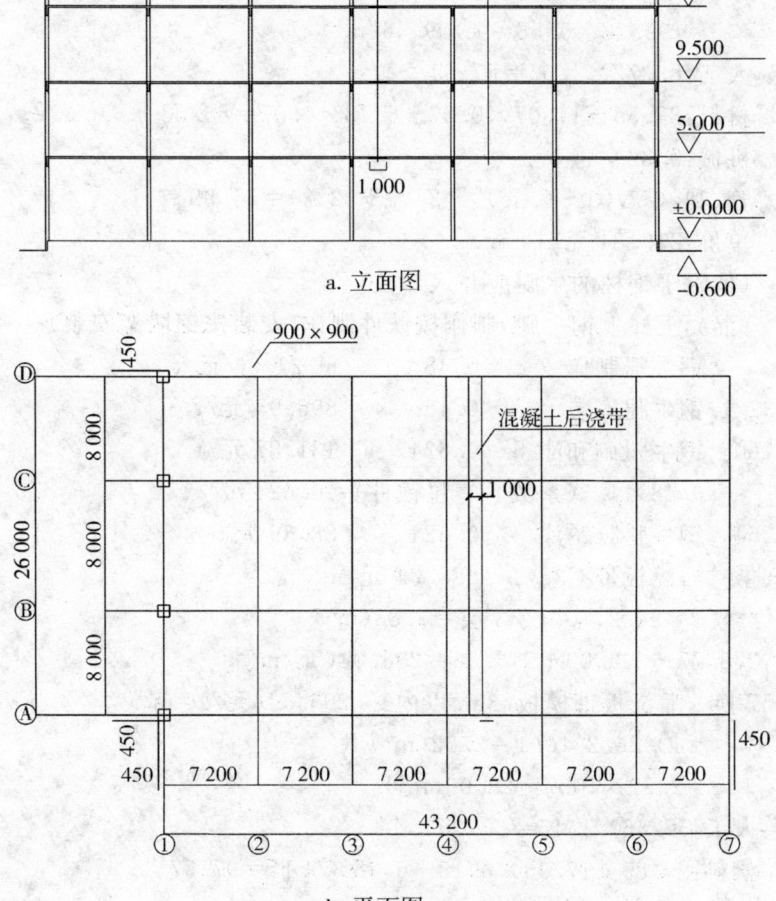

a. 立面图

b. 平面图

图 8.4.6　某三层裙房现浇框架图

解 套子目(2004年江苏省计价表)

5—13　矩形柱　277.28(元/m³)
　　　　0.9×0.9×(5.6−0.1)×28个=124.74
　　　　0.9×0.9×(4.5−0.1)×28个×2层=199.58
　　　　计:324.32(m³)

20—26换　矩形柱模板(支模8 m以内)　232.73元/10 m²
　　　　124.74×5.56(含量)=693.55(m²)

单价:人工:83.72×1.15=96.28
　　　材料:85.33+11.07×0.15+6.73×0.15=88
　　　机械:9.36
　　　管、利:(96.28+9.36)×(25%+12%)=39.09
　　　单价:232.73元/10 m²

20—26换　矩形柱模板(支模5 m以内)　219.84元/10 m²
　　　　199.58×5.56=1 109.66(m²)

单价:人工:83.72×1.05=87.91
　　　材料:85.33+11.07×0.07+6.73×0.07=86.58
　　　机械:9.36
　　　管、利:(87.91+9.36)×(25%+12%)=35.99
　　　单价:219.84元/10 m²

　　　(依附于钢柱的牛腿应并入钢柱)
　　　(混凝土柱上钢牛腿,制作按铁件制作,安装按钢墙架安装)

6—40　　钢牛腿制作　　　0.48　　6 324.06元/t
7—132　钢牛腿安装　　　0.48　　896.95元/t
16—260　钢牛腿调和漆　　0.624　131.87元/t
　　　　0.48×1.3(系数)(零星铁件)=0.624 t
16—264　钢牛腿防锈漆　　0.624　88.39元/t

5—36换　后浇板带C35　　288.04元/m³
　　　　1×26.2×0.1×3层=7.86(m³)
单价:273.77−202.09+216.36=288.04(元/m³)

20—57换　后浇板带模板(8 m以内)　203.54(元/10 m²)
　　　　1×26.2×0.1=2.62(m³)
　　　　2.62×10.7=28.03(m²)

单价:人工:57.46×1.15=66.08
　　　材料:93.85+17.95×0.15+6.88×0.15=97.57
　　　机械:11.27

管、利：(66.08＋11.27)×(25％＋12％)＝28.62
　　单价：203.54 元/10 m²
20—57 换　　后浇板带模板(5 m 以内)　　193.68 元/10 m²
　　　　　1×26.2×0.1×2＝5.24(m³)
　　　　　5.24×10.7＝56.07(m²)
单价：人工：57.46×1.05＝60.33
　　　材料：93.85＋17.95×0.07＋6.88×0.07＝95.59
　　　机械：11.27
　　　管、利：(60.33＋11.27)×(25％＋12％)＝26.49
　　　单价：193.68 元/10 m²
20—67＋68×5 换　　后浇板带模板支撑增加费(8 m 以内)　　1 752.97 元/10 m
工程量：26.2 m
单价换算：1 324.57＋299.18×0.15＝1 369.45
　　　　　(67.73＋59.83×0.15)×5＝383.52
单价：1 752.97 元/10 m
20—67＋68×5 换　　后浇板带模板支撑增加费(5 m 以内)　　1 705.1 元/10 m
工程量：26.2×2＝52.4 m
单价换算：1 324.57＋299.18×0.07＝1 345.51
　　　　　(67.73＋59.83×0.07)×5＝359.59
单价：1 705.10
19—8×0.3　　框架浇捣脚手架(8 m 以内)　　23.74 元/10 m²
　　　　　7.2×6×26＝1 123.2(m²)
19—7×0.3　　框架浇捣脚手架(5 m 以内)　　18.97 元/10 m²
　　　　　7.2×6×26×2 层＝2 246.4(m²)

8.4.4　施工排水、降水、深基坑支护费用

1) 施工排水、降水、深基坑支护费用《计价表》概况

《计价表》本章划分为：(1) 施工排水；(2) 施工降水；(3) 深基坑支护 3 节。全章共 30 个子目。

2) 施工排水、降水、深基坑支护费有关说明

(1) 人工土方施工排水费是在人工开挖湿土、淤泥、流沙等施工过程中的地下水排放发生的机械排水台班费用。

(2) 基坑排水费是指下述两个条件同时具备的基坑：① 地下常水位以下；② 基坑底面积超过 20 m²，土方开挖以后，在基础或地下室施工期间所发生的排水包干费用。如果±0.00 以上有设计要求待框架、墙体完成以后再回填基坑土方

的,此期间的排水费用应该另算。

(3) 井点降水费项目适用于地下水位较高的粉砂土、砂质粉土或淤泥质夹薄层砂性土的地层。一般情况下,降水深度在 6 m 以内。井点降水使用时间根据施工组织设计确定。井点降水材料使用摊销量中包括井点拆除时材料损耗量。井点间距根据地质和降水要求由施工组织设计确定,一般轻型井点管间距为 1.2 m。

井点降水成孔工程中产生的泥水处理及挖沟排水工作应另行计算。

井点降水必须保证连续供电,在电源无保证的情况下,使用备用电源的费用应另计。

(4) 强夯法加固地基坑内排水费是指击点坑内的积水排水台班费用。

(5) 机械土方工作面中的排水费已包含在土方中,但地下水位以下的施工排水费不包括。如果发生,则依据施工组织设计规定,排水人工、机械费用另行计算。

(6) 打、拔钢板桩单位工程打桩工程量小于 50 t 时,注意人工和机械要乘以 1.25 系数。场内运输超过 300 m 时,除按相应构件运输子目执行外,还要扣除打桩子目中的场内运输费。

3) 施工排水、降水、深基坑支护费用计算规则

(1) 人工土方施工排水费不分土壤类别、挖土深度,按挖湿土工程量以立方米计算。

(2) 人工挖淤泥、流沙施工排水费按挖淤泥、流沙工程量以立方米计算。

(3) 基坑、地下室排水费按土方基坑的底面积以平方米计算。

(4) 强夯法加固地基坑内排水费,按强夯法加固地基工程量以平方米计算。

(5) 井点降水 50 根为 1 套,累计根数不足 1 套者按 1 套计算。井点使用定额单位为套天,一天按 24 h 计算。井管的安装、拆除以"根"计算。

(6) 基坑钢管支撑为周转摊销材料基坑钢管支撑,其场内运输、回库保养费用均已包括在内。基坑钢管支撑费以坑内的钢立柱、支撑、围檩、活络接头、法兰盘、预埋铁件的合并质量按吨计算。支撑处需挖运土方、围檩与基坑护壁的填充混凝土未包括在内,发生时应按实另行计算。

(7) 打、拔钢板桩费按设计钢板桩质量以吨计算。

4) 施工排水、降水、深基坑支护费用计算实例

例 8.4.15 某工程项目,整板基础,在地下常水位以下,基础面积 115.00 m× 10.5 m,该工程不采用井点降水,采用坑底明沟排水。试计算基坑排水费用(三类工程)。

相关知识

(1) 计算条件:① 地下常水位以下;② 基坑底面积超过 20 m²。

解 (1) 计算工程量

$$(115+0.3\times 2)\times (10.5+0.3\times 2)=1\ 283.16(m^2)$$

(2) 套子目(2004 年江苏省计价表)

21—4　$(1\ 283.16/10)\times 297.77=38\ 208.66$(元)

(3) 该工程基坑排水费用 38 208.66 元,包干使用。

例 8.4.16 若上题的工程项目因地下水位太高,施工采用井点降水,基础施工工期为 80 天,请计算井点降水的费用(成孔产生的泥水处理不计)。

解 (1) 计算井点根数

(115.00+0.3×2)/1.2＝97(根)

(10.5+0.3×2)/1.2＝10(根)

(97+10)×2＝214(根)

214/50＝5(套)

(2) 套子目(《计价表》)

21—13　(214/10)×346.97＝7 425.16(元)

21—14　(214/10)×109.15＝2 335.81(元)

21—15　5×481.93×80＝192 772(元)

(3) 本工程井点降水费用:

7 425.16+2 335.81+192 772＝202 532.97(元)

8.4.5　建筑工程垂直运输费用

1) 建筑工程垂直运输费用《计价表》概况

《计价表》本章划分为建筑物垂直运输、构筑物垂直运输、单独装饰工程垂直运输和施工垂直运输机械基础等 4 节,共计 57 个子目。

本章中所指的工期定额为:建标〔2000〕38 号文颁发的《全国统一建筑安装工程工期定额》。

本章中所指的江苏省工期调整规定为:江苏省建设厅苏建定〔2000〕283 号《关于贯彻执行〈全国统一建筑安装工程工期定额〉的通知》。

江苏省工期调整规定如下:

(1) 民用建筑工程中单项工程±0.00 m 以下工程调减 5%;±0.00 m 以上工程中的宾馆、饭店、影剧院、体育馆调减 5%。

(2) 民用建筑工程中单位工程±0.00 m 以下结构工程调减 5%;±0.00 m 以上结构工程,宾馆、饭店及其他建筑的装修工程调减 10%。

(3) 工业建筑工程均调减 10%。

(4) 其他建筑工程均调减 5%。

(5) 设备安装工程中除电梯安装外均调减 5%。

(6) 其他工程均按国家工期定额标准执行。

2) 建筑工程垂直运输费用有关说明

(1) "檐高"是指设计室外地坪至檐口的高度,突出主体建筑物顶的女儿墙、电梯间、楼梯间、水箱等不计入檐口高度以内。"层数"指地面以上建筑物的自然层。

（2）本定额工作内容包括在江苏省调整后的国家工期定额内完成单位工程全部工程项目所需的垂直运输机械台班，不包括机械的场外运输、一次安装、拆卸、路基铺垫和轨道铺拆等费用。施工塔吊与电梯基础、施工塔吊和电梯与建筑物连接的费用单独计算。

（3）本定额项目划分是以建筑物"檐高"、"层数"2个指标界定的，只要其中一个指标达到定额规定，即可套用该定额子目。

（4）一个工程，出现2个或2个以上檐口高度或层数，使用同一台垂直运输机械时，定额不做调整。使用不同垂直运输机械时，应依照国家工期定额规定结合施工合同的工期约定，分别计算。

（5）当建筑物垂直运输机械数量与定额不同时，可按比例调整定额含量。本定额按卷扬机施工配2台卷扬机，塔式起重机施工配1台塔吊、1台卷扬机（施工电梯）考虑。

（6）檐高3.60 m内的单层建筑物和围墙，不计算垂直运输机械台班。

（7）垂直运输高度小于3.6 m的一层地下室不计算垂直运输机械台班。

（8）预制混凝土平板、空心板、小型构件的吊装机械费用已包括在本定额中。

（9）本定额中现浇框架系指柱、梁、板全部为现浇的钢筋混凝土框架结构。如果部分现浇，部分预制，则按现浇框架乘系数0.96。

（10）柱、梁、墙、板构件全部现浇的钢筋混凝土框筒结构、框剪结构按现浇框架执行；筒体结构按剪力墙（滑模施工）执行。

（11）预制或现浇钢筋混凝土柱，预制屋架的单层厂房，按预制排架定额计算。

（12）单独地下室工程项目定额工期不含打桩工期，而是自基础挖土开始考虑。

（13）当建筑物以合同工期日历天计算时，在同口径条件下定额乘以下系数：

$$1+\frac{国家工期定额日历天-合同工期日历天}{国家工期定额日历天}$$

未承包施工的工程内容，如打桩、挖土等的工期，不能作为提前工期考虑。

（14）混凝土构件，使用泵送混凝土浇筑者，卷扬机施工定额台班乘系数0.96；塔式起重机施工定额中的塔式起重机台班含量乘系数0.92。

（15）建筑物高度超过定额取定高度，每增加20 m，人工、机械按最上两档之差递增。不足20 m者，按20 m计算。

（16）采用履带式、轮胎式、汽车式起重机（除塔式起重机外）吊（安）装预制大型构件的工程，除按本章规定计算垂直运输费外，另按第六章有关规定计算构件吊（安）装费。

（17）烟囱、水塔、筒仓的"高度"指设计室外地坪至构筑物的顶面高度。突出构筑物主体顶的机房等高度，不计入构筑物高度内。

3) 建筑工程垂直运输费计算规则

(1) 建筑物垂直运输机械台班用量,区分不同结构类型、檐口高度或层数按国家工期定额以日历天计算。

(2) 单独装饰工程垂直运输机械台班,区分不同施工机械、垂直运输高度、层数、按定额工日分别计算。

(3) 烟囱、水塔、筒仓垂直运输机械台班,以"座"计算。超过定额规定高度时,按每增高1m定额项目计算。高度不足1m,按1m计算。

(4) 施工塔吊、电梯基础,塔吊及电梯与建筑物连接件,按施工塔吊及电梯的不同型号以"台"计算。

4) 工期定额说明

(1) 单项工程工期是指单项工程从基础破土开工(或原桩位打基础桩)起至完成建筑安装工程施工全部内容,并达到国家验收标准之日止的全过程所需的日历天数。

(2) 执行中的一些规定:

① 《全国统一建筑安装工程工期定额》是在原城乡建设环境保护部1985年制定的《建筑安装工程工期定额》基础上,依据国家建筑安装工程质量检验评定标准、施工及验收规范等有关规定,按正常施工条件、合理的劳动组织,以施工企业技术装备和管理的平均水平为基础,结合各地区工期定额执行情况,在广泛调查研究的基础上修编而成。

② 本定额是编制招标文件的依据,是签订建筑安装工程施工合同、确定合理工期及施工索赔的基础,也是施工企业编制施工组织设计、确定投标工期、安排施工进度的参考。

③ 单项(位)工程中层高在2.2m以内的技术层不计算建筑面积,但计算层数。以下情况可以调整工期:因重大设计变更或发包方原因造成停工,经承发包双方确认后,可顺延工期;因施工技术规范或设计要求冬季不能施工而造成工程主导工序连续停工,经承发包双方确认后,可顺延工期;因基础施工遇到障碍物或古墓、文物、流沙、溶洞、暗滨、淤泥、石方、地下水等需要进行基础处理时,由承发包双方确定增加工期。因承包方原因造成停工,不得增加工期。

④ 单项(位)工程层数超出本定额时,工期可按定额中最高项邻层数的工期差值增加。

⑤ 一个承包单位同时承包2个以上(含2个)单项(位)工程时,工期的计算,以一个单项(位)工程的最大工期为基数,另加其他单项(位)工程工期总和乘相应系数计算:加一个乘系数0.35,加两个乘系数0.2,加三个乘系数0.15,加四个以上的单项(位)工程不另增加工期。

5) 建筑工程垂直运输费用计算实例

例8.4.17 某办公楼工程,要求按照国家定额工期提前15%工期竣工。该工程为三类土、条形基础,现浇框架结构 5 层,每层建筑面积 900 m^2,檐口高度 16.95 m,使用泵送商品混凝土,配备 40 t·m 自升式塔式起重机、带塔卷扬机各 1 台。试计算该工程定额垂直运输费。

解 (1) 基础定额工期

1—2　50 天×0.95(江苏省调整系数)=47.5(天)

47.5 天四舍五入为 48 天。

(2) 上部定额工期　1—1011　235 天

合计:48+235=283(天)

(3) 定额综合单价　22—8 换　293.63 元/天

22—8 子目换算　该子目人工费、材料费为零,0.523 为机械台班含量,卷扬机不动,管理费、利润相应变化。

机械费:

塔式起重机:0.523×259.06×0.92=124.65(元)

卷扬机:89.68 元

机械费小计:214.33 元

管理费:214.33×25%=53.58(元)

利　润:214.33×12%=25.72(元)

综合单价:214.33+53.58+25.72=293.63(元)

(4) 垂直运输费

293.63×[1+0.15(提前工期系数)]×(283×0.85)(合同工期)=81 227.6(元)

注意:由于是混凝土泵送,因此塔吊台班要乘系数,而不是整个子目乘系数。合同工期提前应计算提前工期系数,但计算的工期还要按合同工期计算。

例 8.4.18　某工程单独招标地下室土方和主体结构部分的施工(打桩工程已另行发包)。该地下室 2 层,三类土、钢筋混凝土箱形基础,每层建筑面积 1 400 m^2,现场配置 1 台 80 t·m 自升式塔式起重机。试计算该工程定额垂直运输费。

解　(1) 定额工期

2—6　115×0.95(省调整系数)=109.25(天)

(2) 定额综合单价

22—27 换　(二类工程,管理费 30%)　617.26 元/天

(3) 垂直运输费

617.26×110=67 898.60(元)

例 8.4.19　某大学砖混结构学生公寓工程概况如下:

(1) 该工程为留学生公寓位于江苏省,总建筑面积 6 246 m^2,结构形式为砖混结构,基础采用筏基。

(2) 留学生公寓体形为"L"形,长边轴线尺寸为 57.04 m,短边轴线尺寸为

33.90 m,入口大门设在北面,建筑主体高6层,两翼作退层处理,局部高为5层。

(3) 建筑物层数为6层,首层层高4.20 m,2~5层3.0 m,6层3.30 m。

(4) 建筑物入口大厅设2层共享空间,通过内通道与建筑各个功能用房相联系,北面为圆弧形阶梯、圆弧形雨篷与入口门厅形成富于变化的交流共享环境。

(5) 建筑物首层设会议、办公、接待、阅览、洗衣、库房、咖啡厅、设备用房及部分公寓用房,其他层全部为公寓用房(每间公寓设简易厨房及一套卫生间),顶层为水箱间与电梯机房。

(6) 建筑物有2座楼梯及1台电梯,其中1座楼梯设有封闭楼梯间。

(7) 建筑物每层均设有休息厅,屋顶设有屋顶平台,为留学生提供了充分的交流活动场所。

(8) 建筑物设计抗震烈度为七度,耐火等级为二级。

(9) 屋面排水采用有组织外排水,直接排向室外。垃圾处理各自打包,由清洁工统一运出。

(10) 建筑物首层面积为1 089 m^2,第2层为1 010 m^2,3~5层均为1 044 m^2,第6层为911 m^2,顶层为104 m^2,总建筑面积6 246 m^2。

(11) 场地地面标高为3.50~3.74 m,按由上而下依次为人工填土、黏土、粉质黏土、黏土、粉质黏土、粉土。

(12) 基础采用筏片基础,厚300 mm,由Ⅱ黏土作天然地基持力层,承载力标准值为110 kPa,在大开间部分设置地梁加强整体刚度。

(13) 给水系统:生活用水分为2个系统供水:Ⅰ区为1~4层,由市政直接供水;Ⅱ区为5~6层,由设在首层设备用房内的生活泵加压到顶层生活及消防合用水箱,再由水箱上行下给供水,Ⅱ区生活泵共2台。

(14) 热源由2台燃油热水器提供热水,主要供3件套卫生间洗浴用水。

(15) 排水采用雨污分流制。

试计算该工程的施工工期及垂直运输费。

相关知识

(1) 总工期为±0.00 m以下工期与±0.00 m以上工期之和。

(2) ±0.00 m以上工程首先按照结构类型进行大的分类,这些结构类型包括砖混结构、内浇外砌结构、内浇外挂结构、全现浇结构、现浇框架结构、砖木结构、砌块结构、内板外砌结构、预制框架结构和滑模结构。

(3) 对于±0.00 m以上工程的每一种结构类型,《工期定额》中按层数、建筑面积和地区类型来划分。

(4) 当建筑物垂直运输机械数量与定额不同时,可按比例调整定额含量。

解 (1) 工期计算

① 基础工程工期(±0.00 m以下工程工期)。该工程基础为筏基(满堂红基

础),由《工期定额》第6页,得表8.4.1。

表8.4.1 无地下室工程工期定额表

编号	基础类型	建筑面积/m²	工期/天	
			Ⅰ、Ⅱ类土	Ⅲ、Ⅳ类土
1—1	带形基础	500以内	30	50
1—2		1 000以内	45	50
1—3		1 000以外	65	70
1—4	满堂红基础	500以内	40	45
1—5		1 000以内	55	60
1—6		1 000以外	75	80
1—7	框架基础	500以内	25	30
1—8	(独立柱基)	1 000以内	35	40
1—9		1 000以外	55	60

本工程地基为黏土、粉质黏土、黏土、粉质黏土、粉土,属Ⅰ、Ⅱ类土,单层面积为 1 041 m²,由编号1—6查得基础工期 $T_1=75$ 天。

② 主体工程工期(±0.00 m以上工程)。由《工期定额》第10页"住宅工程",得表8.4.2。

表8.4.2 砖混结构工期定额表

编号	层数	建筑面积/m²	工期/天		
			Ⅰ类	Ⅱ类	Ⅲ类
1—41	4	3 000以内	125	135	155
1—42	4	5 000以内	135	145	165
1—43	4	5 000以外	150	160	185
1—44	5	3 000以内	145	155	180
1—45	5	5 000以内	155	165	190
1—46	5	5 000以外	170	180	205
1—47	6	3 000以内	170	180	205
1—48	6	5 000以内	180	190	215
1—49	6	7 000以内	195	205	235
1—50	6	7 000以外	210	225	255
1—51	7	3 000以内	195	205	235
1—52	7	5 000以内	205	220	250
1—53	7	7 000以内	220	235	265
1—54	7	7 000以外	240	255	285

本工程在江苏,属Ⅰ类地区,层数为6层,建筑面积6 246 m²,由1—49查得主体结构工期 $T_2=195$ 天。

③ 总工期:根据苏建定〔2000〕283号规定,江苏省定额工期调整如下:±0.00 m以下工程调减5%;±0.00 m以上住宅楼工程不做调整。

某大学留学生公寓施工总工期 $T=T_1\times 0.95+T_2=75\times 0.95+195=266$(天)。

(2)垂直运输费计算

本工程住宅6层,建筑面积6 246 m²,檐口高度小于34 m,工程类别为三类。

根据施工组织设计,本工程使用2台塔式起重机。

套2004年江苏省计价表子目22—6换 该子目人工费、材料费为零,0.811为塔式起重机机械台班含量乘以2,卷扬机扣除,管理费、利润相应变化。

机械费:

塔式起重机:$0.811\times 2\times 102.73=166.63$(元)

机械费小计:166.63元

管理费:$166.63\times 25\%=41.66$(元)

利　润:$166.63\times 12\%=20.00$(元)

综合单价:$166.63+41.66+20.00=228.29$(元/天)

本工程垂直运输费$=266\times 228.29=60\ 725.14$(元)

例8.4.20 江苏省某市电信枢纽综合楼工程概况如下:

(1)该工程位于江苏省某市,枢纽大楼主体地上17层,地下2层,裙房2层,总建筑面积33 329 m²,其中地上部分建筑面积29 807 m²,地下部分建筑面积3 522 m²。

(2)枢纽大楼主体17层建筑面积为28 985 m²,结构采用现浇钢筋混凝土框架结构——筒体结构,裙房2层建筑面积为822 m²,也采用现浇钢筋混凝土框架结构,且主楼与裙房用沉降缝分开。

(3)地基基础,由于缺乏工程地质考察报告,凭该地区施工经验可知,一般为砂类土,所以基础设计初选结构基础为桩——筏基础,桩选型为钻孔灌注桩。

(4)装修工程,裙房外墙拟采用石材饰面,主楼外墙采用面砖,室内装修材料的选择将依工艺的环境要求而定,初步定在中级装修水平。

试求该工程的垂直运输费。

相关知识

(1)主体建筑物施工工期的确定。根据已知设计情况,由《工期定额》说明,本工程分±0.00 m以下和±0.00 m以上两部分工期之和。

(2)±0.00 m以上工程首先按照结构类型进行大的分类,这些结构类型包括砖混结构、内浇外砌结构、内浇外挂结构、全现浇结构、现浇框架结构、砖木结构、砌块结构、内板外砌结构、预制框架结构和滑模结构。

（3）《工期定额》第二章"单位工程"说明：单位工程±0.00 m 以上结构由两种或两种以上结构组成。无变形缝时，先按全部面积查出不同结构的相应工期，再按不同结构各自的建筑面积加权平均计算；有变形缝时，先按不同结构各自的面积查出相应工期，再以其中一个最大的工期为基数，另加其他部分工期的25%计算。

解 （1）工期确定

① ±0.00 m 以下工程工期

本工程属综合楼工程，土质一般以砂类土为主，属Ⅰ、Ⅱ类土，由《工期定额》第136页"±0.00 m 以下结构工程"，得表8.4.3。本工程有地下室2层，建筑面积为3 522 m²。

根据子目号 2—7 查得 2 层地下室工程工期 $T_1=130$ 天。

说明：本工程拟采用钻孔灌注桩基础，但由于该分部不在报价范围内，所以打桩工程不予考虑。

表 8.4.3　有地下室工程工期定额表

	层数	建筑面积/m²	工期/天	
			Ⅰ、Ⅱ类土	Ⅲ、Ⅳ类土
2—1	1	500 以内	50	55
2—2	1	1000 以内	60	65
2—3	1	1000 以外	75	80
2—4	2	1 000 以内	85	90
2—5	2	2 000 以内	95	100
2—6	2	3 000 以内	110	115
2—7	2	3 000 以外	130	135
2—8	3	3 000 以内	140	150
2—9	3	5 000 以内	160	170

② ±0.00 m 以上工程工期

本枢纽大楼为17层，建筑面积为 28 985 m²，结构采用现浇钢筋混凝土框架结构——筒体结构，裙房2层建筑面积为822 m²，也采用现浇钢筋混凝土框架结构，且主楼与裙房用沉降缝分开。故其工期可以分为下述两部分：

a. 高层部分计算施工工期。由《工期定额》第151页"±0.00 m 以上结构工程"，得表8.4.4。

本工程位于江苏省，属Ⅰ类地区，所以，根据上表采用编号 2—207 查得主体枢纽大楼工程，工期 $T_{2-1}=415$ 天。

表8.4.4 现浇框架结构工期定额表

编号	层数	建筑面积/m²	工期/天		
			I类	II类	III类
2—199	16以下	10 000以内	320	335	370
2—200	16以下	15 000以内	335	350	385
2—201	16以下	20 000以内	350	365	405
2—202	16以下	25 000以内	370	385	425
2—203	16以下	25 000以外	390	410	455
2—204	18以下	15 000以内	365	380	420
2—205	18以下	20 000以内	380	395	435
2—206	18以下	25 000以内	395	415	460
2—207	18以下	30 000以内	415	435	480
2—208	18以下	30 000以外	440	460	505
2—209	20以下	15 000以内	390	410	455
2—210	20以下	20 000以内	405	425	470

b. 裙房部分施工工期。裙房2层建筑面积为822 m²,也采用现浇钢筋混凝土框架结构,且主楼与裙房用沉降缝分开。由《工期定额》第149页"±0.00 m以上结构工程",得表8.4.5。

表8.4.5 现浇框架结构工期定额表

编号	层数	建筑面积/m²	工期/天		
			I类	II类	III类
2—175	6以下	3 000以内	160	165	185
2—176	6以下	5 000以内	170	175	195
2—177	6以下	7 000以内	180	185	205
2—178	6以下	7 000以外	195	200	220
2—179	8以下	5 000以内	210	220	245
2—180	8以下	7 000以内	220	230	255
2—181	8以下	10 000以内	235	245	270
2—182	8以下	15 000以内	250	260	285
2—183	8以下	15 000以外	270	280	310
2—184	10以下	7 000以内	240	250	275
2—185	10以下	10 000以内	255	265	295
2—186	10以下	15 000以内	270	280	310

根据子目号 2—175 可得裙房部分施工工期 $T_{2-2}=160$ 天。

±0.00 m 以上工程工期：

$T_2 = T_{2-1} + T_{2-2} \times 25\% = 415 + 160 \times 25\% = 455$（天）

c. 装修工程。由《工期定额》第 168 页"其他建筑工程"，得表 8.4.6。

表 8.4.6 中级装修工程工期定额表

编号	建筑面积/m²	工期/天 Ⅰ类	工期/天 Ⅱ类	工期/天 Ⅲ类
2—405	500 以内	65	70	80
2—406	1 000 以内	75	80	90
2—407	3 000 以内	95	100	110
2—408	5 000 以内	115	120	130
2—409	10 000 以内	145	150	165
2—410	15 000 以内	180	185	205
2—411	20 000 以内	215	225	250
2—412	30 000 以内	285	295	325
2—413	35 000 以内	325	340	375
2—414	35 000 以外	380	400	440

因为工程初步定在中级装修水平，所以根据编号 2—412 得装修工程工期 $T_3=285$ 天。

③ 工程总工期（不包括打桩工程工期）

$T = T_1 + T_2 + T_3 = 130 \times 0.95 + 455 \times 0.9 + 285 \times 0.9 = 790$（天）

（2）垂直运输费计算

工程高层：地上 17 层，地下 2 层，建筑面积 33 329 m²；工程类别为一类。

根据施工组织设计，工程使用 1 台塔式起重机，1 台人货电梯。

套子目 22—10 换 定额子目中三类工程换算为一类工程，管理费、利润相应变化。

管理费：$(38.74 + 494.71) \times 35\% = 186.71$（元）

利润：$(38.74 + 494.71) \times 12\% = 64.01$（元）

综合单价：$38.74 + 494.71 + 186.71 + 64.01 = 784.17$（元/天）

工程垂直运输费 $= 790 \times 784.17 = 619\ 494.3$（元）

例 8.4.21 甲（檐口高度在 30 m 以内）、乙（檐口高度在 20 m 以内）两个砖混结构单项工程合用一台塔吊。甲工程定额工期为 350 天，乙工程定额工期 290 天。合同工期甲工程为 280 天、乙工程为 230 天。甲工程比乙工程早开工 20 日。试计算甲、乙两个单项工程的定额塔吊台班数量。

解 (1) 甲工程应套用22—7子目,塔式起重机台班数量调整为

0.827 台班/天×(280 天－230 天＋230 天×0.5)/280 天＝0.487(台班/天)

(2) 乙工程应套用22—6子目,塔式起重机台班数量调整为

0.811 台班/天×(230 天×0.5)/230 天＝0.406(台班/天)

8.4.6 场内二次搬运费用

1) 场内二次搬运费用《计价表》概况

《计价表》本章按运输工具划分为机动翻斗车二次搬运和单(双)轮车二次搬运两部分,共136个子目。

2) 场内二次搬运费用有关说明

(1) 因建设单位不能按正常合理的施工组织设计提供材料、构件堆放场地和临时设施用地等原因而发生的二次搬运费用,执行本章定额。(例如市区沿街堆放材料有困难,汽车不能将材料直接运到单位工程周边需再次中转。)

(2) 执行本定额时,应以工程所发生的第二次搬运为准。

(3) 水平运距的计算,分别以取料中心点为起点,以材料堆放中心为终点。超运距增加运距,不足整数者,进位取整计算。

(4) 运输道路已按15%以内的坡度考虑,超过时另行处理。

(5) 松散材料运输不包括做方,但要求堆放整齐。如需做方者,应另行处理。

(6) 机动翻斗车最大运距为600 m,单(双)轮车最大运距为120 m,超过时,应另行处理。

3) 场内二次搬运工程量计算规则

(1) 沙子、石子、毛石、块石、炉渣、矿渣、石灰膏按堆积原方计算。

(2) 混凝土构件及水泥制品按实体积计算。

(3) 玻璃按标准箱计算。

(4) 其他材料按表中计量单位计算。

4) 场内二次搬运费用计算实例

例8.4.22 某三类工程因施工现场狭窄,计有300 t弯曲成型钢筋和20万块空心砖发生二次转运。成型钢筋采用人力双轮车运输,转运运距250 m;空心砖采用人力双轮车运输,转运运距100 m。试计算该工程定额二次转运费。

解 (1) 成型钢筋二次转运

23—107　300×7.99＝2 397(元)

23—108×4　300×0.64×4＝768(元)

(2) 空心砖二次转运

23—31　2 000百块×9.6＝19 200(元)

23—32×1　2 000百块×2.7＝5 400(元)

(3) 该工程定额二次转运费 27 765 元

8.4.7 其他措施费

1) 其他措施费项目

其他措施费包括:① 临时设施费;② 夜间施工增加费;③ 大型机械设备进出场及安拆费;④ 检验试验费;⑤ 环境保护费;⑥ 现场安全文明施工措施费;⑦ 已完工程及设备保护费;⑧ 室内空气污染测试费;⑨ 赶工措施费;⑩ 工程按质论价;⑪ 特殊条件下施工增加费等。

2) 其他措施费项目计算方法

(1) 实体措施费的计算

实体措施费是指工程量清单中,为保证某类工程实体项目顺利进行,按照国家现行有关建设工程施工及验收规范、规程要求,必须配套完成的工程内容所需的费用。

① 系数计算法

系数计算法是用与措施项目有直接关系的工程项目直接工程费(或人工费或人工费与机械费之和)合计作为计算基数,乘以实体措施费用系数,确定实体措施费的方法。

实体措施费用系数是根据以往有代表性的工程资料,通过分析计算取得的。

② 方案分析法

方案分析法是通过编制具体的措施实施方案,对方案所涉及的各种经济技术参数进行计算后,确定实体措施费用的方法。

(2) 配套措施费的计算

配套措施费不是为某类实体项目,而是为保证整个工程项目顺利进行,按照国家现行有关建设工程施工及验收规范、规程要求,必须配套完成的工程内容所需的费用。

配套措施费计算方法包括系数计算法和方案分析法两种:

① 系数计算法

系数计算法是用整体工程项目直接费(或人工费,或人工费与机械费之和)合计作为计算基数,乘以配套措施费用系数,确定配套措施费的方法。

配套措施费用系数是根据以往有代表性的工程资料,通过分析计算取得的。

② 方案分析法

方案分析法是通过编制具体的措施实施方案,对方案所涉及的各种经济参数进行计算后,确定配套措施费用的方法。

3) 其他措施费计算实例

例 8.4.23 某工程基础采用先张法预应力管桩,机械使用静力压桩机

(2 000 kN)，主体施工阶段使用一台塔式起重机(150 kN·m)，装修阶段使用施工电梯(75 m)。在主体施工阶段因甲方原因塔式起重机停置3天，装修阶段施工电梯因甲方原因停置5天。试求工程的大型机械设备进出场及安拆费，机械停置索赔费用。

相关知识

(1) 大型机械设备进出场及安拆费参考《江苏省施工机械台班费用定额》(2004)。

(2) 机械停置台班费等于机械折旧费、人工费与其他费用之和。

(3) 机械停置1天只能按1个台班计算。

解 (1) 大型机械设备进出场及安拆费

① 静力压桩机

14032　场外运输费用：17 720.67元

14033　组装拆卸费：7 832.38元

② 塔式起重机

14042　场外运输费用：15 360.69元

14043　组装拆卸费：19 917.25元

③ 施工电梯

14048　场外运输费用：6 463.11元

14049　组装拆卸费：5 607.86元

④ 工程大型机械设备进出场及安拆费为72 901.96元。

(2) 机械停置索赔费用

① 塔式起重机

　　停置台班单价：225.12(折旧费)+65(人工费)+0(其他费用)=290.12(元)

② 施工电梯

　　停置台班单价：74.80(折旧费)+32.5(人工费)+0(其他费用)=107.3(元)

③ 索赔费用

　　290.12×3+107.3×5=1 406.86(元)

例8.4.24 某住宅工程地处某市，当地环保部门规定环境保护费每平方米建筑面积0.3元；住宅工程赶工措施费比定额工期提前20%以内，按分部分项工程费的2%～3.5%计取；住宅工程优良工程增加分部分项工程费的1.5%～2.5%。工程建筑面积6 200 m²，甲方要求合同工期比定额工期提前20%，该工程质量目标"市优"。试计算工程的措施费(分部分项工程费为248万元)。

解 (1) 环境保护费

　　6 200×0.3=1 860(元)

(2) 现场安全文明施工措施费

根据该市的规定报价时按暂定费率1.5%列入：
$$2\,480\,000 \times 1.5\% = 37\,200(元)$$
(3) 临时设施费
根据以往工程的资料测算费率为2%：
$$2\,480\,000 \times 2\% = 49\,600(元)$$
(4) 夜间施工增加费
经测算发生的照明设施、夜餐补助和工效降低的费用为25 000元。
(5) 二次搬运费
工程材料不需转运，该费用为零。
(6) 大型机械设备进出场及安拆费
工程使用1台60 kN·m的塔式起重机，费用为：
$$8\,144.85 + 6\,814.16 = 14\,959.01(元)$$
(7) 模板费用
根据建筑与装饰工程计价表第二十章计算，并考虑到可利用部分已全部计提折旧的旧周材，该项费用8万元。
(8) 脚手架费
根据建筑与装饰工程计价表第十九章计算，并考虑到可利用部分已全部计提折旧的旧周材，该项费用5万元。
(9) 施工降水、设备保护等费用
因工程未发生，故费用为零。
(10) 垂直运输机械费
根据建筑与装饰工程计价表第二十二章计算，费用为8万元。
(11) 检验试验费
按分部分项工程费的0.4%计算：
$$2\,480\,000 \times 0.4\% = 9\,920(元)$$
(12) 赶工措施费
甲乙双方约定按分部分项工程费的3%计取：
$$2\,480\,000 \times 3\% = 74\,400(元)$$
(13) 工程优质奖
工程达到"市优"，甲乙双方约定按分部分项工程费的2.5%计取：
$$2\,480\,000 \times 2.5\% = 62\,000(元)$$
总计，工程施工措施费为：
$$1\,860 + 37\,200 + 49\,600 + 25\,000 + 14\,959.01 + 80\,000 + 50\,000 + 80\,000 +$$
$$9\,920 + 74\,400 + 62\,000 = 484\,939.01(元)$$

8.4.8 其他项目费计算

1) 根据 2008 版《计价规范》,其他项目费应按下列规定计价
(1) 暂列金额应根据工程特点,按有关计价规定估算;
(2) 暂估价中的材料单价应根据工程造价信息或参照市场价格估算;暂估价中的专业工程金额应分不同专业,按有关计价规定估算;
(3) 计日工应根据工程特点和有关计价依据计算;
(4) 总承包服务费应根据招标文件列出的内容和要求估算。
2) 其他项目清单费用部分的内容组成实例见表 8.4.7～表 8.4.12

表 8.4.7 其他项目清单与计价汇总表

工程名称： 标段： 第___页 共___页

序号	项目名称	计量单位	金额（元）	备注
1	暂列金额		1 100 000	明细详见表 8.4.8
2	暂估价		9 500 000.00	
2.1	材料暂估价		—	明细详见表 8.4.9
2.2	专业工程暂估价		9 500 000.00	明细详见表 8.4.10
3	计日工			明细详见表 8.4.11
4	总承包服务费			明细详见表 8.4.12
5				
	合 计			—

注意：材料暂估单价进入清单项目综合单价,此处不汇总

表 8.4.8 暂列金额表

工程名称： 标段： 第___页 共___页

序号	项目名称	计量单位	暂定金额（元）	备注
1	图纸中已经标明可能位置,但未最终确定是否需要的主入口处的钢结构雨篷工程的安装工作	项	500 000	此部分的设计图纸有待进一步完善
2	其他	项	600 000	
	暂列金额合计		1 100 000	

说明：投标人应将上述暂列金额计入投标总价中

表 8.4.9 材料暂估价表

工程名称：　　　　　　　　　标段：　　　　　　　　　　第___页 共___页

序号	名　称	单位	数量	单价(元)	合价(元)	备　注
1	硬木装饰门	m²	2 423.40	1 000.00	2 423 400.00	含门框、门扇，其他特征描述见工程量清单，用于本工程的门安装工程项目。
2	低压开关柜(CGD190380/220V)	台	1	45 000.00	45 000.00	用于低压开关柜安装项目
	（略）					
	小计				2 468 400.00	

表 8.4.10 专业工程暂估价表

工程名称：　　　　　　　　　标段：　　　　　　　　　　第___页 共___页

序号	专业工程名称	工 程 内 容	金额(元)	备　注
1	消防工程	合同图纸中标明的以及工程规范和技术说明中规定的各系统，包括但不限于消火栓系统、消防水池供水系统、水喷淋系统、火灾自动报警系统及消防联动系统中的设备、管道、阀门、线缆等的供应、安装和调试工作	9 500 000.00	
	小　计		9 500 000.00	

表 8.4.11 计日工表

工程名称：　　　　　　　　　标段：　　　　　　　　　　第___页 共___页

编号	项 目 名 称	单位	暂定数量	综合单价	合价
一	人　工				
1	普工	工日	200		
2	技工(综合)	工日	50		
3					
4					
	人 工 小 计				

续表 8.4.11

编号	项目名称	单位	暂定数量	综合单价	合价
二	材 料				
1	钢筋（规格、型号综合）	t	1		
2	水泥 42.5	t	2		
3	中砂	m³	10		
4	砾石（5～40 mm）	m³	5		
5	页岩砖（240 mm×115 mm×53 mm）	千匹	1		
6					
	材 料 小 计				
三	施工机械				
1	自升式塔式起重机（起重力矩 1 250 kN·m）	台班	5		
2	灰浆搅拌机（400 L）	台班	2		
3					
4					
	施工机械小计				
	总　　计				

表 8.4.12 总承包服务费计价表

工程名称：　　　　　　　　标段：　　　　　　　　第___页 共___页

序号	项目名称	项目价值(元)	服务内容	费率(%)	金额(元)
1	发包人发包专业工程	100 000	1. 按专业工程承包人的要求提供施工工作面并对施工现场进行统一管理，对竣工资料进行统一整理汇总。 2. 为专业工程承包人提供垂直运输机械和焊接电源接入点，并承担垂直运输费和电费。 3. 为防盗门安装后进行补缝和找平并承担相应费用。		
2	发包人供应材料	1 000 000	对发包人供应的材料进行验收及保管和使用发放。		
			合　　计		

8.5 招标控制价编制

8.5.1 招标控制价编制概述

国有资金投资的工程建设项目应实行工程量清单招标,并应编制招标控制价。招标控制价超过批准的概算时,招标人应将其报原概算部门审核。投标人的投标报价高于招标控制价的,其投标应予以拒绝。招标控制价应由具有编制能力的招标人,或受其委托具有相应资质的工程造价咨询人编制。

1) 招标控制价编制依据

(1)《建设工程工程量清单计价规范》(GB 50500-2008);

(2) 国家或省级、行业建设主管部门颁发的计价定额和计价办法;

(3) 建设工程设计文件及相关资料;

(4) 招标文件中的工程量清单及有关要求;

(5) 与建设项目相关的标准、规范、技术资料;

(6) 工程造价管理机构发布的工程造价信息;工程造价信息没有发布的参照市场价;

(7) 其他相关资料。

2) 各清单项目费用的确定

(1) 分部分项工程费应根据招标文件中的分部分项工程量清单项目的特征描述及有关要求,按《计价规范》第 4.2.3 条的规定确定综合单价计算。综合单价中应包括招标文件中要求投标人承担的风险费用。招标文件提供了暂估单价的材料,按暂估的单价计入综合单价。

(2) 措施项目费应根据招标文件中的措施项目清单按《计价规范》第 4.1.4、4.1.5 和 4.2.3 条的规定计价。

(3) 其他项目费应按下列规定计价:

① 暂列金额应根据工程特点,按有关计价规定估算;

② 暂估价中的材料单价应根据工程造价信息或参照市场价格估算;暂估价中的专业工程金额应分不同专业,按有关计价规定估算;

③ 计日工应根据工程特点和有关计价依据计算;

④ 总承包服务费应根据招标文件列出的内容和要求估算。

(4) 规费和税金应按《计价规范》第 4.1.8 条的规定计算。

(5) 招标控制价应在招标时公布,不应上调或下浮,招标人应将招标控制价及有关资料报送工程所在地工程造价管理机构备查。

(6) 投标人经复核认为招标人公布的招标控制价未按照《计价规范》的规定编

制的,应在开标前 5 天向招投标监督机构或(和)工程造价管理机构投诉。

(7)招投标监督机构应会同工程造价管理机构对投诉进行处理,发现有错误的,应责成招标人修改。

8.5.2 招标控制价编制原则

(1)根据《建设工程工程量清单计价规范》的要求,工程量清单的编制与计价必须遵循五统一原则。

① 项目编码统一;
② 项目名称统一;
③ 项目特征统一;
④ 计量单位统一;
⑤ 工程量计算规则统一。

五统一原则即是在同一工程项目内对内容相同的分部分项工程只能有一组项目编码与其对应,同一编码下分部分项工程的项目名称、项目特征、计量单位、工程量计算规则必须一致。五统一原则下的分部分项工程计价必须一致。

(2)遵循市场形成价格的原则。

市场形成价格是市场经济条件下的必然产物。长期以来我国工程招标的招标控制价的确定受国家(或行业)工程预算定额的制约,招标控制价反映的是社会平均消耗水平,不利于市场经济条件下企业间的公平竞争。

工程量清单计价由投标人自主报价,有利于企业发挥自己的最大优势。各投标企业在工程量清单报价条件下必须对单位工程成本、利润进行分析,统筹考虑,精心选择施工方案,并根据企业自身能力合理地确定人工、材料、施工机械等生产要素的投入与配置,优化组合,有效地控制现场费用和技术措施费用,形成最具有竞争力的报价。

工程量清单下的招标控制价反映的是由市场形成的具有社会先进水平的生产要素市场价格。

(3)体现公开、公平、公正的原则。

工程造价是工程建设的核心内容,也是建设市场运行的核心。工程量清单下的招标控制价应充分体现公开、公平、公正原则。公开、公平、公正不仅是投标人之间的公开、公平、公正,亦包括招投标双方间的公开、公平、公正。即招标控制价的确定,应同其他商品一样,由市场价值规律来决定,不能人为地盲目压低或提高。

(4)风险合理分担原则。

风险无处不在,对建设工程项目而言,存在风险是必然的。

工程量清单计价方法,是在建设工程招投标中,招标人按照国家统一的工程量计算规则计算提供工程数量，由投标人依据工程量清单所提供的工程数量自主报价，即由招标人承担工程量计量的风险，投标人承担工程价格的风险。在招标控制价的编制过程中，编制人应充分考虑招投标双方风险可能发生的几率，使风险对工程量变化和工程造价变化的影响，在招标控制价中予以体现。

（5）招标控制价的计价内容、计价口径，与工程量清单计价规范下招标文件的规定完全一致的原则。招标控制价的计价过程必须严格按照工程量清单给出的工程量及其所综合的工程内容进行计价，不得随意变更或增减。

（6）一个工程只能编制一个招标控制价的原则。

要素市场价格是工程造价构成中最活跃的成分，只有充分把握其变化规律才能确定招标控制价的唯一性。一个招标控制价的原则，即是确定市场要素价格唯一性的原则。

8.5.3 招标控制价的编制程序与方法

1) 招标控制价的编制程序

招标控制价的编制必须遵循一定的程序才能保证招标控制价的正确性。

（1）确定招标控制价的编制单位。

招标控制价由招标单位（或业主）自行编制，或受其委托具有编制招标控制价资格和能力的中介机构代理编制。

（2）搜集审阅编制依据。

（3）取定市场要素价格。

（4）确定工程计价要素消耗量指标。

（5）勘察施工现场。

（6）招标文件质疑。

对招标文件（工程量清单）表述不清的问题向招标人质疑，请求解释，明确招标方的真实意图，力求计价精确。

（7）综合上述内容，按工程量清单表述工程项目特征和描述的综合工程内容进行计价。

（8）完成招标控制价初稿。

2) 招标控制价的编制方法

招标控制价由五部分内容组成：分部分项工程量清单计价、措施项目计价、其他项目清单计价、规费、税金。

（1）分部分项工程量清单计价

分部分项工程量清单计价有预算定额调整法、工程成本测算法两种方法。

按测算法计算工程成本，编制人员必须有丰富的现场施工经验，才能准确地确定工程的各种消耗。造价人员应深入现场，不断积累现场施工知识，当现场知识累积到一定程度后才能自如完成相关估算。工程技术与工程造价相结合是今后工程造价人员业务素质发展的方向。

管理费的计算可分为费用定额系数计算法和预测实际成本法。费用定额系数计算法是利用有关的费用定额取费标准，按一定的比例计算管理费。在工程量清单计价条件下，基本直接费的组成内容已经发生变化。一部分费用进入措施清单项目，造成人工费基数不完整。在利用费用定额系数法计算管理费时，要注意调整因基数不同造成的影响。

预测实际成本法是把施工现场和总部为本工程项目预计要发生的各项费用逐项进行计算，汇总出管理费总额，建筑工程以直接费为权数分摊到各分部分项工程量清单中。

利润是投标报价竞争最激烈的项目，在标底编制时其利润率的确定应根据拟建项目的竞争程度，以及参与投标各单位在投标报价中的竞争能力而确定。例如，有五家单位投标，其中三家企业近期工程量不足急于承揽新的工程，这样就会产生激烈的竞争。竞争的手段首先是消减工程利润。标价的编制就要顺应形势以低利润计价，以免投标价与招标控制价产生较大的偏离。

综上所述，工程量清单下的招标控制价必须严格遵照《建设工程工程量清单计价规范》进行编制，以工程量清单给出的工程数量和综合的工程内容，按市场价格计价。对工程量清单开列的工程数量和综合的工程内容不得随意更改、增减，必须保持与各投标单位计价口径的统一。

(2) 措施项目清单计价

《建设工程工程量清单计价规范》为工程量清单的编制与计价提供了一份措施项目一览表，供招标投标双方参考使用。

招标控制价编制人要对表内内容逐项计价。如果编制人认为表内提供的项目不全，亦可列项补充。

措施项目招标控制价的计算依据主要来源于施工组织设计和施工技术方案。措施项目招标控制价的计算，宜采用成本预测法估算。《计价规范》提供的措施项目费分析表可用于计算此项费用。

(3) 其他项目清单计价

其他项目清单计价内容包括暂列金额、暂估价、计日工以及总承包服务费。

暂列金额应按招标人在其他项目清单中列出的金额填写。

暂估价中材料暂估价应按招标人在其他项目清单中列出的单价计入综合单价，不计入其他项目清单计价合价中。专业工程暂估价应按招标人在其他项目清单中列出的金额填写。

计日工根据工程特点列出的项目和数量，自主确定综合单价计算费用。

总承包服务费根据招标文件内容和要求自主确定。

(4) 规费

规费亦称地方规费，是税金之外由政府或政府有关部门收取的各种费用。各地收取的内容多有不同，在招标控制价编制时应按工程所在地的有关规定计算此项费用。

(5) 税金

税金包括营业税、城市维护建设税、教育费附加等三项内容。因为工程所在地的不同，税率也有所区别。在招标控制价编制时应按工程所在地规定的税率计取税金。

8.5.4 招标控制价的审查与应用

1) 招标控制价的审查

(1) 招标控制价审查的意义

招标控制价编制完成后，需要认真进行审查。加强招标控制价的审查，对于提高工程量清单计价水平，保证标底质量具有重要作用。

① 发现错误，修正错误，保证招标控制价的正确率。

② 促进工程造价人员提高业务素质，成为懂技术、懂造价的复合型人才，以适应市场经济环境下工程建设对工程造价人员的要求。

③ 提供正确的工程造价基准，保证招标投标工作的顺利进行。

(2) 招标控制价的审查过程

招标控制价的审查分三个阶段进行。

① 编制人自审

招标控制价初稿完成后，编制人要进行自我审查，检查分部分项工程生产要素消耗水平是否合理，计价过程的计算是否有误。

② 编制人之间互审

编制人之间互审可以发现不同编制人对工程量清单项目理解的差异，统一认识，准确理解。

③ 审核单位审查

审核单位审查包括对招标文件的符合性审查，计价基础资料的合理性审查，招标控制价整体计价水平的审查，招标控制价单项计价水平的审查，是完成定稿的权威性审查。

(3) 招标控制价审查的内容

① 符合性

符合性包括计价价格对招标文件的符合性，对工程量清单项目的符合性，对招标人真实意图的符合性。

② 计价基础资料合理性

计价基础资料的合理,是招标控制价合理的前提。计价基础资料包括:工程施工规范、工程验收规范、企业生产要素消耗水平、工程所在地生产要素价格水平。

③ 招标控制价整体价格水平

招标控制价大幅度是否偏离概算价,是否无理由偏离已建同类工程造价,各专业工程造价是否比例失调,实体项目与非实体项目价格比例是否失调。

2) 招标控制价的应用

招标控制价最基本的应用形式,是招标控制价与各标单位投标价格的对比。对比分为工程项目总价对比、分项工程总价对比、单位工程总价对比、分部分项工程综合单价对比、措施项目列项与计价对比、其他项目列项与计价对比。

在《建设工程工程量清单计价规范》下的工程量清单报价,为招标控制价在商务标测评中建立了一个基准的平台,即招标控制价的计价基础与各投标单位报价的计价基础完全一致,方便了招标控制价与投标报价的对比。

复习思考题

1. 什么是施工图预算?施工图预算的作用有哪些?
2. 施工图预算的依据有哪些?
3. 编制施工图预算的方法有哪几种?

9 承包商的工程估价与投标报价

9.1 建筑工程投标概述

9.1.1 工程量清单计价与招投标

1) 工程量清单在招标投标过程中的运作

由于工程量清单明细地反映了工程的实物消耗和有关费用,因此,这种计价模式易于结合建设工程的具体情况,变现行以预算定额为基础的静态计价模式为将各种因素考虑在单价内的动态计价模式。过去的招标投标制,招投标双方针对某一建筑产品,依据同一施工图纸,运用相同的预算定额和取费标准,一个编制招标标底,一个编制投标报价。由于两者角度不同,出发点不同,工程造价差异很大,而且大多数招标工程实施标底评标制度,评标定标时将报价控制在标底的一定范围内,超过者定为废标,扩大了标底的作用,不利于市场竞争。

采用工程量清单招投标,要求招投标双方严格按照规范要求的工程量清单标准格式填写,招标人在表格中详细、准确描述应该完成的工程内容;投标人根据清单表格中描述的工程内容,结合工程情况、市场竞争情况和本企业实力,充分考虑各种风险因素,自主填报清单,列出包括工程直接成本、间接成本、利润和税金等项目在内的综合单价与汇总价,并以所报综合单价作为竣工结算调整价的招标投标方式。它明确划分了招投标双方的工作,招标人计算量,投标人确定价,互不交叉、重复,不仅有利于业主控制造价,也有利于承包商自主报价;不仅提高了业主的投资效益,还促使承包商在施工中采用新技术、新工艺、新材料,努力降低成本、增加利润,在激烈的市场竞争中保持优势地位。

评标过程中,评标委员会在保证质量、工期和安全等条件下,根据《招标投标法》和有关法规,按照"合理低价中标"原则,择优选择技术能力强、管理水平高、信誉可靠的承包商承建工程,既能优化资源配置,又能提高工程建设效益。

2) 工程量清单计价对完善招标投标制的促进作用

随着我国建设市场的快速发展,招标投标制度的逐步完善,以及中国加入WTO等对我国工程建设市场提出的新要求,改革现行按预算定额计价方法,实行工程量清单计价法是建立公开、公正、公平的工程造价计价和竞争定价的市场环境,逐步解决定额计价中与工程建设市场不相适应的因素,彻底铲除现行招标投标工作中弊端的根本途径之一。

(1) 充分引入市场竞争机制,规范招标投标行为

1984年11月,国家出台了《建筑工程招标投标暂行规定》,在工程施工发包与承包中开始实行招投标制度,但无论是业主编制标底,还是承包商编制报价,在计价规则上均未超出定额规定的范畴。这种传统的以定额为依据、施工图预算为基础、标底为中心的计价模式和招标方式,因为建筑市场发育尚不成熟,监管不到位,加上定额计价方式的限制,原本通过实行招标投标制度引入竞争机制,却没有完全起到竞争的作用。

作为市场主体的施工企业,应具有根据其自身的生产经营状况和市场供求关系自主决定其产品价格的权利,而原有工程预算由于定额项目和定额水平总是与市场相脱节,价格由政府确定,投标竞争往往蜕变为预算人员水平的较量,还容易诱导投标单位采取不正当手段去探听标底,严重阻碍了招投标市场的规范化运行。

把定价权交还给企业和市场,取消定额的法定作用,在工程招标投标程序中增加"询标"环节,让投标人对报价的合理性、低价的依据、如何确保工程质量及落实安全措施等进行详细说明。通过询标,不但可以及时发现错、漏、重等报价,保证招投标双方当事人的合法权益,而且还能将不合理报价、低于成本报价排除在中标范围之外,有利于维护公平竞争和市场秩序,又可改变过去"只看投标总价,不看价格构成"的现象,排除了"投标价格严重失真也能中标"的可能性。

(2) 实行量价分离、风险分担,强化中标价的合理性

现阶段工程预算定额及相应的管理体系在工程发承包计价中调整双方利益和反映市场实际价格、需求方面还有许多不相适应的地方。市场供求失衡,使一些业主不顾客观条件,人为压低工程造价,导致标底不能真实反映工程价格,招标投标缺乏公平和公正,承包商的利益受到损害。还有一些业主在发包工程时就有自己的主观倾向,或因收受贿赂,或因碍于关系、情面,总是希望自己想用的承包商中标,所以标底泄漏现象时有发生,保密性差。

"量价分离、风险分担",指招标人只对工程内容及其计算的工程量负责,承担量的风险;投标人根据市场的供求关系自行确定人工、材料、机械价格和利润、管理费,只承担价的风险。由于成本是价格的最低界限,投标人减少了投标报价的偶然性技术误差,就有足够的余地选择合理标价的下浮幅度,掌握一个合理的临界点,既使报价最低,又有一定的利润空间。另外,由于制定了合理的衡量投标报价的基础标准,并把工程量清单作为招标文件的重要组成部分,既规范了投标人计价行为,又在技术上避免了招标中弄虚作假和暗箱操作。

合理低价中标是在其他条件相同的前提下,选择所有投标人中报价最低但又不低于成本的报价,力求工程价格更加符合价值基础。在评标过程中,增加询标环节,通过综合单价、工料机价格分析,对投标报价进行全面的经济评价,以确保中标价是合理低价。

(3)增加招投标的透明度,提高评标的科学性

当前,招标投标工作中存在着许多弊端,有些工程招标人也发布了公告,开展了登记、审查、开标、评标等一系列程序,表面上按照程序操作,实际上却存在着出卖标价、互相串标、互相陪标等现象。有的承包商为了中标,打通业主、评委,打人情分、受贿分;或者干脆编造假投标文件,提供假证件、假资料;甚至有的工程开标前就已暗定了承包商。

要体现招标投标的公平合理,评标定标是最关键的环节,必须有一个公正合理、科学先进、操作准确的评标办法。目前国内还缺乏这样一套评标办法,一些业主仍单纯看重报价高低,以取低标为主。评标过程中自由性、随意性大,规范性不强;评标中定性因素多,定量因素少,缺乏客观公正;开标后议标现象仍然存在,甚至把公开招标演变为透明度极低的议标。

工程量清单的公开,提高了招投标工作的透明度,为承包商竞争提供了一个共同的起点。由于淡化了标底的作用,把它仅作为评标的参考条件,设与不设均可,不再成为中标的直接依据,消除了编制标底给招标活动带来的负面影响,彻底避免了标底的跑、漏、靠现象,使招标工程真正做到了符合"公开、公平、公正和诚实信用的原则"。

承包商"报价权"的回归和"合理低价中标"的评标定标原则,杜绝了建设市场可能的权钱交易,堵住了建设市场恶性竞争的漏洞,净化了建筑市场环境,确保了建设工程的质量和安全,促进了我国有形建筑市场的健康发展。

总之,工程量清单计价是建筑业发展的必然趋势,是市场经济发展的必然结果,也是适应国际国内建筑市场竞争的必然选择,它对招标投标机制的完善和发展,建立有序的建设市场公平竞争秩序都将起到非常积极的推动作用。

9.1.2 工程估价工作的组织与步骤

投标报价是整个投标工作中最重要的一环。一项工程好坏的重要标志是工期、造价、质量,而工期与质量尽管从承包商的历史、技术状况可以看出一部分,但真正的工期与质量还要在施工开始以后才能直观地看出。可是报价却是在开工之前确定,因此,工程投标报价对于承包商来说是至关重要的。

投标报价要根据具体情况,充分进行调查研究,内外结合,逐项确定各种定价依据,切实掌握本企业的成本,力求做到:报价对外有一定的竞争力,对内又有盈利,工程完工后又非常接近实际水平。这样就必须采取合理措施,提高管理水平,更要讲究投标策略,运用作价技巧,在全企业范围内开动脑筋,才能作出合理的标价。

随着竞争程度的激烈和工程项目的复杂,报价工作成为涉及企业经营战略、市场信息、技术活动的综合的商务活动,因此必须进行科学的组织。

1) 工程估价工作机构

工程估价，不论承包方式和工程范围如何，都必须涉及承包市场竞争态势、生产要素市场行情、工程技术规范和标准、施工组织和技术、工料消耗标准或定额、合同形式和条款以及金融、税收、保险等方面的问题。因此，需要有专门的机构和人员对估价的全部活动加以组织和管理，组织一个业务水平高、经验丰富、精力充沛的工程估价工作机构是投标获得成功的基本保证。

工程估价工作机构一般由公司主管副总直接领导，工作机构的成员应是懂技术、懂经济、懂造价、懂法律的多面手，这样的估价班子人员精干，工作效率高，可以提高估价工作的连续性、协调性和系统性。但是，对上述多方面知识都很精深且能力强的专门人才毕竟是比较少的，因此在实际工作中，对工程估价工作机构的领导人及注册造价师尽可能按上述要求配备，而对工作机构的其他人员则侧重某一方面的专长。一般来说，工程估价工作机构的工作人员应由经济管理、专业技术、商务金融和合同管理等方面的人才组成。

经济管理类人才，主要是指工程估价人员。他们对本公司各类分部分项工程工料消耗的标准和水平应了如指掌，而且对本公司的技术特长和优势以及不足之处有客观的分析和认识，对竞争对手和生产要素市场的行情和动态也非常熟悉。他们应对所掌握的信息和数据能进行正确的处理，使估价工作建立在可靠的基础之上。另外，他们对常见工程的主要技术特点和常用施工方法也应有足够的了解。

专业技术类人才，主要是指懂设计和施工的技术人员他们应掌握本专业最新的技术知识，具备熟练的实际操作能力，能解决本专业的技术难题，以便在估价时能从本公司的实际技术水平出发，根据投标工程的技术特点和需要，选择适当的施工方案。

商务金融类人才，是指从事金融、贸易、采购、保险、保函、贷款等方面工作的专业人员。他们要懂税收、保险、财会、外汇管理和结算等方面的知识，根据招标文件的有关规定选择有关的工作方案，如材料采购计划、贷款计划、保险方案、保函业务等。

合同管理类人才，是指从事合同管理和索赔工作的专业人员。他们应熟悉与工程承包有关的重要法律，能对招标文件所规定采用的合同条件进行深入分析，从中找出对己方有利和不利的条款，提出要予以特别注意的问题，并善于发现索赔的可能性及其合同依据，以便在估价时予以考虑。

估价工作机构仅仅做到个体素质好还不够，各类专业人员既要有明确分工，又要能通力合作，及时交流信息。为此，估价工作机构的负责人就显得相当重要，他不仅要具有比一般人员更全面的知识和更丰富的经验，而且要善于管理、组织和协调，使各类专业人员都能充分发挥自己的主动性和积极性以及专业特长，按照既定的工作程序开展估价工作。

另外，作为承包商来说，要注意保持估价工作机构成员的相对稳定，以便积累和总结经验，不断提高其素质和水平，提高估价工作的效率，从而提高本公司投标报价的竞争力。一般来说，除了专业技术类人才要根据投标工程的工程内容、技术特点等因素而有所变动之外，其他三类专业人员尽可能不作大的调整或变动。

2) 工程估价的工作步骤

工程估价是正确进行投标决策的重要依据，其工作内容繁多，工作量大，而时间往往十分紧迫，因而必须周密地进行，统筹安排，遵照一定的工作程序，使估价工作有条不紊、紧张而有序地进行。一般来说，估价工作在投标者通过资格预审并获得招标文件后即行开始，其主要工作环节可概括为询价、估价和报价。

（1）询价

询价是工程估价非常重要的一个环节。建筑材料、施工机械设备（购置或租赁）的价格有时差异较大，"货比三家"对承包商总是有利的。询价时要注意两个问题：一要确保产品质量满足招标文件的有关规定；二是要关注供货方式、时间、地点、有无附加费用。如果承包商准备在工程所在地招募劳务，必须进行劳务询价。招募劳务主要有两种情况：一种是成建制的劳务公司，相当于劳务分包，一般费用较高，但素质较可靠，工效较高，承包商的管理任务较轻；另一种是在劳务市场招募零散劳动力，这种方式虽然劳务价格较低，但往往素质达不到要求，承包商的管理工作较繁重。估价人员应在对劳务市场充分了解的基础上决定采用哪种方式，并以此为依据进行估价。分包商的选择往往也需要通过询价决定。如果总包商或主包商在某一地区有长期稳定的任务来源，这时与一些可靠的分包商建立相对稳定的总分包关系，分包询价工作可以大大简化。

（2）估价

估价与报价是两个不同的概念。估价是指估价人员在施工进度计划、主要施工方法、分包计划和资源安排确定之后，根据本公司的工料机消耗标准以及询价结果，对本公司完成招标工程所需要支出的费用的估价。其原则是根据本公司的实际情况合理补偿成本。不考虑其他因素，不涉及投标决策问题。

（3）报价

报价是在估价的基础上，分析该招标工程以及竞争对手的情况，判断本公司在该招标工程上的竞争地位，拟定本公司的经营目标，确定在该工程上的预期利润水平。报价实质上是投标决策，要考虑运用适当的投标技巧或策略，与估价的任务和性质是不同的。因此，报价通常是由承包商主管经营管理的负责人作出。

9.1.3 投标文件的编制原则

1) 资格预审书的编制原则

资格预审是在投标之前发包单位对各个承包单位在财务状况、技术能力等方面所进行的一次全面审查。只有那些财力雄厚、技术水平高、经验丰富、信誉高的承包单位才有可能被通过,而那些在各个方面比较薄弱的公司是很难通过的。编制资格预审书时有几个原则性的问题必须掌握。

(1) 获得信息后,针对工程性质、规模、承包方式及范围,首先进行一次决策,以决定是否有能力承包。

(2) 针对资格预审文件要求,要求报什么就应该报什么,与文件要求无关的内容切记不要报送,于事无补。

(3) 应反映承包商的真正实力。资格预审最主要的目的是考察承包商的能力,特别要注意对财力、人员资格、承包经验、施工设备等方面的要求,必须满足。切记避免使企业对承包商产生不信任感。

(4) 资格预审的所有内容应有证明文件。以往的经验及成就中所列出的全部项目,都要有用户的证明文件(原件),以证明真实性。有关人员资格应提供相应的资格证明文件;财力方面应由相关机构提供书面证明。

(5) 施工设备要有详细的性能说明。许多公司在承包工程中所报出的施工机具,仅明示名称、规格、型号、数量,这是不够的。因为现代建筑工程往往规模大、要求高,没有先进的施工机具几乎是不可能完成的。因此,业主对施工机具的要求很严、很细。

(6) 资格预审文件的内容不能做任何改动,有错误也不能改。如果承包商有不同看法、异议或补充等,可在最后一项"声明"一栏里填写清楚,或另加表格加以补充。

(7) 编制资格预审书时要特别注意打分最多的几项。如:业绩、人员、机具这三项一般得分最多的,一定要不丢分或少丢分。

(8) 报送的资格预审资料应有一份原件及数份复印件,并按指定的时间、地点报送。

2) 技术标和商务标的编制原则

技术标和商务标是是否中标的关键。如果水平太低而不能中标,则在整个投标过程所耗费的费用,全部付诸东流。下面将说明报送技术标和商务标的主要原则。

(1) 技术标与商务报价必须统一,不应出现矛盾。

有时报价书的关键数字在技术标与商务标中不统一,主要有以下几种情况:技术标中对一项工程耗用的工日数大于商务标中的工日数,特别是高峰人数一般都大得多;耗用机械在技术标中比在商务标中大;施工方案与商务标计算时的口径不一;进度计划中的时间、人数与商务标不一致。

出现上述问题,主要有以下两方面的原因:

a. 编制技术标与商务标的两套班子脱节,技术人员考虑的问题与编制商务标人员所考虑的问题不一样。如:编制商务标的人员,首先根据所选定的定额计算出的工日数与定额水平是相符的,然后,以工期除以工日数而得出人员数。而编制技术标的人员,是根据组织人数及其施工条件因素,重点考虑的是留有余地,所以与定额水平肯定有一定差距;

b. 定额的编制是考虑了通常使用的施工方法,而当施工方案发生变化时,编制商务标时,往往套用相近的定额,致使出现口径不一的现象。

这些问题的出现,可能会导致如下后果:

标书质量低劣,前后矛盾,使业主无法衡量承包商的水平而将其淘汰;使报价水平降低,费用过高而不中标;商务标中标后,成本失控而造成亏损。

(2) 技术标及商务标编制过程中应遵循下列原则:

① 遵守报价的计算程序。当资格预审合格后,承包商将立即接到购买标书的通知。在研究、吃透标书的基础上,进行现场调查和质疑,然后开始编制报价书。

② 首先计算出直接费中的各种数据。如人工工日数和其中各工种的工日数、材料(各种消耗材料)各个品种的数量、耗用各种机械的品种和台班数。在此基础上进行决策,确定工日数和机械化水平。最后,计算直接费。

③ 商务报价人员将计算依据通知编制技术标人员,而编制技术人员将所考虑的方案通知编制商务标人员,取得一致意见。

④ 用人工工日数、施工机械耗用台班数编制进度计划。

⑤ 用各种材料用量和各种施工机械耗用台班数控制技术标中各种材料、机械的数量。

9.1.4 投标中应注意的问题

(1) 投标从计算标价开始到工程完工为止往往时间较长,在建设期内工资、材料价格、设备价格等可能上涨,这些因素在投标时应该予以充分地考虑。

(2) 公开招标的工程,承包者在接到资格预审合格的通知以后,或采用邀请招标方式的投标者,在收到招标者的投标邀请信后,即可按规定购买标书。

(3) 取得招标文件后,投标者首先要详细弄清全部内容,然后对现场进行实地勘察。重点要了解劳动力、道路、水、电、大宗材料等供应条件,以及水文地质条件,必要时地下情况应取样分析。这些因素对报价影响颇大,招标者有义务组织投标者参观现场,对提出的问题给以必要的介绍和解答。除对图纸、工程量清单和技术规范、质量标准等要进行详细审核外,对招标文件中规定的其他事项如:开标、评标、决标、保修期、保证金、保留金、竣工日期、拖期罚款等,也一定要搞清楚。

(4) 投标者对工程量要认真审核,发现重大错误应通知招标单位,未经许可,投标单位无权变动和修改。投标单位可以根据实际情况提出补充说明或计算出相关费用,写成函件作为投标文件的一个组成部分。招标单位对于工程量差错而引起的投标计算错误不承担任何责任,投标单位也不能据此索赔。

(5) 估价计算完毕,可根据相关资料计算出最佳工期和可能提前完工的时间,以供决策,最后报出工期、费用、质量等具有竞争力的报价。

(6) 投标单位准备投标的一切费用,均由投标单位自理。

(7) 注意投标的职业道德,不得行贿,营私舞弊,更不能串通一气哄抬标价,或出卖标价,损害国家和企业利益。如有违反,将被取消投标资格,严重者将受到经济与法律的制裁。

9.2 承包商工程估价准备工作

9.2.1 研究招标文件

认真研究招标文件,旨在搞清承包商的责任和报价的范围,明确招标书中的各种问题,使得在投标竞争中做到报价适当,击败竞争对手;在实施过程中,依据合同文件不致承包失误;在执行过程中能索取应该索取的赔款,使承包商获得理想的经营效果。

招标文件包括投标者须知、通用合同条件、专用合同条件、技术规范、图纸、工程量清单,以及必要的附件,如各种担保或保函的格式等。这些内容可归纳为两个方面:一是投标者为投标所需了解并遵守的规定,二是投标者投标所需提供的文件。

招标文件除了明确了招标工程的范围、内容、技术要求等技术问题之外,还反映了业主在经济、合同等方面的要求或意愿,是承包商投标的主要依据。因此,对招标文件进行仔细的分析研究是估价工作中不可忽视的重要环节。

招标书中关于承包商的责任是十分苛刻的。工程业主聘请有经验的咨询公司编制严密的招标文件,对承包商的制约条款几乎达到无所不包的地步,承包商基本上是受限制的一方。但是,有经验的承包商并不是完全束手无策。既应当接受那些基本合同的限制,同时,对那些明显不合理的制约条款,可以在投标价中埋下伏笔,争取在中标中后作某些修改,以改善自己的地位。

由于招标文件内容很多,涉及多方面的专业知识,因而对招标文件的研究要作适当的分工。一般来说,经济管理类人员研究投标者须知、图纸和工程量清单;专业技术类人员研究技术规范和图纸以及工程地质勘探资料;商务金融类人员研究合同中的有关条款和附件;合同管理类人员研究条件,尤其要对专用合同条件予以特别注意。不同的专业人员所研究的招标文件的内容可能有部分交叉,因此相互配合和及时交换意见相当重要。

1) 研究投标须知

(1) 弄清招标项目的资金来源

进行公开招标的工程大多是政府投资项目。这些项目的建筑工程资金可通过多种形式解决,可以是政府提供资金,也可以是地方政府或部门提供资金。投标人通过对资金来源的分析,可以了解建设资金的落实情况和今后的支付实力,并摸清资金提供机构的有关规定。

(2) 投标担保

投标担保是对招标者的一个保护。若投标者在投标有效期内撤销投标,或在中标后拒绝在规定时间内签署合同,或拒绝在规定时间内提供履约保证,则招标者有权没收投标担保。投标担保一般由银行或其他担保机构出具担保文件(保函),金额一般为投标价格的 1%～3%,或业主规定的某一数额。估价人员要注意招标文件对投标担保形式、担保机构、担保数额和担保有效期的规定,其中任何一项不符合要求,均可能视为投标文件未作出应有的投标担保而被判定为废标。

(3) 投标文件的编制和提交

投标须知中对投标文件的编制和提交有许多具体的规定,例如,投标文件的密封方式和要求,投标文件的份数和语种,改动处必须签名或盖章,工程量清单和单价表的每一页页末写明合计金额、最后一页末写明总计金额,等等。估价人员必须注意每一个细节,以免被判为废标。若邮寄提交投标书,要充分考虑邮递所需的时间,以确保在投标截止之日前到达。

(4) 更改或备选方案

估价人员必须注意投标须知中对更改或备选方案的规定。一般来说,招标文件中的内容不得更改,如有任何改动,该投标书即不予考虑。若业主在招标文件中鼓励投标者提出不同方案投标。这时,投标者所提出的方案一定要具有比原方案明显的优点,如降低造价、缩短工期等。

必须注意的是,在任何情况下,投标者都必须对招标文件中的原方案报价,相应的投标书必须完整,符合招标文件中的所有规定。

(5) 评标定标办法

对于大型、复杂的建设项目来说,在评标时,除考虑投标价格外,还需考虑其他因素。有时在招标文中明确规定了评标所考虑的各种因素,如投标价格、工期、施工方法的先进性和可靠性、特殊的技术措施等。若招标文件不给定评定因素的权重,估价人员要对各评标因素的相对重要作出客观的分析,把估价的计算工作与方案很好地结合起来。需要说明的是,除少数特殊工程之外,投标价格一般都是很重要的因素。

2) 合同条件分析

(1) 承包商的任务、工作范围和责任

这是工程估价最基本的依据,通常由工程量清单、图纸、工程说明、技术规范所定义。在分项承包时,要注意本公司与其他承包商,尤其是工程范围相邻或工序相衔接的其他承包商之间的工程范围界限和责任界限;在施工总包或主包时,要注意在现场管理和协调方面的责任;另外,要注意为业主管理人员或监理人员提供现场工作和生活条件方面的责任等。

(2) 工程变更及相应的合同价格调整

工程变更几乎是不可避免的,承包商有义务按规定完成,但同时也有权利得到合理的补偿。工程变更包括工程数量增减和工程内容变化。一般来说,工程数量增减所引起的合同价格调整的关键在于如何调整幅度,这在合同款中并无明确规定。估价人员应预先估计哪些分项工程的工程量可能发生变化、增加还是减少以及幅度大小,并内定相应的合同价格调整计算方式和幅度。至于合同内容变化引起的合同价格调整,究竟调还是不调、如何调,都很容易发生争议。估价人员应注意合同条款中有关工程变更程序、合同价格调整前提等规定。

(3) 付款方式、时间

估价人员应注意合同条款中关于工程预付款、材料预付款的规定,如数额、支付时间、起扣时间和方式;还要注意工程进度款的支付时间、每月保留金扣留的比例、保留金总额及退还时间和条件。根据这些规定和预计的施工进度计划,估价人员可绘出本工程现金流量图,计算出占有资金的数额和时间,从而可计算出需要支付的利息数额并计入估价。如果合同条款中关于付款的有关规定比较含糊或明显不合理,应要求业主在标前答疑会上澄清或解释,最好能修改。

(4) 施工工期

合同条款中关于合同工期、工程竣工日期、部分工程分期交付工期等规定,是投标者制订施工进度计划的依据,也是估价的重要依据。但是,在招标文件中业主可能并未对施工工期作出明确规定,或仅提出一个最后期限,而将工期作为投标竞争的一个内容,相应的开竣工日期仅是原则性的规定。估价要注意合同条款中有无工期奖的规定,工期长短与估价结果之间的关系,尽可能做到在工期符合要求的前提下报价有竞争力,或在报价合理的前提下工期有竞争力。

(5) 业主责任

通常,业主有责任及时向承包商提供符合开工条件要求的施工场地,设计图纸和说明,及时供应业主负责采购的材料和设备,及时办理有关手续、支付工程款等。投标者所制订的施工进度计划和作出的估价都是以业主正确和完全履行其责任为前提的。虽然估价人员在估价中不必考虑由于业主责任而引起的风险费用,但是,应当考虑到业主不能正确和完全履行其责任的可能性以及由此而造成的承包商的损失。因此,估价人员要注意合同条款中关于业主责任措辞的严密性以及关于索赔的有关规定。

3) 工程报价及承包商获得补偿的权利

(1) 合同种类

招标项目可以采用总价合同、单价合同、成本加酬合同、"交钥匙"合同中的一种或几种。有的招标项目可能对不同的工程内容采用不同的计价合同种类,两种合同方式并用的情况是较为常见的。承包商应当充分注意,承包商在总价合同中承担着工程量方面的风险,应当将工程量核算得准确一些;在单价合同中,承包商主要承担单价不准确的风险,就应对每一子项工程的单价作出详尽细致的分析和综合。

(2) 工程量清单

应当仔细研究招标文件中工程量清单的编制体系和方法。例如有无初期付款,是否将临时工程、机具设备、临时水电设备设施等列入工程量表。业主对初期工程单独付款,抑或要求承包商将初期准备工程费用摊入正式工程中,这两种不同报价体系对承包商计算标价有很大影响。

另外,还应当认真考虑招标文件中工程量的分类方法及每一项子工程的具体含义和内容。在单价合同方式中,这一点尤其重要。为了正确地进行工程估价,估价人员应对工程量清单进行认真分析,主要应注意以下三方面问题:

① 工程量清单复核

工程量清单中的各分部分项工程量并不十分准确,若设计深度不够则可能有较大的误差。工程量清单仅作为投标报价的基础,并不作为工程结算的依据,工程结算以经监理工程师审核的实际工程量为依据。如此,估价还要复核工程量,因为工程量的多少,是选择施工方法、安排人力和机械、准备材料必须考虑的因素,也自然影响分项工程的单价。如果工程量不准确,偏差太大,就会影响估价的准确性。若采用固定总价合同,对承包商的影响就更大。因此,估价人员一定要复核工程量,若发现误差太大,应要求业主澄清,但不得擅自改动工程量。

② 措施项目、其他项目及零星项目计价

措施项目清单计价表中的序号、项目名称必须按措施项目清单中的相应内容填写。投标人可根据施工组织设计采取的措施增加项目。其他项目清单计价表中的序号、项目名称必须按其他项目清单中的相应内容填写。投标人部分的金额必须按《计价规范》5.1.3条中招标人提出的数额填写。零星工作项目计价表中的人工、材料、机械名称、计量单位和相应数量应按零星工作项目表中相应的内容填写,工程竣工后零星工作费应按实际完成的工程量所需费用结算。

③ 计日工单价

计日工是指在工程实施过程中,业主有一些临时性的或新增的但未列入工程量清单的工作,需要使用的人工和机械(有时还可能包括材料)。投标者应对计日工报出单价,但并不计入总价。估价人员应注意工作费包括哪些内容、工作时间如何计算。一般来说,计日工单价可报得较高,但不宜太高。

(3) 永久工程之外项目的报价要求

如对旧建筑物的拆除、监理工程师的现场办公室的各项开支、模型、广告、工程照片和会议费用等,招标文件有何具体规定,应怎样列入工程总价中去。搞清楚一切费用纳入工程总报价的方法,不得有任何遗漏或归类的错误。

(4) 承包商可能获得补偿的权利

搞清楚有关补偿的权利可使承包商正确估价执行合同的风险。一般惯例,由于恶劣气候或工程变更而增加工程量等,承包商可以要求延长工期。有些招标文件还明确规定,如果遇到自然条件和人为障碍等不能合理预见的情况而导致费用增加时,承包商可以得到合理的补偿。但是某些招标项目的合同文件,故意删去这一类条款,甚至写明"承包商不得以任何理由而索取合同价格以外的补偿",这就意味着承包商要承担很大的风险。在这种情况下,承包商投标时不得不增大不可预见费用,而且应当在投标致函中适当提出,以便在商签合同时争取修订。

除索取补偿外,承包商也要承担违约罚款、损害赔偿,以及由于材料或工程不符合质量要求等责任。搞清楚责任及赔偿限度等规定,也是估价风险的一个重要方面,承包商也必须在投标前充分注意和估量。

9.2.2 工程现场调查

工程现场调查是投标者必须经过的投标程序。业主应在招标文件中明确注明投标者进行工程现场调查的时间和地点。投标者所提出的报价一般被认为是在审核招标文件后并在工程现场调查的基础上编制出来的。一旦报价提出以后,投标者就无权因为现场调查不周、情况了解不细或其他因素考虑不全面提出修改报价、调整报价或给予补偿等要求。因此,工程现场调查既是投标者的权利又是投标者的责任,必须慎重对待。

工程现场调查之前一定要作好充分准备。首先,针对工程现场调查的目的对招标文件的内容进行研究,主要是工作范围、专用合同条件、设计图纸和说明等。应拟订尽可能详细的调查提纲,确定重点要解决的问题,调查提纲尽可能标准化、规格化、表格化,以减少工程现场调查的随意性,避免因选派的工程现场调查人员的不同而造成调查结果的明显差异。

现场调查所发生的费用由承包商自行承担,可列入标价内,但对于未中标的承包商将是一笔损失。调查的主要内容包括三方面。

1) 一般情况调查

(1) 当地自然条件调查

包括年平均气温、年最高气温和最低气温,风向图、最大风速和风压值,日照,年平均降雨(雪)量和最大降雨(雪)量,年平均湿度、最高和最低湿度,其中尤其要分析全年不能或不宜施工的天数;

(2) 交通、运输和通讯情况调查

① 当地公路运输情况,如公路、桥梁收费、限速、限载、管理等有关规定,运费、

车辆租赁价格,汽车零配件供应情况,油料价格及供应情况等;

② 当地铁路运输情况,如动力、装卸能力、提货时间限制、运费、运输保险和其他服务内容等;

③ 当地水路运输情况,如离岸停泊情况(码头吃水或吨位限制、泊位等)、装卸能力、平均装卸时间和压港情况,运输公司的选择及港口设施使用的申请手续等。

④ 当地水、陆联运手续的办理程序、所需时间、承运人责任、价格等;

⑤ 当地空运条件及价格水平等;

⑥ 当地网络、电话、传真、邮递的可靠性、费用、所需时间等;

(3) 生产要素市场调查

① 主要建筑装饰材料的采购渠道、质量、价格、供应方式等;

② 工程上所需的机、电设备采购渠道、订货周期、付款规定、价格,设备供应商是否负责安装、如何收费,设备质量和安装质量的保证等。

③ 施工用地方材料的货源和价格、供应方式等。

④ 当地劳动力的技术水平、劳动态度和工效水平、雇佣价格及雇佣当地劳务的手续、途径等。

2) 工程施工条件调查

(1) 工程现场的用地范围、地形、地貌、地物、标高等。

(2) 工程现场周围的道路、进出场条件(材料运输、大型施工机具)、有无特殊交通限制(如单向行驶、夜间行驶、转弯方向限制、货载重量、高度、长度限制等规定)等;

(3) 工程现场施工临时设施、大型施工机具、材料堆放场地安排的可能性,是否需要二次搬运等;

(4) 工程现场临近建筑物与招标工程的间距、高度等;

(5) 市政给水及污水、雨水排放管线位置、标高、管径、压力、废水、污水处理方式,市政消防供水管管径、压力、位置等;

(6) 当地供电方式、方位、距离、电压等;

(7) 工程现场通讯线路的连接和铺设等;

(8) 当地政府有关部门对施工现场管理的一般要求、特殊要求及规定,是否允许节假日和夜间施工等;

(9) 建筑装饰构件和半成品的加工、制作和供应条件等;

(10) 是否可以在工程现场安排工人住宿,对现场住宿条件有无特殊规定和要求等;

(11) 是否可以在工程现场或附近搭建食堂,自己供应施工人员伙食,若不可能,通过什么方式解决施工人员餐饮问题,其费用如何等;

(12) 工程现场附近治安情况如何,是否需要采用特殊加强施工现场保卫工作等；

(13) 工程现场附近的生产厂家、商店、各种公司和居民的一般情况,本工程施工可能对他们所造成的不利影响程度等；

(14) 工程现场附近各种社会设备设施和条件,如当地的卫生、医疗、保健、通讯、公共交通、文化、娱乐设施情况,其技术水平、服务水平、费用,有无特殊的地方病、传染病,等等。

3) 对业主方的调查

对业主方的调查包括对业主、建设单位、咨询公司、设计单位及监理单位的调查。

(1) 工程的资金来源、额度及到位情况等；

(2) 工程的各项审批手续是否齐全,是否符合工程所在地关于工程建设管理的各项规定等；

(3) 工程业主是首次组织工程建设,还是长期有建设任务,若是后者,要了解该业主在工程招标、评标上的习惯做法,对承包商的基本态度,履行业主责任的可靠程度,尤其是能否及时支付工程款、合理对待承包商的索赔要求等；

(4) 业主项目管理的组织和人员,其主要人员的工作方式和习惯、工程建设技术和管理方面的知识和经验、性格和爱好等个人特征；

(5) 若业主委托咨询单位进行施工阶段监理,要弄清其委托监理的方式,弄清业主项目管理人员和监理人员的权力和责任分工以及与监理有关的主要工作程序等；

(6) 调查监理工程师的资历,对承包商的基本态度,对承包商的正当要求能否给予合理的补偿,当业主与承包商之间出现合同争端时,能否站在公正的立场提出合理的解决方案等。

9.2.3 确定影响估价的其他因素

确定影响估价的其他因素即确定施工方案。主要包括确定进度计划,主要分部工程施工方案,资源计划及分包计划。

1) 拟定进度计划

招标文件中一般都明确对工程项目的工期及竣工日期的要求,有时还规定分部工程的交工日期,有时合同中还规定了提前工期奖及拖期惩罚条款。

估价前编制的进度计划不是直接指导施工的作业计划,不必十分详细,但都必须标明各项主要工程的开始和结束时间,要合理安排各个工序,体现主要工序间的合理逻辑关系,并在考虑劳动力、施工机械、资金运用的前提下优化进度计划。施工进度计划必须满足招标文件的要求。

2) 选择施工方法

施工方法影响工程造价,估价前应结合工程情况和本企业施工经验,机械设备及技术力量等,选择科学、经济、合理的施工方法,必要时还可进行技术经济分析,比选适当的施工方法。

3) 资源安排

资源安排由施工进度计划和施工方法决定。资源安排涉及劳动力、施工设备、材料和工程设备以及资金的安排。资源安排合理与否,对于保证施工进度计划的实现、保证工程质量和承包商的经济效益有重要意义。

(1) 劳动力的安排

劳动力的安排计划一方面取决于施工进度计划,另一方面又影响施工进度计划。因此,施工总进度计划的编制与劳动力的安排应同时考虑,劳动力的安排要尽可能均衡,避免短期内出现劳动力使用高峰,从而增加施工现场临时设施,降低功效。

(2) 施工机械设备的安排

施工机械的安排,一方面应尽可能满足施工进度计划的要求,另一方面考虑本企业年的现有机械条件,也可以采用租赁的方式。安排施工机械应采用经济分析的方法,并与施工进度年、施工方法等同时考虑。

(3) 材料及工程设备的安排

材料及设备的采购应满足施工进度的要求,时间安排太紧有可能耽误施工进度,购买太早又造成资金的浪费。材料采购应考虑采购地点、产品质量、价格、运输方式、所需时间、运杂费以及合理的储备数量。设备采购应考虑设备价格、定货周期、运输所需时间及费用、付款方式等。

(4) 资金的安排

根据施工进度计划,劳动力和施工机械安排,材料和工程设备采购计划,可以绘制出工程资金需要量图。结合业主支付的工程预付款,材料和设备预付款,工程进度款等,就可以绘制出该工程的资金流量图。要特别注意业主预付款和进度款的数额,支付的方式和时间,预付款起扣时间,扣款方式和数额。此外,贷款利率也是必须考虑的重要因素之一。

(5) 分包计划

作为总包商或主承包商,如果对某些分部分项工程由自己施工不能保证工程质量要求或成本过高而引起报价过高,就应当对这些工程内容考虑选择适当的分包商来完成。通常对以下工程内容可以考虑分包:

① 劳务性工程

对不需要什么技术,也不需要施工机械和设备的工作内容,在工程所在地选择劳务分包公司通常是比较经济的,例如室外绿化、清理现场施工垃圾、施工现场二次搬运、一般维修工作等。

② 需要专用施工机械的工程

这类工程亦可以在当地购置或租赁施工机械由自己施工。但是,如果相应的工程量不大,或专用机械价格或租赁费过高时,可将其作为分包工程内容。

③ 机电设备安装工程

机电设备供应商负责相应设备的安装在工程承包中是常见的,这比承包商自己安装要经济,而且利于保证安装工程质量。依据分包内容选择分包商,若分包商报价不低于自己施工的费用可调整分包内容。

9.3 工程询价及价格数据维护

工程询价及价格数据维护是工程估价的基础。承包商在估价前必须通过各种渠道,采用各种手段对所需各种材料、设备、劳务、施工机械等生产要素的价格、质量、供应时间、供应数量等进行系统的调查,这一工作过程称为询价。

询价不仅要了解生产要素价格,还应对影响价格的因素有准确的了解,这样才能够为工程估价提供可靠的依据。因此,询价人员不但应具有较高的专业技术知识,还应熟悉和掌握市场行情并有较好的公共关系能力。

由于投标报价往往时间十分紧迫,因此,工程估价人员在平时就应做好价格数据的维护工作。估价人员可从互联网及其他公共媒体获得一部分价格信息,从工程造价主管部门及中介机构获得一部分价格信息,结合询价结果形成本企业的生产要素价格,半成品价格信息库,并不断维护更新。

9.3.1 生产要素询价

1) 劳务询价

随着经评审最低价中标法的推行,按工程量清单报价实施细则的出台,人工单价也必将随行就市。估价人员可参考国际惯例将操作工人划分为高级技术工,熟练工,半熟练工和普工若干个等级,分别确定其人工单价。若为劳务分包,还应考虑劳务公司的管理费用。

2) 材料询价

材料价格在工程造价中占有很大的比例,约60%~70%。材料价格是否合理对工程估价影响很大。因此,对材料进行询价是工程询价中最主要的工作。当前建筑市场竞争激烈,价格变化迅速,作为估价人员必须通过询价搜集市场上的最新价格信息。

(1) 询价渠道

① 生产厂商。与生产厂商直接联系可使询价准确,又因为减少了流通环节,售价比市场价要便宜。

② 生产厂商的代理商、代理人或从事该项业务的经纪人。

③ 经营该项产品的门市部。

④ 咨询公司。向咨询公司进行询价,所得的询价资料比较可靠,但要支付一定的咨询费。

⑤ 同行或友好人士。

⑥ 自行进行市场调查或信函询价。

询价要抱着"货比三家不吃亏"的原则进行,并要对所询问的资料汇总分析。但要特别注意业主在招标文件中明确规定采用某厂生产的某种牌号产品的条文。询价时,该厂商报价可能还较合适,可到订货时,一旦知道该产品是业主指定需要的产品可能会提价。这种情况下,在中标后既要订货迅速,又要订货充足并配齐足够的配件,否则可能会吃亏。

(2) 询价内容

材料询价一般考虑以下内容:

① 材料的规格和质量要求,应满足设计和施工验收规范规定的标准,并达到业主或招标文件提出的要求。

② 材料的数量及计量单位应与工程总需要相适应,并考虑合理的损耗。

③ 材料的供应计划,包括供货期及每段时间内材料的需求量应满足施工进度。

④ 到货地点及当地各种交通限制。

⑤ 运输方式、材料报价的形式、支付方式及所报单价的有效时间。

承包商询价部门应备有用于材料询价的标准文件格式供随时使用。有时还可以从技术规范或其他合同文件摘取有关内容作为询价单的附件。

(3) 询价分析

询价人员在项目的施工方案初步研究后,应立即发出材料询价单,并催促材料供应商及时报价。收到询价单后,询价人员应将从各种渠道所询得的材料报价及其他有关资料加以汇总整理。对同种材料从不同经销部门所得到的所有资料进行比较分析,选择合适、可靠的材料供应商的报价,提供给工程估价及投标报价人员使用。询价资料应采用表格形式,并借助计算机进行分析、管理。

3) 施工机械设备询价

施工用的大型机械设备,不一定要从基地运往工程所在地,有时在当地租赁更为有利。因此,在估价前有必要进行施工机械设备的询价。对必须采购的机械设备,可向供应厂商询价,其询价方法与材料询价方法基本一致。对于租赁的机械设备,可向专门从事租赁业务的机构询价,并详细了解其计价方法。例如,各种机械每台时的租赁费,最低计费起点,燃料费和机械进出场运费以及机上人员工资是否包括在台时租赁费内,如需另行计算,这些费用项目的具体数额是多少,等等。

9.3.2 分包询价

1) 分包形式

分包形式通常有两种。

(1) 业主指定分包形式

这种形式是由业主直接与分包单位签订合同。总包商或主承包商仅负责在现场为分包商提供必要的工作条件、协调施工进度或提供一些约定的施工配合,总包可向业主收取一定数量的管理费。指定分包的另一种形式是由业主和监理工程师指定分包商,但由总包商或主承包商与指定分包商签订分包合同,并不与业主直接发生经济关系。当然,这种指定分包商,业主不能强制总包商或主承包商接受。

(2) 总包确定分包形式

这种形式由总包商或主承包商直接与分包商签订合同,分包商完全对总包商负责,而不与业主发生关系。如果承包合同没有明文禁止分包,或没有明文规定分包必须由业主许可,采用这种形式是合法的,业主无权干涉。分包工程应由总包商统一报价,业主也不干涉。承包商最好在签订分包合同前,向业主报告,以取得业主许可。

2) 分包询价的内容

除由业主指定的分包工程项目外,总承包商应在确定施工方案的初期就定出需要分包的工程范围。决定分包商范围主要考虑工程的专业性和项目规模。大多数承包商都把自己不熟悉的专业化程度高或利润低、风险大的分部分项工程分包出去。决定了分包工作内容后,承包商应备函将准备交分包商的图纸说明送交预定的几个分包商,请他们在约定的时间内报价,以便进行比较选择。

分包询价单相当于一份招标文件,其主要内容应包括:

(1) 分包工程施工图及技术说明;

(2) 分包工程在总包工程的进度安排;

(3) 需要分包商提供服务的时间,以及这段时间可能发生的变化范围,以便适应日后进度计划不可避免的变动;

(4) 分包商对分包工程应负的责任和应提供的技术措施;

(5) 总包商提供的服务设施及分包商到总包现场认可的日期;

(6) 分包商应提供的材料合格证明、施工方法及验收标准、验收方式;

(7) 分包商必须遵守的现场安全和劳资关系条例;

(8) 分包工程报价及报价日期。

上述资料主要来源于合同文件和总承包商的施工计划。询价人员可把合同文件中有关部分的复印件、图纸及总包施工计划有关细节发给分包商,使他们能清楚地了解在总工程中分包工程需要达到的水平与进度,以及与其他分包商之间的关系。

3) 分包询价分析

分包询价分析在收到各分包商报价单之后,可从以下几方面开展工作:

(1) 分析分包标函的完整性

审核分包标函是否包括分包询价单要求的全部工作内容,对于那些分包商用模棱两可的含糊语言来描述的工作内容,既可解释为已列入报价又可解释未列入报价应特别注意。必须用更确切的语言加以明确,以免在今后工作中引起争议。

(2) 核实分项工程单价的完整性

估价人员应核准分项工程单价的内容,如材料价格是否包括运杂费,分项单价是否含人工费、管理费等。

(3) 分析分包报价的合理性

分包工程报价高低,对总包商影响很大。总包商应对分包商的标函进行全面分析,不能仅把报价的高低作为唯一的标准。作为总包商,除了要保护自己的利益之外,还应考虑分包商的利益。与分包商友好交往,实际上也是保护了总包商的利益。总包商让分包商有利可图,分包商也会帮助总包商共同搞好工程项目,完成总包合同。

(4) 其他因素的分析

对有特殊要求的材料或特殊要求的施工技术的关键性的分包工程,估价人员不仅要弄清标函的报价,还应当分析分包商对这些特殊材料的供货情况和为该关键分项工程配备人员等措施是否有保证。

分析分包询价时还要分析分包商的工程质量、合作态度及其可信赖性。总分包商在决定采用某个分包商的报价之前,必须通过各种渠道来确定并肯定该分包商是可信赖的。

9.3.3 价格数据维护

承包商进行工程估价需要用到大量的价格数据,估价人员应注意各类价格数据的积累与维护。

1) 价格信息的获得

通常价格信息可以从下列渠道获得:

(1) 互联网

许多工程造价网站提供当地或本部门,本行业的价格信息;不少材料设备供应商也利用互联网介绍其产品性能和价格。网络价格信息量大,更新快,成本低,适用于产品性能和价格的初步比选,但主要材料的价格尚需进一步核实。

(2) 政府部门

各地工程造价管理机构定期发布各类材料预算价格,材料价格指数及材差调整系数,可以作为编制投标报价的主要依据。

(3) 厂商及其代理人

主要设备及主要材料应向厂商及其代理人询价,货比三家以求获得更准确的价格信息。

(4) 其他

估价人员还可从同行、招标市场及相关机构或部门等获得各类价格信息。

2) 价格数据的分类

(1) 按价格种类划分

按价格种类可划分为人工单价、材料价格、机械台班价格、设备价格。人工单价又可按不同工种、不同熟练程度细分。材料按大类划分为建筑材料、安装材料、装饰材料,建筑材料又可细分为:地方材料及建材制品,木材及竹材类、金属及有色金属类、金属制品类、涂料类、防水及保温材料类、燃料及油料类。《江苏省建筑与装饰工程计价表》(2004 年)对上述分类有详细的论述,并按一定的分类规则给出了代码编号,这些人工、材料及机械的代码编号可以作为造价软件中的电算代码,承包商的估价人员可以参照这种分类方法建立本企业的价格信息库。

(2) 按价格用途划分

按价格用途可分为以下几类

① 辅助价格信息。是计算基础价格即要素单价的辅助资料,如材料的运输单价、中转堆放、过闸装卸收费标准等。

② 基础价格。包括人工、材料、机械单价。

③ 半成品单价。如抹灰砂浆等混合材料单价。

3) 价格数据的维护

价格数据面广量大,变化快,工程估价人员应在平时积累各类价格数据,应用计算机和网络技术,实现本企业内各分公司间的信息共享,参加有关的工程估价协会,实现会员间的信息共享,从而为快速准确估价做好充分的准备。

9.4 工程估价

9.4.1 分项工程单价计算

分项工程单价由直接费、管理费和利润等组成。

1) 分项工程直接费估价方法

分项工程直接费包括人工费、材料费和机械使用费。估算分项工程直接费涉及人工、材料、机械的用量和单价。每个建筑工程,可能有几十项、几百项分项工程。在这些分项工程中,通常是较少比例的(例如 20%)的分项工程包含合同工程款的绝大部分(例如80%),因此可根据不同分项工程所占费用比例的重要程度,采用不同的估价方法。

(1) 定额估价法

这是我国现阶段主要采用的估价方法,有些项目可以直接套用地区计价表中的人工、材料、机械台班用量,有些项目应根据承包商自身情况在地区估价表的基础上进行适当调整,也可自行补充本企业的定额消耗量。人工、材料、机械台班的价格则尽量采用市场价或招标文件指定的价格。

(2) 作业估价法

定额估价法是以定额消耗为依据,不考虑作业的持续时间,当机械设备所占比重较大,使用均衡性较差,机械设备搁置时间难以在定额估价中给予恰当的考虑,这时可以采用作业估价法进行计算。

应用作业估价法应首先制定施工作业计划。即先计算各分项工程的工作量,各分项工程的资源消耗,拟定分项工程作业时间及正常条件下人工、机械的配备及用量,在此基础上计算该分项工程作业时间内的人工、材料、机械费用。

(3) 匡算估价法

对于某些分项工程的直接费单价的估算,估价人员可以根据以往的实际经验或有关资料,直接估算出分项工程中人工、材料的消耗定额,从而估算出分项工程的直接费单价。采用这种方法,估价师的实际经验直接决定了估价的正确程度。因此,往往适用于工程量不大,所占费用比例较小的那些分项工程。

2) 分项工程基础单价的计算与确定

分项工程基础单价是指人工、材料、半成品、设备单价及施工机械台班使用费等。

(1) 人工工资单价的计算与确定

人工工资单价的计算与确定有下列三种方法。

① 综合人工单价

工人不分等级,采用综合人工单价。人工预算单价由下列内容组成:基础工资、工资性津贴、流动施工津贴、房租津贴、职工福利费、劳动保护费等。

② 分等级分工种工资单价

可以将工人划分为高级熟练工、熟练工、半熟练工和普工,不同等级、不同工种的工作采用不同的工资标准。

工资单价可以由基本工资、辅助工资、工资附加费、劳动保护费四部分组成。其中基本工资由技能工资、岗位工资、年功工资三部分组成;辅助工资包括地区津贴、施工津贴、夜餐津贴、加班津贴等组成;工资附加费包括职工福利基金、工会经费、劳动保险基金、职工待业保险基金四项内容。

③ 人工费价格指数或市场定价

人工费单价的计算还可以采用国家统计局发布的工程所在地的人工费价格指

数,即职工货币工资指数,结合工程情况调整确定该工程人工工资单价。投标报价时人工工资单价也可根据市场行情,或向劳务公司询价确定。但工资单价的内容应包含政策规定的劳动保险或劳保统筹,职工待业保险等内容。

（2）材料、半成品和设备单价的计算

估价人员通过询价可以获得材料、设备的报价,这些报价是材料及设备供应商的销售价格,估价人员还必须仔细确定材料设备的运杂费用、损耗费以及采购保管费用。同一种材料来自不同的供应商,则按供应比例加权平均计算单价。

半成品主要是按一定的配合比混合组成的材料,如砂浆等,这些材料应用广泛,可以先计算各种配合比下的混合材料的单价。也可根据各种材料所占总工程量的比例,加权计算出综合单价,作为该工程统一使用的单价。

（3）施工机械使用费

施工机械使用费由基本折旧费、运杂费、安装拆卸费、燃料动力费、机上人工费、维修保养费以及保险费等组成。有时施工机械台班费还包括银行贷款利息、车船使用税、牌照税、养路费等。

在招标文件中,施工机械使用费可以列入不同的费用项目中,一是在施工措施项目中列出机械使用费的总数。在工程 单价中不再考虑;二是全部摊入工程量单价中;三是部分列入施工措施费,如垂直运输机械等,部分摊入工程量单价,如土方机械等。具体处理方法应根据招标文件的要求确定。

施工机械若向专业公司租借,其机械使用费就包括付给租赁公司的租金以及机上人员工资、燃料动力费和各种消耗材料费用。若租赁公司提供机上操作人员,且租赁费包含了他们的工资,估价人员可适当考虑他们的奖金、加班费等内容。

3）管理费的内容

工程估价时,有许多内容在招标文件中没有直接开列,但又必须编入工程估价,这些内容包括许多项目,各个工程情况也不尽相同。这里我们将可以分摊到每个分项工程单价的内容,称为管理费,也称分摊费用,而将不宜分摊到每个分项工程单价的内容称为措施项目费用,措施项目费单独列项独立报价。

9.4.3 措施项目费的估算

措施项目费按招标文件要求单独列项,各个工程的内容可能不一样。如沿海某市将措施项目费确定为施工图纸以外,施工前和施工期间可能发生的费用项目以及特殊项目费用。内容包括:履约担保手续费、工期补偿费、风险费、优质优价补偿费、使用期维护费、临时设施费、夜间施工增加费、雨季施工增加费、高层建筑施工增加费、施工排水费、保险费、维持交通费、工地环卫费、工地保安费、大型施工机械及垂直运输机械使用费、施工用脚手费、施工照明费、流动津贴、临时停水停电影响费、施工现场招牌围板费、职工上下班交通费、特殊材料设备采购费、原有建筑财产保护费、地盘管理费、业主管理费及其他项目等。计算施工措施费时，避免与分项工程单价所含内容重复。（如脚手架费、临时设施费等）施工措施费需逐项分析计算。

9.5 投标报价

9.5.1 投标价编制要求

投标价应由投标人或受其委托具有相应资质的工程造价咨询人编制。除《建设工程工程量清单计价规范》(GB 50500—2008)强制性规定外，投标价由投标人自主确定，但不得低于成本。

投标人应按招标人提供的工程量清单填报价格。填写的项目编码、项目名称、项目特征、计量单位、工程量必须与招标人提供的一致。分部分项工程费按招标文件中分部分项工程量清单项目的特征描述确定综合单价计算，综合单价中应考虑招标文件中要求投标人承担的风险费用。招标文件中提供了暂估单价的材料，按暂估的单价计入综合单价。

投标人可根据工程实际情况结合施工组织设计，对招标人所列的措施项目进行增补。措施项目费应根据招标文件中的措施项目清单及投标时拟定的施工组织设计或施工方案确定。

其他项目费应按下列规定报价：
（1）暂列金额应按招标人在其他项目清单中列出的金额填写。
（2）材料暂估价应按招标人在其他项目清单中列出的单价计入综合单价；专业工程暂估价应按招标人在其他项目清单中列出的金额填写。
（3）计日工按招标人在其他项目清单中列出的项目和数量，自主确定综合单价并计算计日工费用。
（4）总承包服务费根据招标文件中列出的内容和提出的要求自主确定。

投标总价应当与分部分项工程费、措施项目费、其他项目费和规费、税金的合计金额一致。估价人员在分项工程单价和拟建项目初步标价的基础上，根据招标工程具体情况及收集到的各方面的信息资料，对初拟标价进行自评，应用报价技巧，经过报价决策，最终确定招标项目的投标报价。

9.5.2 标价自评

标价自评是在分项工程单价及其汇总表的基础上，对各项计算内容进行仔细检查，对某些单价作出必要的调整，并形成初步标价后，再对初步标价作出盈亏及风险分析，进而提出可能的低标价和可能的高标价，供决策者选择。

1) 影响标价调整的因素

（1）业主及其工程师

实践表明，业主及其工程师对承包商的效益有较大的影响，因此报价前应对业主及其工程师作出如下三方面的分析：

① 业主的资金情况。若业主资金可靠，标价可适当降低，若业主资金紧缺或可能很难以及时到位，标价宜适当提高。

② 业主的信誉情况。若业主是政府拨款或是信誉良好的大型企事业单位，则资金风险小，标价可降低，反之标应提高。

③ 业主及工程师的其他情况。包括业主及工程师是否有建设管理经验，是否会为难承包商等。

（2）竞争对手

竞争对手是影响报价的重要因素，承包商不仅要收集分析对手的既往工程资料，更应采取有效措施，了解竞争对手在本工程项目中的各种信息。

（3）分包商

承包商应慎重选择分包商，并对分包商的报价作出严格的比选，以确保分包商的报价科学合理，从而提高总报价的竞争力。

（4）工期

工期的延误有两种原因，一是非承包商原因造成的工期延误，从理论上讲，承包商可以通过索赔获得补偿，但从我国工程实际出发，这种工期延误给承包商造成的损失往往很难由索赔完全获得，因此报价应对这种延误考虑适当的风险及损失；二是由于承包商原因造成的工期延误，如管理失误、质量问题等导致工期延误，不仅增大承包商的管理费、劳务费、机械费及资金成本，还可能发生违约拖期罚款，因此投标阶段可对工期因素进行敏感性分析，测定工期变化对费用增加的影响关系。

（5）物价波动

物价波动可能造成材料、设备、工资及相关费用的波动，报价前应对当地的物价趋势幅度作出适当的预测，借助敏感性分析测出物价波动时对项目利润的影响。

（6）其他可变因素

影响报价的因素很多，有些因素难以作出定量分析，有些因素投标人无法控制。但投标人仍应对这些因素作出必要的预测和分析，如政策法规的变化，汇率利率的波动等。

2) 标价风险分析

在项目实施过程中，承包商可能遭遇到各种风险。标价风险分析就是要对影响标价的风险因素进行评价，对风险的危害程度和发生概率作出合理的估计，并采取有效对策与措施来避免或减少风险。

风险管理的内容包括：风险识别、风险分析与评价、风险处理和风险监督。对潜在的可能损失的识别是最首要、最困难的任务，识别风险的方法可依靠观察、掌握有关知识、调查研究、实地踏勘、采访或参考有关资料、听取专家意见、咨询有关法规等方法。

风险分析和评价是对已识别的风险进行分析和评价，这一阶段的主要任务是测度风险量 R。德国人马特提出风险量的测度模型为：

$$R = f(p \cdot q \cdot A)$$

式中，p——风险发生的概率；

q——风险对项目财务的影响量；

A——风险评价员的预测能力。

从上述模型可以看出，由于均为风险评价员预测而得出，所以评价员的预测能力和水平就成了至关重要的因素。

常见的工程风险有两类：一是因估价人员素质低、经验少，在估价计算上有质差、量差、漏项等，造成的费用差别；另一类是属于估价时依据不足，工程量估算粗糙造成的费用差别。对这些风险进行估算时可遵循下列原则：现场勘察资料充分，风险系数小，反之风险系数大；标书计算依据完整、详细，风险系数可以小一些；工程规模大、工期长的工程，风险系数应大一些；分包多，用当地工人多，风险系数应增大。

风险费用的计算可以采用系数方法。某工程风险系数计算如表 9.5.1 所示。

表 9.5.1　某工程风险系数计算表

费用名称	占造价比例	风险概率	风险系数
工程设备	37%	4.4%	0.016 28
材料采购	8%	10%	0.008
人工费	12%	15%	0.018
施工机械	2.6%	15%	0.003 9
分包	25%	4.8%	0.011 52
施工管理费	4.8%	15%	0.007 2
上涨增加费	10%	15%	0.015
其他	0.6%	20%	0.003 2
合计	100%		8.31%

该工程风险系数为 8.31%。

3) 标价盈亏分析

(1) 标价盈余分析

标价盈余分析,是指对标价所采用数据中的人工、材料、机械消耗量,人工、材料单价、机械台班(时)价,综合管理费,施工措施费,保证金,保险费,贷款利息等各计价因素逐项分析,重新核实,找出可以挖掘潜力的地方。经上述分析,最后得出估计盈余总额。

(2) 标价亏损分析

标价亏损分析是对计价中可能少算或低估,以及施工中可能出现的质量问题,可能发生的工期延误等带来的损失的预测。主要内容包括:可能发生的工资上涨;材料设备价格上涨;质量缺陷造成的损失;估价计算失误;业主或监理工程师引起的损失;不熟悉法规、手续而引起的罚款;管理不善造成的损失等。

(3) 盈亏分析后的标价调整

估价人员可根据盈亏分析调整标价:

$$低标价 = 基础标价 - 估计盈利 \times 修正系数 \qquad (9.5.1)$$

$$高标价 = 基础标价 + 估计亏损 \times 修正系数 \qquad (9.5.2)$$

上两式中修正系数一般约为 0.5~0.7。

4) 提高报价的竞争力

业主通过招标促使多个承包商在以价格为核心的各方面(如工期、质量、技术能力、施工等)展开竞争,从而达到工期短、质量好、费用低的目的。承包商要击败其他竞争对手而中标,在很大程度上取决于能否迅速报出极有竞争力的价格。

提高报价的竞争力,可从以下几个方面入手:

(1) 提高报价的准确性

既要注意核实各项报价的原始数据,使报价建立在数据可靠、分析科学的基础之上,更要注意施工方案比选、施工设备选择,从而实现价格、工期、质量的优化。

(2) 价格水平务求真实准确

对工程所地的情况应尽最大可能调查清楚,这样报价才有针对性。对于那些专业性强,技术水平要求高的工程,可以报高。有时候在特殊情况下,一个高级工的工资可能高于工程师,工种之间的价格也要有区别。对于物资价格应了如指掌,用货比三家的原则选择最低的价格,力争报出有竞争力的价格。

(3) 提高劳动生产率

长期以来,我国的承包商往往重视向业主算钱,而轻视企业内部的管理,但是承包商要想提高竞争力,取得好的效益,就必须大力挖掘企业内部的潜力。首先要通过周密科学安排计划,巧妙地减少工序交叉和组织工序衔接,提倡一专多能,使劳动效力能够最大地发挥出来;同时努力采用先进的施工工艺和方法,提高机械化水平,特别是应用先进的中小型机械及相应的工具,可以加快进度、缩短工期;当然始终认真控制质量减少返工损失也会增加盈利。

(4) 加强和改善管理,降低成本

科学施工组织,合理的平面布置,高效的现场管理,可以减少二次搬运,节省工时和机具,减少临时房屋的面积,提高施工机械的效率,从而降低成本。

(5) 降低非生产人员的比例

降低非生产人员比例,要求非生产人员懂技术又懂管理,减少机构层次,提高工作效率,降低管理费用。

(6) 提高生产人员技术素质

生产人员技术素质高,可以提高效率,保证质量,这对提高报价竞争力影响很大。

总之,认真分析影响报价的各项因素,充分合理地反映本企业的较高的管理、技术和生产水平,可以提高报价的竞争力。

9.5.3 投标报价决策

在招标市场的激烈竞争中,任何建筑施工企业都必须重视投标报价决策问题的研究,投标报价决策是企业经营成败的关键。

1) 投标报价决策的主要内容

建筑施工企业的投标报价决策,实际就是解决投标过程中的对策问题,决策贯穿竞争的全过程,对于招标投标中的各个主要环节,都必须及时做出正确的决策,才能取得竞争的全胜。投标报价决策的主要内容可概括为下列四方面:

(1) 分析本企业在现有资源条件下,在一定时间内,应当和可承揽的工程任务数量。

(2) 对可投标工程的选择和决定。当只有一项工程可供投标时,决定是否投标;有若干项工程可供投标时,正确选择投标对象,决定向哪个或哪几个工程投标。

(3) 确定进行某工程项目投标后,在满足招标单位对工程质量和工期要求的前提下对工程成本的估价作出决策,即对本企业的技术优势和实力结合实际工程作出合理的评价。

(4) 在收集各方信息的基础上,从竞争谋略的角度确定高价、微利、保本等方面的投标报价决定。

投标报价应遵循经济性和有效性的原则。所谓经济性,是尽量利用企业的有限资源,发挥企业的优势,积极承揽工程,保证企业的实际施工能力和工程任务的平衡。所谓有效性,是指决策方案必须合理可行,必须促进企业兴旺发达,谨防因决策不正确致使企业经营管理背上包袱。

2) 确定企业承揽工程任务的能力

企业承揽的工程任务超过了企业的生产能力,就只能追加单位工程量投入的资源,从而增大成本;企业承揽任务不足,人力窝工,设备闲置,维持费用增加,可能导致企业亏损。因此,正确分析企业的生产能力十分重要。

(1) 用企业经营能力指标确定生产能力

企业经营能力指标包括:技术装备产值率、流动资金周转率、全员劳动生产率等。这些指标均以年为单位,并依据历史数据,再采用一元线性回归等方法考虑生产能力的变动趋势,确定未来的生产能力和经营规模。

(2) 用量、本、利分析确定生产能力

根据量本利关系计算出盈亏平衡点,即确定企业或内部核算单位保本的最低限度的经营规模。盈亏平衡点可按实物工程量、营业额等分别计算。

(3) 用边际收益分析方法确定生产能力

产品的成本可分为固定成本和变动成本两部分,在一定限度下总成本随着产量的增加而增加,但单位产品的成本却随着产量的增加而逐渐减少。因为固定成本是不变的,产量越多,摊入每个产品的固定成本越来越少,但产量超过一定限度时,必须追加设备、管理人员等,这样平均成本又会随着产量的增加而增加。我们把由增加每一个产品而同时增加的成本,称为边际成本,即每增加一个单位产量而带来总成本的增量。

当边际成本小于平均成本时,平均成本是随产量的增加而减少;若边际成本大于平均成本,这时再增大产量就是增大平均成本。因此企业生产存在一个最高产量点。在盈亏平衡点与最高产量点之间的产量都是可盈利的产量。

上述三种确定企业生产能力的具体方法,读者可参阅有关书籍。

3) 决定是否参加某项工程投标

(1) 确定投标的目标

决定是否参加某项工程的投标,首先应根据企业的经营状况确定投标的目标,投标的目标可能是为了获得最大的利润,可能是确保企业有活干,也可能是为了克服一次生存危机。

(2) 确定对投标机会判断的标准

所谓对投标机会判断的标准即达到该标准就决定参加投标,达不到该标准则不参加投标。投标的目标不同,确定的判断标准也不同。判断标准一般从三个方面综合拟定。一是现有技术对招标工程的满足程度,包括技术水平、机械设备、施工经验等能否满足施工要求;二是经济条件,如资金运转能否满足施工进度,利润的大小等;三是对生存与发展方面的考虑,包括招标单位的资信、是否已经履行各项审批手续、工程会不会中途停建缓建、有没有内定的得标人、能不能通过该工程的施工而取得有利于本企业的社会影响、竞争对手的情况、自身的优势等。将上述三方面的内容分别制定评分办法,若该工程这三方面得分之和达到某一标准则决定投标。

(3) 判断是否投标的步骤

首先应确定评价是否投标的影响因素,其次确定评分方法,再依据以往经验确定最低得分标准。

举例如表 9.5.2,该工程影响投标因素共八个方面,权数合计为 20,每个因素按 5 分制打分,满分 100 分。该工程最低得分标准 65 分,实际打分 70 分,满足最低得分标准,可以投标。

表 9.5.2 投标条件评分表

影响投标的因素	权数	评价	得分
技术水平	4	5	20
机械设备能力	4	3	12
设计能力	1	3	3
施工经验	3	5	15
竞争的激烈程度	2	3	6
利润	2	2	4
对今后机会的影响	2	0	0
招标单位信誉	2	5	10
合计	20	—	70
最低可接受的分数			65

(4) 与竞争者对比分析,确定是否投标

首先确定对比分析的因素及评分标准,再收集各竞争对手的信息,采用表 9.5.3 的方法综合评分。若得分优于对手,显然参加投标是合适的;若与对手不相上下,则应考虑应变措施;若明显低于对手,则是否投标要慎重考虑。

表 9.5.3 投标优势评价表

评价因素(满分 5 分)	投标单位			
	A	B	C	D
劳动工效与技术装备水平 L	3	3	5	3
施工速度 V	4	3	5	3
施工质量 M	3	4	4	2
成本控制水平 C	2	3	4	5
在本地区的信誉与影响 B	3	3	5	3
与招标单位的关系及交往渠道 R	3	3	4	5
过去中标的概率 P	3	3	4	3
合计	21	22	31	24

4）选择投标工程

当企业有若干工程可供投标时,选择其中一项或几项工程投标。

(1) 权数计分评价法

即采用表 9.5.2 所示的方法对不同的投标工程打分,选择得分较高的一个或几个工程去投标。

(2) 其他决策方法

有条件时可采用线性规划模型分析、决策树等现代管理中的决策方法确定是否投标。

复习思考题

1. 承包商的工程估价工作机构应由哪些人员组成?
2. 简述工程估价的工作步骤。
3. 简述投标文件的编制原则。
4. 承包商进行工程估价应做好哪些准备工作?
5. 工程现场勘查的内容有哪些?一般应采取哪些方法?
6. 如何进行工程询价?
7. 如何进行分包询价?
8. 估价人员如何做好价格数据的维护工作?
9. 简述工程估价与报价的区别。
10. 常用的报价策略和技巧有哪些?

10 工程估价管理

10.1 工程估价管理概述

工程估价管理就是指遵循工程造价的客观规律和特点,运用科学、技术原理和经济、法律等管理手段,解决工程建设活动中的造价的确定与控制、技术与经济、经营与管理等实际问题,力求合理使用人力、物力和财力,达到提高投资效益和经济效益的全部业务行为和组织活动。

估价管理的工作可从两个方面来看:一是政府部门及行业协会的宏观估价管理。它是指国家利用法律、经济、行政等手段对建设项目的建设成本和工程承发包价格进行的调控;通过利率、税收、汇率、价格等政策影响建设成本的高低走向;在对承发包价格的宏观管理方面,主要是规范市场行为和对市场定价的管理。二是业主或参加项目建设的某一方对某一建设项目的建设成本或承发包价格的微观管理。通过该项管理,以谋求较低的投入,获取较高的产出,降低建设成本,取得较好的经济效益。此外,承发包双方为维护各自的利益,保证价格的兑现和风险的补偿,也要加强管理,如工程价款的支付、结算、变更、索赔、奖惩等。

综合起来讲,估价管理的作用有以下几方面:
(1) 从宏观上对国家的固定资产投资进行调控。
(2) 规范建筑市场,为建筑市场的公平竞争提供保证。
(3) 维护当事人和国家及社会公共利益。
(4) 为建设项目的正确决策提供依据。
(5) 通过合理确定和有效控制,从而提高投资的经济效益。
(6) 规范和约束市场主体行为,提高投资的利用率。
(7) 促进承包商加强管理,降低工程成本。
(8) 促进工程估价工作的健康发展。

10.1.1 政府部门的估价管理

政府部门的估价管理主要是通过对我国国民经济发展规划及我国经济政策、经济形势的分析研究,制定出健全、完善的法律法规体系,利用政策条例及强制性的标准来监督、引导、调控和规范市场行为,并对不良行为进行惩处,从而保证市场竞争有序,维护建设市场各方的正当权益。具体表现在以下几个方面:

1) 制定和完善相关法律、法规

为保证建筑市场及估价工作的有序健康发展,政府部门先后制定了《合同法》、《招标投标法》、《建筑法》、《建筑工程质量管理条例》等一系列法律法规。但随着我国加入 WTO 后,市场机制不断成熟,相配套的法律、法规有待进一步建立和完善。如:工程担保法、工程保险制度、社会信用制度等。

2) 改革造价管理体制

随着市场经济体制的不断完善,造价管理体制也进行了一系列的改革,如项目法人责任制、招标投标制、建设监理制、造价工程师执业资格制度、咨询服务单位的脱钩改制等。为适应同国际市场的接轨,估价管理体制也应做相应变更,具体表现在:工程项目的建设管理将进入完全市场化阶段,政府部门应主要行使协调监督职能;建筑市场将进一步开放,招投标制将进一步完善;咨询服务机构将逐步成为一个独立行业,公正开展相关业务;建立统一的工程量计算规则,在国家宏观调控的前提下,实行企业自主报价。

3) 改革计价方式

我国沿用多年的计价方式,是按预算定额价来计算直接费,然后以此为基础并按有关规定计取其他直接费、间接费、利润和税金等。近几年造价管理部门对这种计价方式制定了一些针对性的调价政策,把有些费用单列为竞争费,但生产者仍不能成为真正的定价者,体现不出真正的市场竞争性。因此,政府部门将结合我国的市场情况,逐步建立和完善与我国经济体制相适应的计价方式。

4) 制定相关的管理条例

为规范和调整估价管理工作,政府部门不断制定相关的管理条例,如从 2000 年 3 月起施行的建设部 74 号令《工程造价咨询单位管理办法》、建设部 75 号令《造价工程师注册管理办法》,从 2001 年 7 月 25 日起施行的建设部 93 号令《建设工程勘察设计企业管理规定》,从 2001 年 12 月 1 日起施行的《建筑工程施工发包与承包计价管理办法》等,还有江苏省人大颁布的《江苏省建筑市场管理条例》(从 2000 年 7 月 1 日起施行)及《江苏省建设管理条例》(从 1996 年 6 月 14 日施行)等。随着市场机制的进一步完善,相应的管理条例等也有待于进一步建立和健全。

5) 加强对估价工作的监督和审计

《中华人民共和国审计法》最初于 1994 年 8 月 31 日正式发布,2006 年 2 月 28 日《全国人民代表大会常务委员会关于修改〈中华人民共和国审计法〉的决定》已由中华人民共和国第十届全国人民代表大会常务委员会第二十次会议通过并予公布,自 2006 年 6 月 1 日起施行。上述法规的公布和实施,大力推动了建设项目工程造价审计工作的开展。近些年来,加强对建设工程造价的审计已取得了相当可观的经济效益和社会效益。

10.1.2　行业协会的估价管理

1) 行业协会估价管理的作用

行业协会的估价管理是介于政府与企业之间的一种行业管理,是学术性、非营业性的社会团体机构。它在估价管理中的作用主要表现在以下几方面:

(1) 为政府职能的转变提供保证。

(2) 为政府部门制定相关的政策法规提供依据。

(3) 促进估价管理工作的交流和发展。

(4) 维护当事人的合法权益。

(5) 组织开展各类学术交流活动,有利于估价管理水平的提高。

(6) 组织各种业务学习与培训,有利于工程估价人员素质的提高。

(7) 在政府部门与会员之间发挥桥梁和纽带作用。

2) 行业协会估价管理的主要任务

(1) 注重对估价管理的应用研究

充分发挥协会的优势,开展工程造价管理的研究,适应新形势的发展。当前,要着重研究如何从工程造价的确定、控制方法上更好地适应新形势,与国际惯例接轨。针对建设市场中存在的问题,从加强工程造价管理着手,因地制宜,实事求是,逐步促进整个建设市场的规范化发展,在认真调查研究的基础上提出新的管理办法,为政府部门决策提供依据,以应对加入WTO后市场开放的挑战。

(2) 利用协会的人才优势,积极配合政府部门做好相关的基础工作

这几年,我国科学技术突飞猛进,新结构、新材料、新工艺不断投入应用,基层单位急需这方面的补充定额,如果把这项工作做好,既解决了补充定额滞后于实际应用的问题,也可以推动新结构、新材料、新工艺的应用。

(3) 通过资料、信息的整理、收集及发布,为估价做好服务工作

随着工程量清单报价办法的推行,行业协会应建立一个与之配套的工程估价信息网,其内容应包括:人工、材料、机械台班单价的信息网;根据新结构、新材料、新工艺测算的补充定额;工程承发包价格的最新行情;竣工工程经济、技术指标分析;造价咨询单位名册及注册造价工程师人才库等。总之,该信息网信息内容要广,适用性要强,要为建设行业提供全方位、多层次的信息服务。

(4) 配合政府主管部门,做好人才培训工作

协会应利用自身优势,加强人才培训,造就一批高素质的工程造价从业队伍,包括造价管理队伍、企业的造价编审人员及造价工程师队伍。应抓好注册造价工程师的继续教育工作,努力培养与提高工程造价从业人员的整体素质。在注重业务水平教育的同时,更要注重对所有从业人员职业道德的教育和培养。同时,要加强对外交流,不断充实新内容,以适应加入WTO后新形势的需要。

(5) 加强自身建设,更好发挥作用

协会应注重加强自身的组织建设包括组织机构、组织网络、会员素质、管理硬件等,要吸收具有一定工程经验的人员到协会中来,真正把协会办成一个具有一定研究能力、能为企业服务的社会团体。

10.2 业主方估价管理

业主方估价管理方式有自己管理和委托咨询服务单位管理两种,管理措施包括组织措施、技术措施、经济措施和合同措施。从全过程来看,对应不同阶段业主方估价管理有不同的方法,具体表现分述如下:

1) 投资决策阶段的估价管理

项目投资决策是选择和决定投资行动方案的过程,是对拟建项目的必要性和可行性进行技术经济论证,对不同建设方案进行技术经济比较选择及作出判断和决定的过程。项目投资决策阶段的投资估算是进行投资方案选择的重要依据之一,因此该阶段的估价正确与否,直接关系到项目的取舍,关系到投资效果的好坏,其方法是在投资估算的基础上进行可行性研究。

2) 设计阶段的估价管理

设计阶段的估价管理,是业主进行投资控制的主要内容。国内外实践证明,对工程造价影响最大的阶段,是约占工程项目总建设周期四分之一的设计阶段。在初步设计阶段,影响工程造价的可能性为 75%～95%;施工图设计阶段,影响工程造价的可能性为 35%～75%;施工中,通过技术组织措施节约工程造价的可能性只有 5%～10%。因此,业主进行估价管理的关键在于施工以前的投资决策和设计阶段,而在项目作出投资决策后,控制造价的关键就在设计阶段。要搞好该阶段的估价管理,应注意以下问题:

(1) 应明确设计阶段估价管理的目标

设计阶段估价管理的目标是:使该项目的总投资小于该项目的计划投资(或预期投资),即通过各种手段,在各设计阶段进行对造价的控制,使其在计划投资范围内,实现项目的功能、建筑造型和选材质量的优化。

(2) 采取有效的管理措施

① 优选设计单位及设计方案

采用设计招标或设计方案竞选,通过竞争,选择最优的设计单位和设计方案,促使设计单位改进管理,采用先进技术,降低工程造价,缩短工期,提高投资效益。在设计招标或竞选的招标文件中,尤应重视对造价的要求,如必须提供切合实际的投资估算,并阐明降低造价的措施。

② 实行限额设计

限额设计是根据已批准的可行性研究(或设计任务书)及其投资估算来控制初步设计,根据已批准的初步设计概算来控制施工图设计。此外各设计专业在保证达到使用功能的前提下,按分配的造价限额来控制设计,以保证和控制在项目总造价限额内。要实现限额设计,业主单位应在合同中明确设计单位承担的责任范围。

(3) 充分发挥价值工程在设计中的应用

价值工程是在成本控制及经济分析中经常采用的一种方法。一般而言,凡是有费用发生的地方,价值工程就有用武之地。在建筑设计领域,价值工程亦有很大的运用潜力,因此,业主应督促设计单位运用价值工程原理进行设计方案优化分析,从而为控制投资服务。

3) 施工阶段的估价管理

对业主而言,施工阶段的估价管理关键是科学地组织建设,正确处理造价、质量和工期的辩证关系,提高工程建设的综合经济效益。

(1) 签订周密的承发包合同

在施工合同中,涉及造价控制的内容较多,必须加以缜密考虑,如预付款的额度及开始抵扣工程款的时间、工程款项的支付方式、工程设计变更调整造价的办法、竣工结算办法等都应在合同中制定合理、周全的条文。

(2) 抓好施工过程中的动态估价管理

该阶段的工作一般由业主委托监理单位或造价咨询单位负责,其主要内容有:

① 对各单位工程的工程量及其造价要有全面的掌握,并做好各项"台账及费用支出计划",以利于对按进度拨款的控制。

② 审核工程进度中的工程量及其造价。

③ 随时核对已完工程量与拨款之间的合理比例,并每月作出造价控制报告,发现问题,应及时提出预控措施,必要时应调整控制造价目标值。

④ 严格控制施工过程中的设计变更,并做到先算账,后实施。

⑤ 及时审核设计变更和施工索赔账单,杜绝其不实之处及不合理的取费。

⑥ 对施工企业提出的有利于降低造价的合理化建议,要积极支持付诸实施,并给予一定奖励。

10.3 施工索赔

索赔是指在合同的履行过程中,合同一方因对方不履行或未能正确履行合同所规定的义务,而导致超出合同规定的资源消耗或损失时,向对方提出的赔偿或补偿要求。

1) 正确看待索赔

在市场经济环境中,承包商要提高工程经济效益必须重视索赔问题,必须有索赔意识。索赔意识主要体现在如下三个方面：

(1) 法律意识。索赔是法律赋予合同双方的正当权利，是合同双方保护自己正当权益的手段。强化索赔意识，实质上强化了合同双方的法律意识。这不仅可以加强合同双方的自我保护意识，提高自我保护能力，而且还能提高合同双方履约的自觉性，自觉地防止自己侵害他人利益。

(2) 市场经济意识。在市场经济环境中，承包企业以追求经济效益为目标，索赔是在合同规定的范围内，合理合法地追求经济效益的手段。通过索赔可补偿损失，增加收益。

(3) 工程管理意识。从承包商来说，索赔工作涉及工程项目管理的各个方面。要取得索赔的成功，必须提高施工管理水平，进一步健全和完善管理机制。在工程管理中，必须有专人负责索赔管理工作，将索赔管理贯穿于工程项目全过程、工程实施的各个环节，所以搞好索赔能带动承包商管理水平的提高。

2) 遵守索赔程序

承包商要搞好索赔，不仅要善于发现和把握索赔的机会，更重要的是要按照一定的程序来处理索赔。

(1) 意向通知

发现索赔或意识到存在的索赔机会后，承包商要做的第一件事就是要将自己的索赔意向书面通知给监理工程师（业主）。这种意向通知是非常重要的，它标志着一项索赔的开始，《土木工程施工合同条件》(FIDIC)第53.3条规定："在引起索赔事件第一次发生之后的28天内，承包商将他的索赔意向以书面形式通知工程师，同时将一份副本呈交业主。"事先向监理工程师（业主）通知索赔意向，这不仅是承包商要取得补偿的必须遵守的基本要求之一，也是承包商在整个合同实施期间保持良好的索赔意识的最好办法。

索赔意向通知，通常包括以下4个方面的内容：

① 事件发生的时间和情况的简单描述；

② 合同依据的条款和理由；

③ 有关后续资料的提供，包括及时记录和提供事件发展的动态；

④ 对工程成本和工期产生不利影响的严重程度，以期引起监理工程师（业主）的注意。

(2) 证据资料准备

索赔的成功很大程度上取决于承包商对索赔作出的解释和提交的证明材料是否强而有力。因此，承包商在正式提出索赔报告前的资料准备工作极为重要，这就要求承包商注意记录和积累保存以下各方面的资料。

① 施工日志。应指定有关人员现场记录施工中发生的各种情况，包括天气、出工人数、设备数量及其使用情况，进度、质量情况，安全情况，监理工程师在现场

有什么指示,进行了什么实验,有无特殊干扰施工的情况,遇到了什么不利的现场条件,多少人员参观了现场等等。这种现场记录和日志有利于及时发现和正确分析索赔,可能是索赔的重要证明材料。

② 来往信件。对与监理工程师、业主、有关政府部门、银行、保险公司的来往信函必须认真保存,并注明发送和收到的详细时间。

③ 气象资料。在分析进度安排和施工条件时,天气是考虑的重要因素之一,因此,要保持一份如实完整、详细的天气情况记录,包括气温、风力、温度、降雨量、暴雨雪或冰雹实况等。

④ 备忘录。承包商对监理工程师和业主的口头指示和电话应随时用书面记录,并请他们签字给予书面确认。事件发生和持续过程的重要情况记录。

⑤ 会议纪要。承包商、业主和监理师举行会议时要做好详细记录,对其主要问题形成会议纪要,并由会议各方签字确认。

⑥ 工程进度计划。承包商编制的经监理工程师或业主批准同意的所有工程总进度、年进度、季进度、月进度计划都必须妥善保管,任何与延期有关的索赔分析、工程进度计划都是非常重要的证据。

⑦ 工程核算资料。工人劳动计时卡和工资单,设备、材料和零配件采购单,付款收据,工程开支月报,工程成本分析资料,会计报表,财务报表,货币汇率,物价指数,收付款票据都应分类装订成册,这些都是进行索赔费用计算的基础。

⑧ 工程图纸。工程师和业主签发的各种图纸,包括设计图、施工图、竣工图及其相应的修改图应注意对照检查和妥善保存,设计变更一类的索赔,原设计图和修改图的差异是索赔最有力证据。

⑨ 招投标文件。招标文件是承包商报价的依据,是工程成本计算的基础资料,是索赔时进行附加成本计算的依据。投标文件是承包商编标报价的成果资料,对施工所需的设备,材料列出了数量和价格,也是索赔的基本依据。

(3) 索赔报告的编写

索赔报告是承包商向监理工程师(业主)提交的一份要求业主给予一定经济(费用)补偿和(或)延长工期的正式报告,承包商应该在索赔事件对工程产生的影响结束后,尽快(一般合同规定 28 天)向监理工程师(业主)提交正式的索赔报告。编写索赔报告应注意以下几个问题:

① 索赔报告的基本要求。首先,必须说明索赔的合同依据,即基于何种理由提出索赔要求。一种是根据合同某条款规定,承包商有资格因合同变更或追加额外工作而取得费用补偿和(或)延长工期;一种是业主或其代理人任何违反合同规定给承包商造成损失,承包商有权索取补偿。第二,索赔报告中必须有详细准确的损失金额及时间的计算。第三,要证明客观事务与损失之间的因果关系,说明索赔前因后果的关联性,要以合同为依据,说明业主违约或合同变更与引起索赔的必然

性联系。

② 索赔报告必须准确。其中包括责任分析应清楚、准确,索赔值的计算依据要正确,计算结果要准确,措辞要婉转和恰当。

③ 索赔报告的形式和内容。索赔报告应简明扼要,条理清楚。便于对方由表及里、由浅入深地阅读和了解,注意对索赔报告形式和内容的安排也是很有必要的。一般可以考虑用金字塔的形式安排编写,如图10.3.1所示。

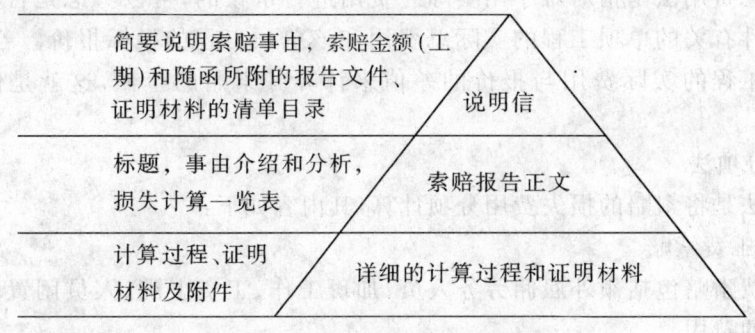

图 10.3.1 索赔报告的形式和内容图

(4) 提交索赔报告

索赔报告编写完毕后,应及时提交给监理工程师(业主)正式提出索赔。索赔报告提交后,承包商不能被动等待,应隔一定的时间,主动向对方了解索赔处理的情况,根据所提出问题进一步作资料方面的准备,或提供补充资料,尽量为监理工程师处理索赔提供帮助、支持和合作。

(5) 参加索赔问题的解决

索赔报告提交后,业主(工程师)通过对报告的仔细阅读审查,会对不合理的索赔进行反驳或提出疑问,这时承包商应对工程师提出的各种质疑作出答复,对答复不满意的,双方要进行谈判,对有些不能通过谈判解决的,将进一步提交监理工程师解决直至仲裁。

3) 索赔费计算

索赔事件发生后,如何正确计算索赔给承包商造成的损失,直接牵涉到承包商的利益。因此,承包商要熟练掌握有关计算方法。

(1) 总费用法和修正的总费用法

总费用法又称总成本法,就是计算出该项工程的总费用,再从这个已实际开支的总费用中减去投标报价时的成本费用,即为要求补偿的索赔费用额。

总费用法不十分科学,但仍被经常采用,原因是对于某些索赔事件,难于精确地确定各项费用的增加额。

一般认为在具备以下条件时采用总费用法是合理的:
① 已开支的实际总费用经过审核,认为是比较合理的;
② 承包商的原始报价是比较合理的;
③ 费用的增加是由于对方原因造成的,其中没有承包商管理不善的责任;
④ 由于该项索赔事件的性质以及现场记录的不足,难以采用更精确的计算方法。

修正总费用法是指对难于用实际总费用进行审核的,可以考虑是否能计算出与索赔事件有关的单项工程的实际总费用和该单项工程的投标报价。若可行,可按其单项工程的实际费用与报价的差值来计算其索赔的金额,这就是修正总费用法。

(2) 分项法

分项法是将索赔的损失费用分项计算,其内容如下:

① 人工费索赔

人工费索赔包括额外雇佣劳务人员、加班工作、工资上涨、人员闲置和劳动生产率降低的费用。

对于额外雇佣劳务人员和加班工资,用投标时的人工单价乘以工时数即可,对于人员闲置费用,一般折算为人工单价的75%。工资上涨是指由于工程变更,使承包商的大量人力资源的使用从前期推到后期,而后期工资水平上调,因此应得到相应的补偿。

有时工程师指令进行计日工,则人工费按计日工表中的人工单价计算。

对于劳动生产率降低导致的人工费索赔,一般可用实际成本和预算成本比较法,或正常施工与其受影响比较法。

如工程吊装浇注混凝土,前5天工作正常,第6天起业主架设临时电线,共有6天时间使吊车不能在正常角度下工作,导致吊运混凝土的方量减少。现要计算由此引起的索赔费用。对此可通过承包商的正常施工记录和受干扰时施工记录来计算,如表10.3.1~表10.3.2所示。

表10.3.1 未受干扰时正常施工记录表

时间(天)	1	2	3	4	5	平均值
平均劳动生产率(m^3/h)	7	6	6.5	8	6	6.7

表10.3.2 受干扰时施工记录表

时间(天)	1	2	3	4	5	6	平均值
平均劳动生产率(m^3/h)	5	5	4	4.5	6	4	4.75

通过以上记录施工比较,劳动生产率降低值为:

$$6.7 - 4.75 = 1.95 (m^3/h)$$

索赔费用的计算公式为：

$$索赔费用 = 计划台班 \times \frac{劳动生产率降低值}{预期劳动生产率} \times 台班单价 \qquad (10.3.1)$$

② 材料费索赔

材料费索赔包括材料消耗量增加和材料单位成本增加两个方面。追加额外工作、变更工程性质、改变施工方法等，都可能造成材料用量的增加或使用不同的材料后增加成本。材料单位成本增加的原因包括材料价格上涨、手续费增加、运输费用、仓储保管费增加等等。

③ 施工机械费索赔

机械费索赔包括增加台班数量、机械闲置或工作效率降低的索赔，可参考劳动生产率降低的人工索赔的计算方法。台班量的计算数据来自机械使用记录。对于租赁的机械，取费标准按租赁合同计算。

④ 现场管理费索赔

现场管理费包括临时设施费、通讯费、办公费、现场管理人员和服务人员的工资等。

现场管理费索赔计算的方法一般为：

$$现场管理费索赔值 = 索赔的直接成本费用 \times 现场管理费率 \qquad (10.3.2)$$

其中现场管理费率可通过合同百分比法、行业平均水平法、原始估价法、历史数据法等方法来确定。

10.4 工程价款结算与竣工结算

10.4.1 工程价款结算

工程价款结算，是指承包商将已完成的部分工程，向业主单位结算工程价款，其目的是用以补偿施工过程中的资金和物资的耗用，保证工程施工的顺利进行。

由于建筑工程施工周期长，如果待工程竣工后再结算价款，显然会使承包商的资金发生困难。承包商在工程施工过程中消耗的生产资料和支付的工人工资所需要的周转资金，必须要通过向业主预收备料款和结算工程款的形式，定期予以补充和补偿。

1) 工程备料款的结算

(1) 预付备料款的拨付

预付备料款在施工合同签订后拨付。拨付备料款的安排要适应承包的方式，

并在施工合同中明确约定,做到款物结合,防止重复占用资金。建筑工程承包有以下3种方式:

① 包工包全部材料工程。当预付备料款数额确定后,由业主通过其开户银行,将备料款一次性或按施工合同规定分次付给承包商。

② 包工包地方材料工程。当供应材料范围和数额确定后,业主应及时向承包商结算。

③ 包工不包料工程。业主不需要向承包商预付备料款。

(2) 预付备料款额度的确定

预付备料款额度,应当不超过当年建筑安装工程工作量的25%。

(3) 预付备料款的扣回

业主拨付给承包商的备料款,属于预付性质款项。因此,随着施工工程进度情况,应以抵充工程价款的方式陆续扣回。

预付备料款扣回常有以下3种方法:

① 采用固定的比例扣回备料款。如有的地区规定,当工程施工进度达60%以后,即开始抵扣备料款。扣回的比例,是按每次完成10%进度后,即扣预付备料款总额的25%。

② 采用工程竣工前一次抵扣备料款。工程施工前一次性拨付备料款,而在施工过程中不分次抵扣。当工程进度款与预付备料款之和达到施工合同总价的95%时,便停付工程进度款,待工程竣工验收后一并结算。

③ 按公式计算起扣点及扣抵额。

$$起扣时已完价值 = 当年施工合同总值 - \frac{预收备料款}{全部材料比重} \qquad (10.3.3)$$

如某施工企业承建某建设单位的建筑工程,双方签订合同中规定,工程备料款额度按25%计算,当年计划工作量为200万元,其中全部材料比重为62.5%,则预收备料款起扣时已完工程价值,即起扣点为:

$$200 - \frac{50}{62.5\%} = 120(万元)$$

未完工程为 200-120=80(万元)。

尚需主要材料费为 80×62.5%=50(万元)。

应扣还的预付备料款,可按下列公式计算:

第一次扣抵额=(累计已完工程价值-起扣点已完工程价值)×全部材料比重

以后每次扣抵额=每次完成工程价值×全部材料比重 (10.3.4)

在上例中,当截止某次结算日期时,累计已完工程价值140万元,超过起扣

点。则:

第一次扣抵额=(140-120)×62.5%=12.5(万元)

若再完成40万元工作量,则扣抵额=40×62.5%=25(万元)

2) 工程进度款的结算

工程进度款的结算,根据建筑生产和产品的特点,常有以下两种结算办法:

(1) 按月结算

对在建工程,每月由承包商提出已完工程月报表及其工程款结算单,一并送交业主,办理已完工程款结算。具体做法又分以下两种:

① 月中预支部分工程款,月终一次结算。月中预支部分工程款,按当月施工计划工作量的50%支付。承包商根据施工图预算和月度施工作业计划,填报"工程款预支账单",送交业主审查签证同意后,办理预支拨款;待月终时,承包商根据已完工程的实际统计进度,编制"工程款结算账单",送交业主签证同意后,办理月终结算。承包商在月终办理工程价款结算时,应将月中预支的部分工程款额抵作工程价款。

② 月中不预支部分工程款,月终一次结算。此种结算办法与第一种做法的月终结算手续相同。

(2) 分段结算

按建筑工程施工形象进度,将工程划分为几个段落进行结算。工程按进度计划规定的段落完成后,立即进行结算,所以它是一种不定期的结算方法。具体做法有以下几种:

① 按段落预支,段落完工后结算。这种方法是根据建筑工程的特性,将在建的建筑物划分为几个施工段落。然后测算确定出每个施工段落的造价占整个单位工程预算造价的金额比重,作为每次预支金额。承包商据此填写"工程价款预支账单",送交业主签证同意后办理结算。

② 按段落分次预支,完工后一次结算。这种方法与前一种方法比较,其相同点均是按段落预支,不同点是不按段落结算,而是完工后一次结算。

③ 分次预支,竣工一次结算。分次预支,每次预支金额数,也应与施工工程的进度大体一致。此种结算方法的优点是可以简化结算手续,适用于投资少、工期短、技术简单的工程。

3) 工程签证

预算造价(合同造价)确定后,施工过程中如有工程变更和材料代用,则由承包商根据变更核定单和材料代用单来编制变更补充预算,经业主签证,对原预算进行调整。为明确业主和承包商的经济关系和责任,凡施工中发生一切合同预算未包括的工程项目和费用,必须及时根据施工合同规定办理签证,以免事后发生补签和结算的困难。

(1) 追加合同价款签证

指在施工过程中发生的,经业主确认后按计算合同价款的方法增加合同价款的签证。主要内容如下:

① 设计变更增减费用。业主、设计单位和授权部门签发设计变更单,承包商应及时编制增减预算,确定变更工程价款,向业主办理结算。

② 材料代用增减费用。因材料数量不足或规格不符,应由承包商的材料部门提出经技术部门决定的材料代用单,经设计单位、业主签证后,承包商应及时编制增减预算,向业主办理结算。

③ 设计原因造成的返工、加固和拆除所发生的费用,可按实结算确定。

④ 技术措施费。施工时采取施工合同中没有包括的技术措施及因施工条件变化所采取的措施费用,应及时与业主办理签证手续。

⑤ 材料价差。从预算编制期至结算期,因材料价格的变化,导致材料价格的差值。

(2) 费用签证

指业主在合同价款之外需要直接支付的签证,主要内容如下:

① 图纸资料延期交付,造成窝工损失。

② 停水、停电、材料计划供应变更,设计变更造成停工、窝工损失。

③ 停建、缓建和设计变更造成材料积压或不足的损失。

④ 停建、缓建和设计变更造成机械停置的损失。

⑤ 其他费用。包括业主不按时提供各种许可证,不按期提供建设场地,不按期拨款的利息或罚金的损失,计划变更引起临时工招募或遣散等费用。

4) 工程造价动态结算

动态结算是指把各种动态因素渗透到结算过程中,使结算价大体能反映实际的消耗费用。工程结算时是否实行动态结算,选用什么方法调整价差,应根据施工合同规定行事。

(1) 工程造价价差及造价调整概念

造价价差是指工程所需的人工、材料、设备等费用,因价格变动而对造价产生的相应变化值。

造价调整是指在预算编制期到结算期内,因人工、材料、设备等价格的增减变化,对原测算根据已签订的施工合同规定对工程造价允许调整的范围进行调整。

(2) 动态结算方法

常用的动态结算方法有按实际价格结算、按调价文件结算、按调价系数结算等3种。

① 按实际价格结算

是指某些工程的施工合同规定对承包商的主要材料价格按实际价格结算的

方法。

② 按调价文件结算

是指施工合同双方采用当时的预算价格承包,施工合同期内按照工程造价管理部门调价文件规定的材料指导价格,对在结算期内已完工程材料用量乘以价差,进行调整的方法。

其计算公式为:

$$各项材料用量 = \sum 结算期内已完工程量 \times 定额用量$$

$$调价值 = \sum 各项材料用量 \times (结算期预算指导价 - 原预算价格) \quad (10.3.5)$$

③ 按调价系数结算

是指施工合同双方采用当时的预算价格承包,在合理工期内按照工程造价管理部门规定的调价系数(以定额直接费或定额材料费为计算基础),对原合同造价在预算价格的基础上,调整由于实际人工费、材料费、机械费等费用上涨及工程变更等因素造成的价差。其计算公式为:

$$结算期定额直接费 = \sum 结算期已完工程量 \times 预算单价$$

$$调价值 = 结算期定额直接费 \times 调价系数 \quad (10.3.6)$$

10.4.2 竣工结算

1) 竣工结算的概念和作用

(1) 竣工结算的概念

一个单位工程或单项工程,施工过程中由于设计图纸及施工条件等发生了变化,与原合同造价比较有增加或减少的地方,这些变化将影响工程的最终造价。在单位工程竣工并经验收合格后,将有增减变化的内容,按照施工合同约定的方法与规定,对原合同造价进行相应的调整,编制确定工程实际造价并作为最终结算工程价款的经济文件,称为竣工结算。竣工结算一般由施工单位编制,经业主或监理工程师审查无误,由承包商和业主共同办理竣工结算确认手续。

单位工程完工后,承包方在向业主移交有关技术资料和竣工图纸办理交工验收时,必须同时编制竣工结算,作为办理财务价款结算的依据。

(2) 竣工结算的作用

① 竣工结算是承包商与业主结清工程费用的依据

承包商有了竣工结算就可向业主结清工程价款,以完结业主与承包商之间的合同关系和经济责任。

② 竣工结算是施工单位考核工程成本,进行经济核算的依据

施工单位统计年竣工建筑面积,计算年完成产值,进行经济核算,考核工程成

本时,都必须以竣工结算所提供的数据为依据。

③ 竣工结算是承包商总结和衡量企业管理水平的依据

通过竣工结算与施工图预算的对比,能发现竣工结算比施工图预算超支或节约的情况,可进一步检查和分析这些情况所造成的原因。因此,业主、设计单位和承包商,可以通过竣工结算,总结工作经验和教训,找出设计不合理和施工浪费的原因,逐步提高设计质量和施工管理水平。

2) 竣工结算的编制方式和内容

(1) 竣工结算的编制方式

工程承包方式不同,竣工结算编制方式也不同。

① 以施工图预算为基础编制竣工结算

在施工图预算编制后,由于施工过程中经常会发生增减变更,因而会影响工程的造价。因此,在工程竣工后,一般都以施工图预算为基础,再加上增减变更因素来编制竣工结算书。但用此种方式编制竣工结算手续烦琐,审查费用时,经常发生矛盾,因此难以定案。

② 以 m^2 造价指标为基础编制竣工结算

以 m^2 造价指标为基础编制竣工结算,比按施工图预算为基础编制的竣工结算较为简化,但适用范围有一定的局限性,难以处理因发生材料价格的变化、设计标准的差异、工程局部的变更等因素的影响。故按此种方式编制的竣工结算,也经常会出现一些矛盾。

③ 以包干造价为基础编制竣工结算

以包干造价的方式,也就是指按施工图预算加系数包干为基础编制竣工结算。此种方式编制工程竣工结算时,如果不发生包干范围以外的增加工程,包干造价就是工程竣工结算,竣工结算手续大为简化,也可以不编制竣工结算书,而只要根据设计部门的变更图纸或通知书,编制"设计变更增(减)项目预算表",纳入竣工结算即可。

④ 以投标造价为基础编制竣工结算

以招标投标的办法承包工程,造价的确定不但具有包干的性质,而且还含有竞争的内容,报价可以进行合理浮动。中标的承包商根据标价并结合工期、质量、奖罚、双方责任等与业主签订合同,实行一次包干。合同规定的造价,一般就是结算的造价。因此,也可以不编制竣工结算书,只进行财务上的"价款结算"(预付款、进度款、业主供料款等)。只要将合同内规定的因奖罚发生的费用和合同规定的包干范围以外的增加工程项目列入,可作为"补充协议"处理即可。

(2) 竣工结算编制的内容

竣工结算按单位工程编制。一般内容如下:

① 竣工结算书封面形式与施工图预算书封面相同,要求填写工程名称、结构

类型、建筑面积、造价等内容。

② 编制说明主要说明施工合同有关规定、有关文件和变更内容等。

③ 结算造价汇总计算表、竣工结算表形式与施工图预算表相同。

④ 汇总表的附表包括工程增减变更计算表、材料价差计算表、建设单位供料计算表等的内容。

⑤ 工程竣工资料包括竣工图、各类签证、核定单、工程量增补单、设计变更通知单等。

3）竣工结算的编制依据

(1) 工程清单、标底及投标报价。

(2) 图纸会审纪要　指图纸会审会议中设计方面有关变更内容的决定。

(3) 设计变更通知　必须是在施工过程中，由设计单位提出的设计变更通知单，或结合工程的实际情况需要，由业主提出设计修改要求后，经设计单位同意的设计修改通知单。

(4) 施工签证单或施工记录　凡施工图预算未包括，而在施工过程中实际发生的工程项目（如原有房屋拆除、树木草根清除、古墓处理、淤泥垃圾土挖除换土、地下水排除、因图纸修改造成返工等），要按实际耗用的工料，由承包商作出施工记录或填写签证单，经业主签字盖章后方为有效。

(5) 工程停工报告　在施工过程中，因材料供应不上或因改变设计，施工计划变动等原因，导致工程不能继续施工时，其停工时间在 1 天以上者，均应由施工员填写停工报告。

(6) 材料代换与价差　材料代换与价差必须有经过业主同意认可的原始记录方为有效。

(7) 工程合同　施工合同规定了工程项目范围、造价数额、施工工期、质量要求、施工措施、双方责任、奖罚办法等内容。

(8) 竣工图。

(9) 工程竣工报告和竣工验收单。

(10) 有关定额、费用调整的补充项目。

4）竣工结算注意事项

(1) 要计算由于政策性变化而引起的费用调整

工程结算期内常发生间接费率的变化、材差系数的变化、人工工资标准的变化等而引起费用的调整。

(2) 要按实计算大型施工机械进退场费

编制预算时是按施工组织设计中确定的大型施工机械费用或预算规定费用计算施工机械进退场费，结算时应按工程施工时实际进场的机械类型计算进退场费。但招标投标工程应按施工合同规定办理。

(3) 要调整材料用量

材料用量出现变化的原因,一是设计变更引起工程量的增减;二是施工方法不同及材料类型不同,都会导致材料数量的变化。因而结算时要调整增减材料的用量。

(4) 要计算材料价差

一般情况下,三大材料和某些特殊材料均由业主委托承包商采购供应,编制预算时是按定额预算价格、预算指导价或暂估价确定工程造价的,而结算时应如实计取,按结算时确定的材料预算用量和实际价格,逐项进行材料价差计算。

(5) 要确定由业主供应材料部分的实际供应量和预算需要量

业主供应材料部分的实际供应量,是指由业主购置材料并转给承包商使用的实际数量。而材料的实际需要量是指依据材料分析,完成工程施工所需的材料应有预算数量。如果上述两者间存在数量差,则应如实进行处理。

10.5 建设项目审计

10.5.1 建设项目审计的概念及意义

1) 建设项目审计的概念

建设项目审计是指审计机构和审计人员,依据党和国家在一定时期颁布的方针政策、法律法规、技术规章、经济标准等,运用现代审计思想、技术和方法对建设项目建设全过程的有关技术经济活动进行的动态的实时的监督和评价,并在此基础上形成审计意见,以促进建设项目的利益相关者各司其职、共同合作、规范管理、控制造价、降低成本、提高投资效益的业务活动。

2) 建设项目审计的意义

(1) 通过审计可对建设项目的建设活动进行有效监督。

现行的审计工作应实行动态的跟踪审计,不能仅做事后审计,而应通过被审计项目的管理信息、会计信息及经济活动核查,判断建设技术经济活动是否合法及符合现行的有关规定、标准,进而对违规的经济行为予以揭露并提出纠正措施或处罚意见。

(2) 通过审计可促进审计转型发展

建设项目审计普遍存在"九轻九重"现象,即重预算、结算,轻前期策划决策和后评估;重建设资金审计,轻管理活动监督;重静态事后监督,轻动态过程控制;重审计形式合规合法,轻审计事项真实有效;重传统审计方法传承,轻现代审计理论创新;重审计内部程序操作,轻审计外部环境影响;重审计局部问题处理,轻审计发展的哲学思考;重审计知识理论推导,轻审计理论与实践重合;重审计定位不能参与管理过程提出决策意见,轻工程审计参与管理发挥监督作用。通过现行的审计工作要逐步改变以上的"九轻九重"现象。

（3）通过审计可促进建筑招投标市场规范

招标投标法颁布后，我国建筑招投标市场培育和发展已初步成熟，但是由于种种原因在实施过程中仍然存在着不规范甚至严重违背招标投标法的做法，如：暗箱操作；"公开评标"不公开；化整为零，把达到法定强制招标限额肢解成若干个项目，逃避招标，然后直接发包；随意修改评标办法；围标、串标等。通过审计可逐步杜绝此类事件的发生。

（4）通过审计可促进建设单位加强内部监督，健全内部控制机制

建设项目管理审计涉及建设项目全过程的方方面面内容，对规范建设单位管理行为、从源头上预防不正之风、预防腐败和治理腐败、控制工程造价、降低工程成本、提高投资效益等都会发挥积极作用。

10.5.2 建设项目审计的内容

建设项目审计的内容即审计监督的客体，由于审计主体、审计阶段、审计目的的不同，可把建设项目的审计进行如下分类：

1) 建设项目法规执行审计

（1）《审计法》执法审计；

（2）《招标投标法》执法审计；

（3）《建筑法》执法审计；

（4）其他法规审计。

2) 建设项目造价审计

（1）建设项目投资估算审计；

（2）建设项目设计概算审计；

（3）建设项目招标控制价、投标报价的审计；

（4）建设项目工程结算审计；

（5）建设项目竣工决算审计。

3) 建设项目建筑安装工程费用审计

（1）建筑工程费审计；

（2）装饰装修工程费审计；

（3）安装工程费审计；

（4）市政工程费审计；

（5）园林工程费审计；

（6）待摊投资费用审计；

（7）建设项目管理费用审计。

4) 建设项目合同审计

（1）勘察设计合同审计；

(2) 招标代理合同审计；
　　(3) 施工合同审计；
　　(4) 监理合同审计；
　　(5) 项目管理总承包或代建合同审计；
　　(6) 设备购置合同审计；
　　(7) 材料采购合同审计；
　　(8) 其他经济合同审计。
　5) 建设项目财务审计
　　(1) 资金来源情况审计；
　　(2) 资金使用情况审计；
　　(3) 资金结算情况审计；
　　(4) 财务决算情况审计。
　6) 建设项目投资效益审计
　　(1) 微观经济效益审计；
　　(2) 宏观经济效益审计。
　7) 建设项目的建设过程审计
　　(1) 建设项目立项决策审计；
　　(2) 建设项目的设计阶段审计；
　　(3) 工程施工阶段审计；
　　(4) 工程竣工阶段审计；
　　(5) 建设项目后评价审计。

10.5.3　建设项目审计的依据

　　建设项目的审计工作依据什么来进行，直接关系到审计工作的开展及审计结果，所以了解和掌握建设项目审计依据对审计工作的开展具有十分重要的意义。
　1) 按其来源分
　　(1) 被审计单位提供的审计依据；
　　(2) 外部各单位提供的审计依据。
　2) 按其性质、内容分
　　(1) 国家颁布的法律、法规、政策；
　　(2) 行业部门颁布的技术标准、业务规范、规程；
　　(3) 单位部门签订、编制的合同、计划、预算等。
　3) 按审计的目标分
　　(1) 评价经济活动合法、合规性的审计依据
　　① 国家颁布的法律和各种经济法规；

② 涉及建设项目管理审计的法律和各种经济法规,有建筑法、招标投标法、经济合同法、税法、产品质量法、土地管理法、银行法、环境保护法、反不正当竞争法、合同法、会计法、审计法、民事诉讼法、仲裁法、标准化法和财经法规、技术规范等;

③ 行业颁布的管理标准和业务规范。

(2) 评价经营管理活动效益性的审计依据

建设项目管理审计的一个重要活动领域是对建设项目管理活动的效益性进行评价,这方面的审计依据如下:

① 可比较的历史数据。它包括反映建设项目管理活动效益性历史数据和同行业中的项目性质、规模与其相同或相近的历史数据;

② 计划、概算、预算、结算、决算、和经济合同等;

③ 业务规范、技术经济标准。

(3) 内部控制制度审计依据

① 内部管理制度;

② 内部会计制度;

③ 内部审计制度等。

10.5.4 建设项目审计成果文件

为了保证建设项目审计的标准化、规范化,提高审计效率,一般对建设项目审计成果有一些规范性的要求,具体有以下几类:

1) 通用审计表格

通用审计表格有工程概况表(见表10.5.1)、审计项目基本情况表、委托方提供资料清单、项目审计人员配置一览表、建设项目全过程管理审计咨询实施方案、工作联系单、造价咨询成果征询意见表、审计咨询项目征询意见回访记录表、成果文件交付登记表、签收单、归还给委托方的文件资料签收单、建设项目管理审计文件审批表、建设项目全过程管理审计联席会议记录、×××工程全过程管理审计工作进展情况表、建设项目管理审计意见书(见表10.5.2)等。

表 10.5.1 工程概况表

编制单位: 编号:

一、工程概况			
工程名称		工程用途	
建设地址		结构类型	
审计介入阶段		地震烈度	
层数	地上:	建筑面积	m^2
	地下:	檐高	m

续表 10.5.1

设施及装修标准		
建筑工程	地基、基础	
	梁板柱	
	墙体	
	屋面	
	钢筋形式及连接方式等	
装饰工程	楼地面、天棚	
	内外墙面	
	门窗等	
安装工程	采暖、通风	
	给排水	
	动力、照明	
	电梯	
	弱电、消防	
其他		

二、主要参建单位基本情况			
建设单位			
可行性研究编制单位		资质	
设计单位		资质	
勘察单位		资质	
招标代理单位		资质	
招标控制价编制单位		资质	
施工总承包单位		资质	
监理单位		资质	
审计单位		资质	

三、投资情况			
批复总投资	万元	其中:建安投资	万元
批复概算投资	万元	其中:建安投资	万元

续表 10.5.1

施工总承包计价方式		施工总承包合同价	万元
施工总承包合同方式		施工总承包竣工结算价	万元
竣工决算价	万元	其他	
四、质量和进度情况			
合同约定质量标准		评定质量标准	万元
合同工期	日历天	计划开、竣工时间	
实际工期	日历天	实际开、竣工时间	
备注			

表 10.5.2 建设项目管理审计意见书

编号：

建设单位：
项目名称：
审计内容：
审计意见：   ××××项目审计组 审核人： 复核人： 审查人： ××××年××月××日

2）决策阶段审计表格

决策阶段审计表格有投资估算审计报告、投资估算汇总审核表(见表10.5.3)、单项工程投资估算汇总审核表等。

表 10.5.3 投资估算汇总审核表

项目名称：

序号	工程和费用名称	报送数据								审核数据								调整金额（万元）	调整原因
		估算价值（万元）				技术经济指标				估算价值（万元）				技术经济指标					
		建筑工程费	设备及工器具购置费	安装工程费	其他费用	合计	单位	数量	单位价值	%	建筑工程费	设备及工器具购置费	安装工程费	其他费用	合计	单位	数量	单位价值	%		
一	工程费用																				
1.1	主要生产系统																				
1																					
2																					
1.2	辅助生产系统																				
1																					
2																					
1.3	公用及福利设施																				
1																					
2																					
1.4	外部工程																				
1																					
2																					
	小计																				
二	工程建设其他费用																				
1																					
2																					
	小计																				

续表 10.5.3

序号	工程和费用名称	报送数据									审核数据									调整金额(万元)	调整原因
		估算价值(万元)				技术经济指标					估算价值(万元)				技术经济指标						
		建筑工程费	设备及工器具购置费	安装工程费	其他费用	合计	单位	数量	单位价值	%	建筑工程费	设备及工器具购置费	安装工程费	其他费用	合计	单位	数量	单位价值	%		
三	预备费																				
1	基本预备费																				
2	价差预备费																				
	小计																				
四	建设期贷款利息																				
五	流动资金																				
	投资估算合计(万元)																				
	%																				

3) 设计阶段审计表格

设计阶段审计表格有图纸会审记录表、设计文件咨询意见表、施工图限额设计分配表、设计概算审计报告、总概算审核表、其他费用审核表、综合概算审核表、建筑工程概算审核表、设备及安装工程概算审核表、总概算对比表、综合概算对比表等。

4) 招投标阶段审计表格

招投标阶段审计表格包括工程量清单的审计报告(见表10.5.4)、分部分项工程工程量清单审核表、措施项目清单审核表(一)、措施项目清单审核表(二)、暂列金额明细审核表、材料暂估单价审核表、专业工程暂估价审核表、计日工清单审核表、总承包服务费计价审核表、规费、税金项目清单与计价审核表、补充工程量清单项目及计算规则审核表、招标控制价审计报告、分部分项工程量清单计价审核表、投标报价(清标)分析及管理建议表、投标报价符合性审查分析表、投标报价合理性审查分析表、合同评审表、合同谈判记录表、合同会审表、合同修订记录等。

表 10.5.4　工程量清单的审计报告

关于×××工程工程量清单的审计报告

　　我公司接受单位委托,对贵单位×××工程工程量清单进行审计,根据国家法律、法规和中国建设工程造价管理协会发布的《建设项目工程量清单、招标控制价编审规程》及合同的规定,已完成了本项目工程量清单的审查工作,现将审查的情况和结果报告如下。

一、项目概况

1. 建设单位名称:
2. 建设工程名称:
3. 设计单位:
4. 招标代理单位:
5. 编制单位名称:
6. 编制时间:
7. 批复概算:　　　　　　万元;其中,建安造价:　　　　万元
8. 结构类型:
9. 建筑面积:
10. 建设地点:

二、审计依据

1.《建设工程工程量清单计价规范》(GB 50500-2008)及当地相关规定
2. 中国建设工程造价管理协会(2002)第 015 号《工程造价咨询单位执业行为准则》、《造价工程师职业道德行为准则》
3.《建设项目工程量清单、招标控制价编审规程》
4. 招标文件
5. 设计文件(包括配套的标准图集)
6. 有关的工程施工规范与工程验收规范
7. 拟采用的施工组织设计和施工技术方案
8. 其他相关材料
9. 建设工程咨询合同及委托方的要求

三、审计程序

1. 向委托单位了解基本建设项目的有关情况,获取审核所需要的相关资料及送审工程量清单;
2. 编制实施方案并报批;
3. 召开咨询项目实施前的协商会议;
4. 根据拟建项目的特点及施工设计图纸进行计量及描述,对送审工程量清单的名称、特征描述、工程量等进行审核;
5. 形成审核初步意见,公司三级审查后,向委托单位出具成果文件。

续表10.5.4

四、审计内容
1. 根据施工图纸审核工程量清单的完整性及特征描述的准确性;
2. 审核工程量清单数量的准确性;
3. 审核暂估价项目设定及定价的合理性;
4. 审核暂列金额及计日工数量、项目的合理性;
5. 需要审核的其他内容。

五、审计时间
     审计时间:××××年××月××日~××××年××月××日

六、审计结论
具体审核明细详见附表。

七、调整原因

八、有关建议

             法定代表人:
 ×××××工程   编制人:
 咨询有限公司   复核人:
               审查人:

             ××××年××月××日

---

5) 施工阶段审计表格

施工阶段审计表格包括:建设项目全过程管理审计阶段报告、工程预算造价执行情况表、工程目标造价偏差分析及管理建议表、建设项目工程预付款支付审计咨询意见表、建设项目工程预付款计算审核表、工程项目进度款支付审计咨询意见表、工程项目(标段)工程计量支付汇总表、单项工程工程计量支付汇总表、暂定项目综合单价确认表、工程变更项目汇总表、工程变更费用审计意见表、工程变更审核明细表、新增及变更项目综合单价确认表、现场签证确认单、暂定材料单价(设备)确认表、材料(设备)定价报审表、材料(设备)市场询价记录表、人工(材料、机械)价差调整明细审核表、费用索赔报审表、建设项目重大管理决策完成情况审计表、建设项目管理重大决策审计评价等。

6) 结算阶段审计表格

结算阶段审计表格包括:工程结算审查报告、结算审查签署表、工程项目竣工结算汇总审核表、单项竣工决算汇总审核表、单位工程竣工结算汇总审核表、分部分项工程量清单计价审核表、措施项目清单计价审核表、其他项目清单计价汇总审核表、专业工程结算价审核表、总成本服务费计价审核表、人工(材料、机械)价差调整汇总表、索赔与现场签证汇总表、规费、税金项目清单与计价表等。

7) 决算阶段审计表格

决算阶段审计表格包括：竣工决算审查报告、大(中)型建设项目竣工工程概况表、大(中)型建设项目竣工财务决算总表、大(中)型建设项目交付使用财产总表、大(中、小)型建设项目交付使用财产明细表、小型建设项目竣工结算总表(见表10.5.5)等。

表10.5.5 小型建设项目竣工结算总表

建设项目名称						项目	金额（元）	主要事项说明
建设地址			占地面积	设计	实际	1. 基建预算贷款		
新增生产能力	能力(或效益)名称	设计	实际	初步设计或概算批准机关、日期		资金来源		
						2. 基建其他贷款		
						3. 应付款		
						……		
建设时间	计划	从　年　月开工至　年　月竣工						
	实际	从　年　月开工至　年　月竣工				合　计		
建设成本	项目	概算(元)	实际(元)			1. 交付使用固定资产		
	建筑安装工程					2. 交付使用流动资产		
	设备、工具、器具					3. 应核销投资支出		
	其他基本建设				资金占用	4. 应核销其他支出		
	1. 土地征用费					5. 库存设备、材料		
	2. 负荷试车费					6. 银行存款及现金		
	3. 生产职工培训费					7. 应收款		
	……					……		
	合　计					合　计		

复习思考题

1. 叙述工程估价管理的概念，并阐述估价管理的作用。
2. 政府部门的估价管理在计划经济条件下与加入 WTO 后的内容应有什么不同？
3. 如何认识和发挥行业协会估价管理的作用？
4. 业主方进行估价管理的内容有哪些？
5. 什么是索赔？为什么会有索赔？
6. 应如何正确看待和处理索赔？
7. 如何认识和运用工程造价的动态结算？
8. 业主单位在设计阶段的估价管理应抓哪些主要环节？
9. 建设项目审计的含义是什么？
10. 建设项目审计工作的意义有哪些？

附录1　建筑工程工程量清单编制实例

1.1 编制依据
(1) 设计文件,详见附图1～附图23。
(2) 地质勘察资料:
① 根据地质勘察资料分析,土方类别为三类土。
② 地下水位在－3.00 m(相对室内地面标高)。
(3)《建设工程工程量清单计价规范》(GB 50500－2008)。
(4)《江苏省建设工程工程量清单计价项目指引》。
(5) 与清单编制相关的施工招标文件主要内容:
① 招标单位:×××房地产开发公司。
② 项目名称:花园小区1#住宅楼土建。
③ 工程质量等级要求:创市级优质工程。
④ 安全生产文明施工要求:创建市级文明工地。
⑤ 工期要求:220天。
⑥ 合同类型:单价合同。
⑦ 材料供应方式:钢材发包人供应,其余材料均为承包人供应。
⑧ 暂列金额:考虑到设计变更、材料涨价风险等因素,按50 000元计入。
⑨ 塑钢门窗的价格为暂定。
⑩ 进户防盗门由专业厂家制作安装,由招标人指定分包。

1.2 工程量清单成果文件
(1) 清单工程量计算表,见附表1.1。
(2) 工程量清单,见附表1.2。

建筑设计说明

1 设计依据
1.1 设计委托合同书；
1.2 建设、规划、消防、人防等主管部分对项目的审批文件；
1.3 其他（略）。

2 项目概况
2.1 建筑名称：花园小区 1# 住宅楼；
2.2 建设单位：×××房地产开发有限公司；
2.3 建筑面积：1 835.95 m²；
2.4 建筑层数：车库十六层住宅十阁楼；
2.5 主要结构类型：砖混结构；
2.6 抗震设防烈度：7度；
2.7 设计使用年限：50年。

3 标高及定位（略）

4 墙体工程
4.1 基础部分：MU10 蒸压粉煤灰砖、M10 水泥砂浆砌筑；
4.2 室内地面～7.75 m 用 MU10KP1 承重多孔砖、M10 混合砂浆砌筑；标高 7.75～13.35 m，用 MU10KP1 承重多孔砖、M7.5 混合砂浆砌筑；标高 13.35 m 以上用 MU10KP1 承重多孔砖、M5 混合砂浆砌筑。

5 屋面工程
5.1 屋面工程执行《屋面工程技术规范》（GB 50345—2004）和地方的有关规程和规范；
5.2 平屋面做法（自上而下）：

① 3 mm 厚 SBS 卷材防水层；
② 1:3 水泥砂浆找平层 20 厚；
③ 25 厚挤塑保温板；
④ 1:3 水泥砂浆找平层 20 厚；
⑤ 现浇钢筋混凝土屋面板。
5.3 坡屋面做法：详见苏 J10—2003—26/9。保温层采用 25 厚挤塑保温板，防水层采用 3 mm 厚 SBS 卷材。

6 门窗工程
6.1 外门窗的抗风压、气密性、水密性三项指标应符合 GB 7101 的有关规定；
6.2 门窗的选型见门窗表。

7 外装饰工程
7.1 详见用料做法表；
7.2 其他（略）。

8 内装饰工程
8.1 详见用料做法表；
8.2 其他（略）。

9 油漆涂料工程
9.1 详见用料做法表；
9.2 其他（略）。

10 室外工程
10.1 散水做法：苏 J 01—2005—3/12
10.2 坡道做法：苏 J 01—2005—8/11

11 其他

附图 1 建筑设计说明

用料做法表

类别	编号	名称	图集号	编号	使用部位及说明
墙基防潮		防水砂浆防潮层	苏J01-2005	1/1	砖基础
地面	地1	水泥砂浆地面	苏J01-2005	2/2	车库
楼面	楼1	带防水层地砖楼面	苏J01-2005	9a/3,地砖及结合层由用户自理	卫生间、餐厅采用聚氨酯防水涂料厚1.2mm
	楼2	水泥楼面	苏J01-2005	现浇板:1/3a 预制板:1/3b	除卫生间外其他楼面
踢脚	踢脚1	水泥砂浆踢脚线	苏J01-2005	1/4	踢脚线高度150mm
内墙面	内1	混合砂浆墙面	苏J01-2005	5/5	除卫生间、厨房所有房间、外墙内层
内墙面	内2	瓷砖墙面	苏J01-2005	19/5,瓷砖及结合层由用户自理	卫生间、厨房
外墙面	外1	保温外墙	苏J01-2005	22/6	所有外墙,挤塑板厚20mm
顶棚	棚1	抹水泥砂浆顶棚	苏J01-2005	5/8	所有房间、面层801胶白水泥腻子两遍

门 窗 表

序号	编号	名称	洞口尺寸（宽×高）	数量（樘）	备注
1	M1	钢门	900×1900	2	车库安全防护门
2	M2	木门	800×2100	24	户内门用户自理
3	M3	钢门	1800×1900	5	车库安全防护门
4	M4	钢门	1500×1900	4	车库安全防护门
5	M5	钢门	1000×1900	2	车库安全防护门
6	M6	卷帘门	3460×1900	2	铝合金卷帘门
7	M7	防盗门	1000×2200	12	购成品
8	M8	木门	900×2400	42	户内门用户自理
9	M9	木门	900×1900	6	户内门用户自理
10	M10	塑钢门	3460×2400	12	南阳台门
11	C1	中空玻璃塑钢窗	1800×1500	30	参见苏J30-2008 玻璃5+12A+5
12	C2	中空玻璃塑钢窗	1500×1500	24	参见苏J30-2008 玻璃5+12A+5
13	C2'	中空玻璃塑钢窗	1500×1400	5	参见苏J30-2008 玻璃5+12A+5
14	C3	中空玻璃塑钢窗	1200×1500	12	参见苏J30-2008 玻璃5+12A+5
15	C4	中空玻璃塑钢窗	600×1500	12	参见苏J30-2008 玻璃5+12A+5
16	C5	中空玻璃塑钢窗	1800×600	1	参见苏J30-2008 玻璃5+12A+5
17	C6	中空玻璃塑钢窗	1200×600	4	参见苏J30-2008 玻璃5+12A+5
18	C7	中空玻璃塑钢窗	1500×600	1	参见苏J30-2008 玻璃5+12A+5

附图2 建筑设计说明

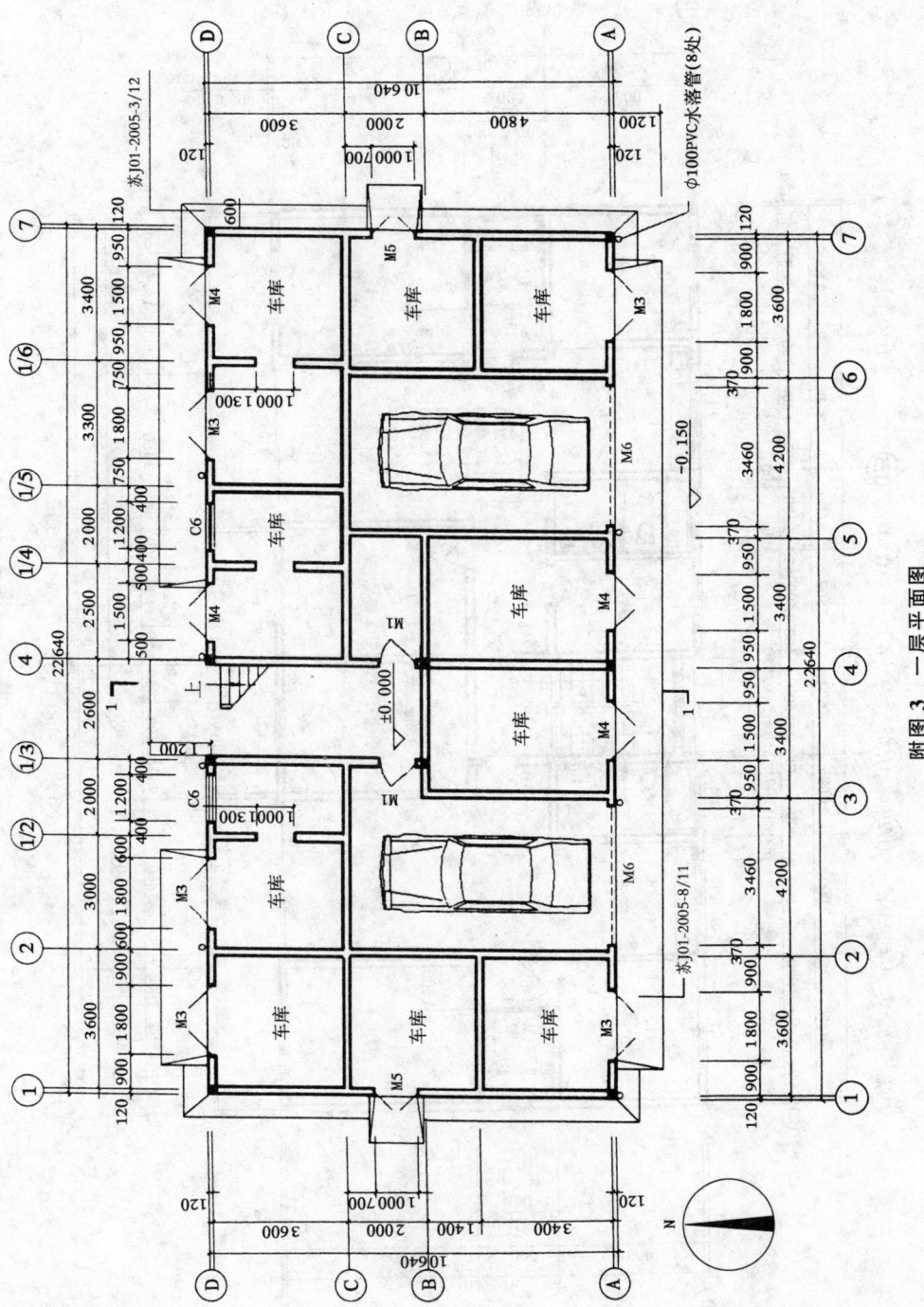

附图3 一层平面图

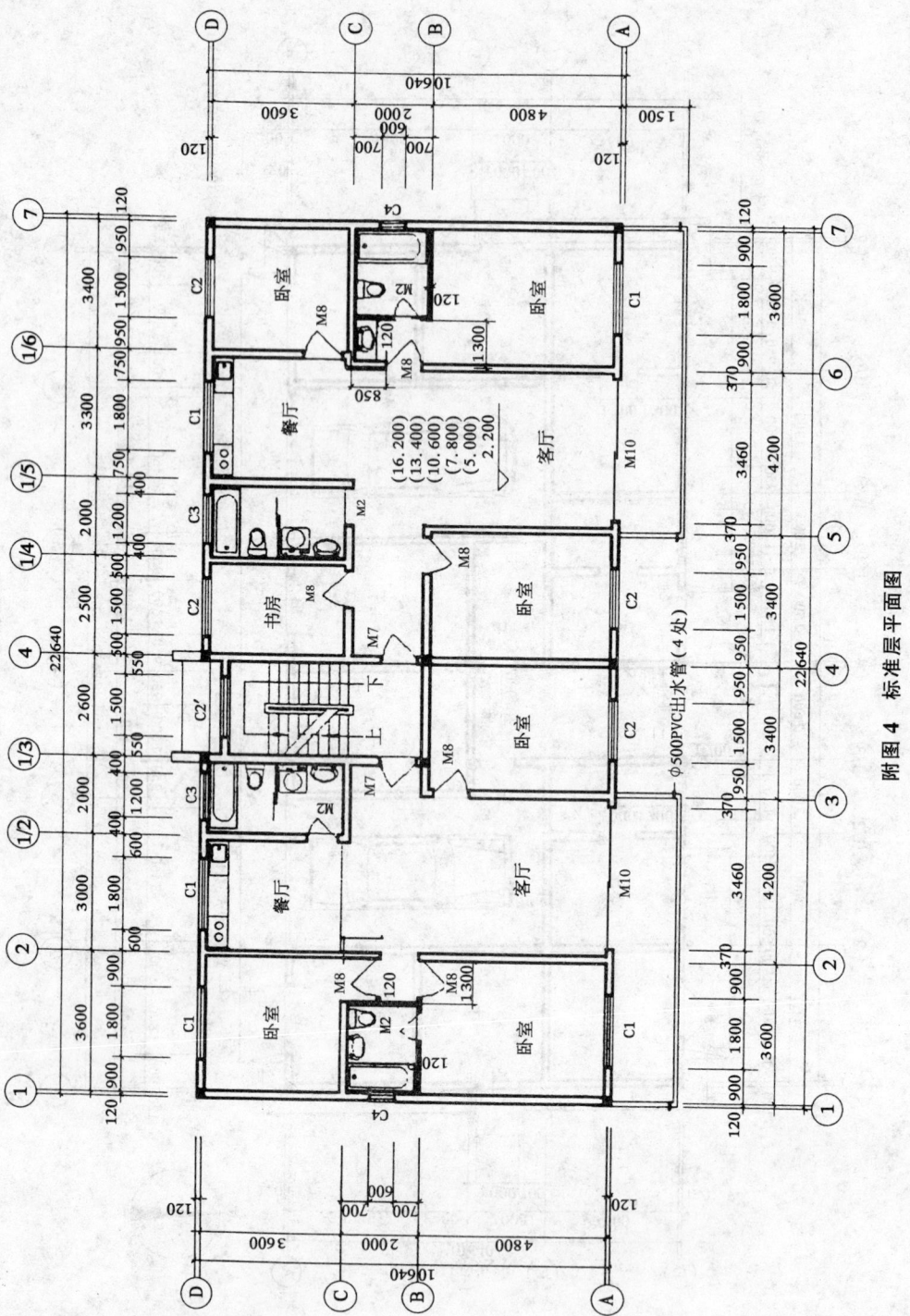

附图 4 标准层平面图

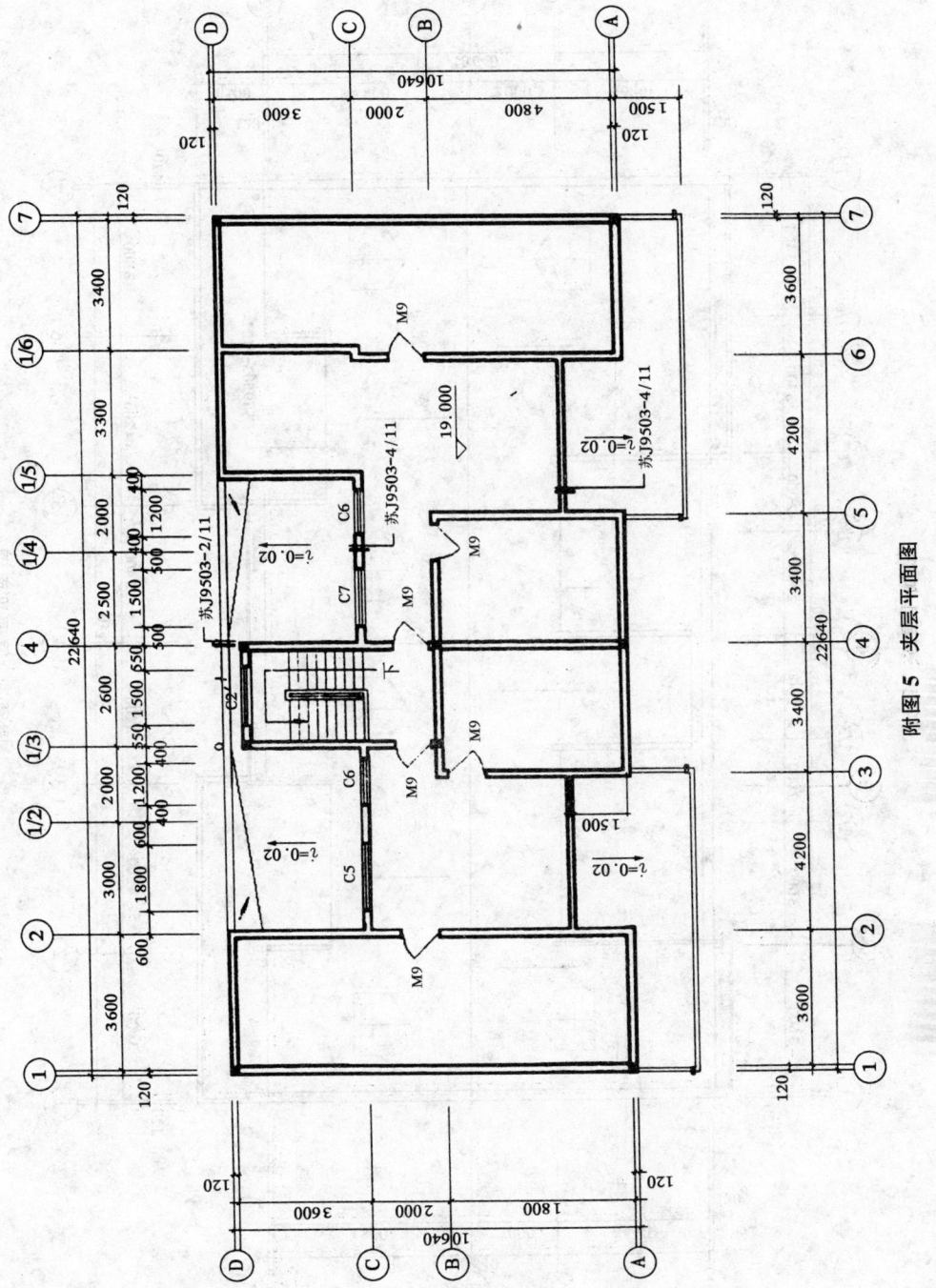

附图 5 夹层平面图

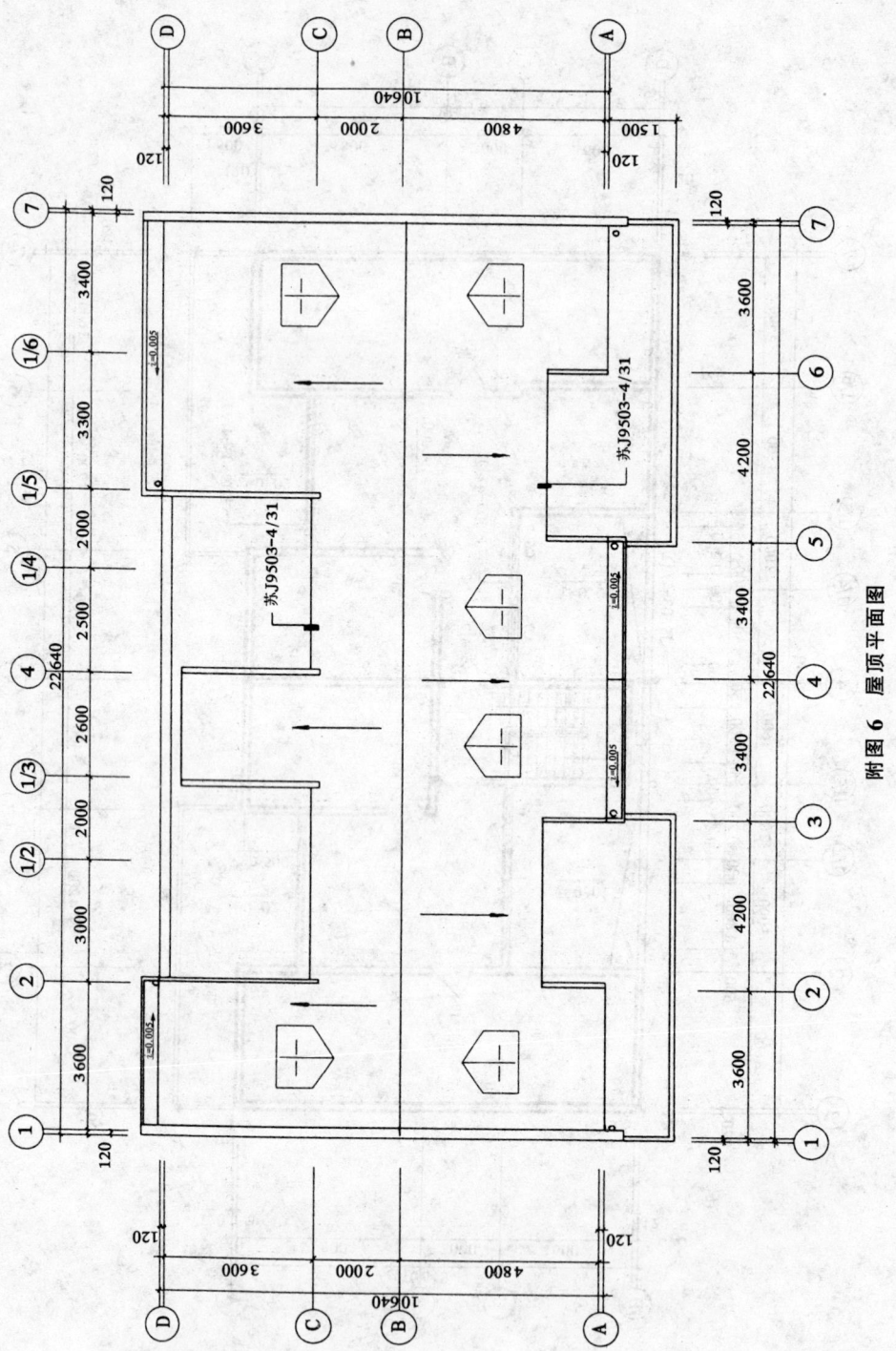

附图 6 屋顶平面图

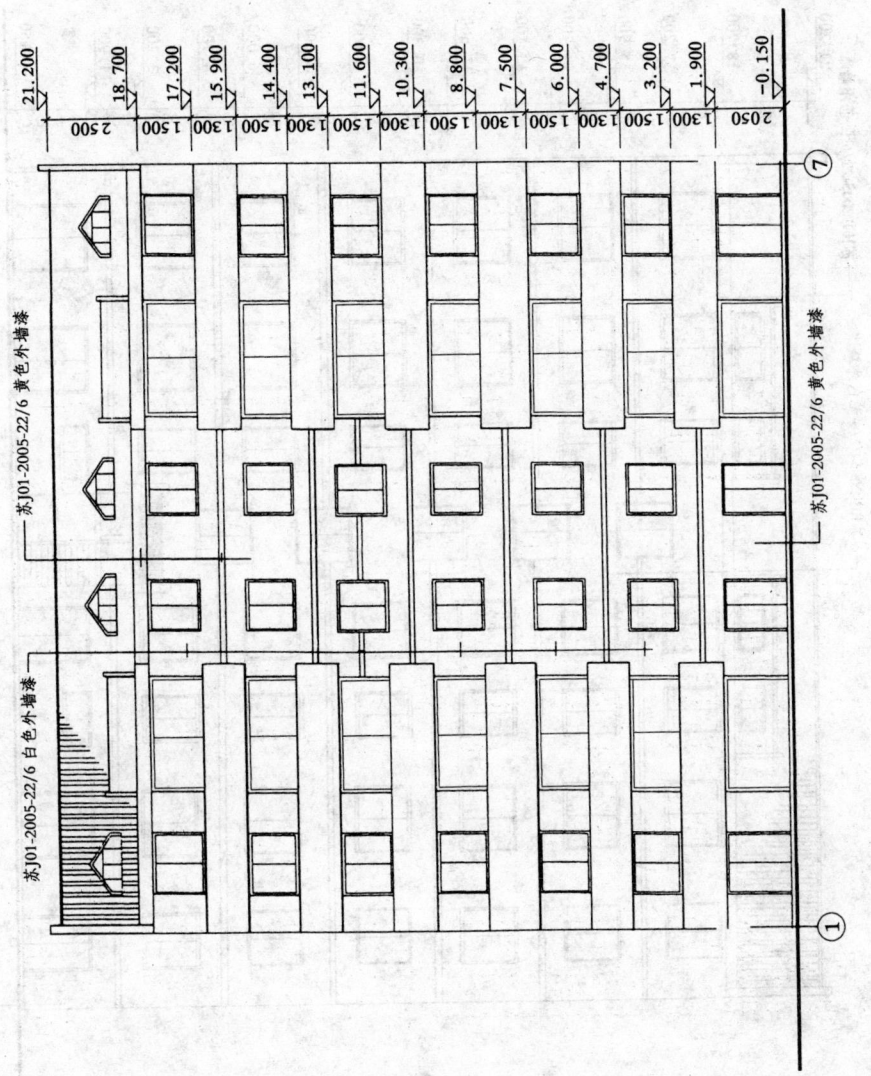

附图 7 南立面图

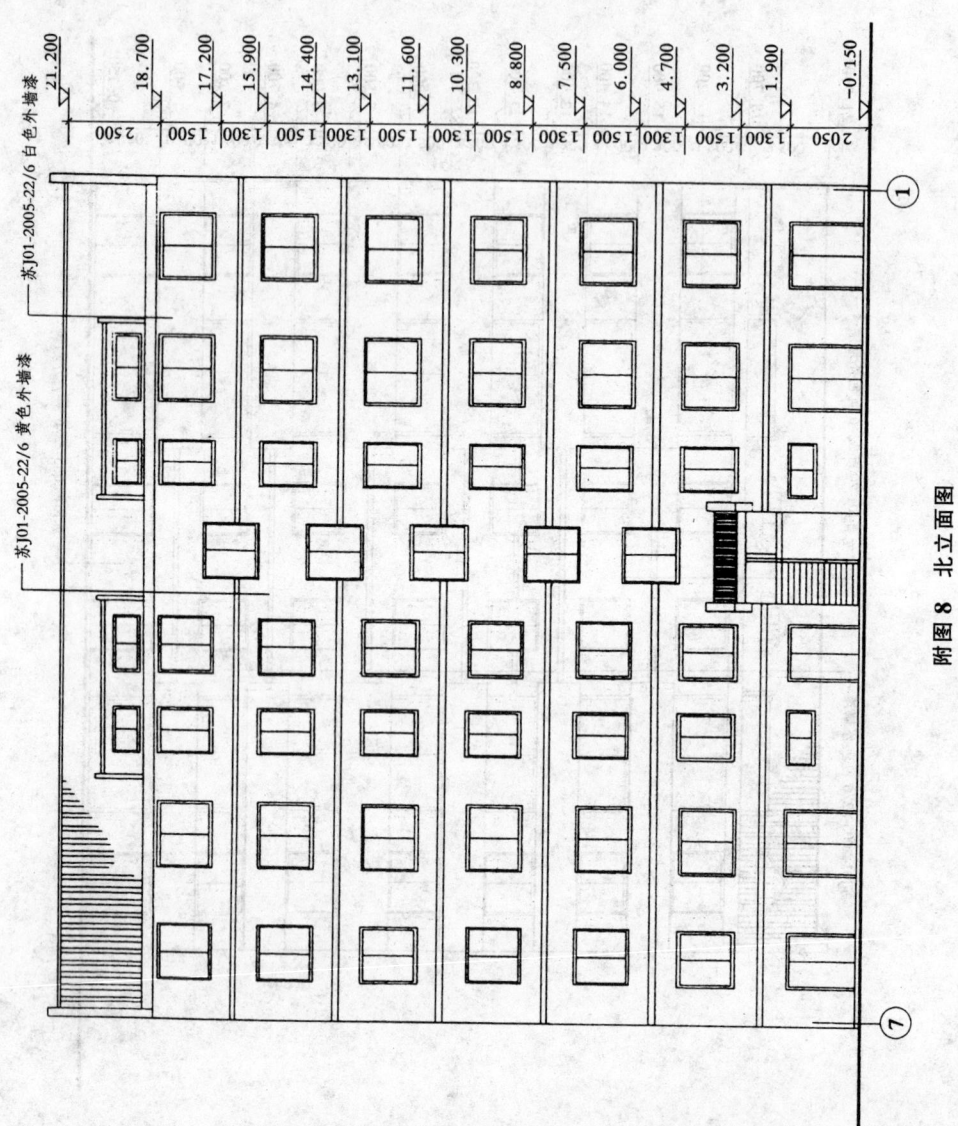

附图 8 北立面图

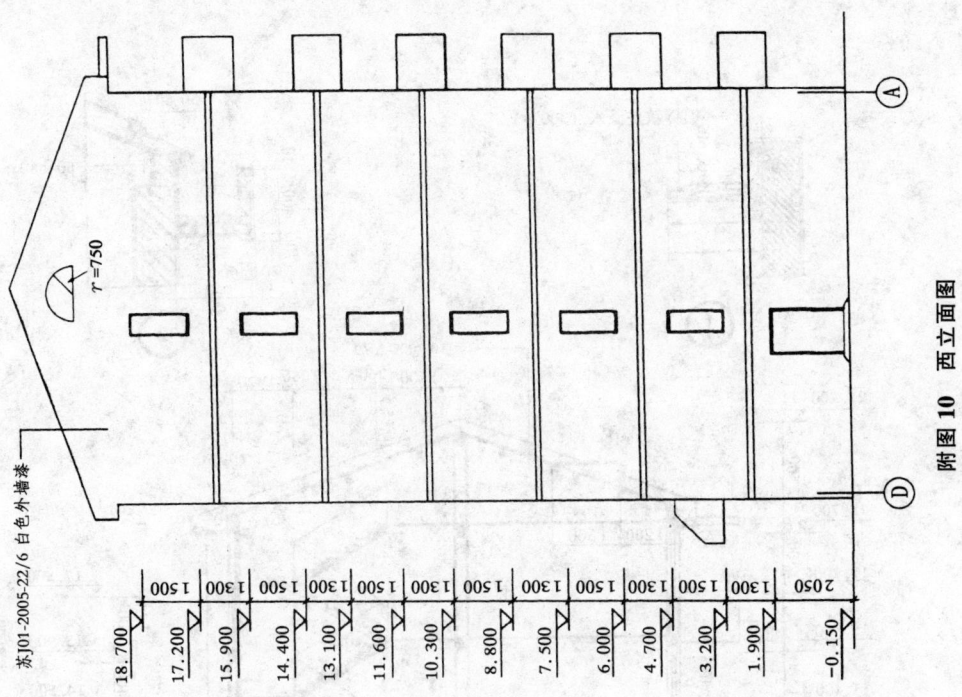

附图10 西立面图

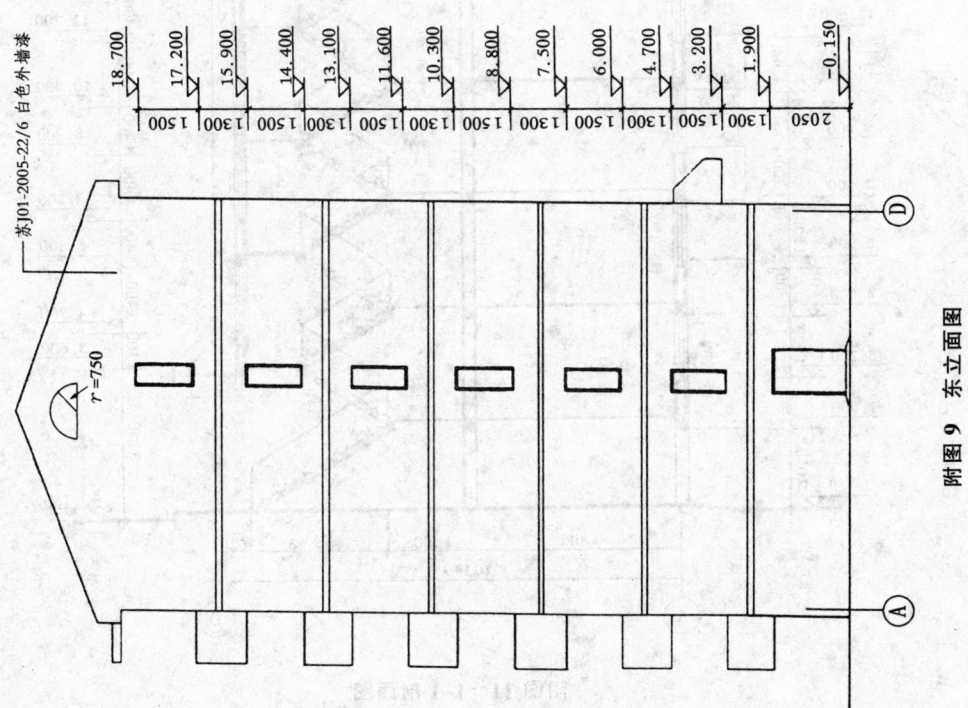

附图9 东立面图

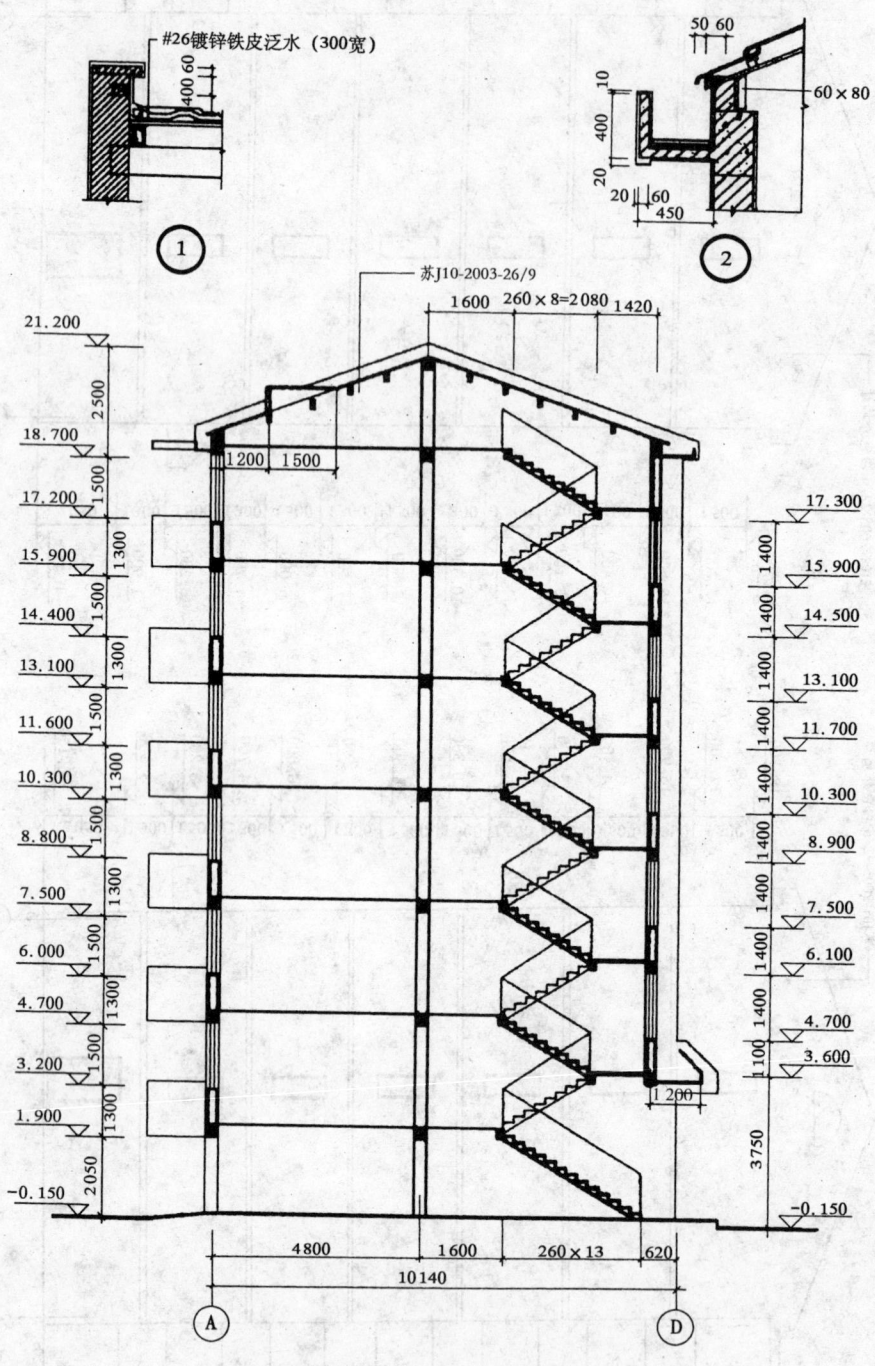

附图11 1-1剖面图

结构设计说明

1 设计依据
1.1 国家、地方现行的有关结构设计的规范、规程、规定；
1.2 其他（略）。

2 设计原则及主要荷载
2.1 主要结构类型：砖混结构，抗震设防烈度：7度，设计使用年限：50年；
2.2 其他（略）。

3 基础工程
3.1 本工程采用C20钢筋混凝土条形基础，C10混凝土垫层100mm厚；
3.2 条基断面及配筋见表1；
3.3 其他（略）。

4 主体工程
4.1 本工程采用砖混结构；
4.2 楼盖采用现浇板结构；
4.3 厨房、卫生间楼盖采用现浇板结构，其他房间采用预应力混凝土空心板楼盖；
4.4 坡屋盖采用预应力钢筋混凝土檩条结构，平屋盖采用预应力混凝土空心板结构；
4.5 其他（略）。

5 施工材料
5.1 本工程所注钢筋 I 级钢为 HPB235，$f_y=210$ N/mm²，II级钢为 HPB335，$f_y=300$ N/mm²；
5.2 砖砌体
5.2.1 室内地面以下采用240厚MU15蒸压粉煤灰砖、M10水泥砂浆砌筑；
5.2.2 标高7.75～13.35 m用MU10KP1承重多孔砖、M10混合砂浆砌筑；标高13.35 m以上用MU10KP1承重多孔砖、M5混合砂浆砌筑。

6 施工要求及其他说明
6.1 本工程砌体施工质量控制等级为B级，施工时必须掌握好垂直度；
6.2 抗震构造按照《建筑物抗震构造详图》（苏G02—2004）实施；
6.3 其他（略）。

7 所用规范和结构设计通用图集
7.1 所用规范
建筑结构荷载规范 GB 50009—2001
建筑抗震设计规范 GB 50011—2001
其他（略）。
7.2 结构设计通用图集见表2

表1 条基断面及配筋表

截面类型	底宽(A)	梯形面高(h_1)	底板高(h_2)	受力筋
1—1	1800	150	150	Φ10@150
2—2	2500	250	150	Φ12@150
3—3	2200	250	150	Φ12@200
4—4	1300	150	150	Φ10@200
5—5	1600	150	150	Φ10@180
6—6	1100	150	150	Φ8@150

表2 结构设计通用图集表

序号	通用图集名称	通用图集编号	备注
1	《建筑物抗震构造详图》	苏G02—2004	
2	《预应力混凝土檩条图集》	苏G9702	
3	《钢筋混凝土雨蓬、挑檐图集》	苏G9404	
4	《120预应力混凝土空心板图集》	苏G9401	

附图12 结构设计说明

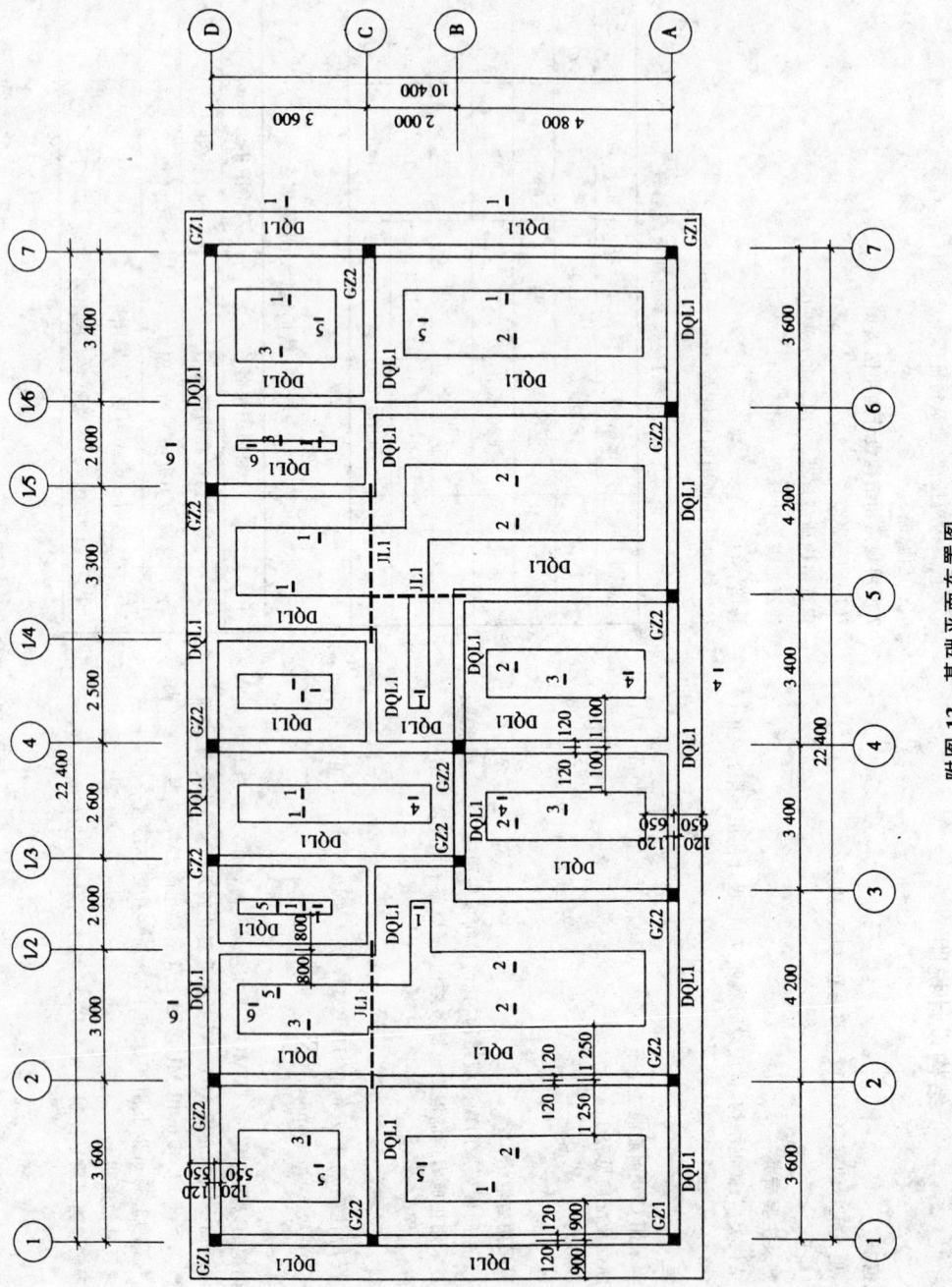

附图 13 基础平面布置图

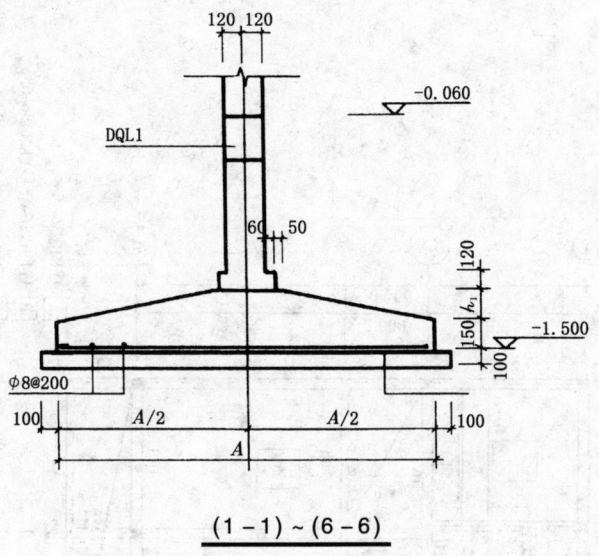

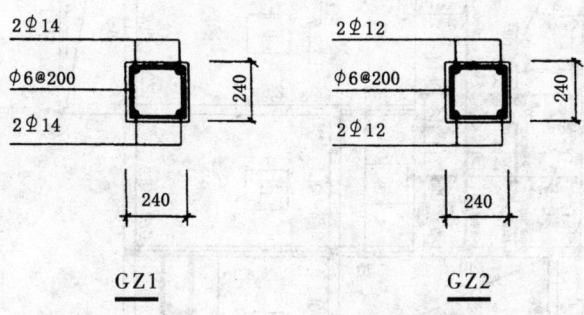

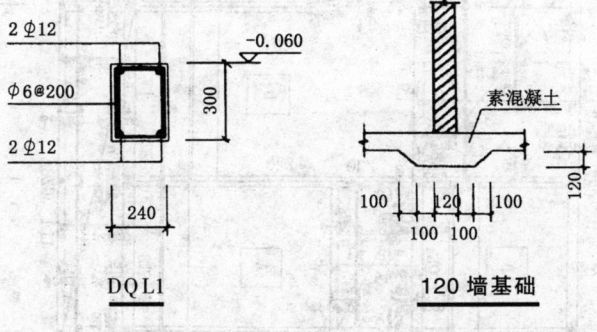

附图 14 基础详图

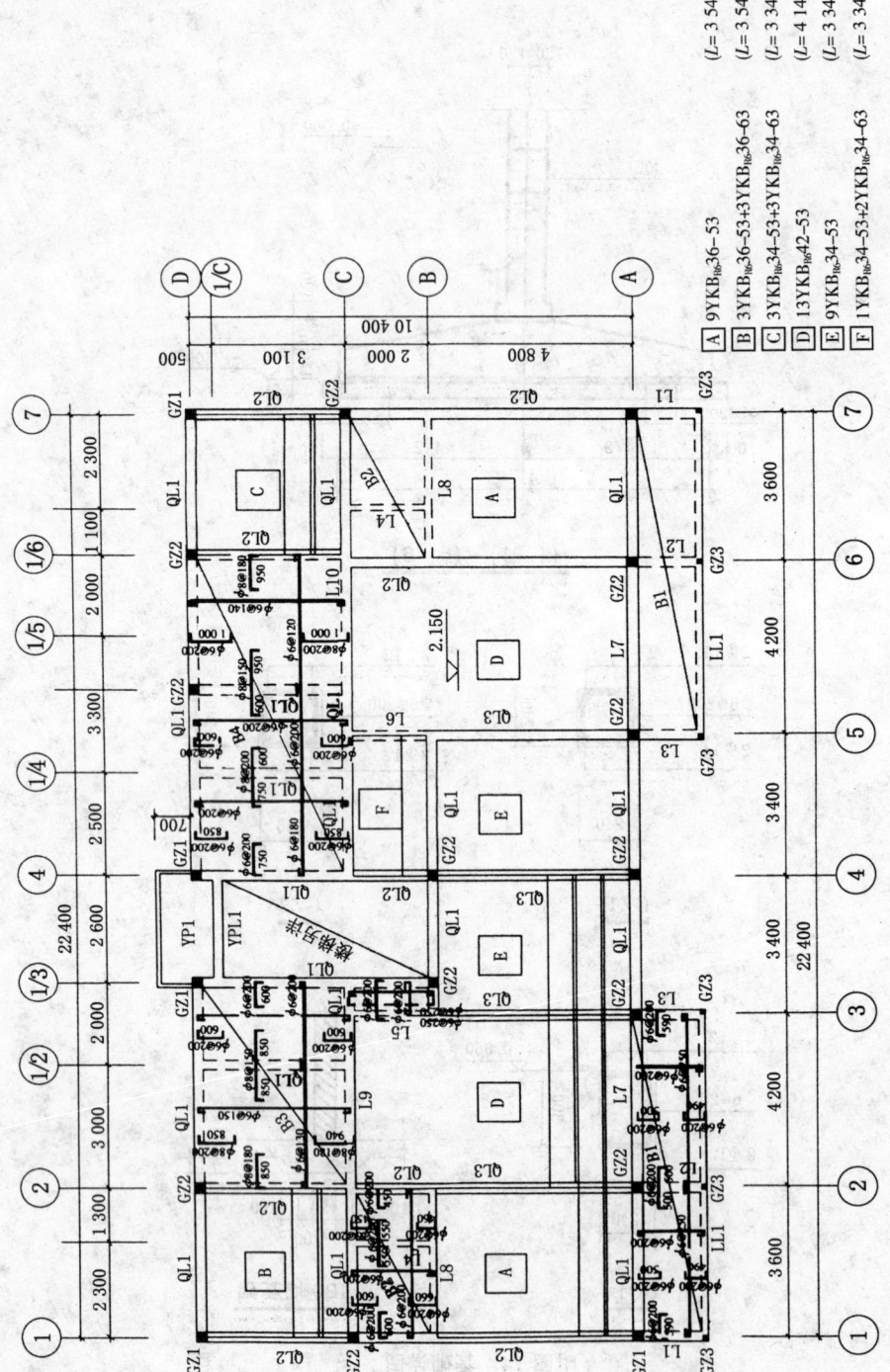

附图15 2.150层结构平面图

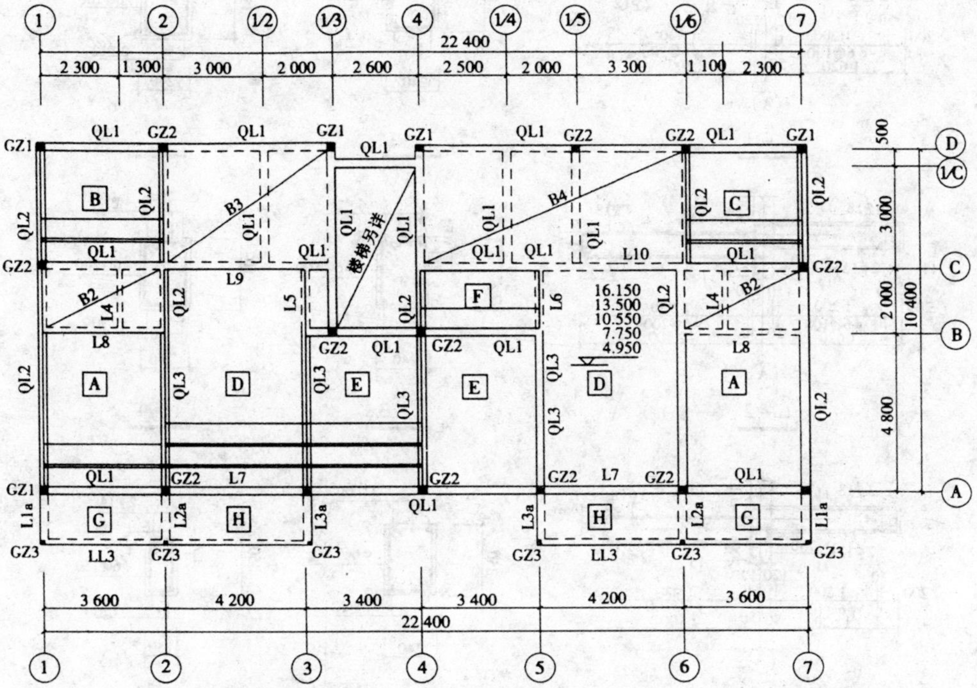

16.150
13.500
10.550
7.750
4.950 层结构平面图

未注明的现浇板厚度为80mm

A	9YKB$_{R6}$36-53	(*L*= 3 540)
B	3YKB$_{R6}$36-53+3YKB$_{R6}$36-63	(*L*= 3 540)
C	3YKB$_{R6}$34-53+3YKB$_{R6}$34-63	(*L*= 3 340)
D	13YKB$_{R6}$42-53	(*L*= 4 140)
E	9YKB$_{R6}$34-53	(*L*= 3 340)
F	1YKB$_{R6}$34-53+2YKB$_{R6}$34-63	(*L*= 3 340)
G	2YKB$_{R6}$36-63	(*L*= 3 540)
H	2YKB$_{R6}$42-63	(*L*= 4 140)

附图 16 LL-1(LL-2)剖面图

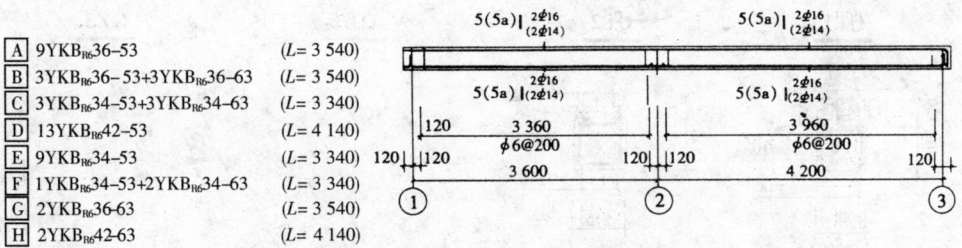

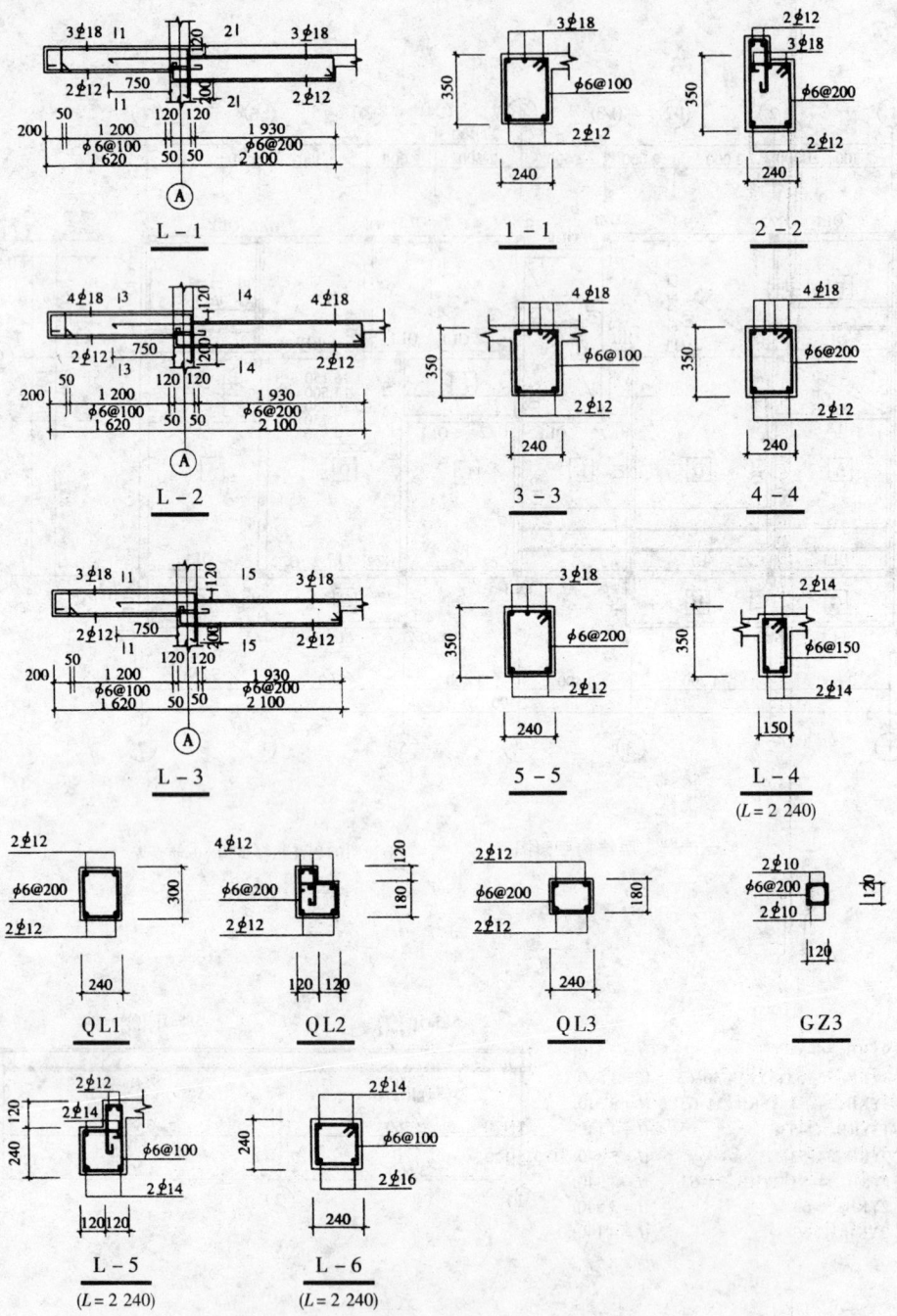

附图 17 配筋图(Ⅰ)

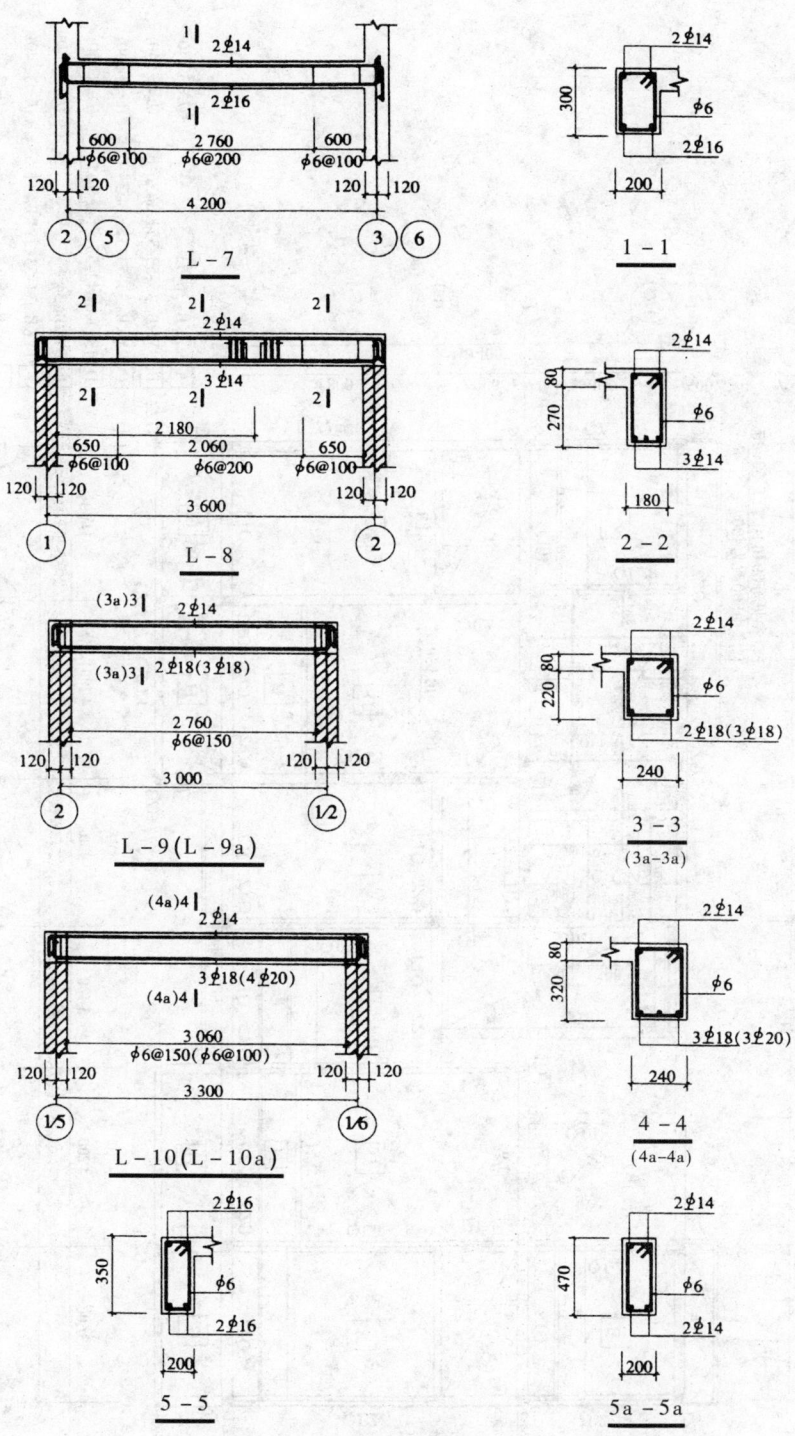

附图 18　配筋图(Ⅱ)

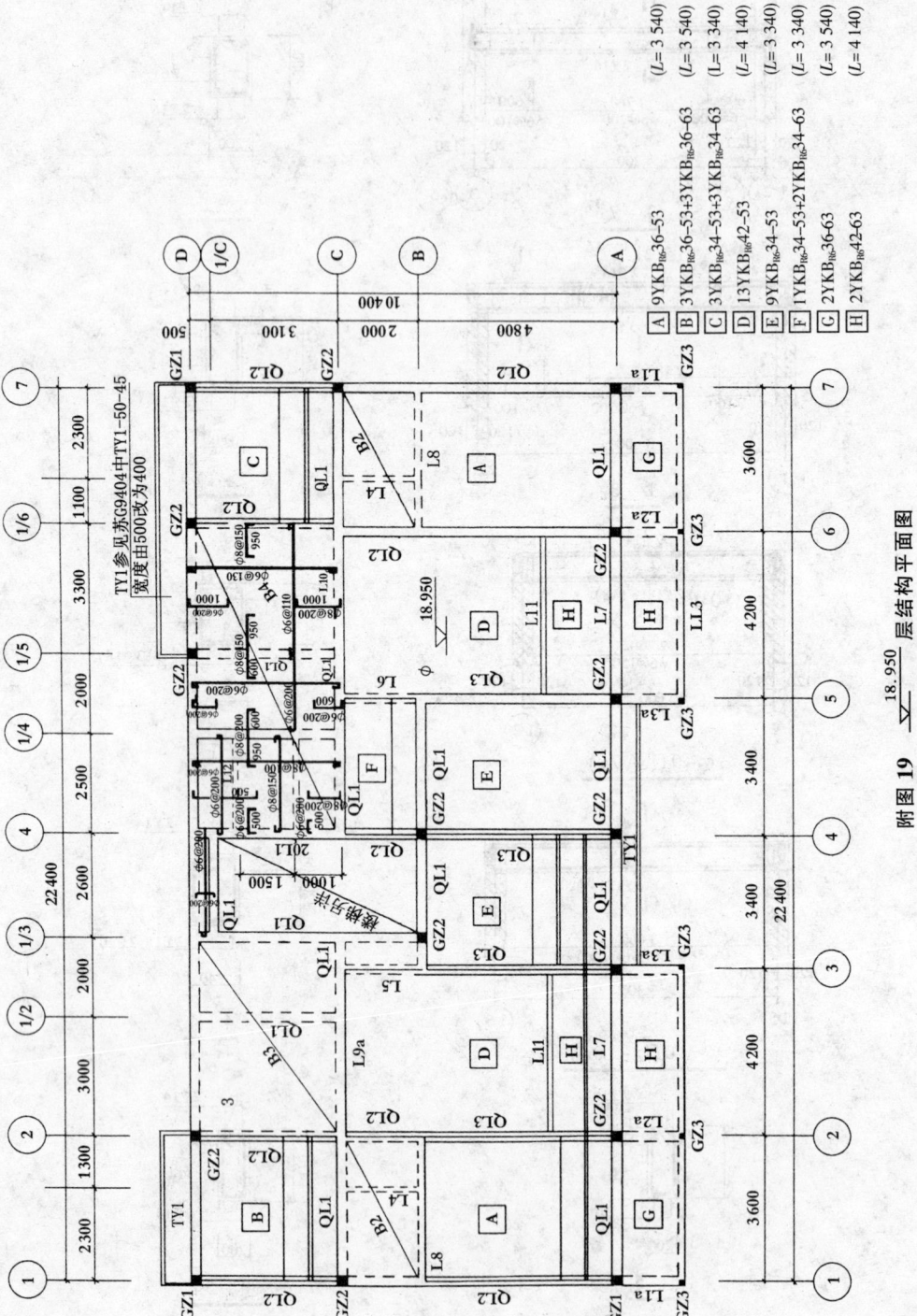

附图 19　18.950 层结构平面图

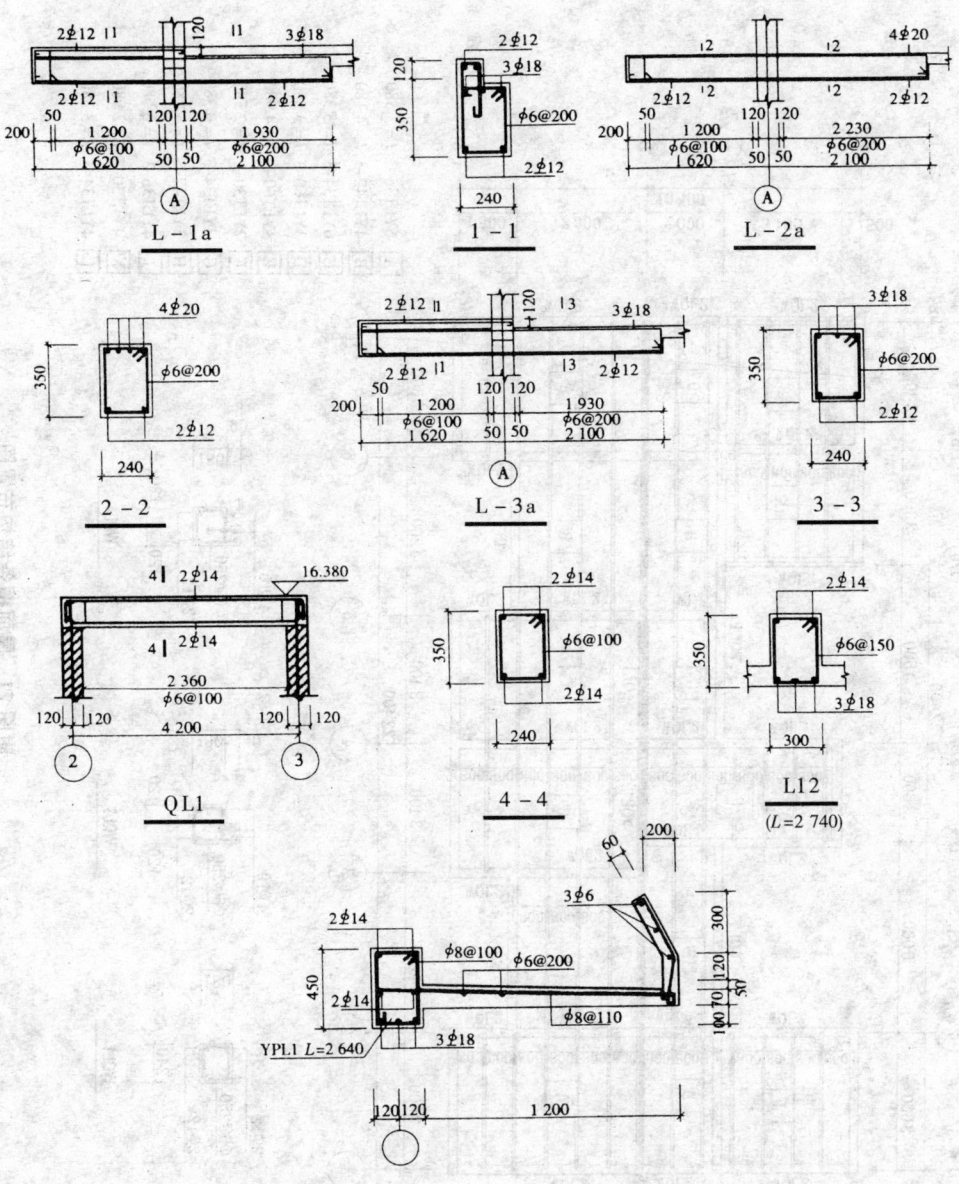

附图 20　YP1 配筋图

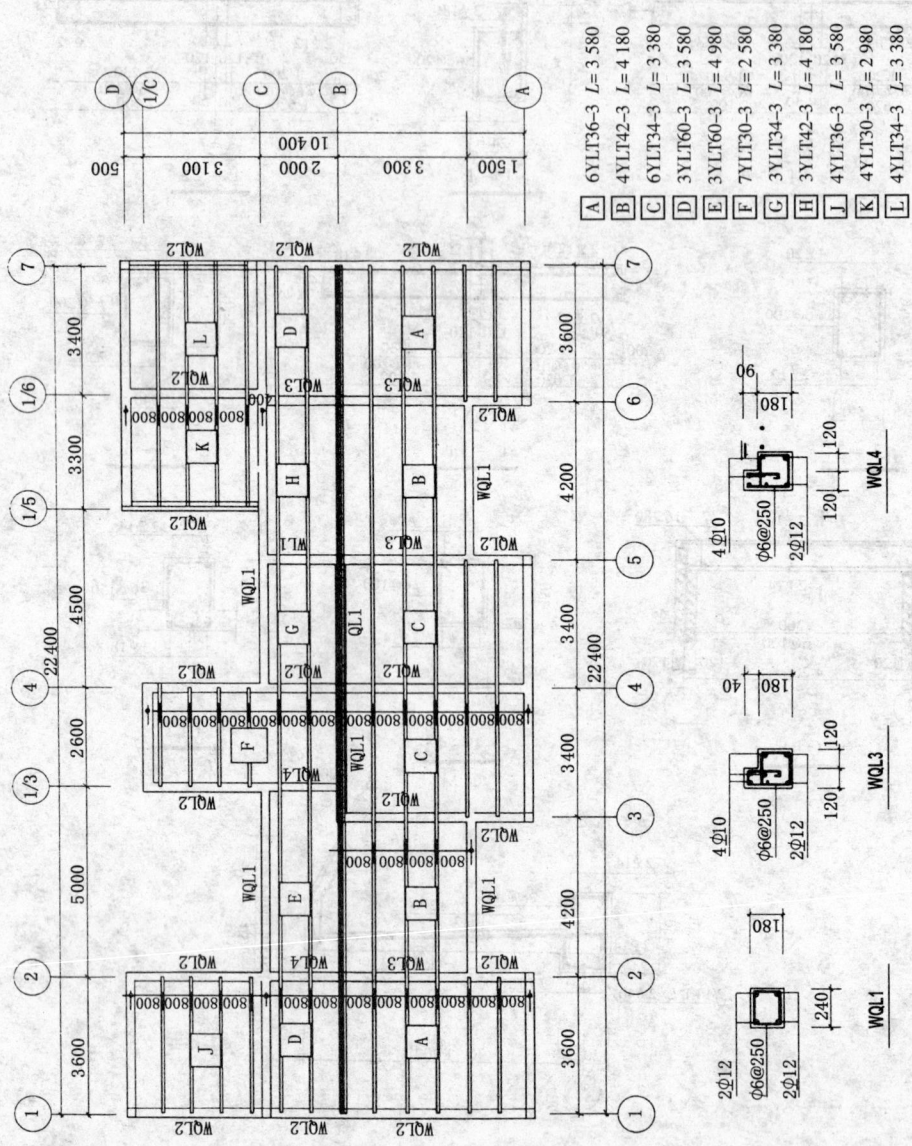

附图 21 屋面檩条结构布置图

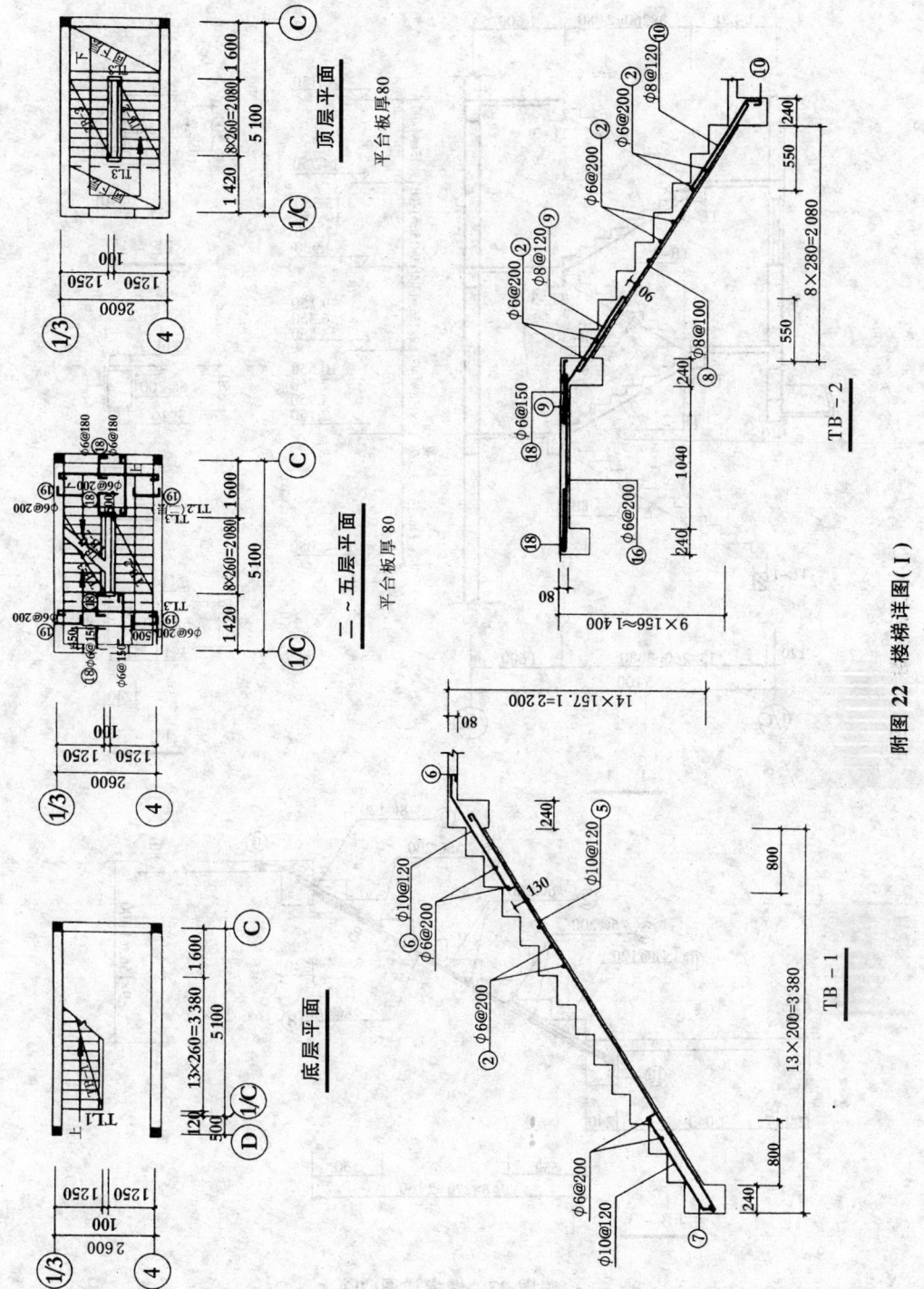

附图22 楼梯详图(Ⅰ)

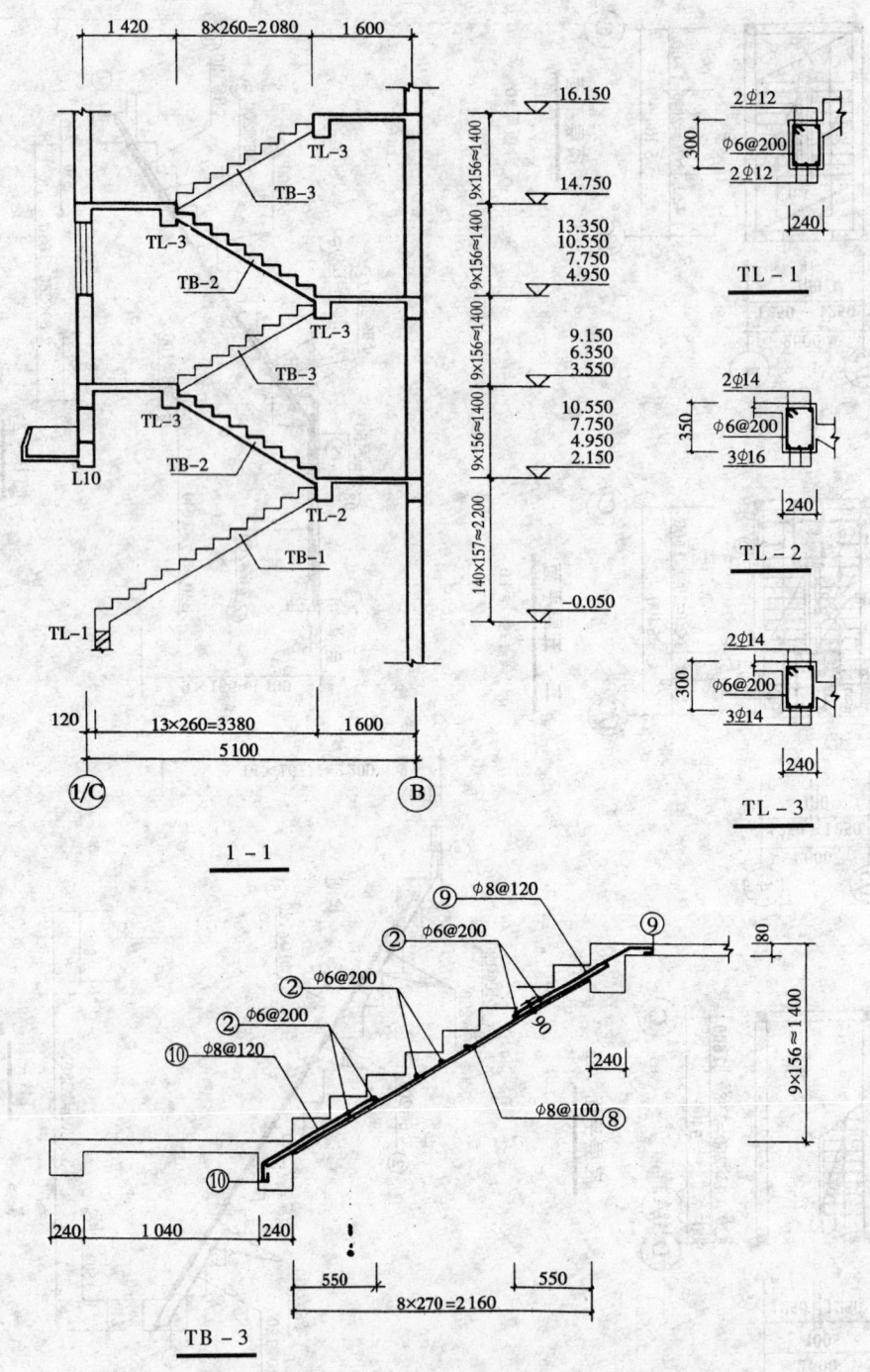

附图 23 楼梯详图(Ⅱ)

附表 1.1 清单工程量计算表

序号	分项工程名称（清单编号）	单位	数量	工程量计算式
	建筑面积按《建筑工程建筑面积计算规范》GB/T 50353—2005 计算	m²	1 835.95	一层车库：$(22.64+0.04)×(10.64+0.04)=242.22(m^2)$ 二～七层标准层：$[(22.64+0.04)×(10.64+0.04)+(4.20+3.60+0.24)×1.50×2/2]×6=1\,525.69(m^2)$ 夹层 净高在 1.2～2.1 m 部分： $[1.72×(22.64+0.04)+2.02×(3.84+2.84+6.94+0.04×3)+1.34×(5.0+4.5-0.04×2)]×0.5=39.69(m^2)$ 净高在 2.1 m 以上部分： $0.58×(22.64+0.04)+0.67×(22.64+0.04)=28.35(m^2)$ 夹层面积：$39.69+28.35=68.04(m^2)$ 总建筑面积：$242.22+1525.69+68.04=1\,835.95(m^2)$
	A.1 土(石)方工程			
1	平整场地（010101001001）	m²	242.22	建筑物首层建筑面积： $(22.64+0.04)×(10.64+0.04)=242.22(m^2)$
2	挖基础土方（010101003001）	m³	341.85	1—1 断面 1 轴、7 轴：$10.40×2=20.80(m)$ 1/3 轴、4 轴：$(5.60-0.75-0.65)×2=8.40(m)$ 1/4 轴、1/5 轴：$(3.60-0.65)×2=5.90(m)$ C 轴：$2.00-1.00+2.50-1.00=2.50(m)$ 面积：$(20.80+8.40+5.90+2.50)×(1.80+0.20)=75.20(m^2)$ 2—2 断面 2 轴：$6.80-0.75=6.05(m)$ 3 轴、5 轴：$(4.80-0.75)×2=8.10(m)$ 6 轴：$6.80-0.90-0.75=5.15(m)$ 面积：$(6.05+8.10+5.15)×(2.50+0.2)=52.11(m^2)$ 3—3 断面 2 轴：$3.60-0.65=2.95(m)$ 4 轴：$4.80-1.50=3.30(m)$ 1/6 轴：$3.60-0.65-0.9=2.05(m)$ 面积：$(2.95+3.3+2.05)×(2.2+0.2)=19.92(m^2)$ 4—4 断面 A 轴：22.40 m B 轴：$3.40×2=6.80(m)$ 面积：$(22.40+6.80)×(1.30+0.20)=43.80(m^2)$ 5—5 断面 C 轴：$3.60-1.00-1.28+5.40-1.00=5.72(m)$ 1/2 轴：$3.60-0.65=2.95(m)$ 面积：$(5.72+2.95)×(1.60+0.20)=15.61(m^2)$ 6—6 断面 D 轴：22.40 m

续附表1.1

序号	分项工程名称（清单编号）	单位	数量	工程量计算式
				面积：$22.40 \times (1.10+0.20) = 29.12(m^2)$ 基础垫层总面积： $75.20+52.11+19.92+43.80+15.61+29.12=235.76(m^2)$ 基础土方工程量：$235.76 \times (1.50+0.10-0.15)=341.85(m^3)$
3	土方回填 (010103001001)	m^3	253.43	挖方：$341.85\ m^3$ 扣除室外地面下基础体积： $23.75+58.62+1.18+4.87=88.42(m^3)$ $341.85-88.42=253.43(m^3)$
			A.3 砌筑工程	
4	砖基础 (M10水泥砂浆) (010301001001)	m^3	30.62	(1) 基础外墙中心线长 $22.40 \times 2+10.40 \times 2=65.60(m)$ (2) 内墙净长线长 B轴：$3.40 \times 2=6.80(m)$ C轴：$3.60-0.24+2.0-0.12+2.5-0.12+5.4-0.12=12.90(m)$ 2轴：$10.40-0.24=10.16(m)$ 1/2轴、1/4轴、1/5轴：$(3.6-0.12) \times 3=10.44(m)$ 3轴、5轴：$(4.80-0.12) \times 2=9.36(m)$ 1/3轴：$5.60-0.25=5.35(m)$ 4轴：$(10.4-0.24 \times 2)=9.92(m)$ 6轴：$6.80-0.24=6.56(m)$ 1/6轴：$3.6-0.24=3.36(m)$ 内墙净长总长：$6.80+12.90+10.16+10.44+9.36+5.35+9.92+6.56+3.36=74.85(m)$ (3) 基础总长：$65.60+74.85=140.45(m)$ (4) 基础体积：$0.24 \times (1.50-0.15-0.15-0.30+0.066) \times 140.45=32.56(m^3)$ 扣除构造柱：$(0.24 \times 0.24 \times 16+0.03 \times 0.24 \times 45) \times (1.50-0.60)=1.12(m^3)$ 扣2-2、3-3处（板厚400）：$0.24 \times 0.10 \times 34.00=0.816(m^3)$ 砖基工程量：$32.56-1.12-0.816=30.62(m^3)$
5	空心砖墙、 砌块墙 (M10一砖外墙) (010304001001)	m^3	67.38	(1) 底层面积 外墙中心线长：$(22.40+10.40) \times 2=65.60(m)$ 墙体高度：$2.20-0.30=1.90(m)$ 墙体毛面积：$65.60 \times 1.90=124.64(m^2)$ 扣：M3：$1.80 \times 1.90 \times 5=17.10(m^2)$ 　　M4：$1.50 \times 1.90 \times 4=11.40(m^2)$ 　　M5：$1.00 \times 1.90 \times 2=3.80(m^2)$ 　　梯洞：$2.36 \times 2.2=5.19(m^2)$ 　　C6：$1.20 \times 0.6 \times 2=1.44(m^2)$ 　　M6：$3.46 \times 1.90 \times 2=13.15(m^2)$

续附表 1.1

序号	分项工程名称 （清单编号）	单位	数量	工程量计算式
				门窗洞合计：52.08 m² 底层墙体净面积：124.64－52.08＝72.56(m²) (2) 二、三层面积 [(22.64＋10.64)×2＋0.5×2]×(2.8－0.30)×2＝337.80(m²) 扣：C1：1.80×1.50×10＝27.00(m²) 　　C2：1.50×1.50×8＝18.00(m²) 　　C2′：1.50×1.40×2＝4.20(m²) 　　C3：1.20×1.50×4＝7.20(m²) 　　C4：0.60×1.50×4＝3.60(m²) 　　M10：3.46×2.50×4＝34.60(m²) 门窗洞合计：94.60 m² 二、三层墙体净面积：337.80－94.60＝243.20(m²) (3) 体积 (72.56＋243.20)×0.24＝75.78(m³) 扣构造柱体积：(0.24×0.24×1.90×16＋0.03×0.24×41×1.90)＋(0.24×0.24×2.50×16＋0.03×0.24×41×2.50)×2＝8.40(m³) M10 一砖外墙工程量：75.78－8.40＝67.38(m³)
6	空心砖墙、 砌块墙 （M7.5 一砖外墙） （010304001002）	m³	55.33	四、五层净面积同二、三层：243.20 m² 体积：243.20×0.24＝58.37(m³) 扣构造柱体积：3.04 m³ M7.5 一砖外墙工程量：58.37－3.04＝55.33(m³)
7	空心砖墙、 砌块墙 （M5 一砖外墙） （010304001003）	m³	68.44	六、七层标高 19.00 m 以下同四、五层：55.33 m³ 标高 19.00 m 以上阁楼部分面积 C 轴：(5.00＋4.50)×(1.61－0.18)－1.8×0.6－1.2×0.6×2－1.5×0.6＝10.17(m²) 1/A 轴：4.20×2×(0.78－0.18)＝5.04(m²) 1、7 轴：10.4×(2.20－0.22)/2×2－0.75×0.75×3.14/2×2＝18.83(m²) 2、3、5、6 轴：1.50×(0.78－0.22)/2×4＝1.68(m²) 2、1/5 轴：3.60×(1.61－0.22)/2×2＝5.00(m²) 1/3、4 轴：3.10×(1.60＋0.22－0.22)/2×2＝4.96(m²) 1/C 轴：2.60×(0.25－0.18)＝0.18(m²) 阁楼部分体积：(10.17＋5.04＋18.83＋1.68＋5.00＋4.96＋0.18)×0.24＝11.01(m³) 扣 1、7 轴构造柱：(0.24×0.24＋0.06×0.24)×1.18×2＝0.17(m³) 11.01－0.17＝10.84(m³) 女儿墙：11.82×0.40×2×0.24＝2.27(m³) M5 一砖外墙工程量：55.33＋10.84＋2.27＝68.44(m³)

续附表 1.1

序号	分项工程名称（清单编号）	单位	数量	工程量计算式
8	空心砖墙、砌块墙（M10半砖内墙）（010304001004）	m³	3.84	二层： $(2.0+2.3-0.24+3.60+2.0-0.24-0.18+0.9-0.18)\times(2.80-0.35)=24.40(m^2)$ 扣：M8：$0.90\times2.40\times2=4.32(m^2)$ 　　M2：$0.80\times2.10\times2=3.36(m^2)$ 二层体积：$(24.40-4.32-3.36)\times0.115=1.92(m^3)$ 三层同二层：1.92 m³ M10半砖内墙工程量：$1.92+1.92=3.84(m^3)$
9	空心砖墙、砌块墙（M7.5半砖内墙）（010304001005）	m³	3.84	四、五层同二、三层：3.84 m³
10	空心砖墙、砌块墙（M5半砖内墙）（010304001006）	m³	3.84	六、七层同二、三层：3.84 m³
11	空心砖墙、砌块墙（M10一砖内墙）（010304001007）	m³	112.63	（1）底层面积 2、4轴：$(10.64-0.24\times2)\times2=20.32(m)$ 1/2、1/4、1/5、1/6轴：$(3.6-0.24)\times4=13.44(m)$ 1/3轴：$5.60-0.24=5.36(m)$ 3轴：$4.8-0.12=4.68(m)$ 5、6轴：$(6.80-0.24)\times2=13.12(m)$ C轴：$22.4-0.24\times3-2.6=19.08(m)$ B轴：$6.80-0.24\times2=6.32(m)$ 1/A轴：$(3.60-0.24)\times2=6.72(m)$ 内墙净长合计：89.04（m） $89.04\times(2.2-0.30)=169.18(m^2)$ 扣门洞：$1.00\times2.08\times3+0.90\times1.90\times2=9.66(m^2)$ 底层面积小计：$169.18-9.66=159.52(m^2)$ （2）二层面积 2、6、1/6轴：$(10.64-0.24\times2)\times2=20.32(m)$ 3、1/3、4轴：$(10.64-0.24\times2-0.5)\times2=19.32(m)$ 1/2、1/5轴：$3.45\times2=6.90(m)$ 1/4轴：3.36 m 5轴：$4.80-0.12=4.68(m)$ C轴：$2.70-0.12+2.0-0.12+4.50-0.12+3.60-0.12=12.32(m)$ B轴：$6.80-0.24=6.56(m)$ 内墙净长合计：73.46（m） 内墙面积：$73.46\times(2.80-0.30)=183.65(m^2)$

续附表1.1

序号	分项工程名称（清单编号）	单位	数量	工程量计算式
				扣门洞：$1.00×2.50+1.00×2.68+2.20×1.00×2+0.90×2.40×7+0.80×2.10=26.38(m^2)$ 二层面积小计：$183.65-26.38=157.27(m^2)$ 三层面积同二层：$157.27\ m^2$ 面积总计：$159.52+157.27+157.27=474.06(m^2)$ 体积：$474.06×0.24=113.77(m^3)$ 扣构造柱：$(0.24×0.24×2+0.03×0.24×7)×(2.20+2.8×2-0.30×3)=1.14(m^3)$ M10一砖内墙工程量：$113.77-1.14=112.63(m^3)$
12	空心砖墙、砌块墙（M7.5一砖内墙）（010304001008）	m^3	74.66	四、五层同二、三层：$157.27×2×0.24=75.49(m^3)$ 扣构造柱：$(0.24×0.24×2+0.03×0.24×7)×(2.8×2-0.30×2)=0.83(m^3)$ M7.5一砖内墙工程量：$75.49-0.83=74.66(m^3)$
13	空心砖墙、砌块墙（M5一砖内墙）（010304001009）	m^3	86.83	六、七、阁楼层： 略
14	零星砌砖（M5半砖砌阳台栏板）（010302006001）	m^3	13.70	长度：$[(1.50-0.12)×2+7.80]×2×6=126.72(m)$ 工程量：$0.115×126.72×(1.00-0.06)=13.70(m^3)$

A.4 混凝土及钢筋混凝土工程

序号	分项工程名称（清单编号）	单位	数量	工程量计算式
15	带形基础（010401001001）	m^3	58.62	1—1断面 矩形截面长： 1轴、7轴：$10.40×2=20.80(m)$ 1/3轴、4轴：$(5.60-0.65-0.55)×2=8.80(m)$ 1/4轴、1/5轴：$(3.60-0.55)×2=6.10(m)$ C轴：$2.00-0.90+2.50-0.90+2.0-1.08=3.62(m)$ 1—1矩形截面总长：$39.32\ m$ 1—1矩形截面体积：$1.80×0.15×39.32=10.62(m^3)$ 1—1梯形截面总长：$39.32+0.21×2+0.16×4+0.34×3=41.40(m)$ 1—1梯形截面体积：$(1.80+0.46)×0.15/2×41.40=7.02(m^3)$ 1—1断面总体积：$10.62+7.02=17.64(m^3)$ 2—2断面 矩形截面长： 2轴：$6.80-0.65=6.15(m)$ 3、5轴：$(4.80-0.65)×2=8.30(m)$ 6轴：$6.80-0.80-0.65=5.35(m)$

续附表1.1

序号	分项工程名称 (清单编号)	单位	数量	工程量计算式
				2—2矩形截面总长：19.80 m² 2—2矩形截面体积：$2.50 \times 0.15 \times 19.80 = 7.43(m^3)$ 2—2梯形截面总长：$19.80 + 1.075 = 20.88(m)$ 2—2梯形截面体积：$(2.50 + 0.46)/2 \times 0.25 \times 20.88 = 7.73(m^3)$ 2—2断面总体积：$7.43 + 7.73 = 15.16(m^3)$ 3—3断面 矩形截面长： 2轴：$3.60 - 0.55 = 3.05(m)$ 4轴：$4.80 - 1.30 = 3.50(m)$ 1/6轴：$3.60 - 0.55 - 0.80 = 2.25(m)$ 3—3矩形截面长：8.80 m 3—3矩形截面体积：$2.2 \times 0.15 \times 8.80 = 2.90(m^3)$ 3—3梯形截面长：$8.80 + 1.025 = 9.83(m)$ 3—3梯形截面体积：$(2.20 + 0.46)/2 \times 0.25 \times 9.83 = 3.27(m^3)$ 3—3截面总体积：$2.90 + 3.27 = 6.17(m^3)$ 同样方法，算出： 4—4断面总体积：9.55 m³ 5—5断面总体积：3.78 m³ 6—6断面总体积：6.32 m³ 带形基础工程量：58.62 m³
16	垫层 (010401006001)	m³	23.58	$235.76 \times 0.1 = 23.58\ m^3$
17	矩形柱 (C20构造柱) (010402001001)	m³	28.52	(1) 基础部分： $(0.24 \times 0.24 \times 16 + 0.03 \times 0.24 \times 45) \times (1.50 - 0.30) = 1.49(m^3)$ (2) 一层部分： $(0.24 \times 0.24 \times 18 + 0.03 \times 0.24 \times 49) \times 2.20 = 3.06(m^3)$ (3) 二～七层： $(0.24 \times 0.24 \times 18 + 0.03 \times 0.24 \times 49) \times 2.8 \times 6 = 23.35(m^3)$ (4) 阁楼层： B轴：$(0.24 \times 0.24 \times 2 + 0.03 \times 0.24 \times 7) \times 2.20 = 0.36(m^3)$ C轴：$(0.24 \times 0.24 \times 2 + 0.03 \times 0.24 \times 6) \times 1.62 = 0.26(m^3)$ C20构造柱工程量：28.52 m³
18	矩形柱 (C20阳台栏板 构造柱) (010402001002)	m³	0.52	$0.12 \times 0.12 \times 1.00 \times 3 \times 2 \times 6 = 0.52(m^3)$

续附表1.1

序号	分项工程名称（清单编号）	单位	数量	工程量计算式
19	矩形梁（C20 矩形梁）（010403002001）	m³	12.09	略
20	圈梁（C20 地圈梁）（010403004001）	m³	9.73	地圈梁长度： A 轴：22.40 m B 轴：3.40×2=6.80(m) C 轴：3.60−0.24+2.0−0.12+2.5−0.12+5.4−0.12=12.90(m) D 轴：22.40 m 1、7 轴：10.40×2=20.80(m) 2 轴：10.40−0.24=10.16(m) 1/2、1/4、1/5 轴：(3.6−0.12)×3=10.44(m) 3、5 轴：(4.80−0.12)×2=9.36(m) 4 轴：10.40−0.24×2=9.92(m) 6 轴：6.80−0.24=6.56(m) 1/6 轴：3.60−0.24=3.36(m) 总长：135.10 m C20 地圈梁工程量：0.24×0.30×135.10=9.73(m³)
21	圈梁（C20 圈梁）（010403004002）	m³	59.68	略
22	过梁（C20 过梁）（010403005001）	m³	6.25	略
23	有梁板（C20 钢筋混凝土有梁板）（010405001001）	m³	15.12	标高 2.15 m： B2：(3.84×2.24×0.08+0.18×0.27×3.36+0.15×0.27×1.82)×2=0.93×2=1.86(m³) (3−1/3)轴、(B−C)轴之间：1.04×2.24×0.08+(0.24×0.24×0.12×0.04)×1.76=0.30(m³) 标高 2.15 m 计：1.86+0.30=2.16(m³) 标高 4.95 m、7.75 m、10.55 m、13.50 m、16.15 m、18.95 m：2.16×6=12.96(m³) 有梁板工程量：2.16+12.96=15.12(m³)
24	平板（C20 钢筋混凝土平板）（010405003001）	m³	30.71	标高 2.15 m： B3：5.24×3.84×0.08=1.61(m³) B4：8.04×3.84×0.08=2.47(m³) 标高 2.15 m 计：4.08 m³ 标高 4.95 m、7.75 m、10.55 m、13.50 m、16.15 m、18.95 m：4.08×6=24.48(m³) 梯过道板：2.60×1.48×0.08×7=2.15(m³) 平板工程量：4.08+24.48+2.15=30.71(m³)

续附表 1.1

序号	分项工程名称（清单编号）	单位	数量	工程量计算式
25	天沟、挑檐板 (010405007001)	m³	0.92	底板：$(3.84+6.94+6.80-0.24)\times0.4\times0.07=0.49(m^3)$ 侧板：$(3.84+6.94+6.80-0.24+0.40\times4)\times0.38\times0.06$ $=0.43(m^3)$ 天沟、挑檐板工程量：$0.49+0.43=0.92(m^3)$
26	雨篷、阳台板（二层平面现浇阳台）(010405008001)	m³	3.31	阳台板： B1：$1.50\times8.04\times0.08\times2=1.93(m^3)$ LL1：$0.20\times0.27\times8.04\times2=0.87(m^3)$ L1,L2,L3：$(1.5-0.2)\times0.24\times0.27\times3\times2=0.51(m^3)$ 阳台板计：$3.31(m^3)$
27	雨篷、阳台板（复式雨篷）(010405008002)	m³	0.46	YP1： $1.20\times2.84\times0.095+(2.84+0.70\times2)\times0.53\times0.06$ $=0.46(m^3)$
28	直形楼梯 (010406001001)	m²	55.35	底层：$(3.38+0.24)\times(2.6-0.24-0.1)/2=4.09(m^2)$ 二～七层：$(1.30+2.08+0.24)\times(2.60-0.24)\times6=51.26(m^2)$ 合计：$4.09+51.26=55.35(m^2)$
29	其他构件（阳台栏板 C20 混凝土压顶）(010407001001)	m³	1.12	$0.06\times0.12\times126.72=0.91(m^3)$ 女儿墙压顶：$0.30\times0.06\times11.82=0.21(m^3)$ 合计：$0.91+0.21=1.12(m^3)$
30	散水、坡道 (010407002001)	m²	47.58	$(22.64-0.24-0.9\times2)\times1.20=24.72(m^2)$ $1.40\times1.2\times2+5.30\times1.20+8.35\times1.20+2.60\times$ $1.20=22.86(m^2)$ 坡道工程量：$24.72+22.86=47.58(m^2)$
31	散水、坡道 (010407002002)	m²	17.54	$[(0.9+0.6+10.64-1.2+0.6+0.9)\times2+2.36+2.0]$ $\times0.6=17.54(m^2)$
32	空心板 (010412002001)	m³	72.22	略（按设计以体积计算）
33	现浇混凝土钢筋（直径 6～12 mm）(010416001001)	t	13.932	略
34	现浇混凝土钢筋（直径 14～25 mm）(010416001002)	t	3.883	略

续附表 1.1

序号	分项工程名称 （清单编号）	单位	数量	工程量计算式
35	现浇混凝土钢筋 （墙体加固筋） （直径 6 mm） （010416001003）	t	1.061	略
36	先张法预应力钢筋 （冷轧带肋 钢筋 4～5 mm） （010416005001）	t	5.281	略
A.7 屋面及防水工程					
37	瓦屋面 （010701001001）	m²	207.28	[22.64×3.30＋22.64×2.00＋1.50×(3.84＋7.04＋3.84)＋3.6×(3.84＋6.64)＋2.84×3.10]×1.099＝207.28(m²)
38	屋面卷材防水 （010702001001）	m²	84.18	南侧：[(1.50−0.12)×7.80＋(4.2−0.24)×1.50]×2＝33.41(m²) 北侧：(3.6−0.24)×(12.10−0.24)−2.84×3.10＝31.05(m²) 侧面卷边： 0.25×[(7.8×2＋2.88×2)×2＋(11.86×2＋3.36×2＋2.86×2)]＝19.72(m²) 屋面卷材防水工程量：33.41＋31.05＋19.72＝84.18(m²)
39	屋面排水管 （010702004001）	m	151.60	(18.80＋0.15)×8＝151.60(m)
40	屋面天沟、檐沟 （010702005001）	m²	12.05	(3.6＋6.7−0.12＋6.80−0.24)×(0.39＋0.33)＝12.05(m²)
A.8 防腐、隔热保温工程					
41	保温隔热屋面 （坡屋面） （010803001001）	m²	207.28	坡屋面保温：207.28 m²
42	保温隔热屋面 （平屋面） （010803001002）	m²	64.46	平屋面保温：64.46 m²
B.1 楼地面工程					
43	水泥砂浆楼地面 （地面） （020101001001）	m²	203.72	外墙中心线面积：10.40×22.40＝232.96(m²) 扣外墙占面积：65.60×0.12＝7.87(m²) 扣内主墙占面积：89.04×0.24＝21.37(m²) 水泥砂浆地面工程量：232.96−7.87−21.37＝203.72(m²)

续附表1.1

序号	分项工程名称（清单编号）	单位	数量	工程量计算式
44	细石混凝土楼地面（卫生间、餐厅楼面）（020101003001）	m²	188.31	卫生间 二层： B～C轴/1-2轴,1/6-7轴： (2.0-0.18)×(3.6-1.42-0.18)×2=7.28(m²) C～D轴/1/2-1/3轴,1/4-1/5轴： (2.0-0.24)×(3.6-0.24)×2=11.83(m²) 三～七层：11.83×5=59.15(m²) 卫生间合计：11.83+59.15=70.98(m²) 餐厅 [(3.0-0.24)×(3.6-0.24)+(3.3-0.24)×(3.6-0.24)]×6=117.33(m²) 总计：70.98+117.33=188.31 m²
45	水泥砂浆楼地面（其他现浇板上楼面）（020101001002）	m²	256.81	除卫生间、餐厅外现浇混凝土板上 标高2.2 m： 房间：(2.50-0.24)×(3.60-0.24)+(1.3-0.06)×(2.0-0.18)×2+(2.0-0.24)×0.8=13.52(m²) 阳台：(1.5-0.12)×7.8×2=21.53(m²) 楼梯过道：(2.6-0.24)×(1.6-0.24×0.12)=3.71(m²) 小计：13.52+21.53+3.71=38.76(m²) 标高5.00 m、7.80 m、10.60 m、13.40 m、16.20 m： 38.76×5=193.80(m²) 标高19.00 m：(2.00-0.24)×(3.60-0.24)×2+(2.00-0.24)×0.80+(3.3-0.24)×3.60=24.25(m²) 合计：38.76+193.80+24.25=256.81(m²)
46	水泥砂浆楼地面（空心板上楼面）（020101001003）	m²	1 067.99	标高2.20 m： (3.60-0.24)×(3.60-0.24)+(3.40-0.24)×(3.60-0.24)+(3.6-0.24)×(4.8-0.24)×2+(4.20-0.24)×(6.8-0.24)×2+(3.40-0.24)×(4.80-0.24)×2+(3.4-0.24)×(2.0-0.24)=138.89(m²) 标高4.95 m、7.75 m、10.55 m、13.50 m、16.15 m： (138.89+1.38×7.80×2)×5=802.09(m²) 阁楼层：(3.60-0.24)×(3.60-0.24)+(3.40-0.24)×(3.60-0.24)+(3.6-0.24)×(4.8-0.24)×2+(4.20-0.24)×(5.30-0.24)×2+(3.40-0.24)×(4.80-0.24)×2+(3.4-0.24)×(2.0-0.24)=127.01(m²) 合计：138.89+802.09+127.01=1067.99(m²)

续附表1.1

序号	分项工程名称（清单编号）	单位	数量	工程量计算式
47	水泥砂浆踢脚线（020105001001）	m²	218.70	底层： 65.66＋89.16×2－1.80×5－3.46×2－1.50×4－1.00×2－0.90×2－1.00×3－0.24×19＝210.70(m) 二层： (22.64＋10.64)×2＋0.5×2＋73.58×2＋9.96×2－2.42×4－1.76×4－3.36×4－1.76×4－0.24×16－0.90×9－0.80×4＝182.30(m) 三～七层：182.30×5＝911.50(m) 阁楼层： (10.40－0.24)×4＋5.06×4＋3.60×2＋5.10×2＋4.56×4＋(22.4－0.24)×2＋(3.40－0.24)×4＝153.48(m) 踢脚线工程量： (210.70＋182.30＋911.50＋153.48)×0.15＝218.70(m²)
48	水泥砂浆楼梯面（020106003001）	m²	55.35	同直形楼梯面积：55.35 m²
49	硬木扶手带栏杆、栏板（020107002001）	m	40.16	(3.38＋0.12)×1.27＋(2.08＋0.24)×12×1.15＋0.20×12＋1.30＝40.16(m)
				B.2 墙、柱面工程
50	墙面一般抹灰（内墙面抹灰）（020201001001）	m²	3 239.32	一层 外墙内侧：(65.60－0.24×4)×(2.20－0.12)＝134.45(m²) 内墙面双侧：(89.04×2－0.24×28)×(2.20－0.12)＝356.43(m²) 扣门窗洞：52.08＋9.66×2＝71.40(m²) 一层计：134.45＋356.43－71.40＝419.48(m²) 同理算出二至阁楼层：2819.84 m² 内墙面抹灰合计：419.48＋2819.84＝3239.32（m²）
51	墙面一般抹灰（卫生间餐厅内墙面）（020201001002）	m²	455.51	二层 卫生间： (2.0－0.24＋3.60－0.24)×2×(2.8－0.08)＋(2.0－0.24＋2.18－0.18)×2×(2.8－0.08)－0.80×2.10×4－1.20×1.50×2－0.60×1.50×2＝36.19(m²) 餐厅： (3.0－0.24＋3.60×2)×(2.80－0.08)＋(3.3－0.24＋3.60×2)×(2.80－0.08)－0.80×2.10－0.90×2.40－1.80×1.50×2＝45.76(m²) 小计：36.19＋45.76＝81.95(m²) 三～七层：81.95×5＝409.75(m²) 合计：45.76＋409.75＝455.51(m²)

续附表1.1

序号	分项工程名称 (清单编号)	单位	数量	工程量计算式
52	墙面一般抹灰 (外墙面抹灰) (020201001003)	m²	1 083.67	一层 墙面：(22.64+10.64)×2×2.20−52.08=94.35(m²) 同理算出二至阁楼层 989.32 m² 合计：94.35+989.32=1083.67(m²)
53	墙面一般抹灰 (阳台栏板抹灰) (020201001004)	m²	253.44	长度：126.72 m 面积：126.72×1.00×2=253.44(m²)
54	零星项目一般抹灰 (天沟外侧) (020203001001)	m²	7.26	天沟外侧： (3.84+6.94+6.80−0.24+0.40×2)×0.40=7.26(m²)

B.3 天棚工程

序号	分项工程名称 (清单编号)	单位	数量	工程量计算式
55	天棚抹灰 (现浇板底) (020301001001)	m²	494.52	一层顶棚 阳台底：(1.50×8.04+7.32×0.27+1.30×4×0.27) ×2=30.88(m²) (注：梁侧并入天棚抹灰)B2底：3.36×1.82×2=12.23(m²) B3底：2.76×3.36+1.76×3.36=15.19(m²) B4底：(7.80−0.24×3)×3.36=23.79(m²) (3−1/3),B−C轴之间：0.80×1.76=1.41(m²) 梯间过道底：2.36×1.28=3.02(m²) 一层顶棚合计：30.88+12.23+15.19+23.79+1.41+3.02 =86.52(m²) 同理算出二至阁楼层现浇板底抹灰：333.84 m² 楼梯底：63.31 m² 雨篷底：3.91 m² 天沟底：(3.84+6.94+6.80−0.24)×0.4=6.94(m²) 现浇板底抹灰计：86.52+333.84+63.31+3.91+ 6.94=494.52(m²)
56	天棚抹灰 (预制板底) (020301001002)	m²	1 005.93	按主墙间净面积计算(略)：1005.93 m²

B.4 门窗工程

序号	分项工程名称 (清单编号)	单位	数量	工程量计算式
57	金属平开门 (900×1900) (020402001001)	樘	2	见门窗表
58	金属平开门 (1800×1900) (020402001002)	樘	5	见门窗表

续附表 1.1

序号	分项工程名称（清单编号）	单位	数量	工程量计算式
59	金属平开门 (1500×1900) (020402001003)	樘	4	见门窗表
60	金属平开门 (1000×1900) (020402001004)	樘	2	见门窗表
61	塑钢门 (3460×2400) (020402005001)	樘	12	见门窗表
62	金属卷闸门 (3460×1900) (020403001001)	樘	2	见门窗表
63	塑钢窗 (1800×1500) (020406007001)	樘	30	见门窗表
64	塑钢窗 (1500×1500) (020406007002)	樘	24	见门窗表
65	塑钢窗 (1500×1400) (020406007003)	樘	5	见门窗表
66	塑钢窗 (1200×1500) (020406007004)	樘	12	见门窗表
67	塑钢窗 (600×1500) (020406007005)	樘	12	见门窗表
68	塑钢窗 (1800×600) (020406007006)	樘	1	见门窗表
69	塑钢窗 (1200×600) (020406007007)	樘	4	见门窗表

续附表1.1

序号	分项工程名称 (清单编号)	单位	数量	工程量计算式
70	塑钢窗 (1500×600) (020406007008)	樘	1	见门窗表
B.5 油漆、涂料、裱糊工程				
71	刷喷涂料 (内墙面) (020507001001)	m^2	3 239.32	同内墙面抹灰：3239.32 m^2
72	刷喷涂料 (天棚面) (020507001002)	m^2	1 500.45	同天棚抹灰：494.52+1 005.93=1 500.45(m^2)
73	刷喷涂料 (外墙面乳胶漆) (020507001003)	m^2	1 344.37	略

附表1.2

<u>　　花园小区1#住宅楼　　</u>工程

工 程 量 清 单

招　标　人：<u>×××房地产开发有限公司</u>　　　　工程造价咨询人：<u>×××造价咨询有限公司</u>
　　　　　　　　　（单位盖章）　　　　　　　　　　　　　　　　　（单位资质专用章）

法定代表人
或其授权人：<u>×××签字或盖章　</u>　　　　　法定代表人
或其授权人：<u>×××签字或盖章　</u>
　　　　　　　　（单位盖章）　　　　　　　　　　　　　　　　　　（签字或盖章）

编　制　人：<u>×××签字并盖专用章</u>　　　　复　核　人：<u>×××签字并盖专用章</u>
　　　　　　（造价人员签字盖专用章）　　　　　　　　　　（造价工程师签字盖专用章）

编制时间：2009年8月8日　　　　　　　复核时间：2009年8月10日

总 说 明

工程名称：花园小区 1# 住宅楼土建　　　　　　　　　　　　第 1 页　共 2 页

一、工程概况：

1. 建设规模：建筑面积 1 835.95 m²；

2. 工程特征：砖混结构，底层为车库，二～七层为住宅，顶层为阁楼；

3. 计划工期：220 日历天；

4. 施工现场实际情况：施工场地较平整；

5. 交通条件：交通便利，有主干道通入施工现场；

6. 环境保护要求：必须符合当地环保部门对噪音、粉尘、污水、垃圾的限制或处理的要求。

二、招标范围：设计图纸范围内的土建工程，详见招标文件。

三、工程量清单编制依据：

1.《建设工程工程量清单计价规范》(GB 50500－2008)；

2. 国家及省级建设主管部门颁发的有关规定；

3. 江苏省建设厅文件苏建价〔2009〕40 号《关于〈建设工程工程量清单计价规范〉(GB 50500－2008)的贯彻意见》；

4. 本工程项目的设计文件；

5. 与本工程项目有关的标准、规范、技术资料；

6. 招标文件及其补充通知、答疑纪要；

7. 施工现场情况、工程特点及常规施工方案；

8. 其他相关资料。

四、工程质量：创市级优质工程，详见招标文件。

五、安全生产文明施工：创市级文明工地，详见招标文件。

六、投标人在投标时应按《建设工程工程量清单计价规范》(GB 50500－2008)和招标文件规定的格式，提供完整齐全的文件。

七、投标文件的份数详见招标文件。

八、工程量清单编制的相关说明：

1. 分部分项工程量清单

1.1 挖基础土方自设计室外地面标高算起；

1.2 所有室内木门由住户自理，不列入清单；

1.3 进户防盗门由专业厂家制作安装，不列入分部分项清单；

1.4 本工程中的所有混凝土要求使用商品混凝土。

2. 措施项目清单
   2.1 通用措施项目列入以下项目
      2.1.1 安全文明施工费；
         2.1.1.1 基本费
         2.1.1.2 考评费
         2.1.1.3 奖励费
      2.1.2 夜间施工费；
      2.1.3 冬雨季施工增加费；
      2.1.4 大型机械设备进出场及安拆；
      2.1.5 施工排水；
      2.1.6 已完工程及设备保护；
      2.1.7 临时设施；
      2.1.8 材料与设备检验试验；
      2.1.9 赶工措施；
      2.1.10 工程按质论价。
   2.2 专业工程措施项目列入以下项目
      2.2.1 混凝土、钢筋混凝土模板及支架；
      2.2.2 脚手架；
      2.2.3 垂直运输运输机械；
      2.2.4 住宅工程分户验收。
   2.3 投标人如认为有必要，可自行补充其他措施项目并报价。
3. 其他项目清单
   3.1 暂列金额：考虑工程量偏差及设计变更的因素计入 30 000 元，材料涨价风险因素计入 20 000 元，详见《暂列金额明细表》。
   3.2 暂估价
      3.2.1 材料暂估价：钢材、塑钢门窗为暂估价，其中钢材由承包人供应，详见《材料暂估单价表》和《发包人供应材料一览表》；
      3.2.2 专业工程暂估价：详见《专业工程暂估价表》。
   3.3 计日工清单见《计日工表》。
   3.4 总承包服务费见总《承包服务费计价表》。
4. 规费和税金项目清单：按苏建价〔2009〕40号文件《关于〈建设工程工程量清单计价规范〉(GB 50500—2008)的贯彻意见》的规定列入以下清单，详见《规费、税金清单计价表》。
   4.1 规费
      4.1.1 工程排污费；
      4.1.2 安全生产监督费；
      4.1.3 社会保障费；
      4.1.4 住房公积金。
   4.2 税金

工程量清单略。

附录2 建筑工程投标报价编制实例

2.1 工程内容:同附录1中花园小区1#住宅楼,只计算建筑部分。

2.2 根据附录1的工程量清单,按《建设工程工程量清单计价规范》(GB 50500—2008)规定的格式和要求编制投标报价书。

2.3 本附录中只列出部分工程量清单项目中的工作内容(组价工程量)计算公式,其他均从略。

2.4 与投标报价相关的施工组织设计。

2.4.1 工期

根据招标文件的要求,本项目计划工期为220天。(注:据此计算垂直运输机械费)

2.4.2 临时设施

(1) 办公:施工单位办公室2间,监理和业主办公室各一间;

(2) 生活设施:食堂两间,宿舍十间;

(3) 工具间和材料仓库各一间;

(4) 门卫一间;

(5) 工地四周设临时简易围墙;

(6) 场内临时道路。

(注:据此计算临时设施费)

2.4.3 主要分部分项工程施工方法及安排

(1) 基础工程

① 土方工程:采用人工平整场地,土方就地平整,不考虑运输;

② 基础采用人工开挖,人力车运至150 m处弃土堆放;

③ 回填土从弃土处运回;

④ 因基础开挖深度较小,根据现场测量资料,基底标高在地下水位线以上60 cm,因此无需人工降低地下水位。

(注:据此计算和确定土方工程相关工程量及措施费用)

(2) 钢筋混凝土工程

① 模板支设:均采用复合木模板。

② 钢筋工程:钢筋接头采用搭接接头。

③ 混凝土工程:根据招标文件的要求,采用商品混凝土。

(注:据此计算模板、钢筋工程量,以及确定混凝土工程的费用是否考虑商品混

凝土等因素）

2.4.4 主要机械设备选型：垂直运输机械采用30 t·m的塔式起重机壹台；根据设备安装要求，采用钢筋混凝土基础。

（注：据此计算垂直运输机械费、大型机械进退场费和设备基础费）

2.4.5 脚手架工程

（1）外墙采用双排钢管扣件式脚手架；

（2）砌内墙和室内抹灰、涂料采用定型工具式脚手。

（注：据此计算脚手架相关费用）

2.4.6 材料运输：因交通条件较好，材料、构件可直接运至施工现场，无需进行材料、构件的二次转运。

（注：据此确定是否需考虑材料二次转运费）

2.4.7 安全生产文明施工措施

（1）根据现行的相关规定，安全生产文明施工措施属于不可竞争费用；

（2）根据招标文件的要求，按市文明工程标准报价。

（注：据此考虑现场安全文明施工费）

2.4.8 夜间施工：一般情况下不安排夜间施工，但主体结构混凝土工程施工以及楼、地、屋面工程施工过程中，当白天未能完成而又不可间断时，需进行夜间施工。

（注：据此考虑夜间施工增加费）

2.4.9 按质论价费：招标文件要求本项目创建市级优质工程，根据对相关费用的测算，按分部分项工程费的2%报价。

2.4.10 赶工措施费：本项合同工程为了加220天，定额工程为253天，根据测算，按分部分项工程费的1.5%报价。

2.5 报表及计算公式

2.5.1 建筑工程工程量清单报价表如附表2.1。

2.5.2 工程量清单所含组价项目工程量计算表如附表2.2。

2.5.3 措施项目工程量及费用计算表如附表2.3。

附表 2.1

投 标 总 价

招 标 人： ×××房地产开发有限公司

工 程 名 称： 花园小区 1# 住宅楼

投标总价(小写)： 1 396 266.13 元

（大写）： 壹佰叁拾玖万陆仟贰佰陆拾陆圆壹角叁分

投 标 人： ×××建筑安装工程有限公司

（单位盖章）

法定代表人
或其授权人： （×××签字或盖章）

（签字或盖章）

编 制 人： （×××签字并盖资质章）

（造价人员签字盖专用章）

编制时间： 2009 年 8 月 18 日

总　说　明

工程名称：花园小区 1# 住宅楼土建　　　　　　　　　　第 1 页　共 2 页

一、工程概况：
1. 建设规模：建筑面积 1 835.95 m²；
2. 工程特征：砖混结构，底层为车库，二～七层为住宅，顶层为阁楼；
3. 计划工期：220 日历天；

二、投标范围：设计图纸范围内的建筑工程，详见招标文件。

三、投标报价编制依据：
1.《建设工程工程量清单计价规范》(GB 50500－2008)；
2. 本工程项目的设计文件、地质勘察资料；
3. 本公司的企业定额，部分项目参照《江苏省建筑与装饰工程计价表》(2004 年)；
4. 各类费用计算根据工程特点结合本公司具体情况确定，不可竞争费按照《江苏省建设工程费定额》(2009 年)及本地区的相关规定计取；
5. 与本工程项目有关的标准、规范、技术资料；
6. 招标文件、工程量清单及总说明文件；
7. 施工现场情况、工程特点及本项目的施工方案；
8. 主要材料、设备、成品价格根据本公司的市场调查信息并参考本地区的工程造价管理机构发布的指导价。

四、报价说明：
1. 分部分项工程量清单报价
　　1.1 根据招标文件中的分部分项工程量清单及总说明和其他相关内容，按上述编制依据确定的综合单价进行报价；
　　1.2 综合单价中包括招标文件中要求的投标人承担的风险费用；
　　1.3 招标文件提供了暂估单价的材料，按暂估的单价计入综合单价。
2. 措施项目清单报价
　　2.1 安全文明施工费：为不可竞争费，按《江苏省建设工程费用定额》(2009 年)中规定的相应费率计取，招标人要求创建市级文明工地，奖励费按市级文明工地标准报价；
　　2.2 其他措施项目费根据本公司制定的施工方案结合本工程的具体情况进行报价。
3. 其他项目清单报价
　　3.1 暂列金额应按招标人在工程量清单中《暂列金额明细表》中列出的金额填写报价。
　　3.2 暂估价
　　　　3.2.1 材料暂估价按工程量清单中的《材料暂估价格表》中的材料名称、规格、品种和价格填写报价；

3.2.2 专业工程暂估价按工程量清单中《专业工程暂估价表》中列出的项目和金额填写报价。

3.3 计日工按工程量清单中《计日工表》列出的项目和数量,按本公司确定的价格进行报价。

3.4 总承包服务费根据招标文件中列出的内容和提出的要求,根据本公司测算分析的结果报价。

4. 规费和税金项目清单报价

4.1 规费

4.1.1 工程排污费:按本地区现行的规定报价,按(分部分项工程费+措施项目费+其他项目费)×0.1%报价;

4.1.2 建筑安全监督管理费:按本地区现行的规定报价,按(分部分项工程费+措施项目费+其他项目费)×0.19%报价;

4.1.3 社会保障费:按《江苏省建设工程费用定额》(2009)规定费率计取,按(分部分项工程费+措施项目费+其他项目费)×3%报价;

4.1.4 住房公积金:按《江苏省建设工程费用定额》(2009)规定费率计取,按(分部分项工程费+措施项目费+其他项目费)×0.5%报价。

4.2 税金按现行计税标准报价。

工程项目投标报价汇总表

工程名称：花园小区 1# 住宅楼　　　　　　　　　　　　　　　　第1页　共1页

序号	单项工程名称	金额（元）	其中		
			暂估价（元）	安全文明施工费（元）	规费（元）
1	花园小区 1# 住宅楼建筑	1 396 266.13	198 567.23	34 189.70	49 288.14
	合　计	1 396 266.13	198 567.23	34 189.70	49 288.14

单项工程投标报价汇总表

工程名称：花园小区 1# 住宅楼　　　　　　　　　　　　　　　　第1页　共1页

序号	单项工程名称	金额（元）	其中		
			暂估价（元）	安全文明施工费（元）	规费（元）
1	花园小区 1# 住宅楼建筑	1 396 266.13	198 567.23	34 189.70	49 288.14
	合　计	1 396 266.13	198 567.23	34 189.70	49 288.14

单位工程投标报价汇总表

工程名称：花园小区 1# 住宅楼　　　　　　　　　　　　　　　　第1页　共1页

序号	汇总内容	金额（元）	其中：暂估价（元）
1	分部分项工程量清单计价合计	924 045.82	198 567.23
1.1	A.1 土(石)方工程	30 442.91	
1.2	A.3 砌筑工程	138 427.81	
1.3	A.4 混凝土及钢筋混凝土工程	286 407.45	107 492.99
1.4	A.7 屋面及防水工程	39 274.84	
1.5	A.8 防腐、隔热、保温工程	5 415.46	
1.6	B.1 楼地面工程	55 399.82	
1.7	B.2 墙、柱面工程	175 817.05	
1.8	B.3 天棚工程	20 872.73	
1.9	B.4 门窗工程	107 466.84	79 074.24
1.10	B.5 油漆、涂料、裱糊工程	64 520.91	
2	措施项目清单计价合计	291 041.15	
2.1	现场安全文明施工费	34 189.70	
3	其他项目清单计价合计	85 391.56	
3.1	暂列金额	50 000.00	
3.2	专业工程暂估价	12 000.00	12 000.00
3.3	计日工	22 045.00	
3.4	总承包服务费	1 346.56	
4	规费	49 288.14	
5	税金	46 499.46	
	投标报价合计＝1＋2＋3＋4＋5	1 396 266.13	198 567.23

分部分项工程量清单与计价表

工程名称：花园小区 1# 住宅楼建筑　　标段：　　　　　　　　　　第1页　共18页

序号	项目编码	项目名称	项目特征描述	计量单位	工程量	金额（元）		
						综合单价	合价	其中：暂估价
		A.1 土(石)方工程						
1	010101001001	平整场地	1. 土壤类别：三类土 2. 弃土运距：就近平整，无运输 3. 挖填厚度：30 cm 内	m²	242.22	5.15	1 247.43	
2	010101003001	挖基础土方	1. 土壤类别：三类土 2. 基础类型：条形基础 3. 垫层底宽：1.3～2.70 m 4. 挖土深度：1.45 m 5. 弃土运距：场内运输，投标人自行考虑	m³	341.85	48.50	16 579.73	
3	010103001001	土(石)方回填	1. 土质要求：砂土或黏性土 2. 密实度要求：不小于96% 3. 夯填：夯填密实 4. 运输距离：场内运输，投标人自行考虑	m³	253.43	49.78	12 615.75	
		分部小计					30 442.91	
		A.3 砌筑工程						
4	010301001001	砖基础	1. 砖品种、规格、强度等级：MU10 蒸压粉煤灰砖 2. 基础类型：条形 3. 基础深度：1.2 m 4. 砂浆强度等级：M10 水泥砂浆 5. 防潮层：1:2 防水砂浆防潮层	m³	30.62	337.95	10 348.03	
		本页小计					40 790.94	
		合　　计					40 790.94	

分部分项工程量清单与计价表

工程名称：花园小区 1# 住宅楼建筑　　　标段：　　　　　　　　　第 2 页　共 18 页

序号	项目编码	项目名称	项目特征描述	计量单位	工程量	金额（元）		
						综合单价	合价	其中：暂估价
5	010304001001	空心砖墙、砌块墙	1. 墙体类型：外墙 2. 墙体厚度：240 mm 3. 空心砖、砌块品种、规格、强度等级：MU10KP1 承重多孔砖 240×115×90 4. 砂浆强度等级、配合比：M10 混合砂浆	m³	67.38	259.45	17 481.74	
6	010304001002	空心砖墙、砌块墙	1. 墙体类型：外墙 2. 墙体厚度：240 mm 3. 空心砖、砌块品种、规格、强度等级：MU10KP1 承重多孔砖 240×115×90 4. 砂浆强度等级、配合比：M7.5 混合砂浆	m³	55.33	259.22	14 342.64	
7	010304001003	空心砖墙、砌块墙	1. 墙体类型：外墙 2. 墙体厚度：240 mm 3. 空心砖、砌块品种、规格、强度等级：MU10KP1 承重多孔砖 240×115×90 4. 砂浆强度等级、配合比：M5 混合砂浆	m³	68.44	259.55	17 763.60	
8	010304001004	空心砖墙、砌块墙	1. 墙体类型：内墙 2. 墙体厚度：120 mm 3. 空心砖、砌块品种、规格、强度等级：MU10KP1 承重多孔砖 4. 砂浆强度等级、配合比：M10 混合砂浆	m³	3.84	269.71	1 035.69	
9	010304001005	空心砖墙、砌块墙	1. 墙体类型：内墙 2. 墙体厚度：120 mm 3. 空心砖、砌块品种、规格、强度等级：MU10KP1 承重多孔砖 4. 砂浆强度等级、配合比：M7.5 混合砂浆	m³	3.84	269.53	1 035.00	
			本页小计				51 658.67	
			合　　计				92 449.61	

分部分项工程量清单与计价表

工程名称：花园小区 1# 住宅楼建筑　　　标段：　　　　　　　　　　　第3页　共18页

序号	项目编码	项目名称	项目特征描述	计量单位	工程量	金额（元）		
						综合单价	合价	其中：暂估价
10	010304001006	空心砖墙、砌块墙	1. 墙体类型：内墙 2. 墙体厚度：120 mm 3. 空心砖、砌块品种、规格、强度等级：MU10KP1 承重多孔砖 4. 砂浆强度等级、配合比：M5 混合砂浆	m³	3.84	269.79	1 035.99	
11	010304001007	空心砖墙、砌块墙	1. 墙体类型：内墙 2. 墙体厚度：240 mm 3. 空心砖、砌块品种、规格、强度等级：MU10KP1 承重多孔砖 240×115×90 4. 砂浆强度等级、配合比：M10 混合砂浆	m³	112.63	259.45	29 221.85	
12	010304001008	空心砖墙、砌块墙	1. 墙体类型：内墙 2. 墙体厚度：240 mm 3. 空心砖、砌块品种、规格、强度等级：MU10KP1 承重多孔砖 240×115×90 4. 砂浆强度等级、配合比：M7.5 混合砂浆	m³	74.66	259.22	19 353.37	
13	010304001009	空心砖墙、砌块墙	1. 墙体类型：内墙 2. 墙体厚度：240 mm 3. 空心砖、砌块品种、规格、强度等级：MU10KP1 承重多孔砖 240×115×90 4. 砂浆强度等级、配合比：M5 混合砂浆	m³	86.83	259.55	22 536.73	
14	010302006001	零星砌砖	1. 零星砌砖名称、部位：阳台栏板 2. 砂浆强度等级、配合比：混合 M5.0	m³	13.70	311.91	4273.17	
		分部小计					138 427.81	
			本页小计				76 421.11	
			合　　计				168 870.72	

分部分项工程量清单与计价表

工程名称：花园小区1#住宅楼建筑　　　　标段：　　　　　　　　　　　　第4页　共18页

序号	项目编码	项目名称	项目特征描述	计量单位	工程量	金额（元）		
						综合单价	合价	其中：暂估价
			A.4 混凝土及钢筋混凝土工程					
15	010401001001	带形基础	1. 混凝土强度等级：C20 2. 混凝土拌和料要求：商品混凝土	m³	58.62	348.25	20 414.42	
16	010401006001	垫层	1. 混凝土强度等级：C10 2. 混凝土拌和料要求：商品混凝土	m³	23.58	343.78	8 106.33	
17	010402001001	矩形柱	1. 柱高度：2.2～2.8 m 2. 柱截面尺寸：240 mm×240 mm 3. 混凝土强度等级：C20 4. 混凝土拌和料要求：商品混凝土 5. 柱类型：构造柱	m³	28.52	434.81	12 400.78	
18	010402001002	矩形柱	1. 柱高度：1.0 m 2. 柱截面尺寸：120 mm×120 mm 3. 混凝土强度等级：C20 4. 混凝土拌和料要求：商品混凝土 5. 柱类型：构造柱	m³	0.52	434.81	226.10	
19	010403002001	矩形梁	1. 梁截面：(150×350)mm～(240×350)mm 2. 混凝土强度等级：C20 3. 混凝土拌和料要求：商品混凝土	m³	12.09	372.53	4 503.89	
			本页小计				45 651.52	
			合　　计				214 522.24	

分部分项工程量清单与计价表

工程名称：花园小区 1# 住宅楼建筑　　　标段：　　　　　　　　　　　第 5 页　共 18 页

序号	项目编码	项目名称	项目特征描述	计量单位	工程量	金额（元）		
						综合单价	合价	其中：暂估价
20	010403004001	圈梁	1. 梁截面：240 mm×300 mm 2. 混凝土强度等级：C20 3. 混凝土拌和料要求：商品混凝土 4. 梁部位：地圈梁	m³	9.73	386.22	3 757.92	
21	010403004002	圈梁	1. 梁截面：(240×180)mm～(240×300)mm 2. 混凝土强度等级：C20 3. 混凝土拌和料要求：商品混凝土 4. 梁部位：楼、屋面	m³	59.68	386.22	23 049.61	
22	010403005001	过梁	1. 梁截面：240 mm×300 mm 2. 混凝土强度等级：C20 3. 混凝土拌和料要求：商品混凝土	m³	6.25	414.14	2 588.38	
23	010405001001	有梁板	1. 板厚度：80 mm 2. 混凝土强度等级：C20 3. 混凝土拌和料要求：商品混凝土	m³	15.12	370.72	5 605.29	
24	010405003001	平板	1. 板厚度：80 mm 2. 混凝土强度等级：C20 3. 混凝土拌和料要求：商品混凝土	m³	30.71	376.08	11 549.42	
25	010405007001	天沟、挑檐板	1. 混凝土强度等级：C20 2. 混凝土拌和料要求：商品混凝土	m³	0.92	415.49	382.25	
			本页小计				46 932.87	
			合　　计				261 455.11	

分部分项工程量清单与计价表

工程名称:花园小区 1# 住宅楼建筑　　标段:　　　　　　　　第 6 页　共 18 页

序号	项目编码	项目名称	项目特征描述	计量单位	工程量	金额(元)		其中:暂估价
						综合单价	合价	
26	010405008001	雨篷、阳台板	1. 混凝土强度等级:C20 2. 混凝土拌和料要求:商品混凝土 3. 部位:阳台	m³	3.31	461.02	1 525.98	
27	010405008002	雨篷、阳台板	1. 混凝土强度等级:C20 2. 混凝土拌和料要求:商品混凝土 3. 部位:雨篷	m³	0.46	306.11	140.81	
28	010406001001	直形楼梯	1. 混凝土强度等级:C20 2. 混凝土拌和料要求:商品混凝土	m²	55.35	80.84	4 474.49	
29	010407001001	其他构件	1. 构件的类型:混凝土压顶 2. 混凝土强度等级:C20 3. 混凝土拌和料要求:商品混凝土	m³	1.12	403.90	452.37	
30	010407002001	散水、坡道	1. 垫层材料种类、厚度:200 厚碎石灌浆垫层,100 厚 C15 混凝土垫层 2. 面层厚度:200 厚 1:2 水泥砂浆 3. 混凝土拌和料要求:商品混凝土 4. 填塞材料种类:沥青砂浆 5. 部位类型:混凝土坡道	m²	47.58	96.18	4 576.24	
			本页小计				11 169.89	
			合　　计				272 625.00	

分部分项工程量清单与计价表

工程名称：花园小区 1# 住宅楼建筑　　　标段：　　　　　　　第 7 页　共 18 页

序号	项目编码	项目名称	项目特征描述	计量单位	工程量	金额（元）		
						综合单价	合价	其中：暂估价
31	010407002002	散水、坡道	1. 垫层材料种类、厚度：120 厚碎石灌浆垫层 2. 面层厚度：1∶1 砂浆压实抹光 3. 混凝土强度等级：60 厚 C15 混凝土	m²	17.54	66.35	1163.78	
32	010412002001	空心板	1. 安装高度：层高 3.6 m 内 2. 混凝土强度等级：C30	m³	72.22	687.04	49 618.03	
33	010416001001	现浇混凝土钢筋	钢筋种类、规格：Ⅰ、Ⅱ级钢筋直径 6～12 mm	t	13.932	5 245.77	73 084.07	60 097.18
34	010416001002	现浇混凝土钢筋	钢筋种类、规格：Ⅰ、Ⅱ级钢筋直径 14～25 mm	t	3.883	4 919.27	19 101.53	16 750.43
35	010416001003	现浇混凝土钢筋	1. 钢筋种类、规格：Ⅰ级钢筋直径 6 mm 2. 部位：墙体加固钢筋	t	1.061	5 551.02	5 889.63	4 486.88
36	010416005001	先张法预应力钢筋	钢筋种类、规格：冷轧带肋钢筋直径 4～5 mm	t	5.281	6 399.57	33 796.13	26 158.50
		分部小计					286 407.45	107 492.99
		本页小计					182 653.17	107 492.99
		合　　计					455 278.17	107 492.99

分部分项工程量清单与计价表

工程名称：花园小区 1# 住宅楼建筑　　标段：　　　　　　　　　　第 8 页　共 18 页

序号	项目编码	项目名称	项目特征描述	计量单位	工程量	金额（元）		
						综合单价	合价	其中：暂估价
			A.7 屋面及防水工程					
37	010701001001	瓦屋面	1. 瓦品种、规格、品牌、颜色：彩色水泥瓦 2. 防水材料种类：3 mm 厚 SBS 卷材防水 3. 基层材料种类：20 厚木屋面板 4. 檩条种类、截面：混凝土檩条 5. 挂瓦方式：30×30 挂瓦条，40×10 顺水条	m²	207.28	122.90	25 474.71	
38	010702001001	屋面卷材防水	1. 卷材品种、规格：3 mm 厚 SBS 卷材 2. 防水层做法：满粘 3. 找平层材料：20 厚 1:3 水泥砂浆 4. 防水部位：平屋面	m²	84.18	39.08	3 289.75	
39	010702004001	屋面排水管	1. 排水管品种、规格、颜色：D110UPVC 白色增强塑料管 2. 雨水口：铸铁落水口（带罩）直径 100 mm 3. 雨水斗：白色增强塑料 UPVC 水斗直径 100 mm	m	151.60	67.74	10 269.38	
40	010702005001	屋面天沟、沿沟	1. 材料品种：平均 40 厚 C20 细石混凝土找坡，1:2 防水砂浆粉面 2. 宽度、坡度：宽 390 mm	m²	12.05	20.00	241.00	
		分部小计					39 274.84	
			本页小计				39 274.84	
			合　　计				494 553.01	107 492.99

分部分项工程量清单与计价表

工程名称：花园小区 1# 住宅楼建筑　　　标段：　　　　　　　　　　　　第 9 页　共 18 页

序号	项目编码	项目名称	项目特征描述	计量单位	工程量	金额（元）		
						综合单价	合价	其中：暂估价
			A.8 防腐、隔热、保温工程					
41	010803001001	保温隔热屋面	1. 保温隔热部位：坡屋面 2. 保温隔热面层材料品种、规格、性能：25 厚挤塑保温板	m²	207.28	17.82	3 693.73	
42	010803001002	保温隔热屋面	1. 保温隔热部位：平屋面 2. 保温隔热方式：外保温 3. 保温隔热面层材料品种、规格、性能：25 厚挤塑保温板 4. 找平层材料品种：20 厚 1:3 水泥砂浆找平层	m²	64.46	26.71	1 721.73	
		分部小计					5 415.46	
			B.1 楼地面工程					
43	020101001001	水泥砂浆楼地面	1. 垫层材料种类、厚度：100 厚碎石垫层，60 厚 C15 混凝土垫层 2. 面层厚度、砂浆配合比：20 厚 1:2 水泥砂浆面层	m²	203.72	43.40	8 841.45	
44	020101003001	细石混凝土楼地面	1. 找平层厚度、砂浆配合比：20 厚 1:3 水泥砂浆找平层 2. 防水层厚度、材料种类：聚氨酯防水涂料 1.2 mm 3. 防水层保护层：30 厚 C20 细石混凝土 4. 部位：卫生间、餐厅	m²	188.31	69.13	13 017.87	
		本页小计					27 274.78	
		合　　计					521 827.79	107 492.99

分部分项工程量清单与计价表

工程名称：花园小区 1# 住宅楼建筑　　　标段：　　　　　　　　　第 10 页　共 18 页

序号	项目编码	项目名称	项目特征描述	计量单位	工程量	金额(元)		
						综合单价	合价	其中：暂估价
45	020101001002	水泥砂浆楼地面	1. 面层厚度、砂浆配合比：素水泥结合层一道,20 厚 1:2 水泥砂浆面层 2. 部位：除卫生间、餐厅外现浇板楼面	m²	256.81	11.13	2 858.30	
46	020101001003	水泥砂浆楼地面	1. 找平层厚度、砂浆配合比：C20 细石混凝土找平层 40 mm 2. 面层厚度、砂浆配合比：20 厚 1:2 面层 3. 基层类型：预制空心板	m²	1 067.99	15.05	16 073.25	
47	020105001001	水泥砂浆踢脚线	1. 踢脚线高度：150 mm 2. 底层厚度、砂浆配合比：12 厚 1:3 水泥砂浆 3. 面层厚度、砂浆配合比：8 厚 1:2.5 水泥砂浆	m²	218.70	25.59	5 596.53	
48	020106003001	水泥砂浆楼梯面	1. 找平层厚度、砂浆配合比：15 厚 1:3 水泥砂浆 2. 面层厚度、砂浆配合比：10 厚 1:2 水泥砂浆	m²	55.35	49.95	2 764.73	
			本页小计				27 292.81	
			合　计				549 120.60	107 492.99

分部分项工程量清单与计价表

工程名称：花园小区 1# 住宅楼建筑　　　标段：　　　　　　　第 11 页　共 18 页

序号	项目编码	项目名称	项目特征描述	计量单位	工程量	金额（元）		
						综合单价	合价	其中：暂估价
49	020107002001	硬木扶手带栏杆、栏板	1. 扶手材料种类、规格：50×120 硬木扶手 2. 栏杆材料种类、规格：铁栏杆 3. 固定配件种类：铁件固定 4. 油漆品种、刷漆遍数：木扶手调和漆一底二度；铁栏杆防锈漆一遍，银粉漆两遍	m	40.16	155.57	6 247.69	
		分部小计					55 399.82	
			B.2 墙、柱面工程					
50	020201001001	墙面一般抹灰	1. 墙体类型：内墙 2. 底层厚度、砂浆配合比：15 厚 1:1:6 混合砂浆 3. 面层厚度、砂浆配合比：10 厚 1:0.3:3 混合砂浆 4. 装饰部位：内墙面	m²	3 239.32	15.06	48 784.16	
51	020201001002	墙面一般抹灰	1. 墙体类型：内墙 2. 底层厚度、砂浆配合比：12 厚 1:3 水泥砂浆 3. 装饰部位：卫生间、餐厅内墙面	m²	455.51	12.54	5 712.10	
			本页小计				60 743.95	
			合　　计				609 864.55	107 492.99

分部分项工程量清单与计价表

工程名称：花园小区 1# 住宅楼建筑　　标段：　　　　　　　　　　　第12页　共18页

序号	项目编码	项目名称	项目特征描述	计量单位	工程量	金额（元）		
						综合单价	合价	其中：暂估价
52	020201001003	墙面一般抹灰	1. 墙体类型：外墙 2. 底层厚度、砂浆配合比：20厚1∶3水泥砂浆找平层 3. 面层厚度、砂浆配合比：8 mm厚聚合物砂浆压入玻纤网格布一层 4. 保温层材料种类：3厚专用黏结剂，界面剂一道，20厚挤塑保温板，界面剂一道 5. 分格缝宽度、材料种类：塑料条分格 6. 装饰部位：外墙面	m²	1 083.67	107.84	116 862.97	
53	020201001004	墙面一般抹灰	1. 墙体类型：砖砌阳台栏板墙 2. 底层厚度、砂浆配合比：12厚1∶3水泥砂浆 3. 面层厚度、砂浆配合比：8厚1∶2水泥砂浆	m²	253.44	16.44	4 166.55	
54	020203001001	零星项目一般抹灰	1. 墙体类型：混凝土面 2. 底层厚度、砂浆配合比：12厚1∶3水泥砂浆 3. 面层厚度、砂浆配合比：8厚1∶2水泥砂浆	m²	7.26	40.12	291.27	
		分部小计					175 817.05	
			本页小计				121 320.79	
			合　　计				731 185.34	107 492.99

分部分项工程量清单与计价表

工程名称：花园小区1#住宅楼建筑　　　标段：　　　　　　　第13页　共18页

序号	项目编码	项目名称	项目特征描述	计量单位	工程量	金额(元)		
						综合单价	合价	其中：暂估价
			B.3 天棚工程					
55	020301001001	天棚抹灰	1. 基层类型：现浇混凝土板，刷801胶素水泥浆一遍 2. 抹灰厚度、材料种类：6厚1:3底,6厚1:2.5面层	m²	494.52	13.14	6 497.99	
56	020301001002	天棚抹灰	1. 基层类型：预制混凝土板，清洗油腻，801胶素水泥浆一遍 2. 抹灰厚度、材料种类：6厚1:3底,6厚1:2.5面层	m²	1 005.93	14.29	14 374.74	
		分部小计					20 872.73	
			B.4 门窗工程					
57	020402001001	金属平开门	1. 门类型：车库钢质防护门 2. 框材质、外围尺寸：型钢门框，外围洞口：900 mm×1900 mm 3. 扇材质、外围尺寸：钢质门扇 4. 油漆品种：喷塑面层 5. 门编号：M1	樘	2	519.49	1 038.98	
		本页小计					21 911.71	
		合　　计					753 097.05	107 492.99

分部分项工程量清单与计价表

工程名称：花园小区 1# 住宅楼建筑　　　标段：　　　　　　第 14 页　共 18 页

序号	项目编码	项目名称	项目特征描述	计量单位	工程量	金额(元) 综合单价	合价	其中：暂估价
58	020402001002	金属平开门	1. 门类型：车库钢质防护门 2. 框材质、外围尺寸：型钢门框，外围洞口：1 800 mm×1 900 mm 3. 扇材质、外围尺寸：钢质门扇 4. 油漆品种：喷塑面层 5. 门编号：M3	樘	5	1 038.97	5 194.85	
59	020402001003	金属平开门	1. 门类型：车库钢质防护门 2. 框材质、外围尺寸：型钢门框，外围洞口：1 500 mm×1 900 mm 3. 扇材质、外围尺寸：钢质门扇 4. 油漆品种：喷塑面层 5. 门编号：M4	樘	4	865.81	3 463.24	
60	020402001004	金属平开门	1. 门类型：车库钢质防护门 2. 框材质、外围尺寸：型钢门框，外围洞口：1 000 mm×1 900 mm 3. 扇材质、外围尺寸：钢质门扇 4. 油漆品种：喷塑面层 5. 门编号：M5	樘	2	577.22	1 154.44	
			本页小计				9 812.53	
			合　　计				762 909.58	107 492.99

分部分项工程量清单与计价表

工程名称：花园小区 1# 住宅楼建筑　　　标段：　　　　　　　第 15 页　共 18 页

序号	项目编码	项目名称	项目特征描述	计量单位	工程量	金额（元）		
						综合单价	合价	其中：暂估价
61	020402005001	塑钢门	1. 门类型：中窗玻璃塑钢门 2. 框材质、外围尺寸：塑钢型材，外围尺寸：3 460 mm×2 400 mm	樘	12	2 749.19	32 990.28	27 901.44
62	020403001001	金属卷闸门	1. 门材质、框外围尺寸：铝合金，外围洞口尺寸：3 460 mm×1 900 mm	樘	2	1 321.05	2 642.10	
63	020406007001	塑钢窗	1. 窗类型：中空玻璃塑钢窗 2. 框材质、外围尺寸：88 系列塑钢型材，外围洞口尺寸：1 800 mm×1 500 mm 3. 扇材质、外围尺寸：88 系列塑钢型材 4. 玻璃品种、厚度、五金材料、品种、规格：5＋12A＋5 中空玻璃 5. 窗编号：C1	樘	30	900.93	27 027.90	22 680.00
64	020406007002	塑钢窗	1. 窗类型：中空玻璃塑钢窗 2. 框材质、外围尺寸：88 系列塑钢型材，外围洞口尺寸：1 500 mm×1 500 mm 3. 扇材质、外围尺寸：88 系列塑钢型材 4. 玻璃品种、厚度、五金材料、品种、规格：5＋12A＋5 中空玻璃 5. 窗编号：C2	樘	24	750.77	18 018.48	15 120.00
			本页小计				80 678.76	65 701.44
			合　　计				843 588.34	173 194.43

分部分项工程量清单与计价表

工程名称：花园小区 1# 住宅楼建筑　　标段：　　　　　　　　　第 16 页　共 18 页

序号	项目编码	项目名称	项目特征描述	计量单位	工程量	金额(元)		
						综合单价	合价	其中：暂估价
65	020406007003	塑钢窗	1. 窗类型：中空玻璃塑钢窗 2. 框材质、外围尺寸：88 系列塑钢型材，外围洞口尺寸：1 500 mm×1 400 mm 3. 扇材质、外围尺寸：88 系列塑钢型材 4. 玻璃品种、厚度、五金材料、品种、规格：5＋12A＋5 中空玻璃 5. 窗编号：C2′	樘	5	700.72	3 503.60	2 940.00
66	020406007004	塑钢窗	1. 窗类型：中空玻璃塑钢窗 2. 框材质、外围尺寸：88 系列塑钢型材，外围洞口尺寸：1 200 mm×1 500 mm 3. 扇材质、外围尺寸：88 系列塑钢型材 4. 玻璃品种、厚度、五金材料、品种、规格：5＋12A＋5 中空玻璃 5. 窗编号：C3	樘	12	600.62	7 207.44	6 048.00
67	020406007005	塑钢窗	1. 窗类型：中空玻璃塑钢窗 2. 框材质、外围尺寸：88 系列塑钢型材，外围洞口尺寸：600 mm×1 500 mm 3. 扇材质、外围尺寸：88 系列塑钢型材 4. 玻璃品种、厚度、五金材料、品种、规格：5＋12A＋5 中空玻璃 5. 窗编号：C4	樘	12	300.32	3 603.84	3 024.00
			本页小计				14 314.88	12 012.00
			合　　计				857 903.22	185 206.43

分部分项工程量清单与计价表

工程名称：花园小区 1# 住宅楼建筑　　标段：　　　　　　　第 17 页　共 18 页

序号	项目编码	项目名称	项目特征描述	计量单位	工程量	金额（元）		
						综合单价	合价	其中：暂估价
68	020406007006	塑钢窗	1. 窗类型：中空玻璃塑钢窗 2. 框材质、外围尺寸：88 系列塑钢型材，外围洞口尺寸：1 800 mm×600 mm 3. 扇材质、外围尺寸：88 系列塑钢型材 4. 玻璃品种、厚度、五金材料、品种、规格：5＋12A＋5 中空玻璃 5. 窗编号：C5	樘	1	360.37	360.37	302.40
69	020406007007	塑钢窗	1. 窗类型：中空玻璃塑钢窗 2. 框材质、外围尺寸：88 系列塑钢型材，外围洞口尺寸：1 200 mm×600 mm 3. 扇材质、外围尺寸：88 系列塑钢型材 4. 玻璃品种、厚度、五金材料、品种、规格：5＋12A＋5 中空玻璃 5. 窗编号：C6	樘	4	240.25	961.00	806.40
70	020406007008	塑钢窗	1. 窗类型：中空玻璃塑钢窗 2. 框材质、外围尺寸：88 系列塑钢型材，外围洞口尺寸：1 500 mm×600 mm 3. 扇材质、外围尺寸：88 系列塑钢型材 4. 玻璃品种、厚度、五金材料、品种、规格：5＋12A＋5 中空玻璃 5. 窗编号：C7	樘	1	300.32	300.32	252.00
		分部小计					107 466.84	7 9074.24
		本页小计					1 621.69	1 360.80
		合　　计					859 524.91	186 567.23

分部分项工程量清单与计价表

工程名称：花园小区 1# 住宅楼建筑　　　标段：　　　　　　　　第 18 页　共 18 页

序号	项目编码	项目名称	项目特征描述	计量单位	工程量	金额（元）		
						综合单价	合价	其中：暂估价
			B.5 油漆、涂料、裱糊工程					
71	020507001001	刷喷涂料	1. 基层类型：抹灰面 2. 腻子种类：801 胶白水泥腻子 3. 刮腻子要求遍数：两遍 4. 涂料部位：内墙面	m²	3 239.32	5.31	17 200.79	
72	020507001002	刷喷涂料	1. 基层类型：抹灰面 2. 腻子种类：801 胶白水泥腻子 3. 刮腻子要求遍数：两遍 4. 涂料部位：天棚面	m²	1 500.45	12.22	18 335.50	
73	020507001003	刷喷涂料	1. 基层类型：抹灰面 2. 腻子种类：专用腻子 3. 涂料品种、刷喷遍数：弹性外墙乳胶漆两遍	m²	1344.37	21.56	28 984.62	
			分部小计				64 520.91	
			本页小计				64 520.91	
			合　计				924 045.82	186 567.23

工程量清单综合单价分析表(局部)

工程名称：花园小区 1# 住宅楼建筑　　　标段：　　　　　第 1 页 共 1 页

项目编码	010304001001	项目名称	空心砖墙、砌块墙	计量单位	m³

清单综合单价组成明细

定额编号	定额名称	定额单位	数量	单价 人工费	单价 材料费	单价 机械费	单价 管理费	单价 利润	合价 人工费	合价 材料费	合价 机械费	合价 管理费	合价 利润
3—22	M10KP1 黏土多孔砖 240×115×90 1砖墙	m³	1.000	49.72	188.73	1.90	12.91	6.19	49.72	188.73	1.90	12.91	6.19
综合人工工日		小　　　计							49.72	188.73	1.90	12.91	6.19
1.13 工日		未计价材料费											
		清单项目综合单价								259.45			

	主要材料名称、规格、型号	单位	数量	单价(元)	合价(元)	暂估单价(元)	暂估合价(元)
材料费明细	中砂	t	0.298	66.00	19.66		
	石灰膏	m³	0.006	310.00	1.74		
	蒸压粉煤灰砖 240×115×53	百块	0.150	41.00	6.15		
	多孔砖 KP1 240×115×90	百块	3.360	44.00	147.84		
	水泥 32.5 级	kg	47.730	0.27	12.65		
	水	m³	0.173	4.00	0.69		
	其他材料费			—		—	
	材料费小计			—	188.73	—	

措施项目清单与计价表(一)

工程名称:花园小区 1# 住宅楼建筑　　　标段:　　　　　　　　　　第1页 共1页

序号	项目名称	计算基础	费率(%)	金额(元)
	通用措施项目			89 724.85
1	现场安全文明施工			34 189.70
1.1	基本费	工程量清单计价	2.20	20 329.01
1.2	考评费	工程量清单计价	1.10	10 164.50
1.3	奖励费	工程量清单计价	0.40	3 696.18
2	夜间施工增加费	工程量清单计价	0.08	739.24
3	冬雨季施工增加费	工程量清单计价	0.18	1 663.28
4	已完工程及设备保护	工程量清单计价	0.05	462.02
5	临时设施	工程量清单计价	2.00	18 480.92
6	材料与设备检验试验	工程量清单计价	0.20	1 848.09
7	赶工措施	工程量清单计价	1.50	13 860.69
8	工程按质论价	工程量清单计价	2.00	18 480.92
	专业工程措施项目			739.24
9	住宅工程分户验收	工程量清单计价	0.08	739.24
	合　　计			90 464.09

措施项目清单与计价表(二)

工程名称:花园小区 1# 住宅楼建筑　　　标段:　　　　　　　　　　第1页 共1页

序号	项　目　名　称	金额(元)
	通用措施项目	26 405.75
1	大型机械设备进出场及安拆	24 798.15
2	施工排水	1 607.60
	专业工程措施项目	174 171.31
3	脚手架	19 510.88
4	垂直运输机械	92 171.32
5	混凝土、钢筋混凝土模板及支架	62 489.11
	合　　计	200 577.06

措施项目清单费用分析表(局部)

工程名称:花园小区 1# 住宅楼建筑　　标段:　　　　　　　　　　第 1 页　共 1 页

序号	1	项目名称		大型机械设备进出场及安拆			计量单位			项	

清单综合单价组成明细

定额编号	定额名称	定额单位	数量	单价					合价				
				人工费	材料费	机械费	管理费	利润	人工费	材料费	机械费	管理费	利润
24-1	履带式挖掘机 1 m³ 以内场外运输费	次	1.00	390.00	162.81	2 658.03	762.01	365.76	390.00	162.81	2 658.03	762.01	365.76
24-38	塔式起重机 60 kN·m 以内场外运输费	次	1.00	390.00	47.81	7 707.04	2 024.26	971.64	390.00	47.81	7 707.04	2 024.26	971.64
24-39	塔式起重机 60 kN·m 以内组装拆卸费	次	1.00	1 560.00	44.90	5 209.26	1 692.32	812.31	1 560.00	44.90	5 209.26	1 692.32	812.31
综合人工工日			小　　计						2 340.00	255.52	15 574.33	4 478.59	2 149.71
84.00 工日			未计价材料费										
清单项目综合单价									24 798.15				

材料费明细	主要材料名称、规格、型号	单位	数量	单价(元)	合价(元)	暂估单价(元)	暂估合价(元)
	草袋子	片	30.000	1.00	30.00		
	镀锌铁丝 D4.0	kg	20.000	3.65	73.00		
	螺栓	个	28.000	0.30	8.40		
	枕木	m³	0.080	1 275.00	102.00		
	其他材料费			—	42.12		
	材料费小计			—	255.52		—

其他项目清单与计价汇总表

工程名称：花园小区 1# 住宅楼建筑　　　　　　　　标段：　　　　第1页　共1页

序号	项目名称	计量单位	金额(元)	备注
1	暂列金额	项	50 000.00	
2	暂估价		12 000.00	
2.1	材料暂估价			
2.2	专业工程暂估价	项	12 000.00	
3	计日工		22 045.00	
4	总承包服务费		1 346.56	
	合　计		85 391.56	

暂列金额明细表

工程名称：花园小区 1# 住宅楼建筑　　　　　　　　标段：　　　　第1页　共1页

序号	项目名称	计量单位	暂定金额(元)	备注
1	工程量偏差及设计变更	项	30 000.00	
2	材料涨价风险	项	20 000.00	
	合　计		50 000.00	

材料暂估价格表

工程名称：花园小区 1# 住宅楼建筑　　　　　　　　标段：　　　　第1页　共1页

序号	材料编码	材料名称	规格、型号等特殊要求	单位	数量	单价(元)	合价(元)	备注
1	502018	钢筋(综合)		t	19.618	4 146.00	81 334.57	
2	502086	冷拔钢丝		t	6.102	4 287.00	26 158.42	
3	508190	中空玻璃塑钢窗		m²	182.760	280.00	51 172.80	
4	508192	塑钢门(平开无亮)		m²	99.648	280.00	27 901.44	
	合　计						186 567.23	

专业工程暂估价格表

工程名称：花园小区 1# 住宅楼建筑　　　　　　　　标段：　　　　第1页　共1页

序号	工程名称	工程内容	金额(元)	备注
1	进户防盗门	制作、安装	120 00.00	
	合　计		12 000.00	

计 日 工 表

工程名称：花园小区 1# 住宅楼建筑　　　　　　　　标段：　　　　　第1页 共1页

序号	项目名称	单位	暂定数量	综合单价	合价
一	人　工				
1	普通工	工日	50.00	41.00	2 050.00
2	技工(综合)	工日	100.00	47.00	4 700.00
	人工小计				6 750.00
二	材　料				
1	钢筋(Ⅰ、Ⅱ级钢综合)	t	2.00	4 146.00	8 292.00
2	水泥 32.5 级	t	20.00	260.00	5 200.00
	材料小计				13 492.00
三	施工机械		0.00	0.00	
1	载货汽车 6 t	台班	5.00	309.47	1 547.35
2	灰浆搅拌机 200L	台班	5.00	51.13	255.65
	施工机械小计				1 803.00
	总　　计				22 045.00

总承包服务费计价表

工程名称：花园小区 1# 住宅楼建筑　　　　　　　　标段：　　　　　第1页 共1页

序号	项目名称	项目价值(元)	服务内容	费率(%)	金额(元)
1	发包人供应材料	104 655.67	验收、保管	1.00	1 046.56
2	发包人发包专业工程	12 000.00	补缝找平、垂直运输、验收资料汇总整理	2.50	300.00
	合　　计				1 346.56

规费、税金项目清单与计价表

工程名称:花园小区 1# 住宅楼建筑　　　　　标段:　　　　　　第1页　共1页

序号	项目名称	计算基础	费率(%)	金额(元)
1	规费			49 288.14
1.1	工程排污费	分部分项工程费+措施项目费+其他项目费	0.10	1 300.48
1.2	建筑安全监督管理费	分部分项工程费+措施项目费+其他项目费	0.19	2 470.91
1.3	社会保障费	分部分项工程费+措施项目费+其他项目费	3.00	39 014.36
1.4	住房公积金	分部分项工程费+措施项目费+其他项目费	0.50	6 502.39
2	税金	分部分项工程费+措施项目费+其他项目费+规费	3.445	46 499.46
	合　　计			95 787.60

发包人供应材料一览表

工程名称:花园小区 1# 住宅楼建筑　　　　　标段:　　　　　　第1页　共1页

序号	材料编码	材料名称	规格、型号等特殊要求	单位	数量	单价(元)	合价(元)	备注
1	502018	钢筋(综合)		t	19.618	4 146.00	81 336.23	
2	502086	冷拔钢丝		t	6.102	4 287.00	26 159.27	
	合计						107 495.50	

承包人供应材料一览表(局部)

工程名称:计价示例　　　　　　标段:　　　　　　　　　　第1页 共1页

序号	材料编码	材料名称	规格、型号等特殊要求	单位	数量	单价(元)	合价(元)	备注
1	101008	绿豆砂		t	0.942	68.00	64.03	
2	101022	中砂		t	569.906	66.00	37613.80	
3	102011	道砟 40～80 mm		t	1.982	61.00	120.90	
4	102040	碎石 5～16 mm		t	168.867	60.00	10132.00	
5	102041	碎石 5～20 mm		t	16.389	60.00	983.36	
6	102042	碎石 5～40 mm		t	104.026	61.00	6345.59	
7	105002	滑石粉		kg	211.275	0.45	95.07	
8	105012	石灰膏		m³	17.558	310.00	5442.95	
9	201008	蒸压粉煤灰砖	240×115×53	百块	231.308	41.00	9483.61	
10	201016	多孔砖 KP1	240×115×90	百块	1654.854	44.00	72813.59	
11	203047	三向圆脊 M—D		块	0.532	31.07	16.52	
12	203080	圆脊封(T—D)		块	0.532	16.15	8.59	
13	203081	圆脊斜封 S—D		块	1.064	15.77	16.77	
14	207082	FWB聚苯乙烯挤塑板		m³	7.065	500.00	3532.60	
15	207086	XPS聚苯乙烯挤塑板		m³	23.847	500.00	11923.60	
16	209132	双向圆脊 L—D		块	0.532	38.95	20.71	
17	301002	白水泥		kg	2910.649	0.90	2619.58	
18	301023	水泥 32.5 级		kg	110571.187	0.27	29301.36	
19	301026	水泥 42.5 级		kg	44975.209	0.28	12593.06	
20	302105	水泥彩瓦(英红)	420×332	百块	20.728	270.00	5596.56	
21	302120	水泥脊瓦(英红)	432×228	百块	0.665	600.00	398.88	
22	302164	预制混凝土块		m³	1.444	374.30	540.64	
23	303062	商品混凝土 C10（非泵送）		m³	4.829	283.00	1366.72	
24	303064	商品混凝土 C20（非泵送）		m³	36.267	303.00	10988.90	
25	303079	商品混凝土 C10（泵送）		m³	23.934	295.00	7 060.44	

附表 2.2　工程量清单所含组价项目工程量计算表

序号	分项工程名称（清单编号）	单位	清单数量	组表项目	计价表工程量计算式
	建筑面积	m²	1 835.95	建筑面积	同清单计算部分：1 835.95 m²
A.1 土石方工程					
1	平整场地（010101001001）	m²	242.22	1-98 人工平整场地	$(22.64+4)\times(10.64+4)=390.01$ m²
2	挖基础土方（010101003001）	m³	341.85	1-23 人工挖地槽	计算公式（略）414.62 m³
				[1-92]+[1-95]×2 人力车运 150 m 以内	414.62 m³
3	土方回填（010103001001）	m³	253.43	1-104 土方回填	挖方：414.62 m³ 扣除室外地面下基础体积：414.62−23.75−58.62−1.18−4.87=326.20 m³
				1-1 人工挖土方	326.20 m³
				[1-92]+[1-95]×2 人力车运 150m 以内	326.20 m³
A.3 砌筑工程					
4	砖基础（010301001001）	m³	30.62	3-1 砖基础直形	同清单工程量：30.62 m³
				3-42 墙基防潮层防水砂浆	140.36×0.24=33.69 m³
5	空心砖墙、砌块墙（M10 一砖外墙）（010304001001）	m³	67.38	3-22 M10KP1 黏土多孔砖砖墙	同清单工程量：67.38 m³
6	空心砖墙、砌块墙（M7.5 一砖外墙）（010304001002）	m³	55.33	3-22 M7.5KP1 黏土多孔砖砖墙	同清单工程量：55.33 m³
7	空心砖墙、砌块墙（M5 一砖外墙）（010304001003）	m³	68.44	3-22 M5KP1 黏土多孔砖砖墙	同清单工程量：68.44 m³
8	空心砖墙、砌块墙（M10 半砖内墙）（010304001004）	m³	3.84	3-21 M10KP1 黏土多孔砖半砖墙	同清单工程量：3.84 m³
9	空心砖墙、砌块墙（M7.5 半砖内墙）（010304001005）	m³	3.84	3-21 M7.5KP1 黏土多孔砖半砖墙	同清单工程量：3.84 m³

续附表 2.2

序号	分项工程名称 （清单编号）	单位	清单数量	组表项目	计价表工程量计算式
10	空心砖墙、砌块墙 （M5 半砖内墙） （010304001006）	m³	3.84	3-21 M5KP1 黏土多孔砖半砖墙	同清单工程量：3.84 m³
11	空心砖墙、砌块墙 （M10 一砖内墙） （010304001007）	m³	112.63	3-21 M10KP1 黏土多孔砖一砖墙	同清单工程量：112.63 m³
12	空心砖墙、砌块墙 （M7.5 一砖内墙） （010304001008）	m³	74.66	3-21 M7.5KP1 黏土多孔砖一砖墙	同清单工程量：74.66 m³
13	空心砖墙、砌块墙 （M5 一砖内墙） （010304001009）	m³	86.83	3-21 M5KP1 黏土多孔砖一砖墙	同清单工程量：86.83 m³
14	零星砌砖（M5 半砖砌阳台栏板） （010302006001）	m³	13.70	3-48 M5 多孔砖小型砌体	同清单工程量：13.70 m³
A.4 混凝土及钢筋混凝土工程					
15	带形基础 （010401001001）	m³	58.62	5-171 无梁式 混凝土条形基础	同清单工程量：58.62 m³
16	垫层 （010401006001）	m³	23.58	2-121 基础垫层 混凝土无筋	同清单工程量：23.58 m³
序号 17—32					略
33	现浇混凝土钢筋 （直径 6~12 mm） （010416001001）	t	13.932	4-1 现浇构件 钢筋直径 12 mm 以内	略（注：根据施工组织设计的规定，钢筋按搭接接头计算：14.211 t）
34	现浇混凝土钢筋 （直径 14~25 mm） （010416001002）	t	3.883	4-2 现浇构件 钢筋直径 25 mm 以内	略（注：根据施工组织设计的规定，钢筋按搭接接头计算：3.961 t）
35	现浇混凝土钢筋 （墙体加固筋） （010416001003）	t	1.061	4-25 砌体加固 钢筋不绑扎	同清单工程量：1.061 t
36	先张法预应力钢筋 （冷轧带肋钢筋 直径 4~5 mm） （010416005001）	t	5.281	4-15 预应力钢筋 先张法直径 5 mm 以内	略（注：按设计长度加预留长度乘以理论重量计算：5.598 t）

续附表 2.2

序号	分项工程名称 （清单编号）	单位	清单数量	组表项目	计价表工程量计算式
				A.7 屋面及防水工程（略）	
				B.1 楼地面工程（略）	
				B.2 墙、柱面工程	
50	墙面一般抹灰 （内墙面抹灰） （020201001001）	m²	3239.32	13-31 墙面混合砂浆砖墙内墙	同清单工程量：3 239.32 m²
51	墙面一般抹灰（卫生间餐厅内墙面） （020201001002）	m²	455.51	13-18 砖墙内墙面上两遍水泥砂浆刮糙（毛坯）	同清单工程量：455.51 m²
52	墙面一般抹灰 （外墙面抹灰） （020201001003）	m²	1083.67	13-11 砖外墙面、墙裙抹水泥砂浆	一层：(22.64+10.64)×2× 2.20-51.97=94.46 m² 同理算出二~阁楼层：989.32 m² 门窗侧及顶展开面积：51.80 m² 合计：94.46+989.32+51.80= 1 135.58 m²
				省补 9-1 外墙外保温、聚苯乙烯挤塑板厚度 20 mm 砖墙面	同上：1 135.58 m²
				补 13-69-1 外墙抹灰面分格塑料分格条	同上：1 135.58 m²
53	墙面一般抹灰 （阳台栏板抹灰） （020201001004）	m²	253.44	13-11 砖外墙面、墙裙抹水泥砂浆	同清单工程量：253.44 m²
54	零星项目一般抹灰 （天沟外侧） （020203001001）	m²	7.26	13-22 水泥砂浆挑沿、天沟、腰线、栏杆、扶手	同清单工程量：7.26 m²
				B.3 天棚工程	
55	天棚抹灰 （现浇板底） （020301001001）	m²	494.52	14-113 现浇混凝土天棚水泥砂浆面	同清单工程量：494.52 m²
56	天棚抹灰 （预制板底） （020301001002）	m²	1 005.93	14-114 预制混凝土天棚水泥砂浆面	同清单工程量：1 005.93 m²

续附表 2.2

序号	分项工程名称（清单编号）	单位	清单数量	组表项目	计价表工程量计算式
B.4 门窗工程（按洞口面积计算，含框、扇的制作和安装及油漆，计算公式略）					
B.5 油漆、涂料、裱糊工程					
71	刷喷涂料（内墙面）（020507001001）	m^2	3 239.32	16－308－2 在抹灰面上批、刷两遍 801 胶白水泥腻子	同清单工程量：3 239.32 m^2
72	刷喷涂料（天棚面）（020507001002）	m^2	1 500.45	16－308－3 柱、梁、天棚面乳胶漆上批、刷两遍 801 胶白水泥腻子	同清单工程量：1 500.45 m^2
73	刷喷涂料（外墙面乳胶漆）（020507001003）	m^2	1 344.37	16－321 外墙弹性涂料两遍	同清单工程量：1 344.37 m^2

附表 2.3 措施项目工程量及费用计算表

序号	工作或费用名称（计价表编号）	单位	数量	工程量或费用计算式
	1. 脚手架工程				
1	砌墙外架子 20 m 内(19-4)	m²	1 381.47	一层： [(22.64+10.64)×2+1.50×2]×(0.15+2.2)=163.47(m²) 二～七层： [(22.64+10.64)×2+1.50×2+0.50×2]×(2.8×6+0.1)=1 192.46(m²) 阁楼层：(2.4×10.64)/2×2=25.54(m²) 合计：1 381.47 m²
2	砌墙里架 3.6 m 内（19-1）	m²	1 487.18	120 墙 二～七层：9.18×6×2.50=137.70(m²) 240 内墙 一层：89.04×1.90=169.18(m²) 二～七层：73.46×2.5×6=1 101.90(m²) 阁楼层：78.40 m² 合计：1 487.18 m²
3	内墙天棚面抹灰脚手架（19-10）	m²	5 689.57	内墙面 一层：(89.04×2+65.66)×2.10=511.85(m²) 二～七层：(73.46×2+67.56)×2.70×6=3 474.58(m²) 阁楼层：78.40×2+45.88=202.69(m²) 内墙面计：511.85+3 474.58+202.69=4 189.12(m²) 天棚面 同天棚抹灰工程量：494.52+1 005.93=1 500.45(m²) 总计：4 189.12+1 500.45=5 689.57(m²)
	2. 钢筋混凝土模板支架工程（按计价表含模量计算）				
4	混凝土垫层(20-1)	m²	23.58	23.58×1.00=23.58(m²)
5	无梁式带形基础复合木模板(20-3)	m²	43.38	58.62×0.74=43.38(m²)
6	构造柱复合木模板(20-31)	m²	322.34	29.04×11.10=322.34(m²)
7	挑梁、单梁、连续梁、框架梁复合木模板(20-35)	m²	104.94	12.09×8.68=104.94(m²)
8	圈梁、地坑支撑梁复合木模板(20-41)	m²	578.19	(9.73+59.68)×8.33=578.19(m²)
9	过梁复合木模板(20-43)	m²	75.00	6.25×12=75.00(m²)
10	现浇板 10 cm 内复合木模板(20-57)	m²	552.71	45.83×12.06=552.71(m²)

续附表 2.3

序号	工作或费用名称（计价表编号）	单位	数量	工程量或费用计算式
11	楼梯复合木模板（20—70）	m²	55.35	55.35 m²
12	水平挑檐,板式雨篷复合木模板（20—72）	m²	3.16	3.16 m²
13	阳台复合木模板（20—76）	m²	24.12	1.5×8.04×2=24.12（m²）
14	檐沟,小型构件木模板（20—85）	m²	24.08	0.92×26.17=24.08（m²）
15	压顶复合木模板（20—90）	m²	12.43	11.1×1.12=12.43（m²）
16	圆孔板模板（20—180）	m²	72.22	72.22
17	矩形檩条模板（20—182）	m²	3.70	3.70
3. 大型机械设备进出场及安拆				
18	场外运输费用 塔式起重机 60 kN·m 以内（附14038）	次	1	
19	组装拆卸费 塔式起重机 60 kN·m 以内（附14039）	次	1	
20	塔吊基础（22—51）	台	1	
4. 垂直运输机械费				
21	塔吊施工砖混结构檐口 20 m(6层)内（22—7）	天	220	按《全国统一建筑安装工程工期定额》,查得:基础工程(定额编号为1—1,三类土),35 天×0.95(省调系数)=33 天;地上部分含阁楼层共8层,定额工期为:195+(195—170)=220(天),定额总工期为220+33=253(天),本例合同工期,即招标文件要求工期为220天,以合同工期计算,则垂直运输费定额乘以下系数:1+(253—220)/253=1.13
5. 其他措施项目				
22	现场安全文明施工费;夜间施工增加费;冬雨季施工增加费;已完工程及设备保护;临时设施;材料与设备检验试验;赶工措施;工程按质论价;住宅工程分户验收	项	1	以分部分项工程清单总价为计算基数,其中现场安全文明施工费为不可竞争费,按省、市规定的费率进行报价,其他结合本工程的具体情况以及本项目的施工组织设计,按本公司的测算数据进行报价

参 考 文 献

1. 建设部．建设工程工程量清单计价规范(GB 50500—2008),2008
2. 江苏省建设厅．江苏省建筑与装饰工程计价表．北京：知识产权出版社,2004
3. 沈杰．工程造价管理．南京：东南大学出版社,2006
4. 周和生．建设项目管理审计．北京：化学工业出版社,2010
5. 俞启元．施工项目进度成本集成管理．北京：中国建筑工业出版社,2008
6. 建设部．全国统一建筑工程基础定额,1995
7. 全国造价工程师考试培训教材编写委员会．工程造价的确定与控制．北京：中国计划出版社,2010
8. 杜训．国际工程估价．北京：中国建筑工业出版社,1996
9. 罗鼎林．国内外建设工程造价的确定与控制．北京：化学工业出版社,1997
10. 孙昌玲．土木工程造价．北京：中国建筑工业出版社,2000
11. 吴心伦．安装工程定额与预算．重庆：重庆出版社,1997
12. 倪俭等．建筑工程造价题解．南京：东南大学出版社,2000
13. 沈杰．建筑工程定额与预算．南京：东南大学出版社,1999
14. 唐连珏．工程造价人员必读．北京：中国建筑工业出版社,1997
15. 中国水利学会水利工程造价管理专业委员会．水利水电工程造价管理．北京：中国科学技术出版社,1998
16. 蒋传辉．建设工程造价管理．南昌：江西高校出版社,1999
17. 修志文．工程造价管理．天津：天津科技翻译出版公司,1996
18. 陈建国．工程计量与造价管理．上海：同济大学出版社,2001
19. 丛培风．全国统一建筑工程基础定额应用百题解．济南：山东科学技术出版社,2001
20. 建设部．注册造价工程师管理办法(第 150 号),2007
21. 江苏省建设工程造价管理总站江苏省建设工程造价管理协会．全国建设工程造价员管理暂行办法,2006
22. 中价协．建设项目全过程造价咨询规程,2009

东大版"工程管理"专业近期教材介绍

《工程项目管理实务》 作者：陆惠民，估价：35.00，出版时间：2011年9月

本教材是根据工程管理专业培养方案和课程设置的相关要求，以工程项目管理行为为原则，以工程项目周期为主线，结合具体工程项目管理实例，分析工程项目管理基本理论和基本方法在工程项目管理中的应用。本书既注重理论体系的完整性，内容上尽量不与《工程项目管理》重复，突出本书的重点和难点，又兼顾工程项目管理的最新发展和前沿知识的原因。本书共分绪论、工程项目管理规划、工程项目管理组织、项目经理责任制、合同管理、采购管理、质量管理、进度管理、成本管理、职业健康安全和环境管理、资源管理、信息管理、沟通管理、风险管理和收尾管理。《工程项目管理实务》是工程管理专业课程设置中的工程项目管理（Ⅱ）课程配套教材。目前还没有类似教材的出版。

《房地产开发》 作者：张建坤，估价：35.00，出版时间：2011年5月

本书以房地产项目开发投资为主线，全面系统地阐述房地产项目开发的理论与实践，并对于项目开发及投资的重要环节，如土地的取得、项目的前期策划、项目融资、产品营销、项目的管理与控制，以及项目的风险分析等进行深入的论述和分析。

本书将强调房地产开发理论的系统性、前沿性，注重政策的准确性和实践的可操作性，努力使读者不仅从理论上全面系统地认识房地产项目开发，而且能够在一定程度上知道如何操作房地产的项目开发。

《土木工程经济分析》 作者：黄有亮，估价：36.00，出版时间：2011年5月

本书的主要内容是工程建造的经济性原理与经济要素；设计策划；建设用地与布局经济性分析；建筑设计、结构设计、施工工艺、工程设备的经济性分析；设计方案、施工工艺方案、施工机械方案、工程设备方案等经济分析、比较与评价方法和技术；结构设计优化技术；价值工程在工程设计与施工中的应用。

目前，一般院校土木工程专业学生采用的都是通用的"工程经济"教材，这些教材着重阐述投资项目经济分析方法，缺少与土木工程专业特点相适应的工程经济知识结构的内容。所以，从土木工程专业学生培养要求出发，很需要一本专门为适应土木工程专业特点和要求而编写的"工程经济"教材。

《工程估价》（第2版） 作者：沈杰，估价：38.00，出版时间：2011年2月

本书是"十一五"国家级规划教材。2005年出版了第1版，本书在第1版的基础上修订。进一步完善"合同计价体系"；在统一基本计价理论与方法基础上，增加建筑安装、市政、园林等工程内容，使专业工程估价内容完整化，以适应宽口径专业教学的需要；修正补充部分计价实例。

修订后的主要章目为绪论、工程定额原理、工程计价依据、合同计价体系、建筑工程计价、装饰工程计价、安装工程计价、市政工程计价、园林工程计价、措施项目计价、投标报价决策、工程价款结算、工程造价资料积累等。

《工程项目控制理论与实践》 作者：陆惠民，估价：30.00，出版时间：2010年12月

本书系统介绍建设工程项目目标控制的基本知识、基本理论和方法。共分五个部分：工程

项目目标控制导论、工程项目进度目标与控制、工程项目质量目标与控制、工程项目投资/成本目标与控制、工程项目职业健康安全及环境管理。

本书紧紧围绕工程项目目标的确定及实现，系统介绍工程项目质量、进度、投资（或成本）控制的理论、方法及实际应用。本书内容新颖、体系完整、针对性强，并附有大量的工程实例。

《*国际工程管理*》　作者：李启明，定价：44.00，出版时间：2010年9月

根据国际建设惯例和特点，系统介绍国际建筑市场和国际工程管理的核心内容。主要包括以下内容：国际工程管理导论；国际建筑市场及大型承包商分析；国际建筑市场准入与技术壁垒；国际工程招标与投标；国际工程计量与估价；国际工程合同与索赔管理；国际工程风险管理；国际工程保险与担保；国际工程材料和设备采购管理；国际工程现场管理。本书反映了最新的国际建筑市场分析以及国际工程管理的最新实务和操作，具有系统性、操作性和综合性。

《*工程审计*》　作者：赵庆华，定价：34.00，出版时间：2010年9月

主要内容包括工程审计概述（工程审计的内容、业务操作的方法和程序、工程审计相关法律）、工程项目投资决策阶段、勘察设计阶段审计、工程项目招标投标审计、工程项目合同审计、工程项目财务收支审计、工程造价审计和工程项目绩效审计。

以往建设项目审计方面的教材均由财经院校编写，内容偏重于财务审计。本教材拟从工程项目管理角度，以项目全寿命周期为主线，对工程项目从项目投资决策开始，到项目投产运营全过程项目管理工作进行。

《*建设法规*》（第2版）　作者：黄安永，定价：36.00，出版时间：2010年2月

本书是工程管理专业系列教材之一。其第一版获得过"第六届全国高校优秀畅销书奖"。第2版在其基础上，结合使用者的意见和建议修订而成。主要内容包括：建设法律概论、建设企业法律制度、城市规划法律制度、建设用地法律制度、建设工程招投标法律制度、建设法律制度、市政公用法律制度、房地产法律制度、企业维护自身权利的制度。

在每章的开头增加案例导读和本章重点内容，并在章节结束对开头的案例按照相关的法律法规进行分析，加深读者对法律法规的影响与理解。还在每章结束附有复习思考题，全书附有两套模拟题，方便教学测试。

《*工程项目管理*》（第2版）　作者：陆惠民，定价：39.80，出版时间：2010年1月

本书是工程管理专业系列教材之一。在第1版的基础上，结合使用院校师生的意见和学科的最新发展修订而成。书中系统论述了工程项目从规划、决策、实施到竣工验收全过程的管理理论和方法，主要包括工程项目管理策划、工程项目管理的组织、项目管理体制、项目实施规划、项目实施控制、项目合同与索赔及工程项目风险管理等内容。

本书吸收了国内外工程项目管理的最新研究成果，密切联系工程实际，内容新颖，体系完整，所述方法可操作性强。

《*土木工程合同管理实务*》　作者：李启明等，定价：39.00，出版时间：2009年9月

本书的主要内容包括工程采购模式及选择、工程合同类型及选择、工程合同文本及选择、工程合同参与方及合同安排、工程合同签约管理、工程合同履约管理、工程合同风险管理及应用、工程合同索赔案例分析、工程合同争议处理案例分析、工程合同管理制度设计、工程合同管理相关文件编写要点与范例。本书侧重于工程的实际应用与操作，可供开设工程合同管理（Ⅱ）课程的高校和工程界相关专业人员参考使用。